W. Kükenthal

Zoologisches Praktikum

Salzwasser

W. Kükenthal

Zoologisches Praktikum

1. Auflage | ISBN: 978-3-84600-564-4

Erscheinungsort: Paderborn, Deutschland

Salzwasser Verlag GmbH, Paderborn. Alle Rechte beim Verlag.

Nachdruck des Originals von 1910.

W. Kükenthal

Zoologisches Praktikum

Salzwasser

LEITFADEN
FÜR DAS
ZOOLOGISCHE PRAKTIKUM

VON

DR. WILLY KÜKENTHAL
O. Ö. PROFESSOR DER ZOOLOGIE UND VERGL. ANATOMIE
AN DER UNIVERSITÄT BRESLAU

MIT 174 ABBILDUNGEN IM TEXT

FÜNFTE UMGEARBEITETE AUFLAGE

VERLAG VON GUSTAV FISCHER IN JENA
1910.

ALLE RECHTE VORBEHALTEN.

Vorrede zur ersten Auflage.

Das zoologische Praktikum, wie es gegenwärtig an den meisten Hochschulen gehandhabt wird, beschränkt sich nicht auf zootomische Übungen an einigen wenigen einheimischen Typen, sondern stellt ein praktisches Repetitorium der Grundtatsachen der Zoologie dar, indem das zu untersuchende Material allen Tierstämmen entnommen und auch das Mikroskop als Hilfsmittel herangezogen wird. Die Anfertigung leichter mikroskopischer Präparate wird dem Praktikanten überlassen, während schwierigere, wie z. B. Schnitte, als fertige Präparate gegeben werden. Was die Beschaffung des Materials betrifft, so sind marine Formen von den zoologischen Stationen in Neapel, Rovigno, Helgoland usw. jederzeit zu billigen Preisen erhältlich.

Wohl überall dürfte es sich als zweckmäßig herausgestellt haben, diesen für Anfänger bestimmten praktischen Übungen in einem kurzen Vortrage eine zusammenfassende Übersicht über das zu behandelnde Thema vorauszuschicken, denn in den meisten Fällen wird der Anfänger, bei der Kürze der zu Gebote stehenden Zeit und der mangelnden Übung, nur einzelne, leichter präparierbare Organsysteme in oft sehr verschiedener Reihenfolge sich zur Anschauung bringen können.

Von diesen Gesichtspunkten aus ist vorliegender „Leitfaden" geschrieben worden. In zwanzig Kapiteln habe ich den Stoff derart angeordnet, daß jedem speziellen Kurse eine allgemeine Übersicht vorausgeht. Zahlreiche eingestreute Notizen technischen Inhaltes sollen das Buch auch für das Selbststudium geeignet machen, natürlich nur in Verbindung mit einem der modernen Lehrbücher der Zoologie. Als Hilfsmittel zur sofortigen Orientierung sollen die kurzen, kleingedruckten „Systematischen Überblicke" der Stämme des Tierreiches dienen.

Besonderen Wert habe ich auf die Abbildungen gelegt, welche, soweit sie neu sind, sämtlich nach eigenen Präparaten gezeichnet worden sind, einige von mir selbst, der größere Teil aber von meinem Schüler, Herrn TH. KRUMBACH, und Herrn A. GILTSCH. Beiden Herren bin ich für das Interesse und die Sorgfalt, welche sie auf ihre Aufgabe verwandten, zu großem Danke verpflichtet.

Manchen wertvollen Wink gab mir die langjährige praktische Erfahrung meines verehrten Lehrers Prof. HAECKEL, und auch meine anderen Jenenser Kollegen haben mich verschiedentlich unterstützt. Ganz besonderen Dank schulde ich meinem Freunde Prof. A. LANG in Zürich für die kritische Durchsicht der Korrekturbogen, und schließlich möchte ich auch nicht verfehlen, das liebenswürdige Entgegenkommen des Verlegers, Herrn Dr. Fischer, dankend hervorzuheben.

Vielleicht darf ich mich der Hoffnung hingeben, daß auch die Herren Fachgenossen mir ihre Ausstellungen und Vorschläge zu Verbesserungen werden zukommen lassen.

Jena, den 20. Juni 1898.

Vorrede zur zweiten Auflage.

In den drei Jahren, welche seit Erscheinen der ersten Auflage dieses Leitfadens verflossen sind, habe ich reichlich Gelegenheit gehabt, die Brauchbarkeit des Buches für das zoologische Praktikum nachzuprüfen, und da mir auch von seiten mehrerer Fachgenossen in dankenswerter Weise Vorschläge zu Verbesserungen zugekommen sind, hat die zweite Auflage ziemlich veränderte Gestalt erhalten. Durch Einfügung zweier neuer Kapitel über Cestoden und Nematoden wurde eine Lücke ausgefüllt, welche sich in der Praxis sehr fühlbar gemacht hatte, und andere Kapitel wurden umgearbeitet und ergänzt.

Um trotz der Zuführung neuen Stoffes den bisherigen Umfang des Leitfadens nicht wesentlich zu überschreiten, habe ich mich zu mancherlei Kürzungen, besonders in den „Allgemeinen Übersichten", entschlossen, und der Wunsch, dem Buche seinen Charakter eines kurzgefaßten Leitfadens für Anfänger zu wahren, ist auch der Grund, weshalb nicht alle mir so freundlich erteilten Ratschläge Berücksichtigung erfahren konnten.

Eine Anzahl anderen Werken entlehnter Abbildungen ist in der neuen Auflage durch Originalzeichnungen nach eigenen Präparaten ersetzt worden. Die Anfertigung dieser Zeichnungen hat mein Assistent Herr TH. KRUMBACH übernommen, der mich schon bei der Vorbereitung der ersten Auflage unterstützt hat. Für seine Mühewaltung schulde ich ihm meinen wärmsten Dank, ebenso wie meinen beiden anderen Assistenten, den Herren Dr. C. ZIMMER und Dr. S. SÜSSBACH, die sich am

Lesen der Korrekturen beteiligt haben. Herr Dr. ZIMMER hatte außerdem die Freundlichkeit, ein ausführliches Register anzufertigen.

Auch bei der Herstellung dieser Auflage hatte ich mich des weitgehendsten Entgegenkommens des Verlegers, meines verehrten Freundes, Herrn Dr. G. Fischer, zu erfreuen.

Breslau, den 20. Oktober 1901.

Vorrede zur dritten Auflage.

Von größeren Veränderungen, welche diese Auflage erfahren hat, sind zu nennen der Wegfall des ersten Kursus „Elemente der Histologie", sowie die Einfügung zweier neuer Kapitel: „Ctenophoren" und „Selachier". Einige Abbildungen sind durch neue ersetzt worden, und eine ganze Anzahl neuer Bilder, die ich der geschickten Hand meines Assistenten, Herrn TH. KRUMBACH, verdanke, ist hinzugekommen. Herr Privatdozent Dr. ZIMMER war so freundlich, auch für diese Auflage die Anfertigung des Registers zu übernehmen, und beide Herren haben mich in dankenswerter Weise beim Lesen der Korrekturen unterstützt.

Breslau, den 30. Juli 1905.

Vorrede zur fünften Auflage.

Das in der vierten Auflage eingefügte Kapitel „Spinnen" ist von Herrn Kollegen FR. DAHL in dankenswerter Weise einer gründlichen Durchsicht unterzogen und mit drei neuen, unter seiner Aufsicht gezeichneten Abbildungen versehen worden. Herzlichen Dank schulde ich auch meinen Breslauer Kollegen, den Herren ZIMMER, GERHARDT und PAX für Hinweise auf Textverbesserungen und freundliche Hilfe beim Lesen der Korrekturen.

Breslau, den 10. Februar 1910.

W. Kükenthal.

Inhaltsverzeichnis.

                                                                       Seite

Einleitung: **A. Hilfsmittel** 1

        B. Allgemeine Übersicht über Zelle und Gewebe 5

I. **Stamm: Protozoa. Systematischer Überblick** 11

    1. Kursus: **Protozoa** 14
        Technische Vorbereitungen. — Allgemeine Übersicht. — Spezieller Kursus: *Euglena, Amoeba, Arcella, Difflugia,* Foraminiferen, *Actinosphaerium, Acanthometra, Collozoum, Gregarina, Paramaecium, Vorticella, Stentor, Kerona.*

Metazoa. II. Stamm: Coelenterata. Systematischer Überblick . . . 29

    2. Kursus: **Porifera** 33
        Technische Vorbereitungen. — Allgemeine Übersicht. — Spezieller Kursus: *Sycandra, Oscarella, Spongilla,* verschiedene Nadelformen, *Euspongia.*

    3. Kursus: **Hydroidpolypen** 41
        Technische Vorbereitungen. — Allgemeine Übersicht. — Spezieller Kursus: *Hydra, Tubularia, Cordylophora, Clava, Campanularia.*

    4. Kursus: **Medusen** 53
        Technische Vorbereitungen.

        I. **Hydromedusen** 54
        Allgemeine Übersicht. — Spezieller Kursus: *Sarsia, Tiara, Obelia, Liriope.*

        II. **Scyphomedusen** 59
        Allgemeine Übersicht. — Spezieller Kursus: *Aurelia, Nausithoë.*

    5. Kursus: **Anthozoa** 63
        Technische Vorbereitungen. — Allgemeine Übersicht. — Spezieller Kursus: *Alcyonium digitatum, Anemonia sulcata.*
        Anhang: **Ctenophorae,** *Pleurobrachia* 70

III. **Stamm: Platodes. Systematischer Überblick** 73

    6. Kursus: **Platodes** 74
        Technische Vorbereitungen.

        I. **Trematoden** 75
        Allgemeine Übersicht. — Spezieller Kursus: *Distomum lanceolatum.*

Inhaltsverzeichnis.

Seite

II. Cestoden 78
Allgemeine Übersicht. — Spezieller Kursus: *Taenia solium*, *Taenia saginata*, *Bothriocephalus latus*.

IV. Stamm: Vermes. Systematischer Überblick 85

7. Kursus: **Bryozoen, Chaetognathen, Nematoden** 89

I. Bryozoen 89
Technische Vorbereitungen. — Allgemeine Übersicht. — Spezieller Kursus: *Cristatella mucedo*.

II. Chaetognathen 93
Technische Vorbereitungen. — Allgemeine Übersicht. — Spezieller Kursus: *Sagitta bipunctata*.

III. Nematoden 96
Technische Vorbereitungen. — Allgemeine Übersicht. — Spezieller Kursus: *Ascaris megalocephala*.

8. Kursus: **Anneliden** 102

I. Hirudineen 102
Technische Vorbereitungen. — Allgemeine Übersicht. — Spezieller Kursus: *Hirudo medicinalis*.

II. Chaetopoden 109
Technische Vorbereitungen. — Allgemeine Übersicht. — Spezieller Kursus: *Lumbricus herculeus*, *Nereis pelagica*.

V. Stamm: Echinodermata. Systematischer Überblick 119

9. Kursus: **Echinodermata** 122
Technische Vorbereitungen.

I. Asteroidea 122
Allgemeine Übersicht. — Spezieller Kursus: *Asterias rubens*.

II. Echinoidea 130
Allgemeine Übersicht. — Spezieller Kursus: *Echinus esculentus*.

III. Holothurioidea 137
Allgemeine Übersicht. — Spezieller Kursus: *Holothuria tubulosa*.

VI. Stamm: Mollusca. Systematischer Überblick 142

10. Kursus: **Chitonen und Schnecken** 146
Technische Vorbereitungen.

I. Chitonen 146
Allgemeine Übersicht. — Spezieller Kursus: *Chiton marginatus*.

II. Schnecken 151
Allgemeine Übersicht. — Spezieller Kursus: *Helix pomatia*.

11. Kursus: **Muscheln und Tintenfische** 160
Technische Vorbereitungen.

I. Muscheln 160
Allgemeine Übersicht. — Spezieller Kursus: *Unio, Anodonta*.

II. Tintenfische 168
Allgemeine Übersicht. — Spezieller Kursus: *Sepia officinalis*.

VII. Stamm: Arthropoda. Systematischer Überblick 182

12. Kursus: **Krebse** 188
Technische Vorbereitungen. — Allgemeine Übersicht. — Spezieller Kursus: Daphnide, *Potamobius astacus*.

VIII Inhaltsverzeichnis.

13. Kursus: **Insekten** 200
   Technische Vorbereitungen. — Allgemeine Übersicht. — Spezieller Kursus: *Periplaneta orientalis*, *Bombus*, Schmetterling, Mücke, Ephemeridenlarve.
   Anhang: Spinnen: *Epeira diadema* 211

VIII. **Stamm: Tunicata. Systematischer Überblick** 216

14. Kursus: **Tunicata** 217
   Technische Vorbereitungen.
   I. **Ascidien** 217
      Allgemeine Übersicht. — Spezieller Kursus: *Styela plicata, Ciona intestinalis*.
   II. **Salpen** 225
      Allgemeine Übersicht. — Spezieller Kursus: *Salpa africana, Salpa democratica-mucronata*.

IX. **Stamm: Vertebrata. Systematischer Überblick** 230

15. Kursus: **Amphioxus** 243
   Technische Vorbereitungen. — Allgemeine Übersicht. — Spezieller Kursus: *Amphioxus lanceolatus*.

16. Kursus: **Selachier und Teleostier** 251
   Technische Vorbereitungen. — Allgemeine Übersicht. — Spezieller Kursus: I *Scyllium canicula*, II. *Leuciscus rutilus*.

17. Kursus: **Amphibien** 269
   Technische Vorbereitungen. — Allgemeine Übersicht. — Spezieller Kursus: *Rana muta*.

18. Kursus: **Reptilien** 282
   Technische Vorbereitungen. — Allgemeine Übersicht. — Spezieller Kursus: *Lacerta agilis*.

19. Kursus: **Vögel** 291
   Technische Vorbereitungen. — Allgemeine Übersicht. — Spezieller Kursus: *Columba domestica*.

20. Kursus: **Säugetiere** 301
   Technische Vorbereitungen. — Allgemeine Übersicht. — Spezieller Kursus: *Lepus cuniculus*.

Einleitung.

A. Hilfsmittel.

Der Arbeitsplatz des Praktikanten kann natürlich sehr verschieden ausgestattet werden, doch empfiehlt es sich, Anfänger zunächst nur mit dem Allernotwendigsten an Instrumenten und Utensilien zu versehen. Eigene Erfahrung hat mir gezeigt, daß zunächst folgende Ausstattung ausreicht:

1. Ein kleines **Mikroskop**.

Es hat sich als praktisch herausgestellt, die Mikroskope, welche im Kurse gebraucht werden, von möglichst einheitlichem Typ zu wählen. Ein kleineres Stativ genügt, doch ist es zu empfehlen, Stative mit Zahn- und Triebwerk zu benutzen, denn wenn dieses fehlt und wenn die grobe Einstellung des Tubus mit der Hand erfolgen muß, so können erfahrungsgemäß mikroskopische Präparate, wie auch gelegentlich die Frontlinse des Objektivs schweren Schaden erleiden. Ferner muß das Mikroskop zur feineren Einstellung des Tubus mit Mikrometerschraube versehen sein. Zwei Objektive von 20—40facher und 200—400facher Vergrößerung genügen, ebenso ein schwaches Okular. Die Anbringung eines Revolvers für beide Objektive trägt erheblich zur Schonung der Linsen und der Gewinde bei.

2. Ein flacher offener **Instrumentenkasten**, der durch niedrige Querleisten in einige Fächer geteilt ist. Die auf der beifolgenden Abbildung wiedergegebene Einteilung hat sich uns schließlich als die zweckmäßigste erwiesen. Jeder Kasten trägt die Nummer des entsprechenden Arbeitsplatzes und enthält ein auf einem schmalen Karton gedrucktes Verzeichnis seines Inhalts. Dieser ist: eine größere und eine kleinere Pinzette, eine größere und eine kleinere Schere, zwei Präpariernadeln, ein Skalpell, ein Küchenmesser, ein Spatel, eine Pipette, eine Glasröhre, eine Uhrglasschale samt Holzuntersatz, eine Anzahl von Objektträgern, Deckgläsern und kräftigen Stecknadeln. Dazu kommt noch ein feiner Leinwandlappen.

3. Ein **Wachsbecken**, in welchem die Sektionen vorgenommen werden. Für unsere Zwecke ist eine ovale Form aus Zinkblech von 28 cm Länge, 18 cm größter Breite und 5 cm Höhe ausreichend. Eine etwas oberhalb des Bodens rings um die Seitenwand verlaufende Nute dient zur besseren Befestigung des Wachses, welches in das Becken hineingegossen wird. Ein solches Blechgefäß kostet etwa 1.25 Mark. In dieses Becken wird nun reines Wachs gegossen; von der des öfteren empfohlenen Mischung desselben mit anderen Stoffen, z. B. gebrauchtem Paraffin, ist nur abzuraten, da es alsdann zu brüchig wird.

Damit die Präparate sich besser vom Untergrunde abheben, wird das Wachs gefärbt. Dies geschieht, indem man es durch Erhitzen flüssig macht und alsdann eine Portion von käuflichem Frankfurter Schwarz hineinschüttet, umrührt und kurze Zeit aufkochen läßt, damit der Farbstoff sich gleichmäßig verteilt und beim Erkalten des Wachses nicht nach unten sinkt. In die horizontal gestellten Becken wird alsdann die flüssige Masse etwa 2 cm hoch eingegossen und langsam erkalten gelassen, um das lästige Rissigwerden zu vermeiden.

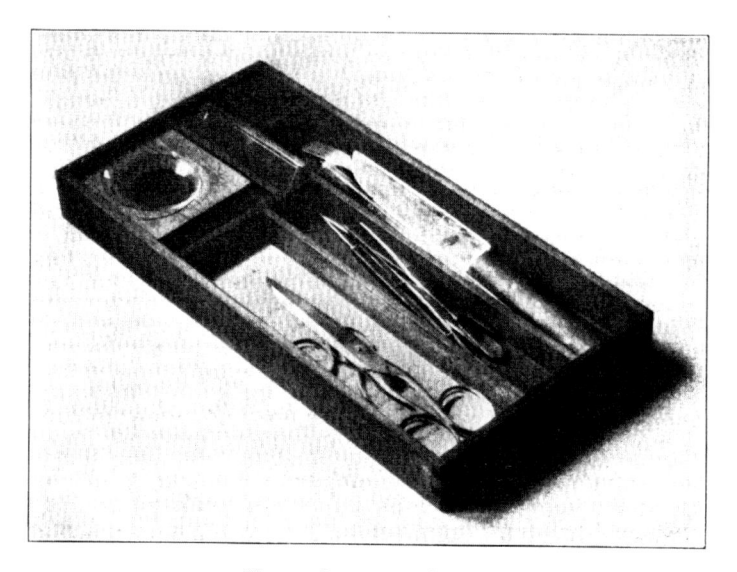

Fig. 1. Instrumentenkasten.

Von Utensilien, welche mehr gelegentlich Verwendung finden, und die daher nicht dauernd den Arbeitsplatz zu beengen brauchen, erwähne ich folgende.
4. Eine Anzahl chemischer **Reagentien**, die in einem mit Fächern versehenen Holzkästchen vereint sein können. In Betracht kommen vor allem: Glyzerin, Essigsäure, Salzsäure, Alkohol, physiologische Kochsalzlösung, von Farbstoffen besonders Alaunkarmin, und ferner eine Spritzflasche mit destilliertem Wasser. Alle anderen gelegentlich im Kurse benutzten Reagentien werden bei jedem Gebrauch ausgeteilt und dann wieder zurückgenommen.
5. Eine einfache **Stativlupe**.
6. Eine zur Hälfte weiß, zur andern schwarz gefärbte **Porzellanplatte**, die als Unterlage für die mit der Lupe zu betrachtenden Objekte dient.
7. Ein **Glas mit frischem Wasser** und für einige Praktikanten gemeinsam einen irdenen **Topf** oder einen **Eimer** zum Sammeln der Abfälle.

Vor Beginn des ersten Kursus werden die Praktikanten, von denen die meisten in der Regel noch nicht mikroskopiert haben, über das **Mikroskop und seinen Gebrauch** instruiert.

Zunächst werden die Hauptbestandteile eines Mikroskopes erläutert: das Stativ, der Objekttisch und der Tubus, von optischen Teilen: Spiegel, Objektiv und Okular. Nun hat der Praktikant das Mikroskop auf irgend ein Objekt einzustellen. Die grobe Einstellung muß von Anfängern stets von der Seite her kontrolliert werden, besonders bei Anwendung der stärkeren Vergrößerung; dann erst wird die feinere Einstellung mittels Mikrometerschraube vorgenommen. Die Zuführung von Licht erfolgt durch den unter dem Objekttisch angebrachten Spiegel. Um seitliche Strahlen auszuschalten, benutzt man die unterhalb des Objekttisches angebrachte drehbare Blende, bei schwacher Vergrößerung eine weitere, bei starker eine engere Öffnung. Direktes Sonnenlicht ist unter allen Umständen zu vermeiden; zweckmäßig ist es, das Mikroskop ungefähr 1 m vom Fenster entfernt aufzustellen und das diffuse Tageslicht (am besten das von weißen Wolken reflektierte) aufzufangen.

Stets ist das Objekt zunächst mit schwacher Vergrößerung zu betrachten, eine Regel, auf welche der Anfänger meist zu wenig Wert legt. Erst dann, wenn man sich mittels schwacher Vergrößerung über die Hauptsachen orientiert hat, ist stärkere anzuwenden. Man beachte hierbei, daß die Schärfe des Bildes vom Objektiv abhängt und das Okular nur dazu dient, das Bild zu vergrößern, daß also die schärfsten Bilder von starken Objektiven und schwachen Okularen geliefert werden.

Jeder Praktikant gewöhne sich daran, so viel als möglich zu zeichnen. Man lege das Zeichenheft rechts vom Mikroskope und versuche, mit dem linken Auge mikroskopierend, mit dem rechten auf das Papier schauend, das Gesehene wiederzugeben. Der Anfänger zeichnet in der Regel alles in viel zu kleinem Maßstabe, man gewöhne sich daher von Anfang an daran, große Zeichnungen zu entwerfen und das Papier nicht zu sparen. Für jede Zeichnung nehme man eine neue Seite und zeichne das Bild möglichst in die Mitte, um Notizen (Namen usw.) anbringen zu können.

Sehr vorteilhaft zur Einprägung anatomischer Tatsachen ist die Anwendung von Farbstiften in der Zeichnung. Man wähle für bestimmte Gewebe resp. Organe stets die gleichen Farben, also z. B. für den Darm: grün, die Haut: gelb, die Blutgefäße: rot, die Nerven: schwarz usw.

In gleicher Weise können auch die in diesem Buche gegebenen Abbildungen koloriert werden.

Die Reinhaltung seines Mikroskopes ist von jedem Praktikanten unbedingt zu verlangen; der Objekttisch darf niemals mit den vom Präparat herrührenden Flüssigkeiten, wie Wasser, Glyzerin oder Alkohol beschmutzt werden. Das Mikroskop wird am besten unter einer Glasglocke aufbewahrt, die auf einer runden Filzscheibe steht. Billiger als Glasglocken sind in Holzrahmen gefaßte Glasscheiben. Bei stark besuchten Kursen empfiehlt es sich, die mit den Nummern der Arbeitsplätze versehenen Mikroskope nach dem Gebrauche in einen Schrank zu stellen, um sie vor Verstaubung zu bewahren.

Der Tubus wird, wenn Zahn und Trieb fehlt, mit der Hand nicht direkt heruntergestoßen, sondern in drehender Bewegung verschoben. Wenn er sich schwer bewegen läßt, so hat sich Schmutz an seiner Wandung angesammelt, der durch Abreiben leichtlich entfernt wird. Es wird dann etwas Knochenöl auf einen Lappen getröpfelt und auf dem Tubus verrieben. Zu viel Öl zu nehmen ist indessen nicht gut, da der Tubus dann leicht aufs Objekt hinuntergleitet und dieses, sowie auch die Frontlinse des Objektivs beschädigt. Ist das Unglück dennoch geschehen, so wird der Tubus herausgezogen und die Objektivlinse sorgfältig mit einem weichen, reinen Leinwandlappen oder einem Stückchen Rehleder abpoliert. Ist die Linse mit Kanadabalsam in Berührung gekommen, so benetze man einen Zipfel des Tuches mit etwas Chloroform, Terpentinöl oder Xylol und reinige die Linse damit. Doch muß das vorsichtig und schnell geschehen, denn die Linsen sind mit Kanadabalsam eingekittet und könnten sich lösen.

Die Linsen der Objektive und Okulare und den Spiegel berühre man niemals mit dem Finger. Niemals schraube man Objektive und Okulare auseinander.

Zur Aufnahme der Präparate dienen die Objektträger, rechteckige Glasplatten, die der Anfänger nicht zu klein wählen soll (englisches Format, 76 zu 26 mm, oder größer). Die gekauften Objektträger sind nicht ohne weiteres zu benutzen, sondern müssen erst gereinigt werden. Das geschieht am besten durch Einlegen in eine mit Wasser gefüllte Glasschale, in welche etwas pulverisiertes doppeltchromsaures Kali, sowie ein paar Kubikzentimeter konzentrierte Schwefelsäure gebracht werden. Nach 1—2 Tagen werden sie mit reinem Wasser abgespült und abgetrocknet oder in einem Glase unter Alkohol aufbewahrt. Ganz ebenso hat man mit den im Handel bezogenen Deckgläschen zu verfahren.

Letztere, kleine, viereckige oder runde, sehr dünne Glasplatten, werden auf das Objekt gelegt, das stets mit einer Zusatzflüssigkeit: Wasser, Glyzerin, Alkohol usw. versehen sein muß. Nur wenige Objekte werden ohne Deckgläschen oder trocken untersucht.

Die Herstellung der Präparate muß in erster Linie in Rücksicht darauf erfolgen, daß sie das Licht bis zu einem gewissen Grade durchlassen. Bei kleinen Objekten, wie z. B. Infusorien oder dünnen Geweben, ist das ohne weiteres der Fall, von anderen, welche infolge ihrer Dicke undurchsichtig sein würden, müssen Teile auf den Objektträger gebracht werden. Entweder geschieht das durch Zerzupfen oder durch Herstellung dünner Scheiben.

Das Zerzupfen wird mittels zweier in Griffen befestigter Nadeln besorgt; am besten eignen sich dafür Muskeln und Sehnen. Andere Teile lassen sich dagegen nur durch Zerschneiden in dünne Scheiben der Untersuchung mit dem Mikroskope zugänglich machen. Am leichtesten gelingen Schnitte mit einem guten Rasiermesser.

Dabei ist folgendes zu beobachten: Man benetze die Klinge stets mit Wasser, oder wenn in Alkohol konservierte Stücke zerschnitten werden sollen, mit 70%igem Alkohol. Dann drücke man nicht das Messer gegen das mit Daumen und Zeigefinger der linken Hand erfaßte Objekt, sondern ziehe es langsam gegen sich hindurch. Bald wird man so viel Übung haben, einen hinreichend dünnen, also brauchbaren Schnitt herstellen zu können.

Nach beendigtem Schneiden ist das Messer stets wieder trocken zu wischen.

Will man kleine Wassertiere unter dem Mikroskope lebend betrachten, wie z. B. *Hydra*, so bringe man sie unter das Mikroskop zunächst ohne Deckglas mit verhältnismäßig viel Wasser. Will man ein Deckglas anwenden, so muß man bedenken, daß die Schwere eines solchen hinreichend ist, die meisten Tiere zu zerquetschen; man stütze das Deckglas daher entweder durch ein paar seitlich an den Rand gebrachte Haare, Papier- oder Holzstückchen oder durch Anbringung von vier Wachsfüßchen auf der Unterseite in den Ecken. Gewöhnliches Wachs haftet nicht fest am Glas, am besten hat sich eine Mischung von drei Teilen gelben Baumwachses, einem Teil Vaseline und einem Teil Kanadabalsam bewährt.

Teile lebender Gewebe untersucht man nicht in Wasser, sondern in physiologischer Kochsalzlösung (0,75 %ige wässerige Lösung).

Als Aufhellungsmittel für manche tote Objekte wird Glyzerin, meist mit etwas Wasser vermischt, angewandt, in einzelnen Fällen, bei manchen Alkoholpräparaten, läßt sich auch in unserem Elementarkurse als Aufhellungsmittel Nelkenöl verwenden, alsdann ist aber das Objekt erst durch absoluten Alkohol hindurchzuführen.

Wie in einzelnen Fällen Reagentien und einfache Färbemittel angewandt werden, ist in den betreffenden Kapiteln ausgeführt. Vorgeschrittenere sind auf die reiche darüber existierende Literatur (BEHRENS, KOSSEL und SCHIEFERDECKER, „Das Mikroskop und die Methoden der mikroskopischen Untersuchung", BÖHM und OPPEL, „Taschenbuch der mikroskopischen Technik", RAWITZ, „Leitfaden für histologische Untersuchungen", APATHY, „Die Mikrotechnik der tierischen Morphologie", LEE und MAYER, „Grundzüge der mikroskopischen Technik für Zoologen und Anatomen", STÖHR, „Lehrbuch der Histologie", K. C. SCHNEIDER, „Histologisches Praktikum der Tiere" u. a. m.) zu verweisen.

B. Allgemeine Übersicht über Zelle und Gewebe.

Wie die Pflanzen, so bestehen auch die Tiere aus organischen Einheiten: den Zellen.

Entweder wird der Körper eines Tieres nur von einer Zelle gebildet: **Protozoen**, oder zahlreiche Zellen treten zu bestimmten Verbänden, den Geweben, zusammen, und diese vielzelligen tierischen Organismen werden den einzelligen Protozoen als **Metazoen** gegenübergestellt.

Die Zelle.

Die Zelle ist sowohl in morphologischer wie in physiologischer Hinsicht die letzte Lebenseinheit. Ihre einzelnen Teile können nicht für sich existieren, sondern sind nur Zellorgane, und in der Zelle spielt sich der Prozeß des Lebens ab.

Wesentlich für jede Zelle sind zunächst zwei Bestandteile: das Protoplasma und der Kern. Keiner von beiden kann in der Zelle fehlen.

Die Zelle ist also zu definieren als ein Klümpchen Protoplasma mit einem Kern.

Das Protoplasma besteht aus einem sehr komplizierten Gemenge verschiedener flüssiger Substanzen, besonders Eiweißkörper und wird aufgebaut aus einer sehr fein schaumartig oder wabenartig strukturierten Grundmasse, in welcher in größerer oder geringerer Zahl kleine Körnchen („Mikrosomen") verschiedenartigster Natur eingebettet sind, und aus dem von den Schaumwaben eingeschlossenen flüssigen Inhalt.

In allen Metazoenzellen und bei einigen Protozoen kommt noch als dritter wesentlicher Bestandteil der Zelle das Centrosoma hinzu, ein äußerst kleines kugeliges Gebilde, welches bei der Zellteilung eine wichtige Rolle spielt.

Ein nicht wesentlicher Bestandteil der Zelle ist die Zellmembran, welche ein Absonderungs- oder Umwandlungsprodukt der äußeren Protoplasmaschicht ist und der Zelle fehlen kann.

Der Kern (Nucleus) baut sich ebenfalls aus verschiedenen Bestandteilen auf, von denen die vier wesentlichsten sind: 1. der Kernsaft, eine homogene Flüssigkeit, 2. das Chromatin oder Nuclein, welches sich durch eine starke Färbbarkeit mit gewissen Farbstofflösungen auszeichnet und in Form von Gerüsten, Fäden oder Körnchen auftritt, 3. das Achromatin oder Linin, eine wenig färbbare, zarte Gerüstsubstanz, und 4. das Paranuclein, meist als Kernkörperchen, Nucleolus gesondert. Hierzu kommt noch in den meisten Fällen eine Kernmembran.

Die Zellen sind Träger der Lebenseigenschaften, die sich in vier Gruppen zerlegen lassen: 1. die Bewegungserscheinungen, 2. die Reizerscheinungen, 3. den Stoffwechsel und 4. die Fortpflanzung.

Die Bewegung äußert sich als amöboide Bewegung in Gestaltveränderungen des Protoplasmas, als Geißel- und Flimmerbewegung durch Ausbildung feiner, stark beweglicher Protoplasmafortsätze, als Körnchenströmung im Innern des Protoplasmas, und als Muskelbewegung.

Die Reizerscheinungen äußern sich in einer Veränderung der spontanen Lebenserscheinungen der lebendigen Substanz, die entweder in einer Steigerung derselben: Erregung oder in einer Herabsetzung: Lähmung zum Ausdruck kommt.

Die hauptsächlichsten von außen kommenden Reize, auf welche die lebendige Substanz zu reagieren vermag, sind chemische, mechanische, Wärme-, Licht- und elektrische Reize.

Zu den wichtigsten gehören die Wärmereize. Das Überschreiten bestimmter oberer oder unterer Temperaturgrenzen führt den Tod herbei.

Der Stoffwechsel der Zelle beruht auf der Aufnahmefähigkeit bestimmter Substanzen (Ernährung), der Fähigkeit sie in gelösten Zustand überzuführen (Verdauung) und sie zum Aufbau lebendiger Substanz zu verwenden (Assimilation). Dieser progressiven Stoffmetamorphose steht die regressive gegenüber, indem sich die Lebenssubstanz in einer beständigen Selbstzersetzung zu einfacheren chemischen Verbindungen befindet und potentielle Energie (intramolekulare Wärme) in kinetische umwandelt. Die von der Zelle abgegebenen Produkte sind Exkrete oder, wenn sie noch weiter im Leben des Organismus verwandt werden, Sekrete.

Die der Zelle zukommende Fähigkeit der Aufnahme von Sauerstoff, um bestimmte Plasmaprodukte zu oxydieren, ist die Atmung. Ausgeatmet wird die durch diesen Prozeß gebildete Kohlensäure und Wasser.

Die Fortpflanzung kann als ein Wachstum über das Maß des Individuums aufgefaßt werden. Der Stoffwechsel bildet mehr lebendige Substanz als in der Zelle zerfällt, und da die Zelle eine gewisse Größe nicht zu überschreiten vermag, so teilt sie sich. Die Fortpflanzung beruht also auf Teilung der lebendigen Substanz der Zelle („omnis cellula e cellula"). Bei der Zellteilung spielen Centrosoma und Kern eine wichtige Rolle („omnis nucleus e nucleo").

Entweder ist die Kernteilung eine direkte, indem sich der Kern einfach zerschnürt, oder eine indirekte (Mitose), indem sich zuerst das Centrosoma in zwei Teile teilt, die durch eine Strahlenfigur verbunden sind, dann das in kurze Stücke, Chromosomen, zerfallene Chromatin in ganz gleichmäßiger Verteilung an beide Pole rückt, und endlich die Bildung zweier neuer Kerne und die Zerschnürung des Protoplasmas erfolgt.

Die Gewebe.

Gewebe sind Verbände gleichartig differenzierter Zellen. Durch das Auftreten des Prinzips der Arbeitsteilung werden die Lebensfunktionen, welche in der einzelnen freilebenden Zelle noch vereinigt sind, auf die verschiedenen Gewebe übertragen, und wir unterscheiden von diesem Gesichtspunkte aus vier verschiedene Arten derselben: Epithelgewebe, Stützgewebe, Muskelgewebe, Nervengewebe.

1. **Epithelgewebe** nennen wir die flächenhaft ausgebreiteten Zellverbände, welche die äußere Oberfläche wie die Wandungen der inneren Hohlräume überziehen. Die Epithelien haben entweder die Funktion des Schutzes, oder der Abscheidung für den Organismus brauchbarer (Sekrete), oder unbrauchbarer Stoffe (Exkrete), oder der Aufnahme von außen kommender Reize, und demgemäß unterscheiden wir Deckepithel, Drüsenepithel und Sinnesepithel.

a) Das Deckepithel heißt, wenn es nur eine Zellschicht hoch ist (wie in der Oberhaut fast aller Wirbellosen), einschichtig, wenn mehrere Zellagen übereinanderliegen, mehrschichtig (wie in der Oberhaut der Wirbeltiere). Je nach der verschiedenen Höhe der einzelnen Zellen unterscheidet man Zylinderepithel, kubisches oder Pflasterepithel und Plattenepithel.

Besitzen die einzelnen Zellen eines Epithels an ihrer freien Fläche je einen kräftigen, schwingenden Protoplasmafortsatz, so reden wir von Geißelepithel, sind statt dessen viele kleinere Wimpern auf der Oberfläche einer jeden Zelle vorhanden, von Wimper- oder Flimmerepithel.

Durch gemeinsame Ausscheidung einer Membran an der freien Oberfläche entsteht als schützende Hülle die Cuticula, welche bei manchen Wirbellosen (in den Chitinpanzern der Insekten, den Muschelschalen usw.) eine bedeutende Dicke erreichen kann. Eine weitere gemeinsame Ausscheidung, die an der Basalseite der Epithelien entsteht, ist die Stützmembran.

Bei mehrschichtigen Epithelien fehlt meist die Cuticula, die durch die obersten flachen, chemisch umgewandelten („verhornten") Zellschichten ersetzt wird.

b) Das Drüsenepithel besorgt die Abscheidung von Sekreten oder Exkreten. Entweder sind es einzelne Zellen, welche in einer Reihe mit den anderen Epithelzellen liegen, häufig auch eine enorme Größe erreichen und einzellige Drüsen genannt werden, oder es sind vielzellige Drüsen, indem mehrere nebeneinander gelagerte Epithelzellen sezernierend wirken und sich ins Innere des Körpers einstülpen. Der obere Teil fungiert dann in der Regel nur als Ausführgang, während der Endabschnitt sekretorisch tätig ist. Stellen die Drüsen einfache oder verästelte Schläuche dar, so nennt man sie tubulöse Drüsen,

sind sie traubig verästelt, mit Beschränkung der sezernierenden Zellen auf die bläschenförmigen Endabschnitte, so heißen sie alveoläre Drüsen.
Die Geschlechtsdrüsen sind Epithelien, meist ebenfalls von drüsenartiger Form, welche die Geschlechtszellen erzeugen.

c) Das Sinnesepithel.

Die zur Aufnahme von Sinneseindrücken bestimmten Epithelzellen tragen an ihrem freien Ende Sinneshärchen oder kürzere und dickere Bildungen: Sinnesstifte, oder noch ansehnlichere Gebilde: Stäbchen, und sind am unteren Ende durch feine Nervenendäste mit dem Zentralnervensystem verbunden.

2. **Stützgewebe.**

Während bei den Epithelien die Zellen die Hauptrolle spielen und den von ihnen abgeschiedenen Produkten nur eine untergeordnete Bedeutung zukommt, ist bei dem Stützgewebe das Umgekehrte der Fall. Die von den Zellen des Stützgewebes abgeschiedenen Produkte sind die Intercellularsubstanzen. Die Hauptfunktion des Stützgewebes ist schon in seiner Bezeichnung ausgesprochen, indem es vornehmlich zur Festigung des Körpers beiträgt. Wir unterscheiden drei verschiedene Formen des Stützgewebes: a) Bindegewebe, b) Knorpel und c) Knochen.

Das **Bindegewebe** ist ein zelliges, wenn die Intercellularsubstanz gegenüber den Zellen zurücktritt. Häufig treten in den Zellen mit Flüssigkeit gefüllte Vakuolen auf, welche den Zellen ein bläschenförmiges Aussehen verleihen: blasiges Bindegewebe. Durch Abscheidung von Fettröpfchen in den Zellen entsteht das Fettgewebe. Treten Farbstoffkörnchen in den Bindegewebszellen auf, so haben wir Pigmentzellen vor uns.

Durch das Auftreten reichlicher Intercellularsubstanz vom zelligen Bindegewebe unterschieden sind das faserige Bindegewebe und das Gallertgewebe.

Beim faserigen Bindegewebe ist die Intercellularsubstanz in Fasern differenziert, die beim Kochen Leim erzeugen. Entweder liegen die Fasern wirr durcheinander oder sind in Bündel vereint, die, wenn sie parallel zueinander verlaufen, das Sehnengewebe liefern.

Das Gallertgewebe zeichnet sich durch den Besitz einer homogenen, gallertigen Intercellularsubstanz aus, innerhalb deren die Bindegewebszellen liegen.

Im faserigen Bindegewebe wie im Gallertgewebe können außerdem noch besondere Fasern auftreten, die elastischen Fasern; wenn sie in ersterem überwiegen, so reden wir von elastischem Bindegewebe.

Das **Knorpelgewebe** entsteht aus faserigem Bindegewebe — welches sich in einer die Knorpeloberfläche überziehenden Haut, dem Perichondrium, erhält — durch Ausscheidung einer Intercellularsubstanz, der Knorpelsubstanz. Bleiben die Bindegewebsfasern erhalten, so haben wir Faserknorpel, wird die Intercellularsubstanz homogen: Hyalinknorpel, und treten elastische Fasern in größerer Zahl auf: elastischen Knorpel.

Durch Auftreten von Kalksalzen kann der Knorpel verkalken (nicht zu verwechseln mit Knochengewebe!).

Das **Knochengewebe** entsteht aus Bindegewebszellen, Osteoblasten, durch Ausscheidung einer Intercellularsubstanz, Osseïn, in welche sich anorganische Stoffe, in erster Linie phosphorsaurer Kalk,

Einleitung: Zelle und Gewebe. 9

einlagern. Indem immer neue Lagen von Knochensubstanz gebildet werden, entsteht eine geschichtete Struktur derselben, die **Grundlamellen**. Außerdem bilden sich in der Knochensubstanz dem Verlauf von Blutgefäßen dienende Kanäle, die **Haversischen Kanäle**, um welche sich in konzentrischer Schichtung neue Lamellen, die **Haversischen Lamellen**, lagern.

Ein Teil der Osteoblasten wird ringsum von Knochensubstanz umschlossen und wird zu den **Knochenzellen**, die mittels zahlreicher Fortsätze untereinander zusammenhängen.

Das **Zahngewebe** oder **Dentin** unterscheidet sich dadurch vom Knochengewebe, daß die Bildungszellen, **Odontoblasten**, nicht von der ausgeschiedenen Intercellularsubstanz umgeben werden, sondern an deren Basis verharren und feine parallele Ausläufer in sie hineinsenden.

3. Muskelgewebe.

In den Muskelzellen ist die Eigenschaft der Kontraktilität, welche allem Protoplasma zukommt, wesentlich gesteigert und an eine besondere Substanz, die **Muskelsubstanz**, gebunden. Diese Muskelsubstanz tritt in Form von langgestreckten, stark lichtbrechenden Fäden, den **Muskelfibrillen** auf, in deren Längsrichtung die Kontraktion erfolgt. Die Muskelfibrillen sind entweder glatte oder quergestreifte, erstere aus gleichmäßiger Muskelsubstanz, letztere aus zwei alternierenden Substanzen, einer doppelt lichtbrechenden und einer einfach lichtbrechenden (**Zwischenscheiben**), gebildet. Wir unterscheiden danach **glatte** und **quergestreifte Muskelzellen**. Indem die einzelnen Fibrillen letzterer in der Weise angeordnet sind, daß die Zwischenscheiben in gleiche Ebenen zu liegen kommen, erscheint die ganze Zelle quergestreift.

Nach ihrer Herkunft unterscheidet man zwei Arten von Muskelzellen: a) **Epithelmuskelzellen** und b) **kontraktile Faserzellen** des Bindegewebes.

Der Teil des Zellprotoplasmas, welcher den Kern umgibt, wandelt sich nicht in Muskelsubstanz um, und heißt das **Muskelkörperchen**. Finden sich viele Muskelkörperchen, so spricht man nicht mehr von einer Muskelzelle, sondern von einer Muskelfaser. Die Muskelfaser wird umhüllt von einer dünnen Membran, dem **Sarcolemma**, der Zellmembran entsprechend.

4. Nervengewebe.

Das Nervengewebe hat die Funktion der Übertragung von Erregungszuständen, indem es äußere Reize und Willensimpulse fortpflanzt. Das Gewebselement des Nervengewebes ist das **Neuron**. Neuronen sind Zellen, welche oft sehr lange Fortsätze, die Nervenfortsätze, aussenden. Den Zellkörper selbst nennt man **Nerven-** oder **Ganglienzelle**, die Nervenfortsätze **Nervenfasern**.

Die hauptsächlich im Zentralnervensystem liegenden Ganglienzellen nennt man **multipolare**, wenn sie mehrere Fortsätze haben, **bipolare** mit zwei solchen, **unipolare** mit einem Nervenfortsatz.

An multipolaren Ganglienzellen heißt ein oft stark ausgeprägter Fortsatz **Nervenfortsatz**, die anderen, stark verzweigten, in ein Gewirr feinster Fasern sich teilenden protoplasmatischen Fortsätze heißen: **Dendriten**.

Die Nervenfasern leiten entweder äußere Reize zum Zentralorgan und heißen dann **sensible** oder innervieren vom Zentralorgan aus die Muskeln: **motorische**.

Entweder sind die Nervenfasern von einer Schicht, dem Mark (Myelin), umgeben und heißen dann markhaltige oder dieses Mark fehlt und dann sind es marklose.

Beide Arten können noch von einer zarten Hülle, dem Neurilemm (SCHWANNsche Scheide) umgeben sein, so daß wir vier Arten von Nervenfasern haben: 1. marklose ohne Neurilemm, 2. marklose mit Neurilemm, 3. markhaltige ohne Neurilemm (nur im Zentralnervensystem), 4. markhaltige mit Neurilemm.

Der Nervenfortsatz in den markhaltigen Fasern wird auch Achsenzylinder genannt.

Die Stämme des Tierreiches.

A. **Protozoa.** Einzellige Tiere.
    I. Protozoa.

B. **Metazoa.** Vielzellige Tiere.
    II. Coelenterata.
    III. Platodes
    IV. Vermes.
    V. Echinodermata.
    VI. Mollusca.
    VII. Arthropoda.
    VIII. Tunicata.
    IX. Vertebrata.

Systematischer Überblick
für den ersten Kursus.

I. Stamm.
Protozoa, Urtiere.

Einzellige Organismen. Bewegung und oft auch Nahrungsaufnahme erfolgt durch verschiedenartige Protoplasmafortsätze. Als Exkretionsorgane fungieren kontraktile Vakuolen. Fortpflanzung ungeschlechtlich durch Teilung, Knospung oder Sporenbildung. Sehr verbreitet, wahrscheinlich ganz allgemein, ist die dem Befruchtungsprozeß der Metazoen entsprechende Konjugation oder Kopulation.

I. Unterstamm: Plasmodroma.

Bewegung durch Scheinfüßchen oder Geißeln, mit einem oder mehreren meist bläschenförmigen Kernen.

I. Klasse: Flagellata, Geißeltierchen.

Bewegung durch einen oder zwei, selten mehrere konstante, lange schwingende Protoplasmafortsätze: Geißeln. Oft mit Zellenmund und Zellenafter.

1. Ordnung: Autoflagellata.

Nackt oder mit Cuticula versehen. Meist 1—2 Geißeln, mitunter mit undulierender Membran. Einige Formen Chlorophyll enthaltend und zu pflanzlichen Organismen überführend, z. T. Parasiten. *Euglena*, *Trypanosoma*.

2. Ordnung: Dinoflagellata.

Körper mit derber Membran aus Celluloseplatten zusammengefügt. Mit zwei Geißeln, von denen die eine in einer ventralen Längsfurche eingelagert ist, die andere in einer queren Ringfurche schwingt. Durch die Art der Ernährung als pflanzliche Organismen aufzufassen. *Ceratium*.

3. Ordnung: Cystoflagellata.

Gallertiger, von Membran umschlossener Körper. *Noctiluca*.

II. Klasse: Rhizopoda, Wurzelfüßer.

Protozoen mit veränderlichen und einziehbaren Fortsätzen des Protoplasmas, den Scheinfüßchen oder Pseudopodien. Ohne konstante Mund- und Afteröffnung.

1. Ordnung: Amoebina.

Körper ohne Schale, aus weicherem, körnchenreichem Entoplasma und festerem, hellerem Ektoplasma bestehend, mit fingerförmigen Pseudopodien. *Amoeba*.

2. Ordnung: Foraminifera.

Körper mit Schale aus chitiniger Substanz, die meist verkalkt ist oder Sandteilchen aufnimmt, seltener mit kieseliger Schale. Pseudopodien meist fadenförmig. *Arcella*, *Difflugia*, *Gromia*, *Miliola*, *Orbulina*, *Polystomella*, *Globigerina*, *Nummulites*.

3. Ordnung: **Heliozoa**, Sonnentierchen.

Von kugeliger Gestalt, mit feinen strahlenförmigen, nur selten verschmelzenden Fortsätzen, die innen häufig einen festeren Achsenfaden besitzen, der bei vielen bis zum Zentrum des Körpers geht. Der Körper besteht aus dem äußeren vakuolisierten Ektoplasma und dem inneren körnigen Entoplasma, die nicht durch eine Membran getrennt sind. Meist mit regelmäßig angeordnetem Kieselskelett. Fast durchweg Süßwasserbewohner. *Actinosphaerium.*

4. Ordnung: **Radiolaria**, Strahltierchen.

Die Pseudopodien strahlenförmig und vielfach netzig verbunden. Das Körperprotoplasma durch eine feste Membran in ein äußeres (Extracapsulum) und ein inneres kernhaltiges (Zentralkapsel) geschieden. Skelett aus Kieselsäure oder (bei den Acantharien) aus Strontiumsulfat bestehend. *Thalassicolla, Collozoum, Acanthometra.*

5. Ordnung: **Mycetozoa**, Schleimtiere.

Vielfach zu den Pflanzen gerechnet. Sehr große amöboid bewegliche Protoplasmakörper (Plasmodien) mit zahlreichen Kernen, die sich bei Trockenheit encystieren. Fortpflanzungskörper sind die Sporenblasen und die Caryome, an Pilze erinnernd. *Aethalium.*

III. Klasse: Sporozoa,

Entoparasitische Protozoen, in erwachsenem Zustande ohne Fortbewegungsorgane. Ernährung durch Endosmose. Fortpflanzung durch Sporenbildung, auch Teilung. Häufig Generationswechsel.

A. Telosporidia.

Erst am Ende ihres vegetativen Lebens Sporen bildend. Einkernig.

1. Ordnung: **Gregarinida.**

Körper meist länglich, mit äußerer Cuticula, unter welcher eine Schicht kontraktiler Fäden liegt. Sporenbildung in encystiertem Zustand. In der Jugend Zellparasiten, später frei in Darm oder Leibeshöhle wirbelloser Tiere. *Monocystis tenax, Gregarina blattarum.*

2. Ordnung: **Coccidiaria.**

Zellparasiten. Körper kugelig oder eiförmig. Fortpflanzung in encystiertem und cystenlosem Zustande. Beide Fortpflanzungsarten (Sporogonie und Schizogonie) alternieren. *Coccidium schubergi.*

3. Ordnung: **Haemosporidia.**

Blutschmarotzer. Im erwachsenen Zustand wurmförmig, im Blutserum oder amöboid in den Blutzellen. *Plasmodium malariae.*

B. Neosporidia.

Während des ganzen vegetativen Lebens Sporen bildend. Vielkernig.

4. Ordnung: **Cnidosporidia.**

Amöboid oder unbewegliche Cysten. Sporen mit Nesselkapseln. Meist in Fischen und Arthropoden. *Myxobolus. Nosema.*

5. Ordnung: **Sarcosporidia.**

Körper meist gestreckt, schlauchförmig. In der Jugend Muskelzellenschmarotzer. Cystenbildend. *Sarcocystis.*

II. Unterstamm: **Ciliophora.**

Bewegung durch zahlreiche Wimpern, mit einem oder mehreren dicht gebauten Hauptkernen und einem bis vielen bläschenförmigen Nebenkernen.

Systematischer Überblick.

IV. Klasse: Ciliata, Infusorien.

Wimpern während des ganzen Lebens vorhanden. Nahrungsaufnahme durch Osmose oder durch den Zellenmund.

1. Ordnung: Holotricha.

Mit gleichartiger Bewimperung des Körpers. *Paramaecium, Opalina ranarum.*

2. Ordnung: Heterotricha.

Außer gleichartiger Bewimperung noch eine adorale Wimperspirale vorhanden, die zur Mundöffnung führt. *Stentor.*

3. Ordnung: Peritricha.

Nur mit adoraler Wimperspirale, die sich auf einen von ihr umgebenen Deckel, die Wimperscheibe, fortsetzt. Meist mit Stiel zum Festheften. *Vorticella.*

4. Ordnung: Hypotricha.

Abgeplatteter, in Bauch- und Rückenseite gesonderter Körper. Auf der Bauchseite eine adorale Wimperspirale, mehrere Längsreihen von Wimpern und einzelne größere Borsten und Haken. Der Rücken entweder nackt oder mit einzelnen Borsten versehen. *Oxytricha, Kerona.*

V. Klasse: Suctoria.

Wimpern nur an den freischwimmenden Jugendstadien vorhanden. Nahrungsaufnahme durch feine Saugfüßchen. Festsitzend. *Acineta.*

1. Kursus.
Protozoa.

Technische Vorbereitungen.

Etwa 2—3 Wochen vor Beginn dieses Kursus werden ein paar größere Glasgefäße mit frischem Wiesenheu gefüllt und dieses mit Wasser übergossen. Nach einigen Tagen Stehens in einem warmen Raume untersuche man mittels des Mikroskopes, ob sich Infusorien in der Flüssigkeit vorfinden. Ist das nicht der Fall, so hole man sich aus einem Tümpel oder Teich etwas Wasser, in dem man sicher sein kann Infusorien anzutreffen, und impfe mit derartigem Wasser den Heuaufguß. Nach weiteren 8—14 Tagen wird man die Flüssigkeit von Infusorien, besonders Paramaecien, wimmeln sehen. Etwa 14 Tage nach der Impfung sind die Kulturen am reichhaltigsten. In länger stehenden Aufgüssen nehmen die Paramaecien wieder schnell an Zahl ab, sie „degenerieren". Paramaecien kann man auch züchten, wenn man Kiemen- oder Fußstücke der Teichmuschel einige Tage im Wasser liegen läßt.

Der günstigste Zeitpunkt für die Impfung ist dann eingetreten, wenn sich an der Oberfläche des Aufgusses eine dicke Bakterienschicht gebildet hat. Man vermeide es, kleine Krebse, Copepoden oder Daphniden, in die Gläser zu bringen.

Am zahlreichsten finden sich nun die Infusorien auf der Oberfläche des Heuaufgusses in einem filzigen Häutchen. Derartige, oft metallisch schillernde Häutchen kann man auch im Freien, an der Oberfläche von Tümpeln und Teichen entdecken und ist dann sicher, eine reiche Ausbeute an Infusorien wie Amöben zu machen.

Eine sehr einfache und praktische Methode, eine große Menge von Infusorien, speziell Paramaecien, auf einen möglichst kleinen Raum zu konzentrieren, ist folgende. Ein paar Stunden vor dem Kurse werden etwa $1/2$ m hohe, an einem Ende zugeschmolzene oder verkorkte Glasröhren mit dem Heuaufguß gefüllt und aufrecht gestellt. Nach Verlauf einiger Zeit sieht man schon mit bloßem Auge, wie die oberste Wasserschicht in der Glasröhre von den aufsteigenden Paramaecien weißlich gefärbt wird, und man kann nun mit der Pipette kleine Mengen dieses dichtbevölkerten Wassers abheben und auf die Objektträger geben. Wir haben uns damit eine Art „Paramaecienfalle" konstruiert, an der sich gleichzeitig sehr schön der negative Geotropismus dieser Tiere demonstrieren läßt.

Bevor sich die Paramaecienkulturen voll entwickelt haben, wird man fast stets im Aufguß eine kleinere Infusorienform, *Colpidium colpoda*, antreffen, die aber in der Regel nach ein paar Tagen wieder verschwindet.

Um andere Infusorien zu erhalten, stellt man zweckmäßig eine Anzahl großer, mit Glasplatten zu bedeckender Gläser auf, welche mit Algen, Wasserlinsen usw. erfülltes Wasser von verschiedenen Fundorten enthalten. Es empfehlen sich da besonders die Teiche der botanischen Gärten, sowie im Winter das Wasser in den Kübeln der Gewächshäuser. Stentoren lassen sich leicht in Menge züchten, wenn man angefaulte Salatblätter in ein mit Wasser gefülltes Glas wirft und einige Stentoren hinzusetzt.

Manche größere Protozoenarten, wie *Actinosphaerium*, *Lacrymaria*, *Spirostomum* und *Stentor*, vermag man nach einiger Übung schon mit dem bloßen Auge zu sehen; auch Vorticellen kann man bereits im Freien erkennen, als weiße Überzüge an Holzstückchen, Zweigen und Wurzeln; doch bedarf es dazu einiger Übung. Um solche Protozoen aus dem gegen das Licht gehaltenen Glase herauszuheben, benutzt man eine dünne Glasröhre, die man oben mit dem Finger verschließt, in das Wasser über das zu fangende Tier einführt und nun den Finger abhebt. Mit dem in das Glasrohr eindringenden Wasserstrom wird auch die Beute heraufgerissen; jetzt schließt man das Glasrohr wieder oben durch Aufdrücken des Fingers und kann nun die darin enthaltene Wassersäule herausheben und mit der Beute in ein Uhrschälchen oder auf den Objektträger fließen lassen. *Actinosphaerium* kann in breiten, im Schatten stehenden Schalen mit Wasserlinsen und abgefallenem Laub gezüchtet werden. Zur Fütterung nimmt man Stentoren und Paramaecien.

Einige Anweisungen dürften auch bei der Jagd auf Amöben von Nutzen sein. Kleine Amöben findet man häufig in dem Häutchen, welches sich auf Paramaecienkulturen bildet, die großen Arten sind dagegen in vegetabilischem Schlamm zu suchen, der aus stehenden Tümpeln stammt. Amöben sind ferner fast stets an der Unterseite der Blätter von Wasserrosen zu finden. Auch aus dem Darme von Küchenschaben kann man sich Amöben verschaffen. Sie leben in deren Enddarm, und können leicht gewonnen werden, wenn man einer mit Äther betäubten Küchenschabe den hintersten Körperteil und den Kopf abschneidet, dann den Darm von hinten her mit einer Pinzette vorsichtig herauszieht, öffnet und den Inhalt in $^3/_4$ prozentiger Kochsalzlösung auf einen Objektträger streicht.

Schöne Amöbenpräparate erhält man, wenn man auf die Wasseroberfläche ein Deckgläschen legt, und es nach Verlauf einiger Zeit mit der dünnen, gerieften Pinzette vorsichtig abhebt. Meist wird man dann auf der Unterseite Amöben in großer Zahl antreffen.

Soll von einem solchen Präparat aller Schmutz entfernt werden, so streife man das Deckgläschen auf einem Objektträger ab und lasse die Flüssigkeit 5—10 Minuten auf ihm stehen. Während dieser Zeit haben sich die Amöben an ihrer Unterlage festgeheftet, und durch vorsichtiges Abspülen mit Wasser kann man alle fremden Beimengungen entfernen.

Schließlich beachte man, daß in faulig gewordenem Wasser sich andere Protozoenfaunen entwickeln, und gieße deshalb den Inhalt eines solchen Glases nicht weg.

A. Allgemeine Übersicht.

Die Protozoen sind einzellige Tiere, im Gegensatz zu allen anderen, den Metazoen, welche vielzellig sind. Fast alle Protozoen sind von sehr geringer Körpergröße. Echte Gewebe, wie echte Organe fehlen ihnen, und die verschiedenen Funktionen, welche bei den mehrzelligen Tieren auf verschiedene Organe verteilt sind, werden noch sämtlich vom Protoplasma der Zelle versehen.

Die niedersten Protozoen weisen nur eine aus Protoplasma und Zellkern bestehende Leibesmasse auf. Das Protoplasma ist außen hyaliner und fester (Ektoplasma), innen weicher und körniger (Entoplasma). Bei den höheren Protozoen kommt es zu einer weiteren Differenzierung des Protoplasmas, indem sich Einrichtungen bilden, welche als Zellorgane (Organellen) bezeichnet werden. So erfolgt die

Bewegung bei vielen durch breite, lappige oder dünne, fadenförmige Fortsätze, die wieder in den Körper eingezogen werden können; bei anderen dagegen bilden sich dauernde Anhänge, die Geißeln und Wimpern aus, die durch ihr Schlagen das ganze Tier vorwärts zu bewegen vermögen. Ferner kann auch bei höher organisierten Protozoen eine bestimmte Körperstelle als Mund, eine andere als After funktionieren, indem die Nahrung durch ersteren aufgenommen, die unbrauchbaren Bestandteile durch letzteren entleert werden. Bei anderen Protozoen kann dagegen jede beliebige Stelle der Körperoberfläche zur Nahrungsaufnahme benutzt werden, indem die aufzunehmende Nahrung vom Protoplasma umflossen wird; und ebenso kann bei diesen Formen die Ausstoßung der unbrauchbaren Stoffe an jeder beliebigen Körperstelle erfolgen.

Die ins Innere des Tieres aufgenommenen Nahrungsbestandteile sind von einem Tröpfchen mitgespülten Wassers umgeben, in welches Fermente zur Auflösung der Nahrung abgeschieden werden. Dies sind die Nahrungsvakuolen. Ganz andere Funktionen haben die kontraktilen Vakuolen, welche immer aufs neue im Protoplasma entstehen und sich nach außen entleeren. Es sind Exkretionsorgane, die auch die Ausatmung besorgen.

Bei vielen Protozoen differenziert sich das Protoplasma in Fibrillen, denen die Eigenschaft der Kontraktilität in besonders hohem Maße eigen ist: Muskelfibrillen (Myoneme).

Im Innern des Protozoons liegt der sehr verschieden gestaltete Kern. Sind in einem Individuum mehrere Kerne enthalten (wie z. B. bei *Opalina ranarum*), so ist dieses trotzdem als einzelliges Wesen aufzufassen, da die Mehrkernigkeit sich erklären läßt als erstes Stadium eines frühzeitig auftretenden Fortpflanzungsprozesses.

Viele Protozoen kapseln sich vor dem Teilungsprozeß ein, indem sie Kugelgestalt annehmen und eine Hülle (Cyste) ausscheiden. Eine derartige Hülle kann auch ausgeschieden werden beim Eintritt ungünstiger Lebensbedingungen, wie Trockenheit, Nahrungsmangel, zu Beginn des Winters usw.

Außer diesen nur zeitweise auftretenden Schutzhüllen sind bei sehr vielen Protozoen auch dauernde Schutzgebilde vorhanden, die als Hüllen, Gehäuse, Skelette, Schalen usw. auftreten und aus gallertiger oder häutiger, oft mit Fremdkörpern inkrustierter Masse oder aus kohlensaurem Kalk oder Kieselsäure bestehen.

Die Fortpflanzung erfolgt durch Teilung, wenn das Tier in zwei gleich große Stücke zerfällt, oder Knospung, wenn ein kleineres Teilstück sich von einem größeren abschnürt, oder Sporenbildung, durch Zerfall in eine größere Anzahl gleich großer Teile.

Wenn sich zwei Individuen vereinigen und dabei Kernstoffe austauschen, so nennt man den Vorgang bei vorübergehender Verbindung Konjugation, bei dauernder Kopulation. Dieser Vorgang entspricht dem Befruchtungsprozeß bei vielzelligen Tieren, welcher in enge Beziehungen zur Fortpflanzung tritt (geschlechtliche Fortpflanzung), während bei den Protozoen als wichtigste Aufgabe der Befruchtung eine Neuregelung der Lebensvorgänge anzusehen ist, und die Beziehungen zur geschlechtlichen Fortpflanzung sich erst anbahnen. Gelegentlich können bei manchen Protozoen auch Verschmelzungen von Individuen eintreten, ohne Beteiligung der Kerne (Plastogamie). Unvollständige Teilung führt zur Bildung von Kolonien.

B. Spezieller Kursus.

Ihrer Kleinheit wegen sind die Protozoen nur unter dem Mikroskope zu untersuchen. Es wird aus einer der angelegten Kulturen ein Wassertropfen, am besten mit einigen Algenfäden, auf den Objektträger gebracht und mit einem Deckglase bedeckt. Von vornherein schließe man alle größeren Tiere, wie Rotatorien, Copepoden, Nematoden, von der Betrachtung aus und widme sich ausschließlich der Untersuchung der Protozoen. Stets ist zuerst schwache Vergrößerung anzuwenden.

Flagellaten.

Zu den häufigsten Geißeltieren zählen die Euglenen, welche zu den Autoflagellaten gehören (Fig. 2). Der spindelförmige Körper ist durch Chlorophyllkörner grün gefärbt, mit deren Hilfe sich die Euglenen nach Art der Pflanzen durch Zersetzung von Kohlensäure und Verwendung des Kohlenstoffs zum Aufbau von Paramylum ernähren. Trotzdem findet sich an der Basis der Geißel als durchaus tierischer Charakter ein „Zellenmund". In der Nähe des Geißelansatzes ist ein roter Pigmentfleck zu beachten, der als licht-, vielleicht auch wärmeempfindliches Zellorgan aufgefaßt wird, nach neuerer Annahme zum Beschatten des Kernes dienen soll. Die lange, schwingende Geißel ist nicht leicht zu sehen. Man kann ihre Bewegung durch folgende einfache Methode verlangsamen und sie dadurch leichter sichtbar machen.

Eine 3%ige Gelatinelösung wird in einem Becherglase erwärmt und diese schwach erwärmte Lösung dem Wasser des Präparates etwa in gleicher Menge zugefügt; doch richtet sich die Menge der zuzufügenden Gelatine etwas nach der Höhe der Zimmertemperatur, und muß für jeden einzelnen Fall erst ausprobiert werden. In dem dichteren Medium verlangsamen sich nun die Bewegungen, ohne doch gänzlich aufzuhören, und es bieten sich so dem Studium ruhigere Objekte dar. Diese Methode empfiehlt sich auch für andere kleine Tiere, wie Ciliaten, Rotatorien usw., welche man lebend untersuchen will.

Amöben.

Über das Auffinden und Auffangen von Amöben s. S. 15. Die Präparate müssen erst einige Zeit, etwa eine Viertelstunde, in Ruhe gelassen werden, da die Tiere infolge der Erschütterung Kugelform angenommen haben. Nach dieser Zeit beginnen sie, bei genügend hoher Zimmertemperatur, besser noch dem Sonnenlichte ausgesetzt, ihre Bewegungen wieder aufzunehmen. Am besten lassen sich die Bewegungserscheinungen bei der kleinen, häufigen *Amoeba limax* verfolgen. Die verschiedenen Phasen sind zu zeichnen (s. Fig. 3).

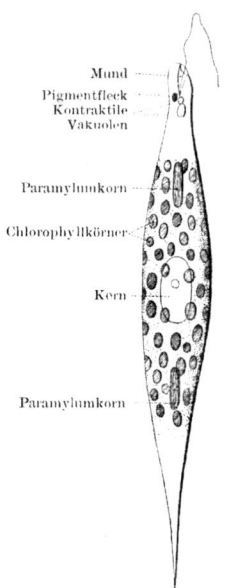

Fig. 2. *Euglena acus.* (EHRBG.) Orig.

Bei größeren Formen ist der Unterschied zwischen dem körnigen Entoplasma und dem hyalinen Ektoplasma besonders deutlich; auch läßt sich unter günstigen Umständen die Art der Nahrungsaufnahme durch Umfließen oder Einbeziehung beobachten (s. Fig. 3), ebenso das Ausstoßen unbrauchbarer Nahrungsstoffe. Unschwer zu sehen ist die

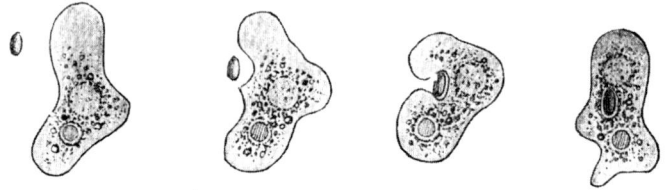

Fig. 3. Amöbe, eine Algenzelle fressend. Vier aufeinanderfolgende Stadien der Nahrungsaufnahme (aus VERWORN).

periodisch sich entleerende kontraktile Vakuole. Bei der im Darme der Küchenschabe vorkommenden *Amoeba blattae* sind die Plasmaströmungen im Innern sehr gut wahrzunehmen.

Der Kern ist bei den Amöben meist nicht sichtbar, da er annähernd das gleiche Lichtbrechungsvermögen besitzt wie das Protoplasma. Am deutlichsten ist er noch bei der kleinen *Amoeba limax*. Die Fortpflanzung der Amöben durch Teilung, wobei sich erst der Kern

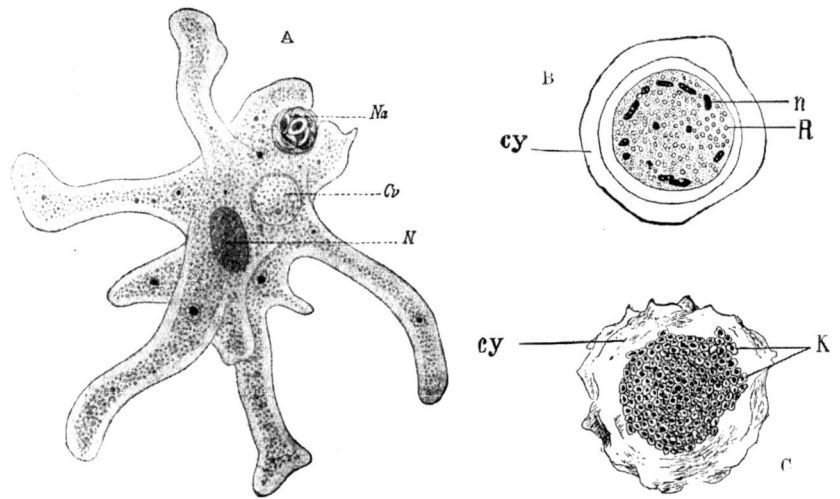

Fig. 4. A *Amoeba proteus*, einen Nahrungskörper (*Na*), einen Haufen kleiner Algen umschließend. *Cv* kontraktile Vakuole. *N* Kern. B kürzlich encystiertes Tier mit einigen Kernfragmenten. *cy* Cystenhülle. *n* Kern. *R* Reservesubstanz. C Cyste mit zahlreichen jungen Amöben, welche sich zum Ausschlüpfen anschicken. *cy* Cystenhülle. *K* junge Amöben (aus DOFLEIN).

zerschnürt, dem das Protoplasma folgt, ist sehr schwer zu beobachten, da der Vorgang meist mehrere Stunden dauert. Außerdem findet sich bei ein paar Arten die Bildung von Sporen, die bei einer Form *(Paramoeba eilhardi* SCHAUD.) zu Geißelzellen werden und sich nach Flagellatenart durch Längsteilung fortpflanzen. Aus ihnen entstehen durch

Rückbildung der Geißeln und Ausbildung von Lobopodien wieder Amöben (Generationswechsel).

Foraminiferen.

Sehr häufig wird man in Süßwasserpräparaten, besonders in schlammigem Bodensatze, braune, scheibenförmige Körperchen finden, mit einer fein gegitterten, uhrglasförmigen Schale aus chitiniger Substanz. Diese Schale wird von dem Tiere, der *Arcella*, selbst ausgeschieden. Bei anhaltender Betrachtung unter starker Vergrößerung gelingt es, die fingerförmigen Protoplasmafortsätze zu erkennen, die auf der Unterseite der Schale aus einer kreisförmigen Öffnung heraustreten. Wir haben also in der *Arcella* einen Vertreter der Foraminiferen des Süßwassers vor uns (siehe Fig. 5). Eine andere hierhin gehörige Form ist die ebenfalls häufige *Difflugia* (siehe Fig. 6).

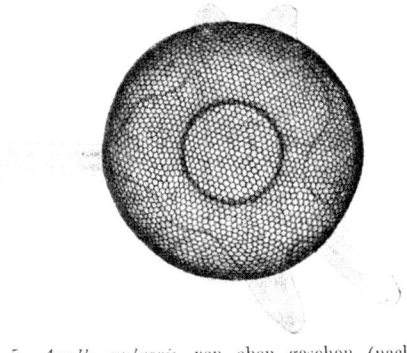

Fig. 5. *Arcella vulgaris*, von oben gesehen (nach VERWORN).

Die Schale der *Difflugia* ist glockenförmig und besteht aus lauter kleinen Fremdkörpern, meist Kieselstückchen. Aus der Öffnung am unteren Ende sieht man unter günstigen Verhältnissen (Ruhe, Wärme usw.) die fingerförmigen Protoplasmafortsätze heraustreten.

Das Studium der marinen Thalamophoren beschränkt sich in diesem Kursus auf die Betrachtung von verschiedenen, zum Teil geschliffenen Schalen, die in fertigen Präparaten verteilt werden.

Der Bau des Weichkörpers ist der eines Rhizopoden; meist finden sich im Protoplasma mehrere Kerne. Die verästelten Pseudopodien strahlen durch die Hauptöffnung, bei den Perforaten auch durch die Poren der Schalen nach außen.

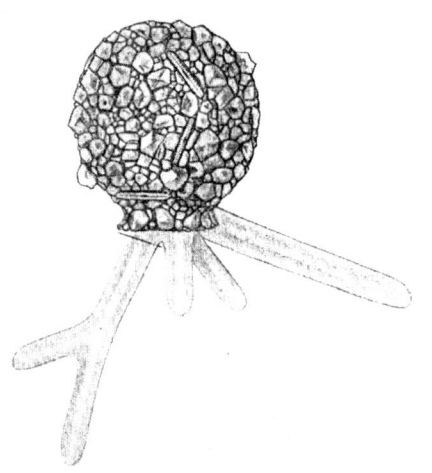

Fig. 6. *Difflugia urceolata* (nach VERWORN).

Die Fortpflanzung erfolgt durch Teilung oder Sporenbildung. Aus den Sporen werden entweder Geißelsporen, die auch kopulieren können, oder direkt junge Foraminiferen; auch können beide Generationen abwechseln (Generationswechsel).

Heliozoen.

Actinosphaerium eichhorni (EHRENB.).

Mit dem Beginn der wärmeren Jahreszeit treten gelegentlich in stehenden Gewässern kleine, milchigweiße Kügelchen von der Größe eines Stecknadelkopfes auf: das zu den Heliozoen gehörige *Actinosphaerium eichhorni*. Betrachtet man das Tier in einem mit Wasser gefüllten Uhrschälchen unter dem Mikroskop mit schwacher Vergrößerung, so sieht man, daß von der Kugel zahlreiche feine Pseudopodien strahlenartig auslaufen. Die Kugel selbst besteht aus zwei Schichten, einer helleren, mit Hohlräumen durchsetzten Rindenschicht und einer dunkleren, dichteren Markschicht. In der Markschicht erkennt man eine größere Anzahl stärker lichtbrechender Gebilde: dies sind die Kerne. Die beiden Körperschichten sind nicht etwa wie bei den Radiolarien

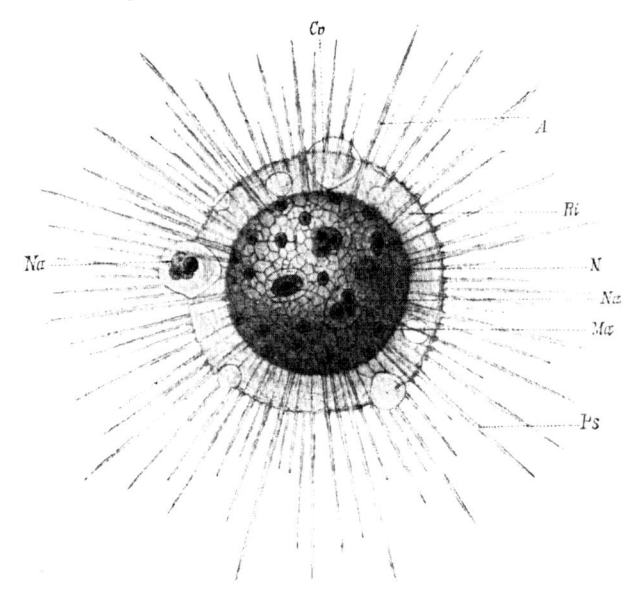

Fig. 7. *Actinosphaerium eichhorni*. *Ri* Rindensubstanz = Ektoplasma. *Ma* Marksubstanz = Entoplasma. *Ps* Pseudopodien. *N* Kerne. *Na* Nahrungsvakuole. *Cv* kontraktile Vakuole. *A* Achsenfaden im Pseudopodium. Vergr. 500 (aus DOFLEIN).

durch eine feste Membran voneinander getrennt, sondern liegen direkt einander an.

Wir stellen jetzt das Mikroskop auf die Peripherie der Rindenschicht ein und bemerken, daß an einer oder zwei Stellen sich eine Vakuole langsam hervorwölbt um dann plötzlich wieder einzusinken. Das sind die kontraktilen Vakuolen (s. Fig. 7).

Gehen wir jetzt zur Betrachtung der Pseudopodien über, so scheinen sie auf den ersten Anblick starr und unbeweglich zu sein. Erschüttert man indessen das Uhrglas oder den Objektträger, auf welchem sich das Tier befindet, so sieht man, wie die anscheinend starren Strahlen umknicken und erst allmählich ihre frühere Steifheit wiedererlangen. Auch vermögen sich die Pseudopodien zu verlängern und zu verkürzen.

Mit starker Vergrößerung läßt sich nun erkennen, daß in jedem Pseudopodium ein hyaliner festerer Achsenstrahl verläuft, der bis an die Markschicht des Körpers zu verfolgen ist. Diesen Achsenstrahl umgibt die weichere, körnige Rindensubstanz, die auf ihm entlang zu gleiten vermag und sich häufig zu Höckern oder spindelförmigen Gebilden ansammelt.

Man kann den Achsenstrahl deutlich sichtbar machen, wenn man das Tier chemisch reizt, z. B. durch Zusatz von etwas Kochsalzlösung. Alsdann erfolgt das Einziehen der Pseudopodien, indem sich das Rindenprotoplasma derselben klumpig zusammenballt und den Achsenstrahl hier und da freilegt (s. Fig. 8).

Die Pseudopodien dienen zum Erfassen und Festhalten der Beute, doch sondern sie nur auf Reize hin klebrige Stoffe ab, welche die Beute festhalten. Man ersieht das daraus, daß z. B. hypotriche Infusorien ungestört auf den ausgestreckten Pseudopodien promenieren können, ohne festzukleben; prallt indessen ein schwimmendes Infusor oder eine Alge heftig an ein Pseudopodium an, so kleben sie fest, und man kann nun beobachten, wie durch Ein-

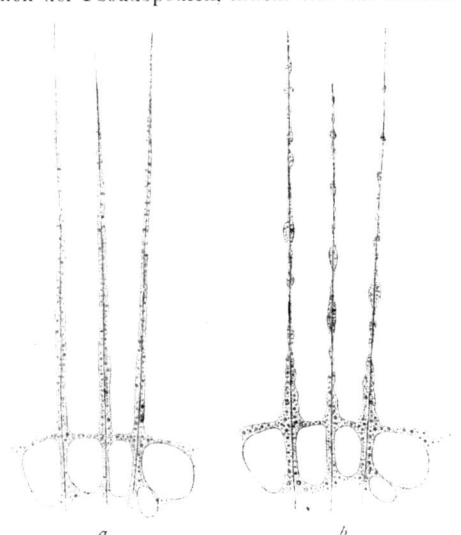

Fig. 8. Drei Pseudopodien von *Actinosphaerium eichhorni*. *a* ungereizt und *b* gereizt. (Nach VERWORN.)

ziehen der dabei beteiligten Pseudopodien die Beute immer näher an die Rindenschicht gebracht und endlich von ihr umschlossen wird. Dann wandert die Beute ins Innere hinein, wird von einer Vakuole umgeben und verdaut. Unverdauliche Reste, z. B. Schalen usw., werden allmählich wieder ausgestoßen.

Das im Uhrschälchen befindliche *Actinosphaerium* wird mit der feinen Schere in eine Anzahl Stücke zerschnitten, was bei der relativen Größe des Tieres auch dem Anfänger unschwer gelingen wird.

Nach Verlauf etwa einer Stunde kann man bereits sehen, wie diese Teilstücke sich zu vollständigen Tieren ergänzen, indem ihre Masse sich in Rinden- und Markschicht sondert und rings herum Pseudopodien ausstrahlen läßt.

Wie diese künstliche Teilung, so verläuft auch die natürliche Teilung, die eintritt, wenn das *Actinospaerium* das Maß seiner individuellen Größe erreicht hat, die sich nach der Beschaffenheit des Wassers, in dem es lebt, richtet.

Actinosphaerium vermag sich, wie viele andere Protozoen auch, bei ungünstigen Lebensverhältnissen zu encystieren, indem es seine Pseudopodien einzieht und eine gallertige Hülle ausscheidet.

Radiolarien.

Zur Demonstration der Radiolarien dienen fertige mikroskopische Präparate.

Der Bau des Weichkörpers ist besonders charakterisiert durch den Besitz einer Kapselmembran, welche das innere, mit einem oder vielen Kernen versehene Protoplasma, die Zentralkapsel, von einem äußeren, mit Gallerte und Vakuolen durchsetzten Extracapsulum trennt.

Die Fortpflanzung erfolgt durch Teilung, die bei unvollständiger Trennung (indem das Extracapsulum sich nicht ebenfalls teilt) zur Koloniebildung führt, sowie durch Bildung von Schwärmsporen, indem der Inhalt der Zentralkapsel in so viel Stücke zerfällt, als Kerne vorhanden sind. Jedes Teilstück entwickelt zwei Geißeln, mit denen es sich, nach Zerplatzen der Zentralkapsel, im Wasser fortzubewegen vermag und so zu einer Schwärmspore wird. Bei vielen Arten finden sich große und kleine Schwärmsporen, die sich wahrscheinlich kopulieren; aus dem Verschmelzungsprodukt geht ein junges Radiolar hervor. Vielfach finden sich einzellige Algen (Zooxanthellen) in den lebenden Radiolarien vor, die mit ihnen in Freundschaftsverhältnis (Symbiose) leben, indem sie vom Tier ausgeatmete Kohlensäure zur Bildung von Stärke verwenden, die wieder dem Radiolar als Nahrung zu dienen vermag.

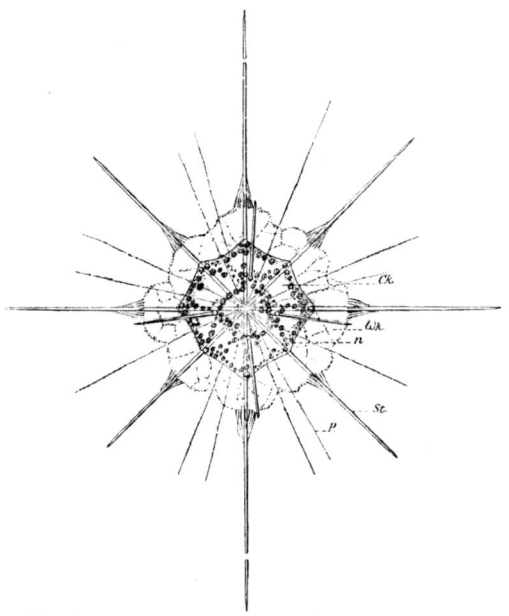

Fig. 9. *Acanthometra elastica* (nach R. Hertwig). *Ck* Zentralkapsel; *Wk* extrakapsulärer Weichkörper; *n* Kerne; *St* Stacheln; *P* Pseudopodien.

Zuerst wird ein Präparat von *Acanthometra* gegeben (siehe Fig. 9). Das aus Strontiumsulfat bestehende Skelett durchbohrt die Zentralkapsel. Vom Zentrum derselben strahlen 20 Stacheln streng gesetzmäßig aus. Zwischen den beiden stachellosen Polen der vertikalen Hauptachse liegen fünf Gürtel von je vier Stacheln, die gleich weit voneinander entfernt sind. Alle 20 Stacheln liegen in Meridianebenen, die sich unter Winkeln von 45° schneiden (MÜLLERsches Gesetz). Andere Präparate von Kieselskeletten sollen nur dazu dienen, die große Mannigfaltigkeit des Skelettbaues zu demonstrieren. Die koloniebildenden Radiolaren werden am besten durch Präparate von *Collozoum inerme* veranschaulicht (s. Fig. 10). Die Zentralkapseln sind von einem

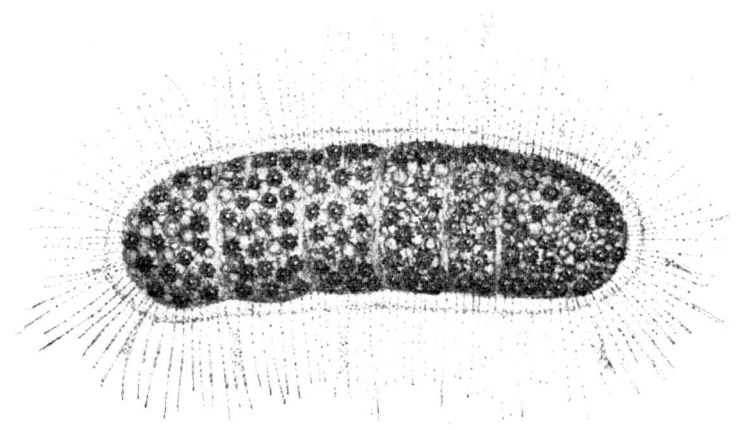

Fig. 10. *Collozoum inerme*. Kleine Kolonie; die dunkeln Kugeln sind die Zentralkapseln mit ihrem zentralen Öltropfen (aus DOFLEIN).

gemeinsamen Extracapsulum umgeben. In jeder Zentralkapsel findet sich beim lebenden Tier eine ansehnliche Ölkugel. Deutlich sind an den Präparaten die die Zentralkapseln umgebenden gelben Algenzellen zu bemerken.

Sporozoen.

Gregarina blattarum (SIEBOLD).

Von Sporozoen untersuchen wir eine Gregarinaart und wählen dazu die im Darm der Küchenschabe hausende *Gregarina blattarum* (SIEBOLD). Der Darm einer getöteten Küchenschabe wird aufgeschnitten, ausgestrichen und der Inhalt mit etwas physiologischer Kochsalzlösung auf einen Objektträger gebracht und unter dem Mikroskop untersucht. Die *Gregarina blattarum* ist leicht zwischen dem übrigen Darminhalt zu finden. Sie stellt sich dar als ein ziemlich großer, langgestreckter, nicht ganz regelmäßiger Körper, der sehr langsame Bewegungen ausführt. Außen befindet sich eine Cuticula, die von dem darunter liegenden Ektoplasma ausgeschieden wird. Das Innere wird erfüllt von einem dicht granulierten Entoplasma. Eine aus dem helleren Ektoplasma bestehende transversale Zwischenwand teilt den Körper in eine vordere kürzere und eine hintere längere Kammer. Der vordere Teil wird Protomerit, der hintere Deutomerit genannt; letzterer enthält den deutlich sichtbaren, großen, bläschenförmigen Kern. Ein bei vielen Gregarinen vorkommender vorderer cuticularer Anhang, der Epimerit, der mit Zähnen, Widerhaken usw. besetzt sein kann und als Anheftungsorgan fungiert, ist meist verloren gegangen.

Die Bewegung der Gregarinen wird bewirkt durch Ausscheidung eines schleimigen Sekrets aus dem Ektoplasma. Diese allmählich erstarrende Gallerte fließt nach hinten ab, verklebt mit der Unterlage und schiebt die Gregarine langsam vorwärts. Außer dieser gleitenden Bewegung gibt es noch Kontraktionen des Körpers die durch im Ektoplasma verlaufende Muskelfibrillen hervorgerufen werden. Häufig findet man zwei Individuen miteinander verklebt, derart, daß das Vorderende des einen Tieres sich an das Hinterende des anderen anschließt (s. Fig. 11). Vielleicht sind diese Zustände Vorläufer der Konjugation.

Die Vermehrung erfolgt, indem zwei Tiere eine gemeinsame Cyste bilden, vielkernig werden, und dann in kleine, einkernige Kugeln, die „Sporoblasten", zerfallen, die um große Restkörper angeordnet sind, und von denen je zwei miteinander verschmelzen. Durch Ausscheidung einer festen, spindelförmigen Hülle wird jedes Verschmelzungsprodukt zur Spore oder „Pseudonavicelle". Diese werden aus der Cyste durch lange Röhren (Sporodukte) entleert und gelangen aus dem Darme des Wirtes nach außen.

In jeder Pseudonavicelle bilden sich außer einem Restkörper acht sichelförmige Keime oder Sporozoite, die, wenn die Spore in den Darm eines neuen Wirtes gelangt ist, durch Platzen der Sporenhülle frei werden und in die Darmepithelien einwandern. Die Ernährung der Gregarinen erfolgt durch Osmose.

Über eine andere in den Samenblasen des Regenwurmes vorkommende Gregarine *(Monocystis tenax Duj.)* siehe den 8. Kursus: Anneliden.

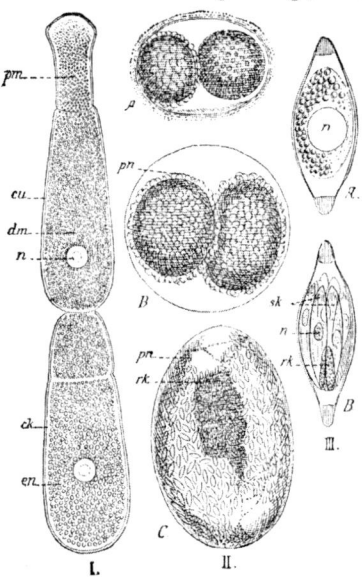

Fig. 11. *Gregarina blattarum* (nach R. HERTWIG). I zwei Individuen in Konjugation. *ek* Ektoplasma, *en* Entoplasma, *cu* Cuticula, *pm* Protomerit, *dm* Deutomerit, *n* Kern. II Cysten in Umbildung zu Pseudonavicellen, *pn* Pseudonavicellen, *rk* Restkörper. III eine Pseudonavicelle stark vergrößert. *B* dieselbe, in die sichelförmigen Keime *sk* geteilt.

Ciliaten.

Von Infusorien betrachten wir zunächst *Paramaecium aurelia*. Es wird ein Tropfen des Heuaufgusses auf den Objektträger gebracht und unter dem Deckglas erst bei schwacher, dann bei starker Vergrößerung untersucht. Die sehr lebhaften, die Untersuchung erschwerenden Bewegungen der Tiere lassen zwar nach einiger Zeit etwas nach, doch ist es besser, etwas Gelatinelösung in der Seite 17 angegebenen Weise hinzuzusetzen. Alsdann lassen sich die einzelnen Teile auch mit starker Vergrößerung bequem untersuchen.

1. Kursus: Protozoa.

Wir beachten zunächst das sich allmählich verlangsamende Schlagen der Wimpern, die in abwechselndem Rhythmus erfolgende Tätigkeit der beiden kontraktilen Vakuolen, sowie das Entstehen und Verschwinden der strahlenförmigen, zuleitenden Kanäle derselben. Die Entleerung der Vakuolen erfolgt durch einen sehr feinen, nach außen mündenden Porus.

In der äußeren Körperschicht sieht man bei starker Vergrößerung eine Schicht dicht nebeneinander gelagerter feiner Stäbchen, die

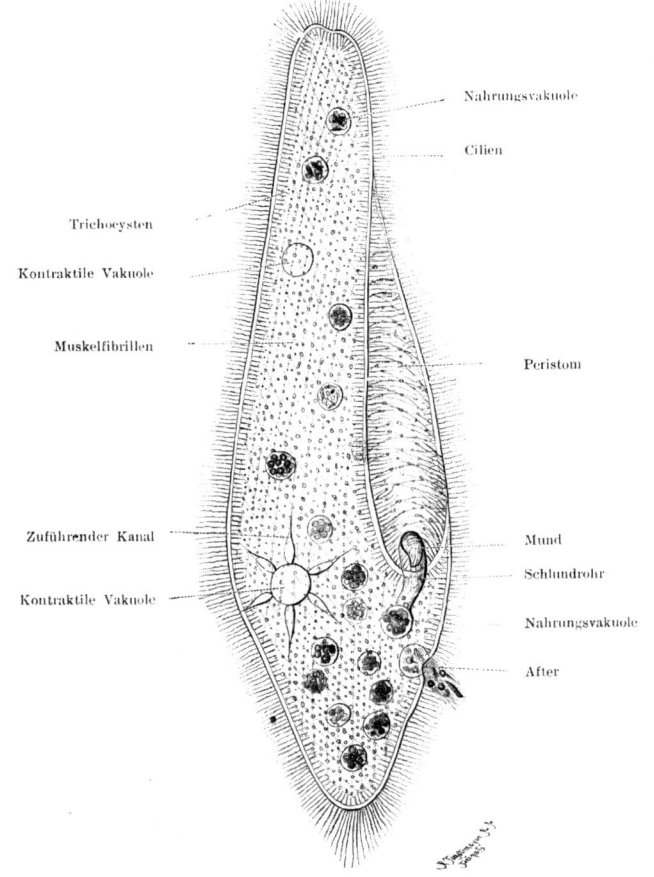

Fig. 12. *Paramaecium aurelia*, MÜLL. Original.

Trichocysten, welche auf stärkere äußere Reize hin als starre Fäden, die wahrscheinlich Waffen darstellen, vorschnellen können. Auch bei einigen anderen Infusorien kommen diese Trichocysten vor. Leicht zu sehen sind ferner feine Streifen (Muskelfibrillen) der Pellicula, wie die oberflächliche Schicht genannt wird, welche in regelmäßiger Anordnung in zwei sich kreuzenden Systemen den Körper umziehen.

Ein seitliches, sich tief einsenkendes Rohr ist das Schlundrohr (Cytopharynx). Um die Art der Nahrungsaufnahme zu sehen, wird etwas pulverisiertes Karmin oder Indigo im Uhrschälchen mit dem Finger fein in Wasser verrieben und von dieser Flüssigkeit etwas dem — nicht mit Gelatinelösung versetzten — Präparate zugeführt. Nach einiger Zeit wird man bemerken, wie die feinen Karminkörnchen durch das Schlundrohr aufgenommen und in den Nahrungsvakuolen aufgespeichert werden. Auch wird man gelegentlich an einer unter der Mundöffnung gelegenen Stelle, dem After, den Austritt unbrauchbarer Stoffe beobachten können.

Um den Kern sichtbar zu machen, setze man einen Tropfen Jodlösung hinzu; besser ist noch der Zusatz von stark verdünnter Schwefelsäure, welche den scharf abgegrenzten Kern braun erscheinen läßt. Bei absterbenden Paramaecien wird übrigens der Kern ohne jeden Zusatz sichtbar.

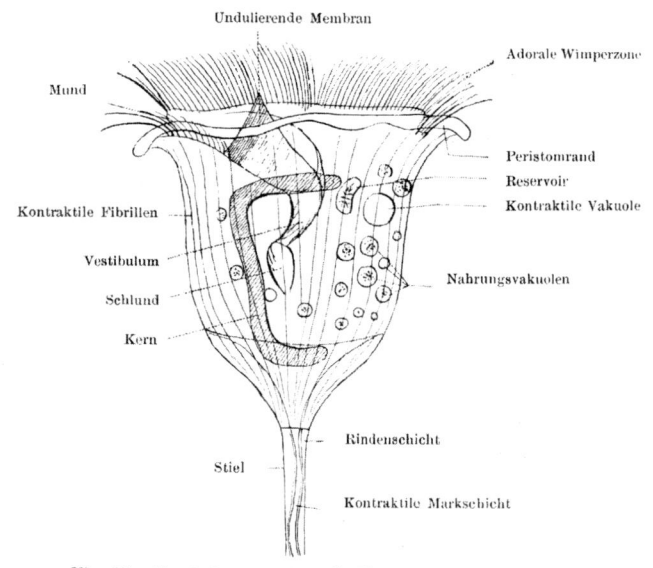

Fig. 13. *Vorticella nebulifera*, O. F. MÜLL. (nach BÜTSCHLI).

Ebenfalls sehr lohnend ist die Untersuchung einer ***Vorticella***. Von dem weißen Überzug an alten, ins Wasser hängenden Zweigen, Wurzeln usw., den man als aus Vorticellen bestehend erkannt hat, wird etwas abgeschabt und mit einem Tropfen Wasser auf den Objektträger gebracht. Zunächst erblickt man die Tiere mit zusammengezogenen Stielen und eingezogener Wimperspirale. Erst allmählich dehnt sich der Stiel wieder aus, und die Wimperspirale tritt in Tätigkeit. Es muß nun versucht werden, die etwas schwierigen Verhältnisse zu skizzieren. Man beachte dabei an der Hand von Fig. 13 folgendes. Innerhalb der adoralen Wimperzone erhebt sich eine etwas hervorragende Scheibe, die Peristomscheibe. Das untere Ende der adoralen

Wimperzone zieht sich in eine Vestibulum genannte trichterförmige Einsenkung Aus der äußeren Cilienreihe bildet sich eine undulierende Membran, von der nur der obere Rand leicht wahrnehmbar ist und wie ein starkes Haar aussieht. Das nach außen in den Mund sich öffnende Vestibulum mündet nach innen in den Schlund.

Neben der kontraktilen Vakuole, nach dem Vestibulum zu, liegt ein Hohlraum, das Reservoir genannt, in welchen die kontraktile Vakuole ihren Inhalt entleert, der dann langsam in das Vestibulum wandert, wo an einer besonderen, als After bezeichneten Stelle gelegentlich die Entleerung unbrauchbarer Stoffe erfolgt.

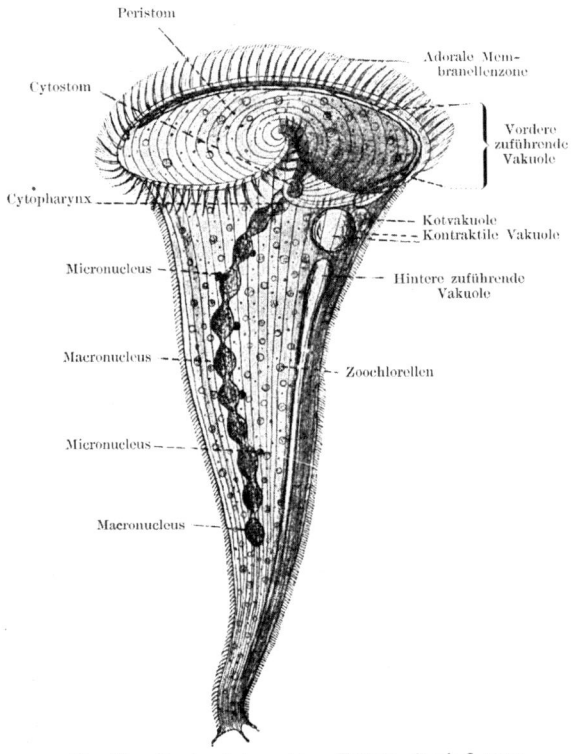

Fig. 14. *Stentor polymorphus*, EHRBG. (nach LANG).

Ferner ist auf die Gestalt und Tätigkeit des Stieles zu achten. Im Stiel erblickt man einen geschlängelt verlaufenden, stärker lichtbrechenden Faden. Dieser stellt eine besondere Differenzierung des Protoplasmas, eine Muskelfibrille dar, durch deren starke Kontraktion das ganze Tier plötzlich zurückgeschnellt werden kann.

Auch bei *Vorticella* ist etwas von dem fein zerriebenen Karmin zuzusetzen, um die Nahrungsaufnahme zu beobachten, und schließlich kann man durch Zusatz von etwas Jodlösung den eigentümlichen wurstförmigen Kern zur Anschauung bringen.

Außer den beschriebenen werden sich in den meisten Präparaten noch eine ganze Anzahl anderer Infusorien vorfinden. Eines der größten und schönsten ist **Stentor**. Man beobachte bei *Stentor* die Art der Festheftung des Tieres, seine adorale Wimperzone nebst der feinen in Längsreihen angeordneten Bewimperung, die feinen längsverlaufenden Muskelfibrillen, welche eine schnelle Kontraktion ermöglichen, die lange kontraktile Vakuole und den bei vielen Individuen schon im Leben sichtbaren langen Kern, der bei der abgebildeten Art wie ein Rosenkranz aussieht (s. Fig. 14). Dann sind ferner hypotriche Infusorien nicht selten, wie z. B. **Kerona pediculus**. Hier ist vor allem die schnelle sprunghafte Bewegung auffallend, bewirkt durch fünf am Hinterende stehende dicke Sprungwimpern (Fig. 15). Über *Opalina ranarum* siehe den Kursus „Frosch".

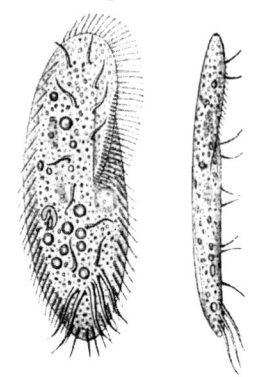

Fig. 15. *Kerona pediculus* von unten und von der Seite gesehen (nach VERWORN).

Systematischer Überblick
für den zweiten bis fünften Kursus.

Metazoa.

Den Protozoen gegenüber stehen alle anderen Tiere als Metazoen, charakterisiert durch den Aufbau ihres Körpers aus zahlreichen Zellen, die in mindestens zwei Schichten angeordnet sind, von denen die äußere, das Ektoderm, den Körper nach außen umkleidet, während die innere, das Entoderm, die Darmhöhle begrenzt. Zwischen beiden kann noch eine dritte Schicht vorkommen: das Mesoderm. Durch das Prinzip der Arbeitsteilung entstehen die Organe, abgesonderte Zell- oder Gewebskomplexe mit gemeinsamer Funktion.

Allen Metazoen kommt die geschlechtliche Fortpflanzung zu, bei vielen niederen findet sich außerdem die ungeschlechtliche.

Die Entwicklung erfolgt durch sukzessive Teilung des befruchteten Eies, und durch diesen Furchungsprozeß entsteht eine Hohlkugel (Blastula), die sich, meist durch Einsenkung an einer Stelle, zu einem Becher (Gastrula) einstülpt, dessen äußere Wand zum Ektoderm, dessen innere zum Entoderm wird. Das Entoderm umschließt den Urdarm, der sich durch den Urmund nach außen öffnet.

Es lassen sich folgende Stämme aufstellen: Coelenterata, Platodes, Vermes, Echinodermata, Mollusca, Arthropoda, Tunicata, Vertebrata.

II. Stamm.
Coelenterata.

Die Coelenteraten sind die niedrigsten Metazoen, von meist radialsymmetrischem Bau, mit einer verdauenden, schlauchförmigen, afterlosen Kavität, von der bei einem Teile gefäßartige Kanäle ausgehen (Gastrovaskularsystem).

Wir unterscheiden fünf Klassen, die auf drei Kreise verteilt werden.

I. Kreis: Spongiae.

1. Klasse: Porifera, Schwämme.

Durch Stockbildung sehr verschieden gestaltete, mit dem Urmundpole festgewachsene Tiere ohne Nesselzellen. Grundform ein einfacher Becher, dessen aus einem gastralen (Entoderm) und einen dermalen Zellenlager (Mesoektoderm) bestehende Wandungen von feinen Poren durchbrochen sind. Durch diese strömt Wasser in den Darm und wird durch eine Auswurfsöffnung, das Osculum, wieder ausgestoßen. In dem fast stets stark entwickelten dermalen Zellenlager ist meist ein Skelett aus kohlensaurem Kalk oder Kieselsäure in Form von Nadeln vorhanden.

1. Ordnung: Calcispongiae, Kalkschwämme.

Skelett aus Kalknadeln bestehend.

a) Ascones.

Von Schlauchform, mit einfachen Poren und gleichmäßig mit entodermalen Geißelzellen ausgekleidetem zentralem Hohlraum. *Ascandra*.

b) Sycones.

Von dem zentralen Hohlraum gehen radiär zahlreiche, allein mit Geißelzellen ausgekleidete Ausstülpungen aus (Radialtuben). *Sycandra*.

c) Leucones.

Die entodermalen Geißelzellen haben sich in Geißelkammern zurückgezogen, die im verdickten dermalen Lager liegen und von außen zuführende nach dem zentralen Hohlraum abführende Kanäle besitzen. *Leucandra*.

2. Ordnung: **Silicispongiae**, Kieselschwämme.

Skelett aus Kieselnadeln bestehend.

a) Triaxonia.

Mit großen sackförmigen Geißelkammern. Skelett aus Sechsstrahlern bestehend, deren Schenkel in drei gekreuzten, senkrecht aufeinander stehenden Achsen angeordnet sind. *Hyalonema*.

b) Tetraxonia.

Mit kleinen runden Geißelkammern. Skelett ursprünglich vierachsige Nadeln (Tetractinelliden: *Geodia, Tethya*). Hierher gehören die Lithistiden, mit zu einem Gerüstwerk verklebten Nadeln, ferner die Monactinelliden (*Spongilla*); durch Schwinden der Kieselnadeln entstehen, wenn die verkittende Hornsubstanz übrig bleibt, Hornschwämme (*Euspongia*), sonst Fleischschwämme (*Oscarella*).

II. Kreis: **Cnidaria**, Nesseltiere.

Mit Nesselkapseln (Cnidae) versehen, von denen der Kreis seinen Namen hat. Es sind das kleine in Zellen entstehende, eine saure Flüssigkeit enthaltende Bläschen, aus denen ein oft mit Widerhaken versehener Faden herausgeschleudert werden kann, der die Tiere wehrhaft macht. Im Umkreise des auf den Urmund zurückzuführenden Mundes stehen fingerförmige Fortsätze des Körpers: die Tentakel. Körper zweischichtig, aus Ektoderm und Entoderm bestehend; zwischen beiden eine strukturlose Stützlamelle oder bindegewebiges Mesoderm, meist von untergeordneter Bedeutung.

2. Klasse: **Hydrozoa**.

In zwei Formen auftretend, als festsitzender Polyp und als freischwimmende Meduse, letztere aus dem Polypen durch laterale Knospung entstanden. Aus ihren meist im Ektoderm entstehenden Geschlechtsprodukten entwickeln sich wieder Polypen (Generationswechsel). Doch gibt es auch Polypen, die nur Polypen erzeugen, und ebenso Medusen, aus denen nur Medusen entstehen.

Ein ektodermaler Schlund fehlt, ebenso innere Magenleisten (Taeniolen).

1. Ordnung: **Hydrariae**.

Einzelpersonen, die vorübergehend durch Knospung aus wenigen Personen bestehende Kolonien bilden. Eine äußere Hülle fehlt. Ohne Medusenformen. Fortpflanzung ungeschlechtlich durch Knospung oder geschlechtlich. Aus den Eiern gehen wieder Polypen hervor. Die meisten Arten im Süßwasser. *Hydra*.

2. Ordnung: **Hydrocoralliae**.

Koloniebildend, scheiden massives Kalkskelett aus, äußerlich dem Skelet der Steinkorallen ähnelnd. Fortpflanzung durch freie oder am Stock verbleibende, alsdann rudimentäre Medusen. *Millepora, Stylaster*.

3. Ordnung: Tubulariae.

Meist koloniebildend. Mit äußerer chitiniger Hülle (Periderm), ohne Kelche, in welche sich die Polypen zurückziehen könnten (Hydrotheken). Medusenbildend oder mit medusoiden Gonophoren, welche am Stock verbleiben. Die Medusen sind **Anthomedusen**. *Tubularia, Cordylophora, Sarsia, Tiara.*

4. Ordnung: Campanulariae.

Koloniebildend. Mit Periderm, mit **Hydrotheken**. Medusen oder medusoide Gonophoren in besonderen Kapseln (Gonotheken) erzeugt. Die Medusen sind **Leptomedusen**. *Campanularia, Obelia.*

5. Ordnung: Trachymedusae.

Generationswechsel fehlt. Aus den Eiern entstehen direkt wieder Medusen. Geschlechtsdrüsen im Verlauf der Radialkanäle oder an radiären Magentaschen liegend. Als Sinnesorgane fungieren Gleichgewichtsorgane, die aus modifizierten Tentakeln entstehen: „**Hörkölbchen**" mit entodermalen Statolithen. Tentakel starr und solid. *Liriope, Carmarina, Aegineta.*

6. Ordnung: Siphonophorae.

Schwimmende Hydrozoenstöcke mit sehr verschiedener, durch Arbeitsteilung bedingter Körperform der einzelnen Personen. Die Einzelpersonen sitzen entweder an einem langen Stamme oder an der Unterseite einer Scheibe. *Physophora, Velella.*

3. Klasse: Scyphozoa, Acalephae.

Ebenfalls wie die Hydrozoen in zwei Formen auftretend, von denen der Polyp (**Scyphopolyp** genannt), nur in der Entwicklungsgeschichte erscheint und sogar wegfallen kann. Er unterscheidet sich besonders durch den Besitz von vier entodermalen Magenleisten (**Taeniolen**) vom Hydropolypen und liefert durch terminale Knospung Medusen, die sich von den Hydromedusen in vielen wichtigen Punkten unterscheiden. Ihre Geschlechtsprodukte entstehen entodermal. Als Sinnesorgane fungieren modifizierte Tentakel (**Rhopalien**).

1. Ordnung: Stauromedusae, Becherquallen.

Körper becherförmig, ohne Randlappen und ohne Sinneskolben. Zum Teil festsitzend. *Lucernaria.*

2. Ordnung: Lobomedusae, Lappenquallen.

Mit Randlappen und mit Sinneskolben Freischwimmend. *Nausithoë, Aurelia, Rhizostoma.*

4. Klasse: Anthozoa, Korallentiere.

Von Polypenform, mit entodermalen Magenleisten, hier Septen genannt, mit ektodermalem, eingestülptem Schlund. Mesoderm stark entwickelt, meist skelettbildend.

1. Ordnung: Octocorallia, oder Alcyonaria.

Mit acht Septen und acht gefiederten Tentakeln.

a) Alcyonacea.

Das Skelett besteht aus mesodermal liegenden einzelnen Spicula. *Alcyonium.*

b) Gorgonacea.

Horniges oder kalkiges, meist stark verästeltes Achsenskelett. *Gorgonia, Corallium.*

c) **Pennatulacea**, Seefedern.

Mit unverästeltem Achsenskelett, dessen oberer Abschnitt allein die in Fiederstellung angeordneten Polypen trägt. *Pennatula.*

2. Ordnung: Hexacorallia.

Septen meist in sechszähliger Anordnung, Tentakel hohl, fast niemals gefiedert.

a) **Actiniaria**, Seerosen.

Ohne Skelett, mit zahlreichen Zyklen von Septen und Tentakeln. *Anemonia.*

b) **Antipatharia**.

Mit hornigem Achsenskelett. Polypen mit 6, 12 oder 10 Septen. *Antipathes.*

c) **Madreporaria**, Steinkorallen.

Mit starkem, kalkigem Rindenskelett. *Madrepora.*

III. Kreis: Ctenophorae.

5. Klasse: Ctenophorae.

Zarte, gallertige, rundliche oder eiförmige Körper, mit acht in Meridianen verlaufenden Reihen von Schwimmplättchen, die aus verschmolzenen Flimmercilien entstanden sind. Am aboralen Pol ein Sinneskörper. Gastrovaskularapparat: auf den ektodermalen Schlund folgt der entodermale Magen (Trichter), von dem ein sich gabelndes Trichtergefäß zum aboralen Pol läuft, zwei andere, sich zweimal dichotomisch teilend, unter die Meridianstreifen (Rippengefäße) gehen. Entwicklung direkt, ohne Generationswechsel.

1. Ordnung: Tentaculata.

Mit zwei lateralen, retraktilen Tentakeln. *Pleurobrachia.*

2. Ordnung: Nuda.

Ohne Tentakel, mit weitem Schlund. *Beroë.*

2. Kursus.
Porifera, Schwämme.

Technische Vorbereitungen.

Zu diesem Kurse benötigt man einige frische Exemplare von Süßwasserschwämmen, gleichgültig welcher Art, oder, falls man diese nicht haben kann, in Alkohol konserviertes Material, ferner eine Anzahl von Kieselschwämmen in Alkohol, besonders von Rindenschwämmen (z. B. *Geodia*) und Stücke von Hexactinelliden (z. B. *Euplectella*), sodann eine größere Zahl fertiger Schnittpräparate von *Sycandra raphanus* (Längs- und Querschnitte) und *Oscarella lobularis*.

A. Allgemeine Übersicht.

Die zu den Coelenteraten zu rechnenden Schwämme oder Spongien sind die niedrigsten vielzelligen Tiere (Metazoen). Freie Bewegung fehlt ihnen, sie sitzen meist als unförmige Klumpen am Boden des Meeres (einige auch des Süßwassers) fest.

Die Grundform ihres Körpers ist ein einfacher, festsitzender Becher, am freien Ende mit einer größeren Öffnung (Osculum) versehen, dessen Wand von zahlreichen feinen Poren durchsetzt ist.

Die Wand besteht aus zwei Schichten, innen dem gastralen Lager oder Entoderm, einem Epithel geißeltragender Zellen, die wie die Choanoflagellaten einen Kragen haben, und außen dem dermalen, als Mesoektoderm zu bezeichnenden Lager bindegewebiger Natur, welches nach außen ein früher als Ektoderm aufgefaßtes, sehr zartes Plattenepithel liefert.

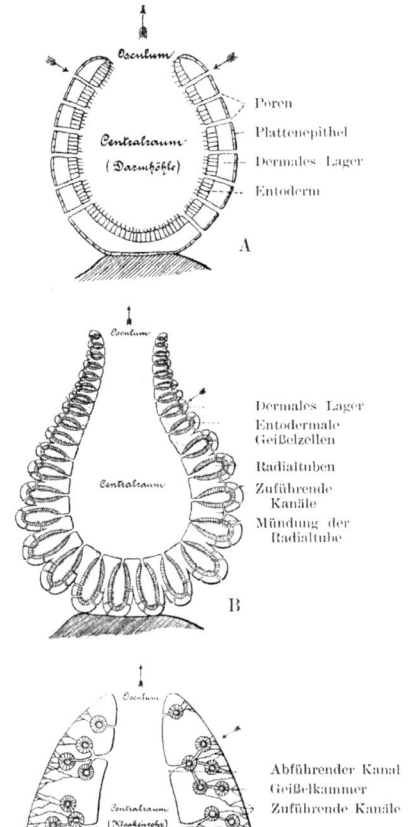

Fig. 16. Schematische Längsschnitte durch Schwämme vom A *Ascontypus*, B *Sycontypus*, C *Leucontypus*.

Die feinen Poren, welche die Körperwand durchbrechen, dienen zum Einströmen des Wassers, welches durch das Osculum, das also als After fungiert, wieder ausgestoßen wird (s. Fig. 16A).

Nach diesem einfachen Typus (dem Ascontypus) sind nur sehr wenige Schwämme gebaut, die überwiegende Mehrzahl erhält einen komplizierteren Bau infolge des Vermögens, durch Aussprossung und unvollständige Teilung Stöcke zu bilden, sowie durch eine weitere Ausbildung des Kanalsystems. Es zieht sich das aus Geißelzellen bestehende Entoderm auf radial angeordnete Kammern (Sycontypus) (s. Fig. 16B) oder auf kleine kugelige Hohlräume, die Geißelkammern, zurück, welche in der dermalen Schicht liegen (Leucontypus); diese Geißelkammern sind mit feinen, von außen Wasser zuführenden Kanälen verbunden, während abführende Kanäle in das große zentrale Kloakenrohr münden, das aber nun nicht mehr von entodermalen Geißelzellen, sondern von entodermalem Plattenepithel ausgekleidet ist (Fig. 16C).

Im dermalen Lager finden sich Zellausscheidungen, die ein Skelett liefern; entweder sind das Kalknadeln oder Kieselgebilde mannigfacher Form oder netzförmig verbundene Hornfasern, aus Keratin oder Spongin gebildet. Bei einigen ist das Skelett wieder geschwunden und der ganze Schwamm eine weiche, fleischige Masse geworden (Myxospongien), oder mit Sand und anderen Fremdkörpern inkrustiert (Psammospongien). Auch bilden sich aus dermalen Zellen die Geschlechtsprodukte, Eier wie Spermatozoen.

Die Entwicklung des befruchteten Eies erfolgt bei manchen Spongien in der Weise, daß zunächst eine bewimperte einschichtige Larve (Blastulastadium) entsteht, mit bereits gesondertem gastralem und dermalem Lager, welche sich durch Einstülpung der einen Hälfte zur Gastrula ausbildet und gleichzeitig sich mit dem Urmund festsetzt. Das Osculum, welches an den entgegengesetzten Pol zu liegen kommt, bricht erst später als neue Öffnung durch, hat also mit dem Urmund nichts zu tun.

Die meisten Schwämme sind marin, nur einige wenige kommen im Süßwasser vor *(Spongilla)*.

B. Spezieller Kursus.

Sycandra raphanus (O. Schm.).

Es werden sowohl konservierte Exemplare dieses Kalkschwammes zur äußeren Betrachtung herumgegeben, wie auch fertige mikroskopische Präparate, Längs- und Querschnitte von teils entkalkten, teils nicht entkalkten Stücken verteilt.

Die äußere Betrachtung ergibt, daß dieser Schwamm eine langgezogene Becherform besitzt, die nahezu schlauchförmig werden kann. Die meist ziemlich weite Öffnung am freien Ende ist das Osculum, aus welchem beim lebenden Schwamm das Wasser ausströmt. Umgeben ist es von einem Kranze sehr langer, dünner, einstrahliger Kalknadeln. Die Oberfläche ist mit zahlreichen Papillen besetzt, die aber bei äußerlicher Betrachtung nicht hervortreten, da sich zwischen den aus jeder Papille heraustretenden Büscheln von Kalknadeln zahlreiche Fremdkörper befinden, welche die Schwammoberfläche einhüllen.

Auf einem Querschnitte durch einen entkalkten Schwamm, den wir mit schwacher Vergrößerung betrachten, sieht man in der Mitte eine kreisrunde Höhle, den Zentralraum, von welchem eine große An-

zahl kleiner langgestreckter Hohlräume ausstrahlt. Diese letzteren sind die
Radialtuben, welche äußerlich als Papillen erscheinen. Die Mündungen

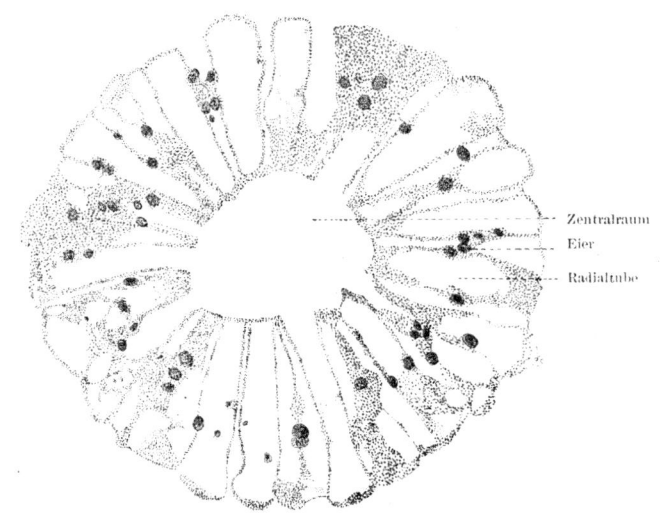

Fig. 17. Querschnitt durch eine entkalkte *Sycandra raphanus*. Orig.

der Radialtuben in den Zentralraum sind nicht immer zu sehen, da
diese Mündungen ziemlich eng sind und die Schnitte meist etwas schräg

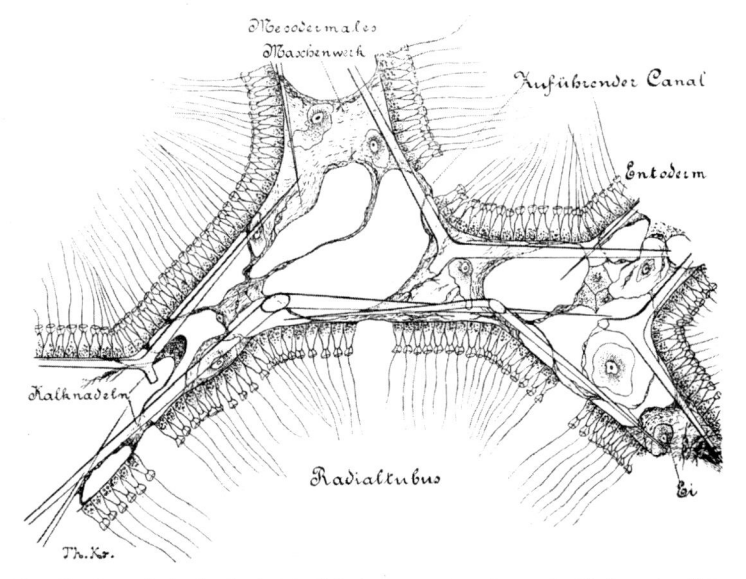

Fig. 18. Querschnitt durch drei Radialtuben von *Sycandra raph.* (O. SCHM.). Orig.

durch die Radialtuben gehen. Dadurch erklärt es sich auch, daß auf der Abbildung (Fig. 17) nicht alle Radialtuben in ihrer vollen Längsausdehnung getroffen sind. Zwischen den Radialtuben findet sich ein System zuführender Kanäle, welche das Wasser von außen durch **Dermalporen** aufnehmen und den Radialtuben durch enge Kammerporen zuführen.

Längsschnitte durch den Schwamm lassen, besonders wenn sie durch die Mitte geführt sind, seine kelchförmige Gestalt deutlich erkennen. Die quergetroffenen Radialtuben erscheinen meist infolge gegenseitiger Abplattung als sechseckige Felder.

Auf nicht entkalkten Schnitten ist die Anordnung der Nadeln zu studieren. Einstrahler finden sich als Kranz sehr feiner, dicht gedrängter und langer Nadeln um das Osculum herum. Dieser Nadelkranz wird auch als „**Schornstein**" bezeichnet. Etwas kürzer aber kräftiger sind die zum Teil aus der Umwandlung der Radialtuben hervortretenden Einstrahler. In der Umgebung der Radialtuben liegen vorwiegend Dreistrahler, mehr zentralwärts überwiegen Vierstrahler.

Stärkere Vergrößerung der Präparate läßt erkennen, daß die Radialtuben ausgekleidet sind von Geißelzellen entodermalen Ursprungs, deren Geißel zwar meist verloren gegangen ist, die aber einen deutlich sichtbaren randständigen Kragen von etwa der halben Höhe der Zelle besitzen. Zwischen den Radialtuben finden sich in einer von verästelten Bindezellen gelieferten Gallerte, welche außerdem die Skelettnadeln abscheiden, noch ursprünglich amöboid bewegliche **Geschlechtszellen**, die bei den vorwiegend weiblichen Tieren meist als Furchungsstadien erscheinen und als zur Hälfte wimpernde Blastulae die Wandung der Radialtuben durchbrechen und durch das Osculum nach außen gelangen (s. Fig. 18).

Oscarella lobularis (O. Schm.).

Querschnitte durch diesen krustenförmig dem Untergrund aufsitzenden Schwamm, der kein Kieselskelett mehr besitzt, zeigen schon bei schwacher Vergrößerung eine nach außen in großen Falten vorspringende Leibesmasse, die sich in zwei Teile sondert. Der äußere, in den Falten gelegene enthält sehr zahlreiche Geißelkammern, der innere, basale dagegen ist durch zahlreiche Kanäle netzförmig gestaltet. In jede Falte führt einer dieser größeren Kanäle hinein. Die freie Oberfläche ist sehr unregelmäßig gestaltet, indem viele Einbuchtungen, die oft kanalartig werden, in das Innere eindringen. Bekleidet ist die Oberfläche von Plattenepithel. Zahlreiche feine Kanäle, die **zuführenden Kanäle**, gehen von der Oberfläche durch das Mesoektoderm in die Geißelkammern hinein. Aus den Geißelkammern heraus führen ein oder zwei Kanäle, entweder in andere Geißelkammern oder direkt in das Hohlraumsystem des Innern: **abführende Kanäle**. Die Form der Geißelkammern ist meist rundlich. In dem Maschenwerk, welches die Kanäle des Innern umkleidet, liegen zahlreiche Geschlechtszellen. In manchen Präparaten finden sich auch befruchtete Eizellen in verschiedenen Stadien der Entwicklung (Fig. 19).

Der Süsswasserschwamm (*Spongilla*).

Ein weitverbreiteter Bewohner unserer Seen, Teiche und Flüsse ist der in mehreren Arten vorkommende Süßwasserschwamm.

2. Kursus: Porifera, Schwämme. 37

Man findet ihn als verschieden dicken, grauen, graubraunen oder grünen Überzug an untergesunkenen Holzstücken, ins Wasser ragenden Baumwurzeln oder an Steinen, besonders häufig aber an abgestorbenen, unter Wasser stehenden Schilfstengeln. Andere Arten wachsen baumförmig oft zu ansehnlicher Größe aus.

Zunächst beachte man an einem frischen Süßwasserschwamm den ganz eigentümlichen Geruch, der von ihm ausströmt, dann die Färbung, die bei den im Lichte wachsenden Spongillen grün, bei den im Dunkeln lebenden grau oder gelblich ist. Die grüne Farbe rührt von kleinen einzelligen Algen her (*Zoochlorella parasitica* BRANDT).

Die Schwammoberfläche zeigt einige größere Öffnungen. Führen wir in das einen frischen Schwamm enthaltende Glas mit Wasser ein kleines Quantum feinzerriebener Karminkörnchen ein, so sehen wir, wie diese, sobald sie in die Nähe eines solchen Loches kommen, weit fortgeschleudert werden. Es kommt also aus dieser Öffnung ein Wasserstrom heraus, und wir erkennen jetzt, daß wir es mit einem „Osculum" zu tun haben.

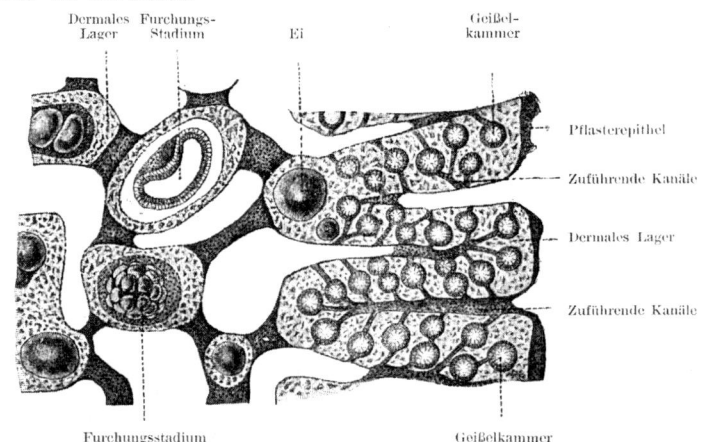

Fig. 19. Stück eines Schnittes durch *Oscarella lobularis* (nach F. E. SCHULZE, aus LANG).

Ferner enthält die Schwammoberfläche viele sehr feine Löcher, in welche das Wasser einströmt. Diese Poren setzen sich aber nicht direkt in die zu den Geißelkammern führenden Kanäle fort, sondern münden in weite Hohlräume ein, die unter der Oberfläche liegen und miteinander in Verbindung stehen: Subdermalräume. (Diese dürfen nicht verwechselt werden mit gelegentlich vorkommenden Hohlräumen, die von Insektenlarven ausgefressen sind.) Getragen wird die obere Haut durch von unten kommende Bündel von Kieselnadeln, welche als stützende Stangen fungieren und auf der Oberfläche in feinen Spitzen durchbrechen.

Man öffnet an einem frischen Süßwasserschwamm die Haut vorsichtig mit einer feinen Schere.

Alsdann erhält man einen Einblick in den Subdermalraum.

Am Boden des Raumes liegen etwas größere Löcher. Diese führen durch Kanäle, die sich vielfach verästeln, zu den kleinen Geißelkammern hin, aus denen andere Kanäle das Wasser wieder zu einem großen gemeinsamen Hohlraum ableiten: dem Kloakenrohr, welches sich mittels des Osculums nach außen öffnet. Daß wir an einem Schwamme mehrere, ja viele solcher Oscula finden, erklärt sich aus der Koloniebildung des Schwammes durch Knospung.

Der Weg des Wassers ist also folgender: durch die feinen Poren der Oberhaut gelangt das Wasser in den Subdermalraum, von hier weiter in die zuführenden Kanäle, dann in die mit bewimperten Entodermzellen ausgekleideten Geißelkammern, wo die mit dem Wasser einströmenden feinen Nahrungspartikel aufgenommen werden, dann durch die abführenden Kanäle in das Kloakenrohr und von da durch das Osculum nach außen (s. Fig. 20).

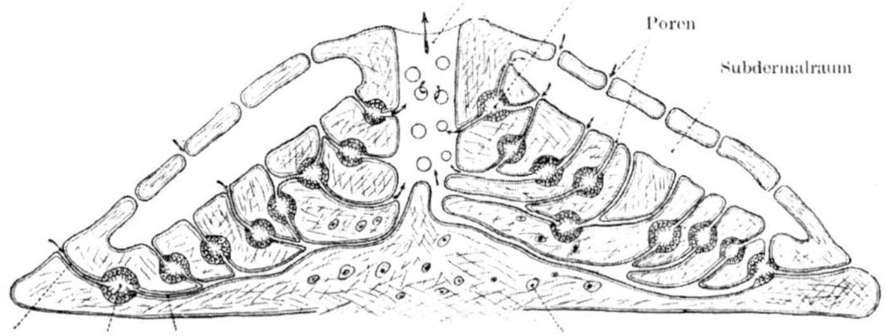

Fig. 20. Schematischer Durchschnitt eines Süßwasserschwammes; das Skelett ist weggelassen (nach LEUCKART und NITZSCHE).

Der feinere Bau des Weichkörpers ist schwieriger zu erkennen. Die Oberfläche ist mit dermalem Plattenepithel bedeckt, welches auch Kanäle und Subdermalräume auskleidet. Die tiefer liegenden Zellen der dermalen Körperschicht sind zum Teil amöboid. Es läßt sich das durch vorsichtiges Zerzupfen und Ausbreiten eines kleinen Stückchens lebendigen Schwammes konstatieren. In dieser Schicht bilden sich auch die Geschlechtszellen aus, und ferner findet sich auch in ihr das Skelett, zu dessen Betrachtung wir jetzt übergehen.

Das Skelett bildet ein unregelmäßiges Gerüstwerk, dessen einzelne Bestandteile einfache, beiderseits spitz zulaufende Nadeln sind (deshalb gehört der Süßwasserschwamm zu den Monactinelliden). Als Mörtel zur Verkittung der aus Kieselsäure bestehenden Nadeln dient eine faserige Substanz, wie sie im Badeschwamme so reichlich vorhanden ist, das Spongin. Bei manchen Arten finden sich daneben noch lose im Fleisch liegende kleinere Nadeln.

Man fertige mit dem Rasiermesser möglichst dünne Schnitte von einem in Alkohol konservierten Schwamm an und bringe diese auf den Objektträger. Nachdem man ein paarmal das Präparat mit absolutem Alkohol übergossen und ein paar Minuten stehen gelassen hat, bringe man einen Tropfen Nelkenöl auf den Schnitt und bedecke ihn mit dem Deckglas. Es läßt sich dann das Skelettgerüst gut verfolgen.

Um die Nadeln im Präparat zu isolieren, lege man ein Stückchen des frischen oder konservierten Schwammes in ein Uhrschälchen, übergieße es mit Liquor natr. hypochlorosi, (diese Flüssigkeit darf nicht zu lange aufbewahrt werden, da sich sonst ihre Wirkung vermindert) und bedecke es mit einem zweiten Uhrschälchen. Nach einigen Minuten sind die Weichteile aufgelöst, und mittels eines Pinsels wird nun etwas von dem weißlichen Rückstand auf den Objektträger gebracht und in Wasser untersucht. Glyzerin hellt zu sehr auf und ist daher nicht zu empfehlen.

An den meisten Exemplaren findet man zahlreiche bis senfkorngroße, kugelige Gebilde, welche Gemmulae genannt werden. Diese Gemmulae sind Fortpflanzungskörper, die in ihrem Innern einen kleinen Teil des Weichkörpers enthalten und zu ihrem Schutze von einer derben chitinigen Membran umhüllt werden, auf welcher bei manchen Arten

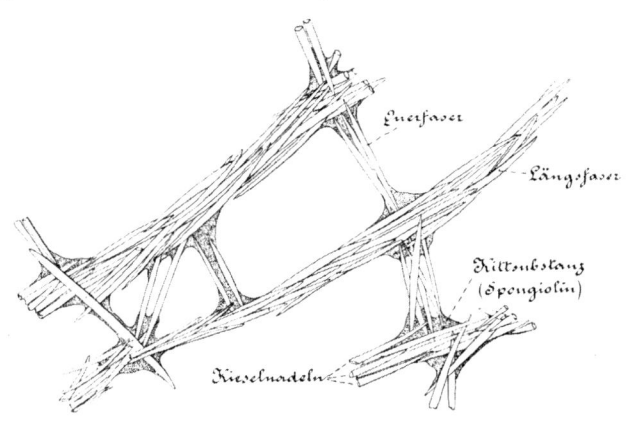

Fig. 21. Skelettgerüst von *Spongilla fragilis* (LEIDY). Orig.

noch eine zweite, von kleinen Kieselgebilden (Amphidisken) gestützte Hülle liegt. Die Gemmulae sind mit den Cysten der Protozoen zu vergleichen, und wie diese bestimmt, die Fortdauer der Art während ungünstiger Existenzbedingungen, so im Winter, zu sichern. Die Kolonien der meisten deutschen Arten gehen im Winter zugrunde, während sich aus den Gemmulae im Frühling wieder neue Schwämme entwickeln, indem der Inhalt aus einer oder mehreren Öffnungen der Schale auskriecht. Ihre Formen sind bei den verschiedenen Arten verschieden, so daß sie zur Artbestimmung benutzt werden können.

Auf umstehender Figur sind die fünf in Deutschland vorkommenden Süßwasserschwämme — es fehlt nur die bisher nur an einer Stelle gefundene Art *Carterius stepanowi* (DYB.) — in ihren Gemmulae und Gerüstnadeln abgebildet. Sie lassen sich kurz folgendermaßen charakterisieren:

1. *Spongilla fragilis* (LEIDY). Gerüstnadeln glatt, lang und dünn, allmählich scharf zugespitzt. Gemmulae mit feinen, stets rauhen Nadeln. Amphidisken fehlen.

2. *Spongilla lacustris* (L.). Zwei Arten Gerüstnadeln, große und glatte, sowie kleine, meist fein bedornte. Gemmulaenadeln gebogen oder gerade, bedornt, zuweilen auch glatt. Amphidisken fehlen.

3. *Trochospongilla horrida* WELTN. Gerüstnadeln stark bedornt. Gemmulaenadeln fehlen, dafür Amphidisken; diese ganzrandig, niedrig.

4. *Ephydatia fluviatilis* (L.). Gerüstnadeln schlank, glatt, allmählich scharf zugespitzt. Gemmulaenadeln fehlen; Amphidisken hoch,

40   2. Kursus: Porifera, Schwämme.

mit vielen feinen Einschnitten. Der Schaft der Amphidisken fein bedornt.

5. *Ephydatia mülleri* (LBKN.). Gerüstnadeln kompakter, fein bedornt. Gemmulaenadeln fehlen; Amphidisken niedriger als bei der vorhergehenden Art mit weniger, aber tieferen Einschnitten. Amphidiskenschaft nicht bedornt.

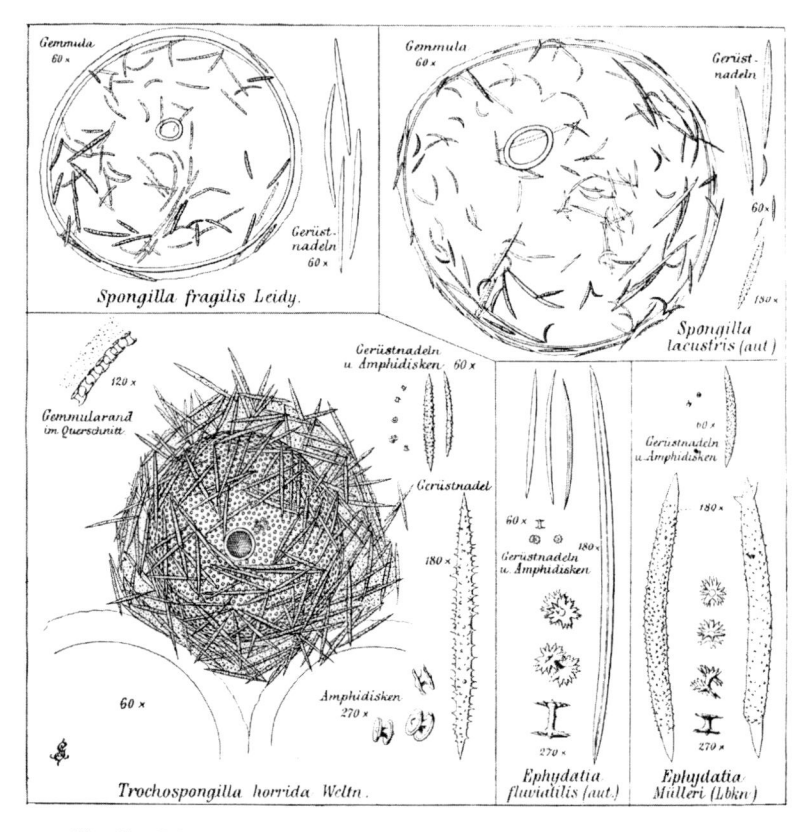

Fig. 22. Die in Deutschland vorkommenden Süßwasserschwämme. Gemmulae und Skeletteile. Orig.

Andere Kieselschwämme.

Zur Demonstration der großen Verschiedenheit der Skelettgebilde werden verschiedene Kieselschwämme entweder als Alkoholmaterial oder in fertigen Präparaten gegeben.

Die Untersuchung des Alkoholmaterials geschieht am einfachsten, indem mit einem Rasiermesser möglichst dünne Schnitte vom Schwamm hergestellt und in einem Uhrschälchen mit Liquor natr. hypochlorosi übergossen werden. Nach kurzer Zeit haben sich die Weichteile gelöst, und der Bodensatz wird mittels eines Pinsels auf den Objektträger gebracht und in Wasser oder Glyzerin untersucht. Will der Praktikant sich ein Dauerpräparat machen, so ist bereits im Uhrschälchen der Liquor durch destilliertes Wasser, das einmal gewechselt werden muß, zu ersetzen, dann wird das Wasser vorsichtig abgegossen und der weißliche Rückstand mittels Pinsels auf den Objektträger gebracht und nach Behandlung mit Alc. absol. mit einem Tropfen Nelkenöl bedeckt, welcher dann mit Fließpapier abgesaugt und durch Kanadabalsam ersetzt wird. Alsdann ist das mit einem Deckgläschen zu versehende Präparat fertig.

Die Wahl des zu gebenden Materials richtet sich natürlich nach den Vorräten jedes Institutes. Am empfehlenswertesten ist zunächst ein Rindenschwamm (*Geodia* oder eine verwandte Gattung). Der Schnitt mit dem Messer muß auch die Rinde mitnehmen, an der dann die in mehreren Lagen auftretenden Kieselkugeln zu demonstrieren sind. Außer diesen Tetractinelliden läßt sich auch ein Vertreter der Lithistiden, z. B. eine *Theonella*, gut verwenden, ebenso von den Hexactinelliden *Euplectella* und *Hyalonema*.

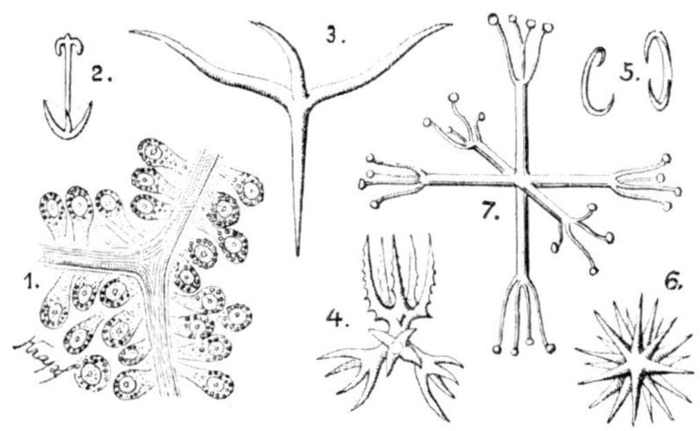

Fig. 23. Skelettstücke von Schwämmen (nach F. E. SCHULZE und O. MAAS). 1 Fasern eines Badeschwammes mit Spongoblasten, 2—7 Kieselnadeln, 2 *Esperia Lorenzi*, 3—4 *Corticium candelabrum*, 5 *Myxilla rosacea*, 6 *Tethya lyncurium*, 7 *Farrea vosmari* (aus HERTWIG).

Reicht die Zeit nicht aus, so sind fertige mikroskopische Präparate der Skeletteile dieser und anderer Kieselschwämme zu geben.

Um den Bau eines Hornschwammes kennen zu lernen, ist mit Vorteil der Badeschwamm zu verwenden, entweder in Schnitten fertiger Präparate oder indem von Spiritusmaterial Schnitte angefertigt werden. Das Hornskelett wird von besonderen, den Fasern aufsitzenden Zellen, den Spongoblasten, ausgeschieden (s. Fig. 23). Die Hornfäden besitzen eine konzentrisch geschichtete Struktur. Die unregelmäßige netzartige Verästelung läßt sich ohne weiteres an einem zerzupften Stückchen des in den Handel kommenden Badeschwammes unter ganz schwacher Vergrößerung erkennen.

3. Kursus.

Hydroidpolypen.

Technische Vorbereitungen.

Zur Untersuchung kommen von lebenden Tieren der grüne und der graue Süßwasserpolyp. Die Süßwasserpolypen sind zwar weit verbreitet, aber nicht leicht zu finden. Am besten ist es, wenn man Wasserproben mit Schilfstengeln, Myriophyllum, Elodea usw. von verschiedenen Fundorten, sowohl Tümpeln und Teichen wie Flüssen, ein paar Tage ruhig stehen läßt und dann unter Vermeidung von Erschütterungen auf Polypen hin untersucht. Sie sitzen alsdann dem Auge sichtbar, den Wänden wie dem Boden des Gefäßes, besonders an der dem Lichte zugekehrten Seite an. Hat man einmal einen Fundort entdeckt, so kann man ziemlich sicher sein, alljährlich dort Hydren wieder zu finden. Im Herbst kommen Exemplare mit Geschlechtsprodukten etwas häufiger vor.

Die etwa acht Tage vor Beginn dieses Kursus einzufangenden Hydren werden auf zwei Gläser verteilt. In eines derselben bringt man möglichst viele kleine Süßwasserkrebschen, Cyclopiden und Daphniden, hinein, welche den Hydren als Futter dienen. Diese so reichlich genährten Tiere treiben innerhalb dieser Zeit zahlreiche Knospen. Die in dem anderen Glase befindlichen erhalten keinerlei Nahrung, und es sollen sich bei ihnen nach einiger Zeit Geschlechtsprodukte ausbilden. Hydren mit männlichen Geschlechtsprodukten lassen sich durch reichliche Fütterung und dann Kaltstellen züchten. Man kann Hydren den ganzen Winter über im Aquarium züchten, wenn man sie zusammen mit Wasserlinsen und anderen Wasserpflanzen hält, und gelegentlich mit den obenerwähnten Süßwasserkrebschen füttert.

A. Allgemeine Übersicht.

Der Körper der Hydroidpolypen ist in seiner einfachsten Form ein cylindrischer Schlauch, der mit dem aboralen Pole festsitzt und am oralen Pole die häufig auf einem vorspringenden vorderen Körperteil (Rüssel) befindliche Mundöffnung besitzt. Die Mundöffnung liegt in dem Mundfeld und ist umgeben von Tentakeln, fingerförmigen hohlen oder soliden Körperfortsätzen, die zum Erfassen der Beute dienen. Die Anordnung der Tentakel wird bei den höheren Formen regelmäßiger strahlig und gibt den ersten Anlaß zur Ausbildung des radiären Körperbaues. Die Seitenwand des Körpers ist das Mauerblatt oder der Kelch, während der Polyp mit dem Fußblatt festsitzt (Fig. 24). Der Körper des Polypen ist zweischichtig, und diese beiden Epithelschichten, Ektoderm und Entoderm genannt, entsprechen den zwei Körperschichten der bei den Metazoen auftretenden Keimform der Gastrula.

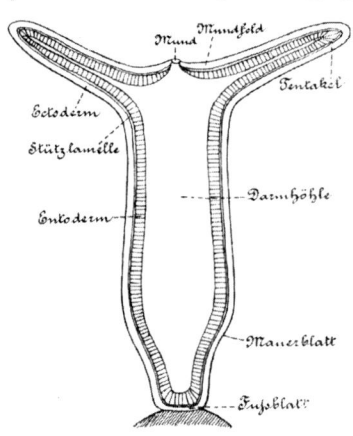

Fig. 24. Schematischer Längsschnitt durch einen Hydroidpolypen.

Zwischen Ektoderm und Entoderm liegt eine dünne, strukturlose Lamelle, die Stützlamelle.

Die Ektodermzellen vermögen häufig Sekrete oder starrwerdende Stoffe auszuscheiden. Ein Teil derselben enthält im Innern die Nesselkapseln, eigentümliche, mikroskopisch kleine, als Waffen fungierende Gebilde, ein Teil wandelt sich zu Sinneszellen oder Ganglienzellen um, und ein großer Teil besitzt an seiner Basis kontraktile Fortsätze, die, der Stützlamelle anliegend, in der Längsrichtung verlaufen.

Die meist mit Geißeln versehenen Entodermzellen besorgen die Verdauung der aufgenommenen Nahrung und besitzen an ihrer Basis ebenfalls kontraktile Fortsätze, die aber in der Querrichtung verlaufen.

Die Fortpflanzung ist eine geschlechtliche und eine ungeschlechtliche durch Knospung. Wenn sich die Knospen nicht loslösen, sondern zusammen im Verband bleiben, entstehen Tierstöcke. Die geschlechtliche Fortpflanzung erfolgt durch Ausbildung von Geschlechtsprodukten, die im Ektoderm entstehen. Bei den meisten Hydroidpolypen wird die Erzeugung von Geschlechtsprodukten in besonders gestalteten Personen verlegt, die sich vom Stock loslösen und als Medusen frei umherschwimmen, oder an der Kolonie festsitzend verbleiben und medusoide Gonophoren heißen (s. Fig. 25).

Fig. 25. Medusoide Gonophoren von: I *Pennaria cavolini*, Schwimmglocke und Radialkanäle noch erhalten; II *Coryne pusilla*, nur noch die Schwimmglocke; III unten *Clava squamata*, noch ein Rest der Schwimmglockenanlage; oben *Eudendrium racemosum*, Schwimmglocke nicht mehr angelegt. *S* Spadix (Magen der Meduse) (aus R. HERTWIG, schematisiert nach WEISMANN).

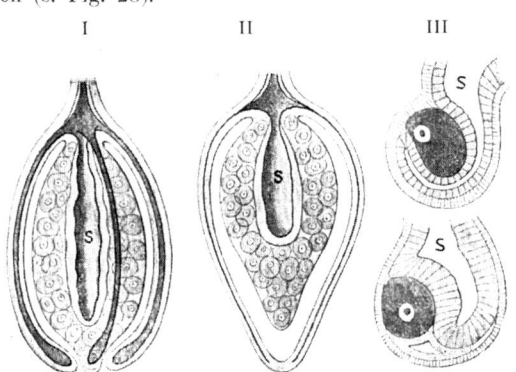

Polyp und Meduse stehen also miteinander in dem Verhältnis, daß auf dem Wege der Knospung am Polypenstock die Meduse entsteht, welche Geschlechtsprodukte erzeugt, aus denen sich wieder der Polyp entwickelt. Dieses Alternieren einer geschlechtlich erzeugten mit einer ungeschlechtlich erzeugten, abweichend gestalteten Generation nennt man Generationswechsel. Es kann nun die eine oder die andere Generation fehlen, und wir haben dann entweder Polypen, die auch auf geschlechtlichem Wege wieder Polypen erzeugen, oder Medusen, aus denen wieder Medusen hervorgehen.

B. Spezieller Kursus.

Hydra.

Eine *Hydra viridissima* Pall. oder eine der anderen Arten wird mit ziemlich viel Wasser auf den Objektträger gebracht und, ohne sie mit einem Deckglas zu bedecken, mit schwacher Vergrößerung betrachtet, um die Bewegungen des Tieres zu sehen. (Auch kann man im sog. hängenden Tropfen untersuchen.)

Wenn dann später ein Deckglas auf das Präparat gelegt wird, so ist darauf zu achten, daß dieses nicht gedrückt wird. Man vermeidet das am besten, indem man ein paar schmale Papierstückchen zu beiden Seiten des Tieres bringt und das Deckglas darauf legt. Auch mit vier

44   3. Kursus: Hydroidpolypen.

an die Ecken der Unterseite des Deckglases geklebten Stückchen Wachses (s. S. 5) kann man das gleiche erreichen.

Zunächst betrachten wir die Körpergestalt der *Hydra*, die eine langgestreckte Becherform aufweist (Fig. 26).

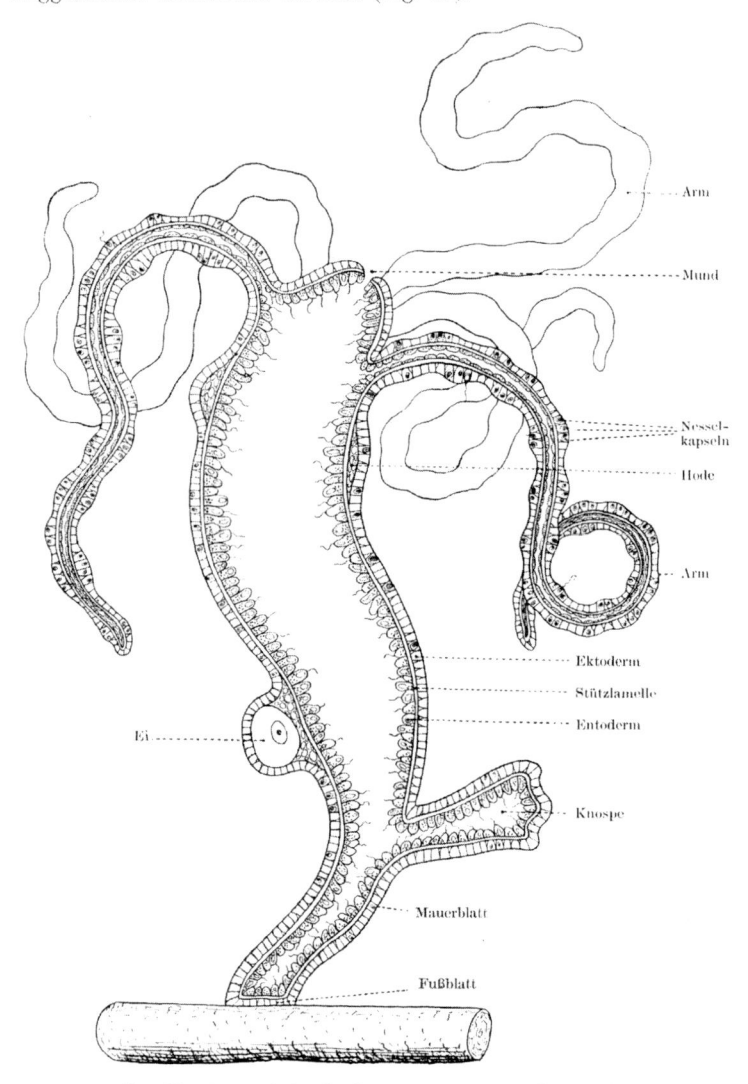

Fig. 26. Längsschnitt durch *Hydra viridissima* PALL. Orig.

Schon am lebenden Tier lassen sich die beiden Körperschichten dadurch unterscheiden, daß die Zellen des Entoderms mit einzelligen grünen Algen angefüllt sind.

Die Tentakel von *Hydra* sind hohl, indem die Darmhöhle in sie hineinführt. Auch an den Tentakeln lassen sich Ektoderm und Entoderm, sowie die zwischen beiden liegende Stützlamelle leicht unterscheiden. In vielen Ektodermzellen liegen stärker lichtbrechende Körperchen, je eines in einer Zelle. An den Tentakeln sieht man derartige Zellen zu Wülsten zusammentreten, welche spangenförmig einen Teil des Tentakelumfanges umgreifen. Besonders stark ausgebildet sind sie bei *Hydra vulgaris*. Diese lichtbrechenden Körperchen sind die Nesselkapseln. Bei starker Vergrößerung stellen sie sich als mit einer Flüssigkeit gefüllte Bläschen dar, in welchen ein sehr feiner Faden spiralig aufgerollt ist. Die Ektodermzellen, welche die Nesselkapseln enthalten, heißen Nesselzellen; sie liegen in Lücken, zwischen den viel größeren anderen Ektodermzellen. Ein Druck auf das Deckglas genügt, um wenigstens einige Nesselfäden herausschnellen zu lassen.

Bei gleichzeitiger Beobachtung unter dem Mikroskop sieht man, wie die Nesselkapseln gleichsam explodieren, indem sie ihren Faden weit herausschnellen. Jetzt läßt sich auch der Nesselfaden besser beobachten (stärkere Vergrößerung, Abblenden des Lichtes). Er erweist sich als äußerst dünn, und nur an seinem hinteren Ende, wo er gleichsam wie aus der Nesselkapsel ausgestülpt erscheint, ist er dicker. Hier sieht man auch drei Widerhaken abgehen, und über diesen kann man noch bei sorgfältiger Beobachtung eine Anzahl sehr feiner Häkchen erblicken (Fig. 27).

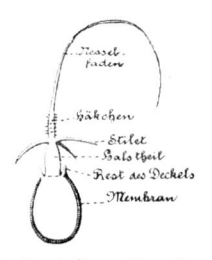

Fig. 27. Explodierte Nesselkapsel von *Hydra*.

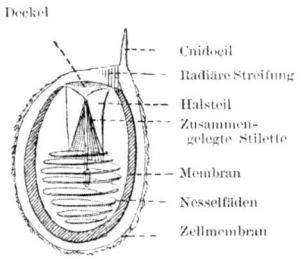

Fig. 28. Nesselzelle von *Hydra* (nach GRENACHER).

Der Vorgang der Explosion spielt sich etwa folgendermaßen ab: Jede Nesselzelle besitzt einen feinen protoplasmatischen, nach außen vorragenden Fortsatz: das Cnidocil (Fig. 28). Kommt dieses mit einem vorüberschwimmenden Tiere in Berührung, so reißt die von der Flüssigkeit aufs äußerste gespannte Kapselmembran an einer besonders dafür eingerichteten, streifigen Stelle und der Inhalt, d. h. der Faden wird mit großer Gewalt nach außen getrieben. Es lassen sich dreierlei Nesselorgane unterscheiden. Die bereits erwähnten großen birnförmigen sind besonders zahlreich auf den Tentakeln, und an der Basis ihres Fadens durch spitze Fortsätze, „Stilette" ausgezeichnet. Daneben gibt es sehr kleine Nesselorgane, deren Faden sich nach dem Ausstülpen korkzieherförmig umlegt, und drittens walzenförmige, sekretreiche. Diese drei Formen funktionieren folgendermaßen. Die großen birnförmigen Nesselkapseln schlagen bei der Explosion ihren Faden in die Haut des Beutetieres ein, wobei das Nesselsekret, welches aus Poren des Schlauches ausströmt, einen aufweichenden Einfluß auf die

Hülle des Beutetieres ausübt, während die drei Stilette bohrend wirken. Es ist also die Wirkung dieser großen Nesselkapseln eine vorwiegend mechanische. Indem gleichzeitig ihrer viele in Aktion versetzt werden, wird das Beutetier — meist kleine Krebschen — fest mit dem Tentakel der Hydra verbunden, und durch Kontraktion des Tentakels dem Munde zugeführt. Die kleinen Nesselkapseln umschlingen mit ihren korkzieherartig ausgestülpten Fäden etwaige Borsten des Beutetieres und fesseln es dadurch, während die walzenförmigen bei der Fortbewegung eine Rolle zu spielen scheinen.

Trotz ihres ungemein feinen und komplizierten Baues sind die Nesselkapseln doch nichts anderes als Produkte einzelner Zellen.

Die großen Ektodermzellen laufen auf ihrer der Stützlamelle zugewandten Seite in längsverlaufende kontraktile Fortsätze aus, die als Muskelfasern fungieren. Diese Zellen werden als Epithelmuskelzellen bezeichnet.

Eine dritte Art von Ektodermzellen mit auslaufenden feinen Fäden deutet man als Ganglienzellen.

An der als „Fuß" bezeichneten Körperbasis, mit der sich der Polyp an der Unterlage festheftet, fehlen die Nesselzellen. Dafür wird aber von Ektodermzellen Schleim abgeschieden, mittels dessen die Anheftung erfolgt. Andere Ektodermzellen können Pseudopodien bilden.

Die Zellen des Entoderms sind am lebenden Tiere kaum deutlich zu sehen. Nur durch vorsichtiges Zerzupfen mittels Nadeln wird es gelegentlich gelingen, leidlich unverletzte Zellen zu Gesicht zu bekommen. Bessere Bilder liefert die Isolation mit chemischen Mitteln, doch würde die Anwendung dieser Methode den Rahmen unseres Kurses überschreiten.

Die Fortpflanzung der *Hydra* erfolgt, wie schon erwähnt, auf geschlechtlichem und ungeschlechtlichem Wege. Letzterer zeigt sich in der Ausbildung einer oder mehrerer (gewöhnlich bis fünf) aus dem Mauerblatt hervorsprossender Knospen. Im Sommer und bei guter Fütterung der gefangen gehaltenen Hydren ist es leicht, viele Individuen in verschiedenen Stadien der Knospung zu beobachten. Außerdem kommt noch Teilung, und zwar sowohl Längsteilung wie auch, seltener, Querteilung vor. Nicht häufig finden sich Hydren mit Geschlechtsprodukten, am häufigsten bei ungünstigen Existenzbedingungen, also bei Nahrungsmangel oder kälterer Witterung im Frühjahr *(H. viridissima)* oder Herbst und Winter *(H. vulgaris* und *H. oligactis)*.

Gewöhnlich entwickeln sich die aus kleinen (interstitiellen) Zellen des Ektoderms entstehenden Geschlechtsprodukte in der Weise, daß die männliche Zeugungszellen enthaltenden Hoden zuerst, und später am gleichen Tiere die in dem Ovarium liegenden Eier entstehen.

Die Lage beider ist verschieden, indem sich die Hoden, häufig in größerer Zahl, ziemlich dicht unter dem Tentakelkranz bilden, das Ovarium hingegen mehr in der Mitte des Körpers entsteht.

Schon mit schwacher Vergrößerung lassen sich leicht die Hoden als beulenförmige Erhebungen von weißlicher Farbe erkennen und ebenso der Eierstock, der bei *Hydra viridissima* als eine weiße, quer zur Körperachse gestellte niedrige Erhebung erscheint (s. Fig. 26).

Die männlichen wie die weiblichen Geschlechtsprodukte entstehen also im Ektoderm.

Neben diesen hermaphroditischen Formen kommen aber auch getrennt geschlechtliche vor, und zwar ist es wohl immer eine *H. oligactis* gleichende Form, die aber vielleicht eine Varietät darstellt, da ihre kugeligen ringsum mit kurzen Höckern besetzten Eier sich von denen von *H. oligactis* unterscheiden.

Hat man eine Hydra mit reifen Hoden vor sich, so kann man durch vorsichtiges Zerzupfen die Spermatozoen freilegen, die aus einem stark lichtbrechenden Köpfchen und einem sehr zarten, langen Faden bestehen.

Im Ovarium wird eine Zelle zur Eizelle, während die übrigen zerfallen und der amöboiden Eizelle als Nahrung dienen. Die Befruchtung und Furchung des Eies erfolgt am Körper des Muttertieres. Es fällt erst ab, nachdem sich vom Ektoderm aus eine dicke, chitinöse Schale gebildet hat. Diese Schale schützt den Embryo während trockener oder kalter Zeiten. Mit dem Platzen der Schale wird der Embryo frei und gewinnt durch Munddurchbruch und Tentakelbildung seine endgültige Form.

Fast bei jeder *Hydra* wird man an ihrer Oberfläche Infusorien sich bewegen sehen, welche ektoparasitisch auf ihr leben; so die Polypenlaus, *Trichodina pediculus*. Dieses Infusor gehört zu der Ordnung der Peritricha, und zeichnet sich durch den Besitz zweier Wimperzonen aus; mit der unteren (hinteren) vermag es sich kriechend schnell vorwärts zu bewegen, doch schwimmt es auch frei umher; die Gestalt ist die eines kurzen Zylinders. Die von dem unteren Wimperkranz umschlossene Fläche ist zu einer Haftscheibe entwickelt (s. Fig. 29). Außerdem sieht man sehr häufig auch die in Fig. 15 abgebildete *oxytricha*ähnliche *Kerona pediculus* O. F. M. auf den Polypen herumkriechen.

Außer *Hydra viridissima* finden sich von dieser ziemlich kosmopolitischen Gattung in Deutschland noch drei andere Arten Süßwasserpolypen, welche sich von obiger Art dadurch unterscheiden, daß sie keine grünen Algen beherbergen, und meist grau oder braun gefärbt sind.

Fig. 29. *Trichodina pediculus* (nach BÜTSCHLI).

Die eine dieser Arten *H. vulgaris* Pall. (*H. grisea* L.) hat als besonderes Merkmal aufzuweisen, daß ihr unteres Körperende nicht stielförmig vom Körper abgesetzt ist, was bei den beiden anderen Arten *H. oligactis* Pall. (*H. fusca* L.) und der in Deutschland sehr seltenen *H. polypus* L. der Fall ist. Auch die Form der Eier ist verschieden. *H. viridissima* hat ein kugeliges, fast glattes Ei, *H. vulgaris* ein kugeliges Ei, dessen Schale große, an der Spitze meist verzweigte Zacken trägt, und *H. oligactis* ein unten flaches, oben konvexes Ei, dessen Schale nur auf der Oberseite kurze Stacheln trägt.

Erwähnenswert ist die große Regenerationsfähigkeit von *Hydra*. Man kann ein Individuum in mehrere Stücke zerschneiden, von denen ein jedes wieder zu einem vollständigen Tier auswächst.

Berühmt ist der TREMBLEYsche Umkehrungsversuch, der in neuerer Zeit mehrfach nachgemacht worden ist. Die *Hydra* wird derart umgestülpt, daß ihr Entoderm nach außen, das Ektoderm nach innen kommt. Es hat sich nun gezeigt, daß nicht etwa eine Körperschicht die Funktionen der anderen übernehmen kann, sondern daß eine Zurückstülpung eintritt.

Tubularia larynx (ELL.).

Es werden von in Alkohol konserviertem Materiale von *Tubularia larynx* einzelne Polypen verteilt, die in Uhrschälchen unter Alkohol gebracht und mit der Lupe betrachtet werden. Außerdem werden fertige mikroskopische Präparate, Längsschnitte durch Polypenköpfchen von *Tubularia* gegeben.

Diese in der Nordsee häufige Form gehört zur Ordnung der Tubulariae. Der hier und da einen Ast abgebende Stamm trägt an seinem Ende das stattliche Polypenköpfchen (Hydrant). Betrachten wir zunächst den im Uhrschälchen liegenden Polypen mit der Lupe, so sehen wir, wie der Stamm mit einer aus dem Ektoderm abgeschiedenen festen Hülle (Periderm) umgeben ist, welche unterhalb des Köpfchens endigt, so daß letzteres nicht geschützt ist. Das rundliche Köpfchen sitzt breit dem Stamme auf und zieht sich nach oben in eine Art Rüssel aus, in welchem die Mundöffnung führt. Zwei Tentakelkränze sind zu bemerken, der eine, tiefer gelegene, mit etwa 20 größeren Tentakeln, der andere mit ebenso vielen oder etwas weniger, kleineren Tentakeln um die Mundöffnung herum. Bei größeren Formen finden sich, etwas oberhalb vom unteren Tentakelkranz entspringend, rundliche, an kurzen verzweigten Stielen sitzende Ballen, die Gonophoren, welche die Geschlechtsprodukte erzeugen. Jüngeren (kleineren) Exemplaren fehlen diese Gonophoren noch (Fig. 30).

Die Gonophoren dieser Form lösen sich nicht los, um als Medusen eine freischwimmende Lebensweise zu führen, sondern sie bleiben am Polypen sitzen und stellen medusoide Gonophoren dar. An verschiedenen Präparaten lassen sich diese medusoiden Gonophoren in allen Stadien der Ausbildung verfolgen. Sie entstehen folgendermaßen:

Es bilden sich zuerst Ausstülpungen der Darmhöhle des Polypenköpfchens, deren Wandung, wie die des Polypen, aus Ektoderm, Stützlamelle und Entoderm besteht. Der in jedem Gonophor enthaltene Teil der Gastrovaskularhöhle heißt Spadix. Am freien Ende wuchert das Ektoderm nach innen, und es bildet sich eine abgeschnürte Portion desselben, die sich kappenförmig in das Entoderm eindrängt. Aus diesen abgeschnürten Ektodermzellen entstehen die Geschlechtsstoffe, und zwar in demselben Polypen entweder nur männliche oder nur weibliche. Die weiblichen Gonophoren enthalten einige wenige Eier, die in der Weise entstehen, daß eine Anzahl von Keimzellen verschmelzen aber nur ein Kern bestehen bleibt, der zum Eikern wird. Es bildet sich nun während der Eireifung eine von vier Höckern umstellte Öffnung am freien Ende des Gonophors (schon bei schwächerer Vergrößerung deutlich sichtbar), aus welcher das im Innern des Gonophors befruchtete Ei, welches zu einem kleinen, als Actinula bezeichneten Embryo herangewachsen ist, ausschlüpft. Aus dieser Actinula entsteht aufs neue ein Polyp.

Bei einer nahe verwandten Form, der *Tubularia indivisa*, welche sich durch den Besitz unverzweigter Stämme auszeichnet, ist übrigens der Gonophor medusenähnlicher, indem sich auch die vier Radialkanäle vorfinden, welche den Medusen eigentümlich sind.

Bei anderen Tubulariiden findet die Loslösung der Gonophoren in der Tat statt, und letztere werden zu freischwimmenden Medusen. Der feinere Bau von *Tubularia larynx* läßt sich am mikroskopischen Präparate eines Längsschnittes mittels starker Vergrößerung wahrnehmen.

Von Besonderheiten ist zu erwähnen der stark entwickelte aborale Mesodermwulst, ein am Grunde des Polypenköpfchens befindlicher Ring, der zur Stütze des unteren Tentakelkranzes dient. Bei anderen Tubulariiden findet sich auch ein kleinerer oraler Mesodermwulst am

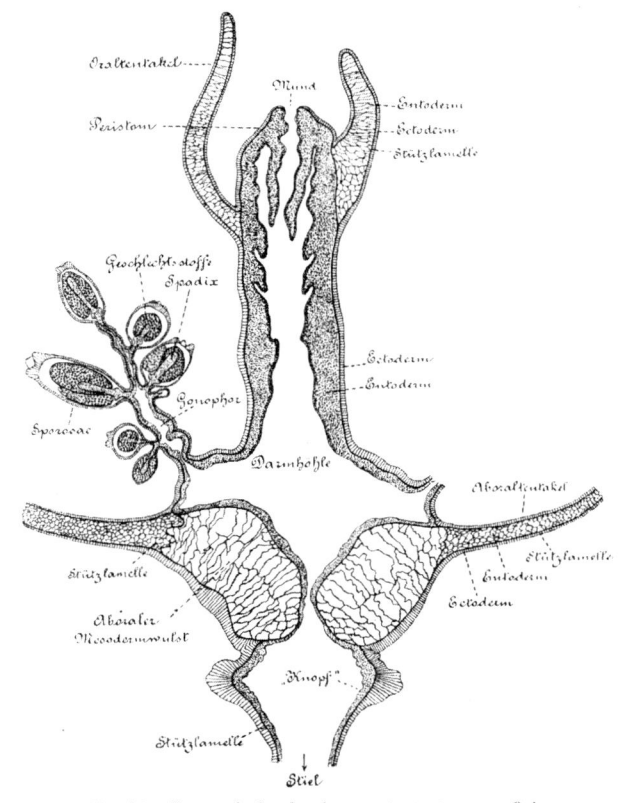

Fig. 30. Längsschnitt durch *Tubularia larynx*. Orig.

Grunde des oberen Tentakelkranzes. Der aborale Mesodermwulst engt das Lumen der Gastrovaskularhöhle stark ein, so daß hier ein enger Kanal entsteht, der sich erst in einer unterhalb des Wulstes gelegenen Anschwellung, dem „Knopf", wieder erweitert. Am „Knopf" sieht man auch eine ringförmige Wucherung des Ektoderms (s. Fig. 30).

Ferner weist das Entoderm in dem obersten Teile des Gastrovaskularsystems eigentümliche wulstartige Vorwucherungen auf, die aber nicht etwa als eine Schlundrohrbildung aufzufassen sind.

Auch ist auf die Struktur der Tentakel zu achten. Während wir die Tentakel bei *Hydra* hohl fanden, sind sie hier solid, und wir sehen das Ektoderm mit zahlreichen Nesselzellen, dann die Stützlamelle und innen die in mehreren unregelmäßigen Reihen angeordneten großen Entodermzellen. In den unteren Tentakeln sind die Maschen der Entodermzellen etwas enger als in den oberen, wo sie besonders an der Spitze sehr groß werden.

Cordylophora lacustris (ALLM).

Außer *Hydra* findet sich noch eine weitere Gattung von Hydroidpolypen nicht im Meere vor, die zu der Ordnung der Tubulariiden gehörige *Cordylophora lacustris*, welche im Brackwasser, seltener im

Fig. 31. *Cordylophora lacustris* (nach F. E. SCHULZE).

Süßwasser lebt. Sie kann dichte Rasen aus horizontal gelagerten Röhren (Stolonen) und sich senkrecht daraus erhebenden Stämmen bilden, die ihrerseits in ziemlich gleichen Abständen Zweige abgeben. An den Enden der Zweige sitzen die Polypenköpfchen. Die Gonophoren dagegen werden ebenfalls vom Periderm umhüllt, welches zu einer großen Kapsel (Gonothek) ausgebaucht wird.

Die Polypenköpfchen sind im allgemeinen walzenförmig, die endständigen am größten und mehr aufgetrieben. Wie bei *Tubularia*, so bildet auch hier der vorderste, die Mundöffnung tragende Teil eine Art Rüssel (Proboscis). Die Tentakel, an Zahl sehr wechselnd, sitzen aber nicht, wie bei *Tubularia*, in zwei Kränzen, sondern unregelmäßig zerstreut und in sehr wechselnder Zahl an der vorderen Hydrantenhälfte (Fig. 31).

Die Gonophoren, welche entweder nur männliche oder nur weibliche Geschlechtszellen in einer Kolonie erzeugen, sind ansehnliche Gebilde von etwa eirunder Gestalt, an deren Bildung sich alle Schichten des Weichkörpers, sowie das umhüllende Periderm beteiligen.

Wenden wir stärkere Vergrößerung an, um den Bau der Tentakel zu studieren, so sehen wir einen wesentlichen Unterschied gegenüber dem der *Tubularia*-Tentakel.

Das Entoderm besteht nämlich hier, wie bei den anderen Hydroidpolypen auch, aus einer einzigen Reihe hintereinander liegender scheibenförmiger Entodermzellen, in deren Mitte jedesmal der Kern liegt. Nach der Spitze des Tentakels zu werden diese Zellen immer höher.

Nicht selten wird man übrigens im Präparat an den Stämmen und Stolonen kugelförmige Körperchen finden, die mittels eines stark zusammengeringelten Stieles festsitzen, und in deren Mitte ein stark gefärbter wurstförmiger Körper sichtbar wird. Es sind das Vorticellen, welche mit konserviert und gefärbt worden sind, und der wurstförmige Körper ist der Kern.

Clava squamata (Hcks.).

Die kleine, besonders häufig auf Blasentang sitzende *Clava squamata* besteht aus einem zarten Geflecht dicht miteinander verwachsener horizontaler Stolonen (Hydrorhiza), aus dem sich die langen Polypen direkt erheben. Der untere Teil derselben ist mehr röhrenförmig und kann als Andeutung eines Stammes angesehen werden, der obere trägt eine Anzahl (gegen 20) unregelmäßig zerstreuter Tentakel und ist keulenförmig gestaltet. Der Mund sitzt, wie bei den vorher beschriebenen Arten, an der Spitze eines Rüssels.

Unterhalb der untersten Tentakel sitzen bei den größeren Formen, dicht aneinander gedrängt, die Gonophoren, welche einen sehr einfachen Bau haben (Fig. 32).

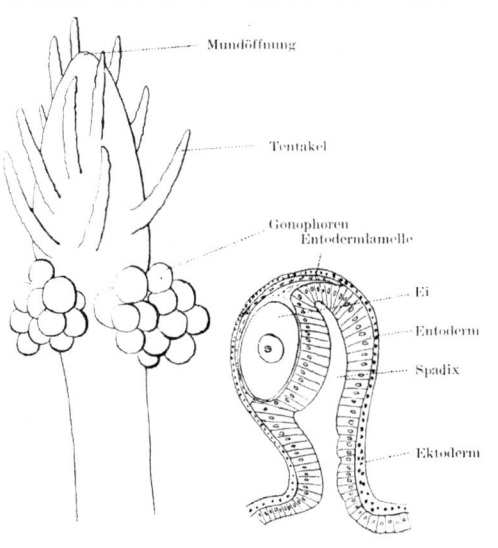

Fig. 32. *Clava squamata*, rechts Längsschnitt durch einen weiblichen Gonophor. Orig.

Schon bei schwacher Vergrößerung sieht man, daß die sehr zahlreichen rundlichen oder birnförmigen Gonophoren in dichten Klumpen zusammensitzen, deren jeder von einem ganz kurzen Stiel entspringt.

52   3. Kursus: Hydroidpolypen.

In jeden Gonophor tritt die Gastrovaskularhöhle als kurzer, sich oben etwas verbreiternder Spadix ein, und um ihn herum legt sich am freien Ende kappenförmig die Masse der aus dem Ektoderm durch Einstülpung und Abschnürung entstandenen Keimzellen. Entweder entwickeln sich in den Gonophoren einer Kolonie nur weibliche Geschlechtsprodukte, die sich ohne weiteres als ein oder zwei ziemlich große Eier erkennen lassen, oder nur männliche. Die reifen männlichen Gonophoren zeigen den Hoden als dicken, quer über dem niedrigen Spadix gelagerten Wulst, aus zahllosen, strahlig angeordneten, sehr kleinen Zellen bestehend, den Samenbildnern, deren jede zu einem Spermatozoon auswächst.

Campanularia flexuosa (HCKS.).

Die in Nord- und Ostsee sehr häufige große Form zeigt den typischen Bau der Campanularien. Wenden wir zunächst schwache Vergrößerung an, so sehen wir die verzweigten Röhren an ihren Enden

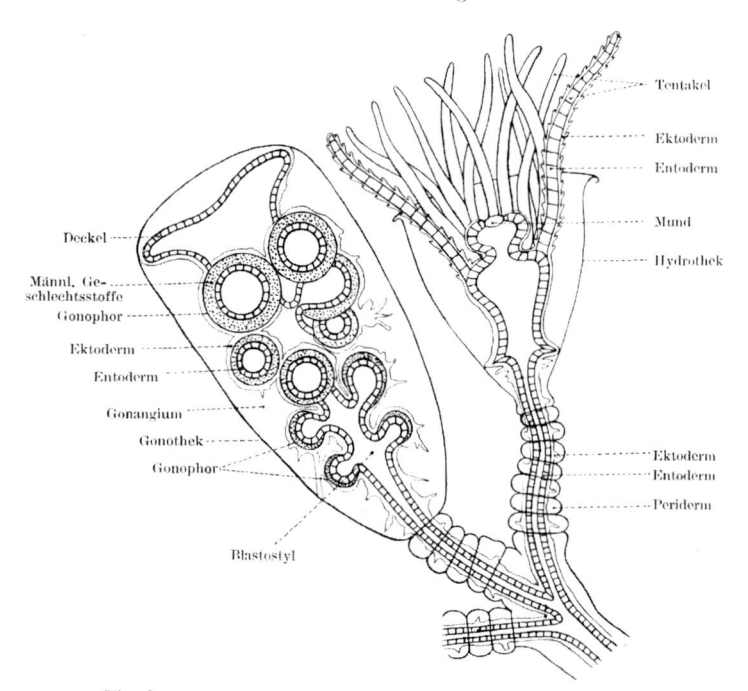

Fig. 33. *Campanularia flexuosa*, Polyp und Gonangium. Orig.

in Polypenköpfchen auslaufen, welche von kelchartigen Bechern umhüllt sind. Diese Becher setzen sich in das die Röhren umkleidende Periderm fort und heißen Hydrotheken. Sie gewähren den zurückziehbaren Polypenköpfchen Schutz, was man meist schon am Präparat sehen kann, indem einige Polypen mit ausgestreckten Tentakeln aus der Hydrothek hervorragen, andere gänzlich in sie eingezogen sind.

Das Periderm ist, besonders unterhalb der Köpfchen, regelmäßig geringelt.

Außer den Polypen sieht man noch an einzelnen Präparaten größere Becher, in denen runde Ballen sichtbar sind. Das sind zu Behältern umgebildete Polypen, in welchen sich die Gonophoren entwickeln.

Diese Behälter gehen immer von dem unteren Ende eines Köpfchenstieles ab (Fig. 33).

Bei Anwendung stärkerer Vergrößerung läßt sich nun der Verlauf der einzelnen Körperschichten feststellen. Betrachten wir zunächst eine Polypenröhre, so sehen wir zu innerst einen zum Gastrovaskularsystem gehörenden Kanal, dessen Lumen von einer Zellschicht, dem Entoderm, ausgekleidet wird. Nach außen davon, durch die zarte Stützmembran getrennt, liegt das aus blasigen Zellen bestehende Ektoderm, welches hier und da seitliche Ausläufer zum Periderm sendet.

Ganz ähnlich liegen die Verhältnisse im Polypenköpfchen. Am Boden der Hydrothek erweitert sich die Körperwand und reicht bis zur äußeren Hülle des Kelches. Unterhalb dieser Verbreiterung bildet das Ektoderm einen ringförmigen Wulst.

Eine tiefe, ringförmige Einschnürung trennt den oberen, die Mundöffnung tragenden Teil des Körpers von dem unteren, auf dessen oberem Rande in einfacher Reihe die Tentakel sitzen. Der Bau der Tentakel zeigt eine solide Achse aus ziemlich hohen Entodermzellen, sowie das durch die Stützlamelle getrennte, mit Nesselzellen versehene Ektoderm.

Die Gonophoren entstehen als seitliche Ausbuchtungen eines mund- und tentakellosen Polypen, des Blastostyls, welcher von einer stark erweiterten Peridermkapsel, der Gonothek, umhüllt ist. Das gesamte Gebilde wird Gonangium genannt. Oben erweitert sich der Blastostyl trichterförmig und schließt mit einer breiten Scheibe ab, über welcher der Deckel liegt.

4. Kursus.

Medusen.

Technische Vorbereitungen.

Für diesen Kursus ist man auf die Demonstration konservierten Materiales, sowie einiger mikroskopischer Präparate von kleinen Medusenformen angewiesen.

Zu den Medusen oder Quallen werden zwei ganz verschiedene Gruppen von im Meere schwimmenden Coelenteraten gerechnet, von denen wir die eine, die Hydromedusen, bereits kennen gelernt haben als sich vom Stock ablösende Geschlechtstiere der Hydroidpolypen. Die zweite Gruppe, die der Scyphomedusen, zeigt wohl mancherlei äußerliche Ähnlichkeiten mit der ersteren, aber auch tiefgreifende Unterschiede, und ihre Herkunft ist auch eine andere, indem sie nicht von Hydropolypen, sondern von den anders gebauten Scyphopolypen abstammen.

Wir beginnen mit der Besprechung der Hydromedusen.

I. Hydromedusen.
A. Allgemeine Übersicht.

In dem Kursus über Hydroidpolypen hatten wir diejenigen Formen von Geschlechtstieren näher kennen gelernt, welche sich nicht ablösen, um als Hydromedusen ein freies Leben zu führen, sondern am Stocke verbleiben: die medusoiden Gonophoren.

Die frei werdenden Hydromedusen bilden sich in Übereinstimmung mit den neuen Existenzbedingungen, welche die schwimmende Lebensweise mit sich bringt, in vieler Hinsicht weiter aus. Ihre Form ist die einer Schale oder einer Glocke, aus der, in der Mitte der Unterseite entspringend, ein verschieden langes Rohr herabhängt. Die Glocke ist der Schirm oder die Umbrella, die gewölbte Oberseite die Exumbrella, die Unterseite die Subumbrella und das herabhängende, mit der Mundöffnung beginnende Rohr das Mundrohr, welches in die Darmhöhle führt. Diese Darmhöhle besteht aus einem zentralen Teile, dem Hauptdarm, und davon ausgehenden, zur Peripherie ziehenden Kanälen, ursprünglich vier an der Zahl, den Radialkanälen, welche durch einen in der Peripherie des Schirmes liegenden Ringkanal miteinander verbunden sind (s. Fig. 34 u. 35).

Daß trotz dieser Umformungen die Meduse nur ein modifizierter Hydroidpolyp ist, erkennt man aus einem Vergleich der beiden Schemata Fig. 24 und 34. Die wichtigste Veränderung ist die Ausbildung einer ansehnlichen, zellenlosen Gallertschicht an Stelle der Stützlamelle des Polypenkörpers. Die Exumbrella der Meduse entspricht dem Mauerblatt und Fußblatt des Polypen, die Subumbrella dem Peristom, das Mundrohr dem Rüssel, wie er sich bei vielen Polypen vorfindet.

Der veränderte Bau der Gastrovaskularhöhle läßt sich folgendermaßen verstehen: An Stelle des einheitlichen Hohlraumes des Polypen sehen wir bei der Meduse einen zentralen Hauptdarm und die mittels des Ringkanales verbundenen Radialkanäle, die zusammen dem einheitlichen Hohlraum des Polypen entsprechen. Die Radialkanäle sind dadurch zustande gekommen, daß infolge der starken Gallertentwicklung in der Meduse sich obere und untere Darmwand in der Schirmperipherie stark genähert haben und an den zwischen den Radialkanälen gelegenen Stellen verschmolzen sind (Cathammalplatten oder Entodermlamellen).

Der ganze Schirm sowie die Außenseite des Mundrohres sind von Ektodermepithel bedeckt, während Mundrohr, Zentralmagen und Radialkanäle samt Ringkanal von entodermalem Geißelepithel ausgekleidet sind.

Wie bei den Hydroidpolypen, so finden sich auch bei den Hydromedusen Tentakel an der Grenze von Mauerblatt und Peristom, also bei den Medusen am Schirmrande, vor.

Neue, in Übereinstimmung mit dem frei beweglichen Leben auftretende Organe sind die am Peripherierande sitzenden Sinnesorgane, entweder einfach gebaute Ocellen oder Statocysten, ferner das Velum, ein von der Peripherie herabhängender dünner ektodermaler Saum, in welchen die Schirmgallerte entsprechende mesodermale Stützlamelle eintritt. Dieses Velum dient zusammen mit der Subumbrella als Bewegungsorgan, indem es wie diese eine wohlausgebildete

4. Kursus: Medusen. 55

Muskulatur besitzt, vermittels welcher es sich kontrahieren und das Wasser aus der Höhlung zwischen dem Velum und der konkaven Subumbrella ausstoßen kann. Dadurch erfolgt eine rückläufige Bewegung der Meduse,

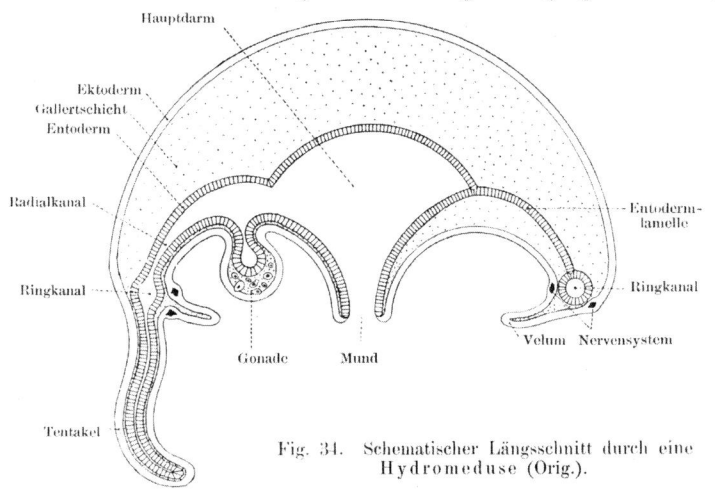

Fig. 34. Schematischer Längsschnitt durch eine Hydromeduse (Orig.).

die also mit ihrer Exumbrella voranschwimmt. Zwischen den Ringmuskelschichten des Velum und der Subumbrella liegt in der Peripherie das zentrale Nervensystem, welches einen doppelten Ring von

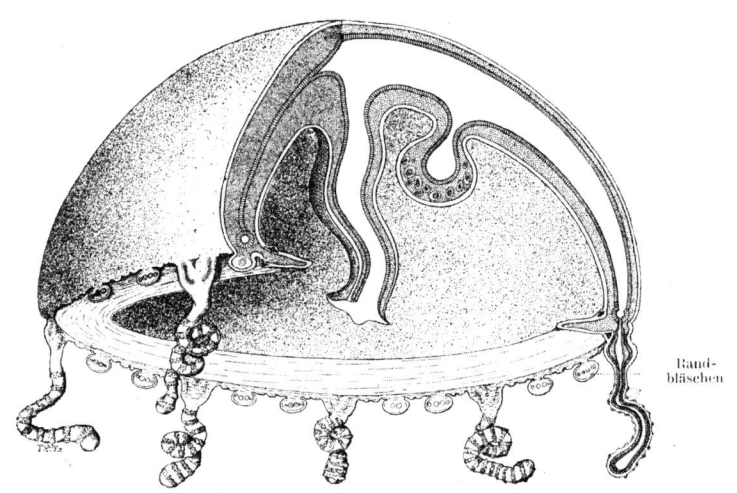

Fig. 35. Schematische Darstellung einer Hydromeduse, welcher etwas mehr als ein Quadrant ausgeschnitten ist. (Verändert nach PARKER und HASWELL.) Mit Fig. 34 zu vergleichen!

Ganglienzellen und Nervenfasern darstellt. Der obere Ring versorgt vorzugsweise die Sinnesorgane, ist also sensibel, der untere die Muskulatur, ist also motorisch (Fig. 34 u. 35).

Die Geschlechtsprodukte bilden sich, wie wir das schon bei den medusoiden Gonophoren gesehen haben, aus dem Ektoderm, und zwar entweder an den Radialkanälen oder am zentralen Darm oder am Mundrohr.

B. Spezieller Kursus.

Sarsia eximia (ALLM.).

Von dieser kleinen, in der Nordsee sehr häufigen Form wird jedem Praktikanten ein Exemplar in Alkohol gegeben, das zunächst unter der Lupe zu betrachten ist.

Die Sarsia gehört zu den von Tubulariiden abstammenden Anthomedusen, und zwar zur Familie der *Codoniidae*.

Zunächst ist ihre äußere Körperform zu betrachten und zu zeichnen. Die etwa 4 mm hohen, 3 mm breiten Medusen haben eine hochgewölbte Gestalt (Fig. 36). Die Gallertmasse der Umbrella ist stark entwickelt und daher die Meduse ziemlich resistent. Die Subumbrella geht sehr tief ins Innere hinein. Man sieht das besonders deutlich, wenn man die Meduse mit der Nadel so orientiert, daß man mit der Lupe in die Glocke hineinschauen kann. Am Rande zwischen Exumbrella und Subumbrella sieht man ein schmales, aber deutliches Velum, an dem man mit schwacher Mikroskopvergrößerung die Ringmuskulatur wahrnehmen kann.

Das Mundrohr ist im Leben des Tieres außerordentlich kontraktionsfähig, und man sieht es daher an konservierten Exemplaren verschieden lang, meist aber in die Glocke zurückgezogen.

Der Magenhohlraum setzt sich nach oben durch die Gallerte bis zur Exumbrella als feiner Kanal fort. Die vier vom Magen ausgehenden Radialkanäle sind deutlich zu sehen. Da, wo die Radialkanäle in den Ringkanal einmünden, sieht man eine Verdickung, in deren ektodermaler Umgebung ein runder Ocellus liegt, und von der aus die hohlen, meist stark kontrahierten Tentakel abgehen. An einzelnen Exemplaren sieht man auch die Geschlechtsprodukte, welche als einheitliche Masse den Mundstiel umgeben.

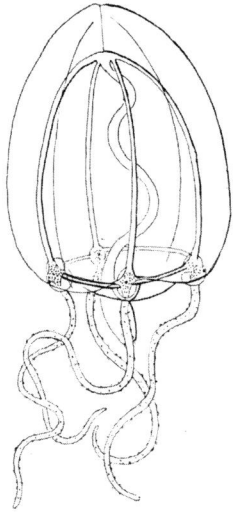

Fig. 36. *Sarsia eximia* (nach BÖHM).

Fernere Einzelheiten lassen sich noch erkennen, wenn man ein kleines Exemplar dieser Meduse unter Glyzerin auf den Objektträger bringt, mit einem Deckglas bedeckt und mikroskopisch untersucht, doch sind in dieser Hinsicht die anderen hier behandelten Hydromedusen günstiger.

Der Polyp, von welchem die Meduse abstammt, heißt *Syncoryne eximia* ALLM.

Tiara pileata (AG.)

Diese schöne Form gehört einer anderen Anthomedusenfamilie, den *Tiaridae* an, die sich von den Codoniiden dadurch unterscheiden, daß sie breite, gekräuselte Mundlappen, getrennte Gonaden in der Magenwand und breite, bandförmige Radialkanäle besitzen.

Die *Tiara pileata* ist eine sehr häufige, im Mittelmeer wie an den westlichen und nördlichen europäischen Küsten vorkommende Form.

Wir untersuchen sie im Glasschälchen über dem schwarzen Teile der Porzellanplatte mit der Lupe.

Die Gestalt des Schirmes ist glockenförmig mit einem konischen Scheitelaufsatz, 1—2 cm hoch und $3/4$—$1\frac{1}{2}$ cm breit, der indessen (wie auf der Abbildung) auch fast völlig fehlen kann.

Der rundliche bis kubische Magen ist durch die vier in seiner Wandung sitzenden Gonaden verdeckt. Die Gonaden sehen unregelmäßig gefiedert aus, indem sie in Querwülsten angeordnet sind. Unter ihnen treten die vier großen, blumenkohlartig geteilten Mundlappen hervor (Fig. 37).

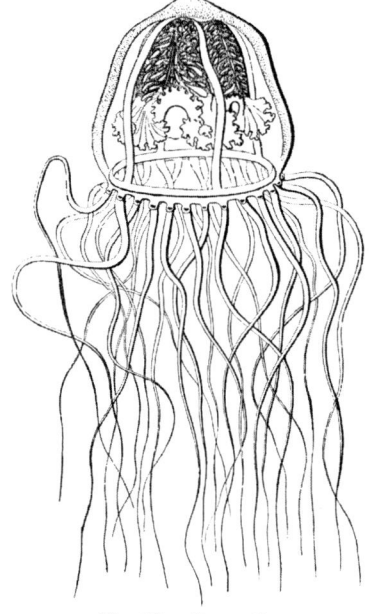

Fig. 37. *Tiara pileata* (nach HAECKEL, aus HATSCHEK).

Die vier Radialkanäle sind deutlich sichtbar als milchweiße, ziemlich breite Bänder, auch der Ringkanal, in den sie einmünden, ist deutlich zu erkennen.

Die Tentakel stehen in größerer Zahl, meist 12—16, am Schirmrande, sind länger als die Schirmbreite und an der Basis stark verdickt.

Obelia geniculata (L.).

Diese kleine, nur wenige Millimeter im Durchmesser haltende Meduse ist an den atlantischen Küsten Europas sehr verbreitet und gehört zu den von den Campanulariiden abstammenden Leptomedusen, die besonders dadurch charakterisiert sind, daß sie ihre Geschlechtsprodukte an der Wandung der Radialkanäle bilden (siehe Fig. 38).

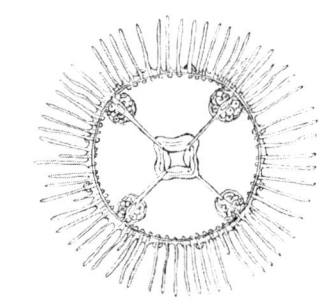

Vorliegende Form ist unter dem Mikroskop zunächst mit schwächerer Vergrößerung, dann mit stärkerer zu betrachten. Es empfiehlt sich, gleich fertige, gefärbte Präparate zu geben.

Fig. 38. *Obelia geniculata* (nach BÖHM).

Der Schirm ist kreisrund und flach scheibenförmig. Der kurze, vierkantige Magen ist in vier kurze stumpfe Mundzipfel ausgezogen. Von ihm sieht man die vier Radialkanäle zum Ringkanal ziehen, der ebenfalls sehr deutlich ist. An den Wandungen der Radialkanäle sind die Gonaden als seitliche, kugelige Anschwellungen wahrzunehmen, die auf ein kurzes, peripheres Stück derselben beschränkt sind.

Die ziemlich langen Tentakel stehen sehr zahlreich am Schirmrande; sie sind solid, aus einer Achse von regelmäßigen Entodermzellen und dem mit sehr großen Nesselzellen versehenen Ektoderm bestehend. Zwischen je zwei Radialkanälen liegen zwei Randbläschen (Statocysten) von halbkugeliger Form, also zusammen acht. (Ihre Lage ist daher adradial, s. S. 59.) Sie springen nach außen vor und sind nicht zu verwechseln mit nach innen vorspringenden Bläschen an der Basis jedes Tentakels, die nur die untersten Entodermzellen des Tentakels sind.

Die *Obelia geniculata* stammt von dem gleichnamigen, zu den Campanulariiden gehörigen Polypen ab, in dessen Gonangien sie sich in ungeheueren Massen entwickelt.

Liriope eurybia (H.).

Liriope ist eine besonders im Mittelmeere sehr häufige und in großen Schwärmen auftretende Hydromeduse, welche den Trachymedusen angehört, denen ein Generationswechsel fehlt, so daß aus den Eiern der Meduse direkt wieder Medusen entstehen.

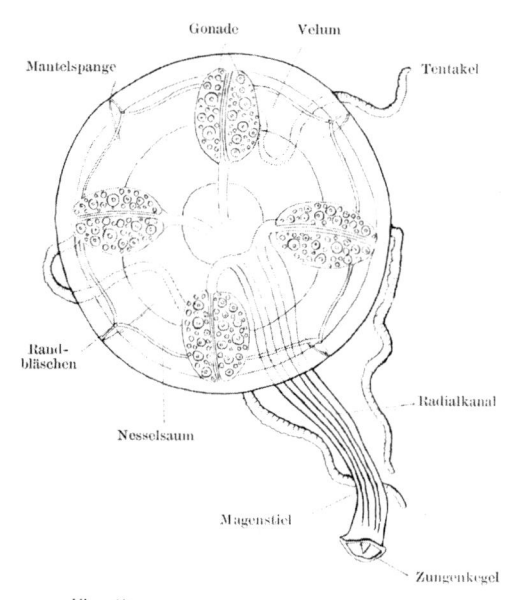

Fig. 39. *Liriope eurybia*, von oben gesehen (nach HAECKEL).

Sie eignet sich wegen ihrer flachen Form und geringen, meist unter 1 cm haltenden Größe sehr gut zur Anfertigung mikroskopischer Präparate. Ein solches soll der Beschreibung zugrunde gelegt werden (s. Fig. 39).

Der Schirm ist kreisförmig und flach, an seiner Peripherie sieht man ein breites, zartes Velum. Aus der Mitte der Oberfläche entspringt mit konischer Basis ein solider gallertartiger Magenstiel, an dessen unterem Ende der Magen mit der Mundöffnung liegt. Eine aus dem Munde hervorragende gallertige Spitze ist der Zungenkegel.

Der Mund ist nicht gelappt, ganzrandig und quadratisch. An den vier bis in den Magenstiel verlaufenden Radialkanälen sitzen die stark entwickelten Geschlechtsprodukte, entweder männliche oder weibliche;

letztere sind sofort an einzelnen großen Eiern zu erkennen; auch sind die männlichen Gonaden kompakter und mehr rechteckig. Die Gonaden lassen nur das innere Drittel des Radialkanals frei und gehen bis zum Ringkanal, in ihrer äußeren Gestalt als flache, eiförmige Blätter erscheinend. Die vier perradial stehenden Tentakel sind hohl und länger als der Schirmdurchmesser. Es sind 8 Randbläschen vorhanden, 4 an der Tentakelbasis und 4 dazwischen stehend (interradial).

Wendet man stärkere Vergrößerung an, so sieht man, daß die Randbläschen ein Kölbchen umhüllen, entstanden aus einem modifizierten Tentakel, in dessen Entoderm ein konzentrisch geschichteter Statolith liegt. Das ist für alle Trachymedusen charakteristisch. Bei starker Vergrößerung sieht man auch, daß die Muskulatur der Subumbrella und des Velums deutlich quergestreift ist.

II. Scyphomedusen.

A. Allgemeine Übersicht.

Wie die Hydromedusen aus den Hydropolypen hervorgehen, so die Scyphomedusen aus Scyphopolypen, die ein Jugendstadium der Scyphomedusen darstellen. Die Hydromedusen entstehen an den Hydropolypen durch laterale Knospung, die Scyphomedusen aus den Scyphopolypen durch terminale Knospung, indem sich am Polypen durch ringförmige Einschnürungen eine Anzahl aufeinanderfolgender Scheiben bildet (Strobila), deren jeweilig oberste sich loslöst und zur freischwimmenden Meduse wird. Doch kann sich auch die Entwicklung zur Meduse unter Umgehung der Polypenform direkt aus dem Ei vollziehen.

Der Scyphopolyp, Scyphistoma genannt, ist charakterisiert durch den Besitz von vier entodermalen Längsfalten: Gastralwülste oder Täniolen (s. Fig. 46 II). Das Scyphistoma kann sich auch durch seitliche Knospung vermehren.

Die Scyphomeduse ist von glocken- oder scheibenförmiger Gestalt mit starker Entwicklung zellenhaltiger Gallertmasse. Auf der Unterseite hängt meist ein verschieden langer Mundstiel herab. Am Rande fehlt das Velum der Hydromedusen, dagegen finden sich lappenförmige Ausbuchtungen der Scheibe, die Randlappen. Die Mundöffnung ist kreuzförmig gestaltet. Durch die Ecken des Mundkreuzes gelegt gedachte Achsen sind die Perradien, mit ihnen alternieren die 4 Interradien, und zwischen diesen 8 Hauptradien (Perradien + Interradien) kann man noch 8 Adradien annehmen (Fig. 45). Der vom Ektoderm ausgekleidete Schlund mündet in den zentralen Magen, von dem 4 interradiale sackförmige Taschen, die Gastral- oder Magentaschen, ausgehen. Diese 4 Gastraltaschen stehen an der Peripherie mittels Öffnungen in Verbindung, durch deren Erweiterung es zu einem weiten Ringsinus (dem Kranzdarm) kommen kann. Vom Kranzdarm aus gehen weitere periphere Ausbuchtungen, die Marginaltaschen, ursprünglich 8 radiale Taschen zu den 8 Randkörpern, 8 weitere zu den Tentakeln. Meist ist aber ein komplizierteres, peripheres Gefäßsystem mit sekundären Radialkanälen und sekundärem Ringkanal vorhanden.

An der Seitenwand des Zentraldarmes finden sich kleinere innere Magententakel oder Gastralfilamente, radiär nach der Vier- oder Achtzahl verteilt, häufig in Gruppen zusammenstehend. Im Epithel der Magentaschen entstehen die Geschlechtsprodukte, welche also bei den Scyphomedusen aus dem Entoderm stammen (bei den Hydromedusen sind sie ektodermaler Herkunft). Unter den 4 Magentaschen liegen 4 ektodermale Einbuchtungen, die Subgenitalhöhlen, die bei manchen zusammenfließen und einen Zentralraum (Subgenitalsaal) bilden können. Stets sind indessen

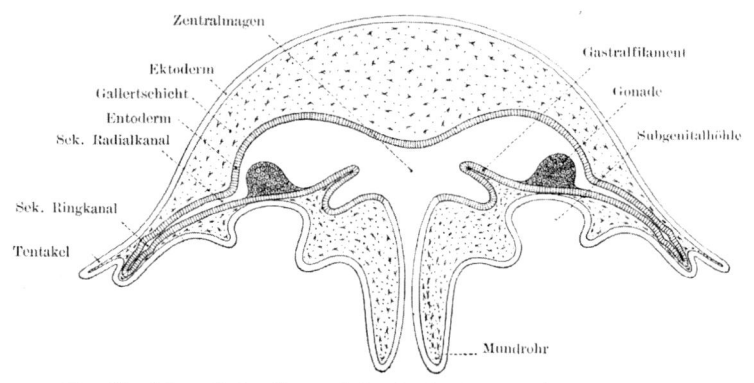

Fig. 40. Schematischer Längsschnitt durch eine Scyphomeduse. Orig.

diese Subgenitalhöhlen vom Zentraldarm durch die zarte Gastrogenitalmembran getrennt.

Als Sinnesorgane fungieren modifizierte Tentakel, die Rhopalien, kurze Kölbchen, zwischen zwei Randlappen liegend, mit Ocellus, Statocyste und Riechgrube. An der Basis eines jeden liegt je ein Ganglion, und die Gesamtheit der Ganglien stellt das Zentralnervensystem dar.

B. Spezieller Kursus.

Aurelia aurita (LAM.).

Aurelia aurita ist wohl die häufigste Scyphomeduse der europäischen Küsten. Sie gehört zu den Discomedusen, und zwar zu der Unterordnung der Semostomen, deren Mundrohr in vier faltige Mundarme ausgezogen ist. Die Familie der Ulmariidae, zu welcher *Aurelia* gerechnet wird, zeichnet sich aus durch eine größere Zahl enger Radialkanäle an Stelle der Marginaltaschen, die sich verästeln, und stets am Rande durch einen Ringkanal verbunden sind. Die Gonaden liegen in Ausbuchtungen der oralen Magenwand als vier hufeisenförmige Bogen.

Aurelia aurita hat, wie andere Discomedusen auch, ein Jugendstadium, welches als Ephyra bezeichnet wird. Die sich von den Scyphopolypen durch Strobilation ablösende kleine Meduse ist anders gestaltet als das erwachsene Tier, und weist noch einfachere Organisationsverhältnisse auf.

4. Kursus: Medusen. 61

Wir beginnen daher mit der Betrachtung der Ephyra von *Aurelia aurita*.

Die Ephyra wird in fertigen mikroskopischen Präparaten gegeben und zunächst bei schwacher Vergrößerung betrachtet.

Je nach ihrer Größe ist die Ephyra verschieden differenziert. Die Gestalt ist flach scheibenförmig mit acht ansehnlichen Randlappen, deren jeder an seinem distalen Ende eingekerbt ist. Der Mund, in der Mitte der Scheibe gelegen, ist leicht erkennbar als die kreuzförmige Öffnung eines kurzen, vierkantig-prismatischen Mundrohres. Die durch die Ecken des Mundkreuzes gedachten, sich rechtwinklig kreuzenden Linien sind die Perradien. Das Mundrohr führt in den flachen, scheibenförmigen Zentralmagen, an dessen unterer Wand interradial vier Gastralfilamente sitzen. Von der Peripherie des Magens gehen acht größere taschenartige Ausstülpungen ab, in die Randlappen hinein, und ferner acht kleinere an die Basis der Velarlappen, deren Stelle bei anderen von Tentakeln eingenommen wird (*Chrysaora*, z. B.).

Gehen wir zur Beobachtung des Randes über, so erblicken wir in dem Einschnitt, welcher jeden Randlappen in zwei kleinere „Okularlappen" teilt, einen kolbenförmigen Körper, den Sinneskörper oder das Rhopalium. Entstanden sind diese Sinneskörper aus den acht Haupttentakeln des Scyphistomapolypen. Zwischen je zwei Randlappen liegt am Grunde je ein kleinerer Lappen, der Velarlappen, der bei anderen durch einen Tentakel ersetzt wird (Fig. 42 und 43).

Fig. 41.
Polydiske Strobila von *Aurelia aurita* (nach HAECKEL, aus LANG).

Wenden wir stärkere Vergrößerung an, so lassen sich noch einige Einzelheiten wahrnehmen, so z. B. die Ringmuskulatur auf der Subumbrella.

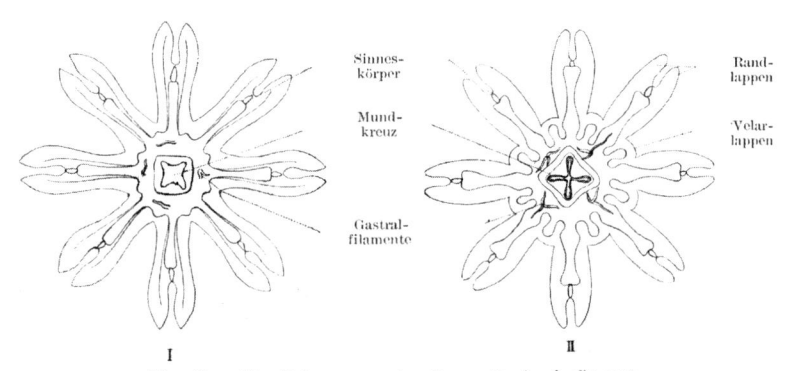

I II
Fig. 42 u. 43. Ephyra von *Aurelia aurita* (nach CLAUS).
I nach Loslösung von der Strobila; II etwas ältere Form.

In etwas größeren Stadien, die sich ebenfalls noch zu mikroskopischen Präparaten verwerten lassen, sieht man die Umbildung der

Ephyra zur Meduse. Die Körperform ist gleichmäßiger und weniger gelappt, indem die tiefen Einschnitte zwischen je zwei Randlappen von den sehr stark verbreiterten Velarlappen ausgefüllt sind. An der Peripherie finden sich zahlreiche kurze Tentakel auf den Velarlappen. Das Mundrohr hat sich in vier einfache, fahnenartige Mundarme mit gekräuselten Rändern ausgezogen (Fig. 44).

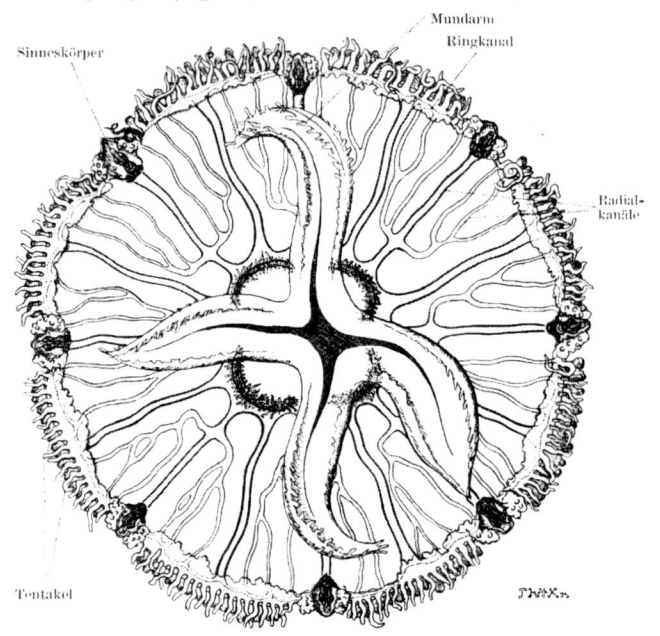

Fig. 44. *Aurelia aurita*, junges Tier. Orig.

Nausithoë punctata (KÖLLIKER).

Diese im Mittelmeer häufige kleine Form von 8—10 mm Schirmdurchmesser läßt sich wegen ihrer flachen Gestalt gut zu mikroskopischen Demonstrationspräparaten verwenden.

Sie gehört zu den Lobomedusen und zwar den Cannostomen, den einfachsten Discomedusen, die sich durch den Besitz eines einfachen Mundrohres ohne Mundarme auszeichnen (Fig. 45).

Man wendet am besten ganz schwache Vergrößerung an.

Die Gestalt ist ähnlich der vorhin beschriebenen Ephyra, doch ist vorliegende Form schon dadurch von einer Ephyra unterschieden, daß sie geschlechtsreif ist. Der Mund ist kreuzförmig eingefaltet, das kurze, vierseitig prismatische Mundrohr führt in den flachen, scheibenförmigen Zentralmagen, von dem 16 Radialtaschen ausgehen, die man an der dunkleren Färbung erkennt. Die ziemlich komplizierten Verhältnisse des nur scheinbar einfachen Gastrovaskularsystems sind an diesen Demonstrationspräparaten nicht genau zu verfolgen.

Die Gastralfilamente sind interradial in reihenförmig angeordneten Gruppen (Phacellen) an der Magenwand befestigt.

Sehr charakteristisch sind die Gonaden, die in der Achtzahl adradial angeordnet sind. Es sind rundliche Säckchen von gleicher Form und gleichem Abstande, die ziemlich dicht unter der Basis der Tentakel liegen. Die einfacheren Formen der Cannostomen haben nur vier interradiale Gonaden, aus denen durch Spaltung die acht adradialen Gonaden der *Nausithoë* hervorgegangen sind.

Gehen wir zur Betrachtung des Schirmrandes über, so sehen wir acht Paar Randlappen von ansehnlicher Größe. Zwischen jedem Paare stehen die adradial liegenden Tentakel, von einfacher zylindrischer, vorn zugespitzter Form, innen erfüllt mit breiten, scheibenförmigen Entodermzellen, also ohne jeden Hohlraum. Innerhalb eines jeden Randlappenpaares liegt der Sinneskolben auf einem niedrigen und breiten Sinneshügel. Der Bau der Sinneskolben ist auf diesen Präparaten schön zu sehen. Am distalen Ende des Sinneskolbens liegt die Statocyste mit einem großen, kristallähnlichen Statolithen, darunter ein Haufen Pigmentkörnchen: der Ocellus.

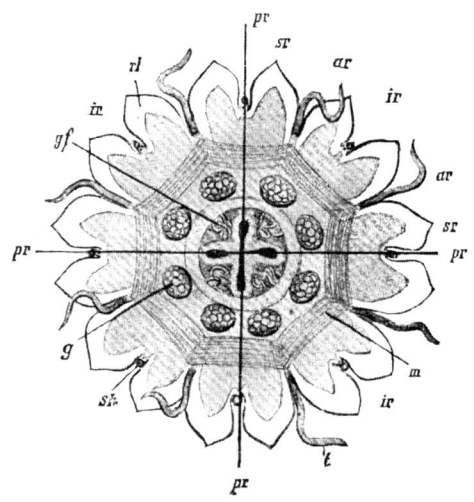

Fig. 45. *Nausithoë*.
pr Perradien; *ir* Interradien; *ar* Adradien; *sr* Subradien; *rl* Randlappen; *t* Tentakel; *gf* Gastralfilamente; *m* Ringmuskel der Subumbrella; *sk* Sinneskolben (Rhopalien); *g* Geschlechtsdrüsen (Gonaden); in der Mitte das Mundkreuz. (Aus LANG).

Sehr wohl ausgebildet ist der Ringmuskel der Subumbrella, der achteckig ist und mit den Ecken die Basis der Tentakel berührt.

Das Bild unserer Meduse läßt sich am leichtesten zeichnen, wenn man sich zuvor das System der Radien konstruiert und darauf die einzelnen Organe verteilt, also auf die Perradien das Mundkreuz und vier der Sinneskörper, usw.

5. Kursus.

Anthozoa, Korallentiere.

Technische Vorbereitungen.

An Material zu diesem Kurse werden gebraucht in Alkohol konservierte Stücke von *Alcyonium digitatum* (L.), sowie konservierte Actinien, z. B. *Anemonia sulcata* (PENN.). Von fertigen mikroskopischen Präparaten sind gefärbte Längs- und Querschnitte durch ein Stück des Coenenchyms von *Alcyonium digitatum* erforderlich.

A. Allgemeine Übersicht.

Die Anthozoen sind festsitzende Polypen mit eingestülptem Schlundrohre und Septen, welche die Gastrovaskularhöhle in einen Zentralraum und Radialkammern gliedern. Letztere setzen sich in die hohlen Tentakel fort.

Die Unterschiede im Bau des Hydropolypen, Scyphopolypen und Korallenpolypen werden besonders deutlich bei einem Vergleich der Querschnitte durch diese drei Formen (s. Fig. 46).

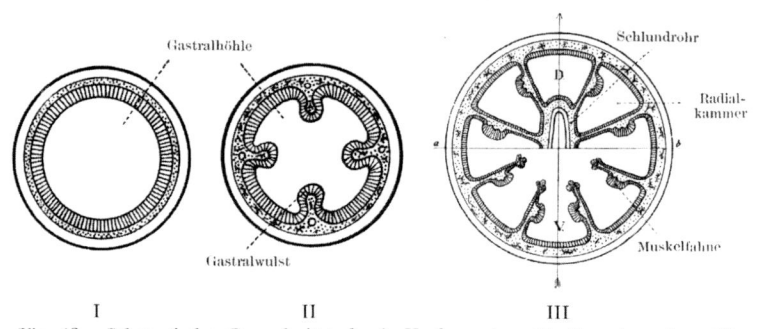

I II III

Fig. 46. Schematische Querschnitte durch Hydropolyp (I), Scyphopolyp (II) und Korallenpolyp (III). Orig.
Der Korallenpolyp ist oberhalb der Linie *a—b* im Bereich des Schlundrohres, unterhalb dieser Linie unter dem Schlundrohr durchschnitten.

Am Körper eines Korallenpolypen unterscheidet man **Fußblatt**, **Mauerblatt** und **Mundscheibe** (s. Fig. 47).

Die **Mundöffnung** ist meist spaltförmig, und eine in ihrer Längsrichtung gelegte Ebene (Sagittalebene) teilt den Körper in zwei spiegelbildlich gleiche Hälften. Die Anthozoen sind also **bilateral symmetrisch**, wenn sie auch äußerlich meist streng radiär gebaut erscheinen.

Das eingestülpte, ovale oder spaltförmige **Schlundrohr** ist vom Ektoderm ausgekleidet, und ist an beiden oder nur einem Ende mit einer wimpernden Rinne (Siphonoglyphe) versehen. Die **Septen** reichen entweder bis zum Schlundrohr („vollständige") oder ihr freier Rand erreicht dieses nicht („unvollständige"). Die Ränder der Septen werden eingefaßt von den krausenförmigen, drüsen- und nesselzellenreichen **Mesenterialfilamenten**. Die **Radialkammern** stehen oft nicht nur von unten her miteinander in Verbindung, sondern auch dadurch, daß die Septen in der Höhe der Mundöffnung von je einer kreisförmigen Öffnung durchbohrt sind („Ringkanal"). Unterhalb der Mesenterialfilamente finden sich mitunter besondere Nesselorgane, die **Akontien**, welche durch den Mund oder durch seitliche, das Mauerblatt durchsetzende Poren (**Cinclides**) herausgeschleudert werden können.

Bei manchen Anthozoen (Actinien) haben die Spitzen der Tentakel feine Öffnungen, welche als **Exkretionsporen** angesprochen werden.

Von ektodermaler Muskulatur findet sich eine Längsmuskulatur am Mauerblatt und den Tentakeln, sowie radiär nach innen verlaufende Muskulatur auf der Mundscheibe.

Die Muskulatur der Septen ist entodermalen Ursprungs: sie erscheint auf der einen Seite schwach ausgebildet als transversale Muskulatur, auf der anderen Seite in starker Ausbildung als Längsmuskulatur. Die Anordnung dieser als „Muskelfahnen" bezeichneten Muskellamellen an den Septen ist derart, daß auch hier die bilaterale Symmetrie in Erscheinung tritt (s. Fig. 46 III).

Weitere entodermale Muskulatur findet sich am oberen Ende des Mauerblattes als oft starker Ringmuskel und weiter als Ringmuskeln in dem Fußblatte und im Schlundrohr. Spezifische Sinnesorgane fehlen. In der Mundscheibe wie im Ektoderm der Tentakel finden sich Ganglienzellen und Nervenfasern. In den Septen sitzen auch die stets aus dem Entoderm gebildeten Geschlechtsprodukte.

Die Mehrzahl der Anthozoen bildet durch Knospung ohne nachfolgende Trennung „Stöcke". Die Einzeltiere sind durch eine fleischige Körpermasse, Coenenchym, miteinander verbunden. Das Coenenchym enthält alle drei Körperschichten, außen das Ektoderm, dann das stark entwickelte Mesoderm und innen zahlreiche Entodermkanäle, die mit den Gastrovaskularhöhlen der einzelnen Personen in Verbindung stehen.

Die meisten Anthozoen weisen Skelettbildungen auf, die im Ektoderm und Mesoderm liegen. Diese stellen entweder einzelne aus kohlensaurem Kalk bestehende, regelmäßig geformte Körperchen, Spicula, dar (Stückelskelett), die von ins Mesoderm einwandernden Ektodermzellen geliefert werden und miteinander verschmelzen können (Achsenskelett der Edelkoralle, Röhrenskelett der Orgelkoralle), auch durch dicke Hornscheiden vereinigt werden, oder aber es bildet sich ein horniges oder kalkiges Cuticularskelett, welches nach außen von dem Ektoderm abgeschieden wird.

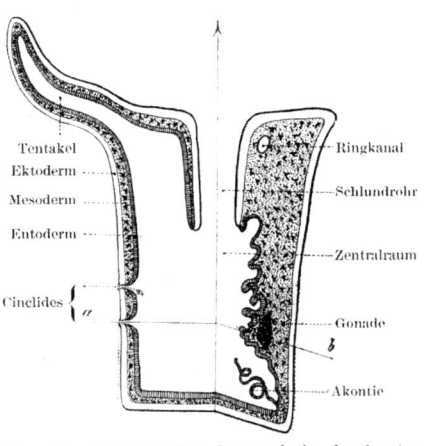

Fig. 47. Schematischer Längsschnitt durch eine Seerose, links durch eine Kammer, rechts durch ein Septum geführt. Orig.

Diese Ausscheidungen können bei stockbildenden Korallen, wenn sie von dem Fußblatt abgeschieden werden, nach innen zu liegen kommen und bilden dann ebenfalls Achsenskelette, die entweder hornig (*Antipatharien* und *Gorgoniden*) oder verkalkt (*Madreporarien*) sind.

Die Skelettbildung innerhalb der Korallenperson erfolgt bei den riffbildenden Madreporarien nur im unteren Teile derselben, und zwar bildet sich die Fußplatte als äußere Kalkabscheidung des Fußblattes zuerst, dann treten, strahlenförmig angeordnet, 12 Leisten auf, die Strahlenplatten, welche zwischen den Septen des Tieres als Sklerosepten hineinragen, und eine ringförmig die Strahlenplatten verbindende Mauerplatte, die ebenfalls von der Fußplatte aus in die Höhe wächst.

Da das Skelett eine äußere Ausscheidung des Ektoderms ist, so tritt es nirgends in den Körper selbst hinein, sondern ist von dem Ektoderm des Fußblattes eingehüllt. Die Sklerosepten entstehen nicht in den weichen Septen des Körpers, sondern schieben sich von unten her zwischen diese ein, das Ektoderm des Fußblattes vor sich herdrängend.

Die Korallen sind durchweg marine Tiere. Aus den befruchteten Eiern entwickeln sich bewimperte, freischwimmende, anfangs tentakellose Larven, welche sich später festsetzen.

B. Spezieller Kursus.

Alcyonium digitatum (L.).

Alcyonium digitatum, eine in den nördlichen Meeren sehr häufige Form, stellt rötliche, gelbe oder weißliche, klumpige, in einige stumpfe, fingerförmige Fortsätze ausstrahlende Massen dar, auf denen die kleinen weißen Polypen teils ausgestreckt, teils ins Innere des Coenenchyms eingezogen sitzen.

Es werden einige der frei vorragenden Polypen mit der Schere an ihrer Basis abgeschnitten und im Uhrschälchen bei schwacher Vergrößerung in Glyzerin untersucht.

Man sieht einen schlauchförmigen, zarten Körper, der an seinem freien Ende mit acht gefiederten Tentakeln besetzt ist. Vom Munde zieht sich das etwa 1 mm lange, längsgefaltete Schlundrohr herab, an welches sich die acht an diesem Präparate schwer sichtbaren Septen ansetzen. Dagegen lassen sich sehr deutlich die acht Mesenterialfilamente wahrnehmen, von denen sechs stark gewunden und kurz sind, zwei dagegen langgestreckt und tief ins Innere hinabziehend. Das sind die beiden dorsalen Mesenterialfilamente. An einzelnen geschlechtsreifen Polypen sieht man auch die Geschlechtsprodukte, ansehnliche gelbrote Eier oder milchweiße Hoden, die seitlich an den ventralen und lateralen Mesenterialfilamenten sitzen.

Bei etwas stärkerer Vergrößerung werden an der Basis wie unterhalb der Tentakeln des Polypen kleine, aus kohlensaurem Kalk bestehende Skeletteile, die Spicula sichtbar.

Zur Untersuchung des Coenenchyms werden mittels des mit Alkohol befeuchteten Rasiermessers möglichst feine, nahe der Oberfläche geführte Quer- sowie Längsschnitte hergestellt und auf dem Objektträger unter Glyzerin und Deckglas untersucht.

Auf einem solchen Querschnitte sehen wir zunächst einige größere, kreisrunde Hohlräume, die Gastrovaskularhöhlen der Polypen, welche in verschiedener Höhe durchschnitten sind. Wir beginnen mit der Betrachtung eines sehr tief unterhalb des Schlundes liegenden Querschnittes. Hier zeigt sich folgendes. Der kreisrunde Hohlraum wird ausgekleidet vom Entoderm (Fig. 48). Ins Lumen springen acht kurze Leisten vor: die Querschnitte der Septen. Man sieht die vom Mesoderm des Coenenchyms ausgehende strukturlose Lamelle als Achse des Septums und zu den beiden Seiten derselben Muskulatur. Die Muskulatur der einen Seite ist stets sehr stark entwickelt und bildet die sog. „Muskelfahne". Da sie auf dem Bilde quer durchschnitten erscheint, erhellt ohne weiteres, daß diese Muskulatur eine Längsmuskulatur ist; die der anderen Seite ist dagegen eine sehr

5. Kursus: Anthozoa, Korallentiere.

schwach entwickelte transversale Muskulatur. Die Anordnung dieser Muskulatur ist sehr regelmäßig, indem zwei gegenüber (in der Sagittalachse) liegende Fächer die gleiche Muskulatur zugekehrt haben, und zwar das eine die Muskelfahnen, das andere die schwache Transversalmuskulatur. Auf jeder Seite der Sagittalachse bleiben nunmehr noch zwei Septen übrig, die ihre Muskeln gleichsinnig mit den beiden anderen Septen derselben Körperhälfte angeordnet zeigen. Am freien Ende

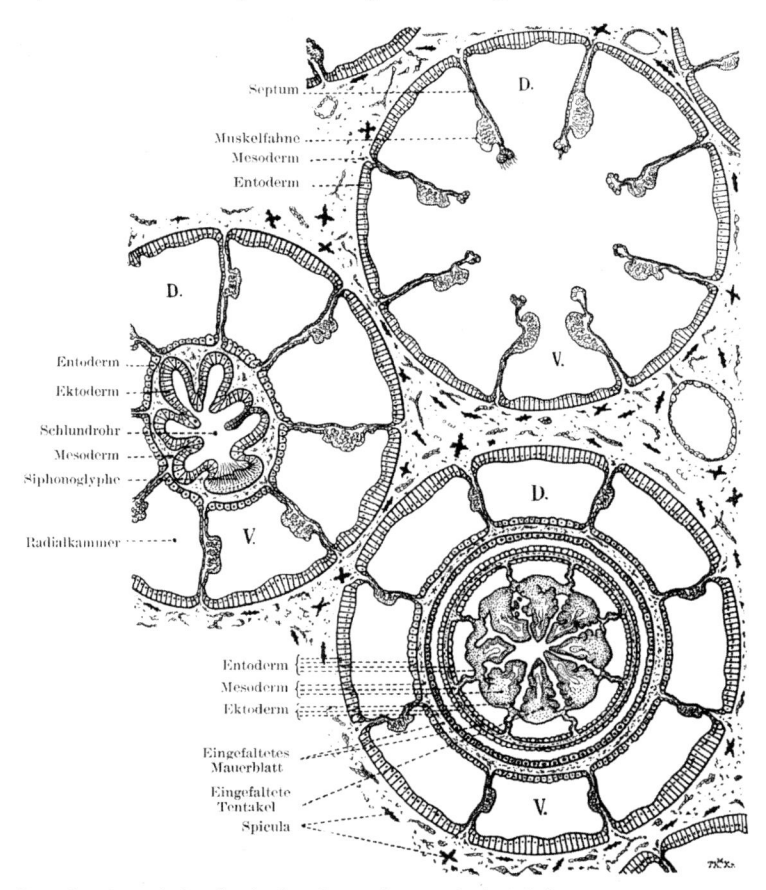

Fig. 48. Querschnitt durch das Coenenchym und drei Polypen von *Alcyonium digitatum*. Orig.

jedes Septums sitzt eine oft krausenartig eingefaltete, stärker gefärbte Zellmasse, der Querschnitt durch ein Mesenterialfilament.

Wir suchen nunmehr einen Polypenquerschnitt auf, der in einer höheren Lage geführt worden ist und das Schlundrohr getroffen hat. Wie sehen hier wie die Septen das Schlundrohr erreichen und den Gastrovaskularraum in acht Radialkammern teilen. Das Schlundrohr zeigt im Querschnitt innen das Ektoderm, dann folgt eine Mesodermschicht mit einzelnen eingestreuten Kalkspicula, und zu äußerst das Entoderm.

Bei diesen und noch höher geführten Schnitten ist nun folgendes zu beobachten. Das Bild wird leicht kompliziert durch die starke Kontraktion der Polypen, welche sich in das Innere des Coenenchyms zurückgezogen haben. Die Tentakel sind auf die Mundscheibe eingeschlagen und dann mit ihr in die Tiefe gesunken. Ferner weist auch das Schlundrohr starke Faltungen auf.

Sehr viel schwieriger wird dem Praktikanten die Deutung folgender, sehr häufig anzutreffender Bilder.

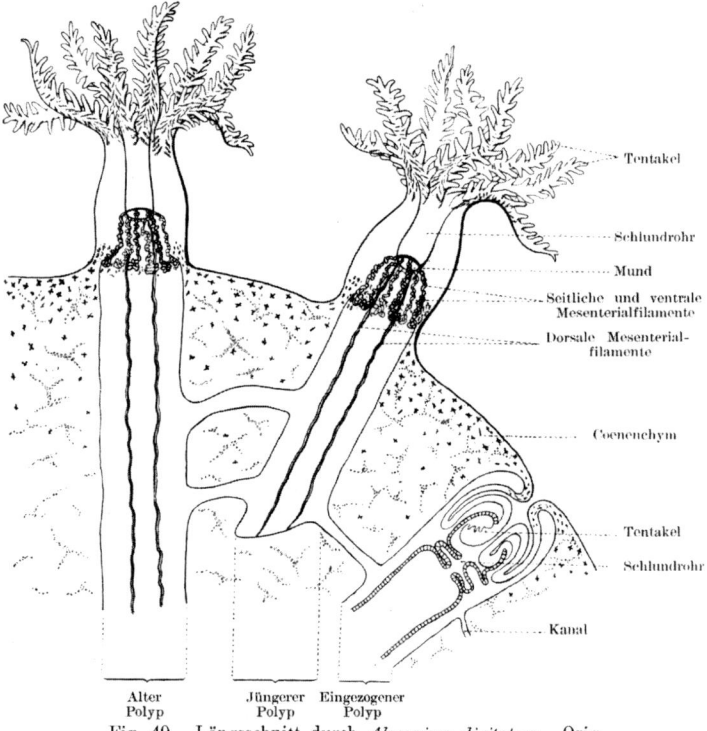

Fig. 49. Längsschnitt durch *Alcyonium digitatum*. Orig.

Man sieht die Gastrovaskularhöhle in zwei konzentrischen Ringen das Schlundrohr umgeben, so daß also eine innere und eine äußere Reihe von Septen sichtbar werden (s. Fig. 48 rechts unten). Die Erklärung ist die, daß das Mauerblatt eine Falte bildet, indem der vordere Teil des Polypen in den hinteren eingezogen ist, und daß diese Falte des Mauerblattes auf dem Querschnitt zweimal durchschnitten erscheint.

Über die genauere Lagerung orientieren die miteinander zu vergleichenden Figuren 48 und 49.

Endlich läßt sich an einem solchen Schnitte die unregelmäßige vielzackige, aber doch nach einem bestimmten Typus gebaute Form der im Mesoderm liegenden Spicula studieren, die man folgendermaßen isolieren kann.

Man bringe auf eines der Präparate einige Tropfen des Liquor natr. hypochl. Nach einigen Minuten sind die Weichteile größtenteils gelöst und die Spicula übrig geblieben, deren Form nun genauer studiert und gezeichnet werden soll.

Ein zweiter Schnitt erhält einen Zusatz von einigen Tropfen verdünnter Salzsäure. Man sieht schon mit bloßem Auge das heftige Aufbrausen durch Kohlensäureentwicklung und kann leicht das Auflösen der Spicula beobachten, die sich also als aus kohlensaurem Kalk bestehend erweisen.

Dünne Längsschnitte (s. Fig. 49) vermögen das von der Struktur der Kolonie gewonnene Bild wesentlich zu ergänzen. So sieht man die Gastrovaskularhöhlen des Polypen sich als weite vom Entoderm ausgekleidete Hohlräume senkrecht zur Oberfläche der Kolonie fortsetzen. Die ältesten Polypen erstrecken sich bis zur Basis der Kolonie, die jüngeren reichen weniger tief in das Coenenchym hinein und entspringen von transversal gerichteten Kanälen, welche die benachbarten Darmhöhlen verbinden. Alle diese Polypenröhren weisen die beiden, bis zu ihrer Basis reichenden dorsalen Mesenterialfilamente auf. Außer diesem Kanalsystem ist noch ein bindegewebiges Netzwerk solider Stränge vorhanden. An Polypen, deren freier Teil eingezogen ist, läßt sich eine eigentümliche Einfaltung des Mauerblattes nachweisen, indem der obere Teil des Polypen in den unteren einsinkt, wie der Polyp rechts auf Fig. 49 zeigt. Dadurch werden uns die Bilder verständlich, welche sich gelegentlich auf Querschnitten finden (s. Fig. 48 rechts), und welche zwei konzentrische mit Septen versehene Ringe darstellen, die das Schlundrohr umgeben. Der innere Ring ist nichts anderes als der in den weiteren äußeren Ring eingesunkene obere Teil des Polypen.

Die Betrachtung der fertigen, gefärbten, mikroskopischen Präparate, Längs- und Querschnitte durch das Coenenchym, vermag das an den selbstgefertigten Präparaten Gesehene in manchen Punkten zu ergänzen.

Anemonia sulcata (PENN.).

Diese Mittelmeerform ist für Kurszwecke am besten zu fixieren in 3—5 %igem Formol, unter stets schwenkender Bewegung. Dann erfolgt Härtung in $1/2$ %iger Chromsäure, und hierauf Aufbewahrung in Alkohol.

Betrachten wir die äußere Form unter Zuhilfenahme der Stativlupe, so sehen wir die breite, stark gefaltete Fußscheibe, an der sich deutlich Ring- und Radiärmuskulatur wahrnehmen lassen. Das Mauerblatt zeigt starke, ringförmige Einschnürungen und deutlich von außen wahrnehmbare Längsmuskulatur, in parallelen Streifen sichtbar (Fig. 50).

Die Mundscheibe ist rings umgeben von 4—5 Kränzen dicht gestellter Tentakel. Man kann die Anordnung derselben ohne weiteres sehen, wenn man sie an einer Stelle an der Basis abschneidet. Das Peristom ist ganz flach und fast eben; die Mundöffnung, etwas vorgewulstet, stellt eine ovale Öffnung dar. Der oberste Teil des Mauerblattes wird von einer Randfalte gebildet, auf der kleine, warzenförmige

Erhebungen in dichter Anordnung sitzen, die sogenannten „Randsäckchen", denen eine Funktion als Nesselbatterien zugeschrieben wird.

Mit einem scharfen Skalpell wird die Aktinie in der Sagittalebene durchschnitten.

Man sieht das häutige Schlundrohr nach unten ragen. Ferner finden sich Septen in großer Zahl. Ein Teil derselben geht zum Schlundrohr heran (Septen erster Ordnung), der größere Teil erreicht indessen das Schlundrohr nicht. Über die Septenanordnung orientieren

Fig. 50. *Anemonia sulcata* var. *rustica* PENN. (nach A. ANDRES).

noch besser Flächenschnitte, deren erster dicht über der Fußscheibe geführt wird. Hier lassen sich die dicht gedrängten Septen mit ihren wohl ausgebildeten Gastralfilamenten leicht betrachten. Ein zweiter Flächenschnitt, weiter oben geführt, zeigt die Anheftung der Septen erster Ordnung an das Schlundrohr.

Schneidet man einen Tentakel an seiner Basis ab, so kann man sich davon überzeugen, daß er einen hohlen Schlauch darstellt, und daß sein Hohlraum mit dem Gastrovaskularraum in Verbindung steht. Die Tentakel dieser Form sind nicht zurückziehbar, während das bei den meisten anderen Aktinien der Fall ist. An der Spitze der Tentakel sind die Exkretionsporen deutlich sichtbar.

Anhang.

Ctenophorae, Rippenquallen.

Um einen Überblick des Baues einer Rippenqualle zu erhalten, werden gut konservierte Exemplare der in der Nordsee häufigen **Pleurobrachia pileus** (FABR.) in einem flachen Glasschälchen unter der Lupe betrachtet.

Der zweistrahlig symmetrische Körper hat etwa die Form einer Stachelbeere (Fig. 51), und besteht aus einer sehr dicken und weichen Gallerte. Auf der Oberfläche ziehen sich in gleich weitem Abstande voneinander acht meridional verlaufende Bänder hin, die aus zahlreichen, quer zur Richtung dieser Bänder gestellten Plättchen bestehen. Diese Plättchen lassen durch ihre streifige Struktur erkennen, daß sie aus vereinigten wimperartigen Zellfortsätzen bestehen. Wir haben hier den Bewegungsapparat der Rippenquallen vor uns, der beim lebenden Tier in rhythmischer Bewegung schlägt und dabei ein prachtvoll irisierendes Farbenspiel erzeugt. Nach dem einen Pol zu setzen sich die Reihen der Ruderplättchen in schmale Züge von Flimmerzellen fort, die Flimmerrinnen, welche sich schließlich zu je zwei vereinigen und in eine

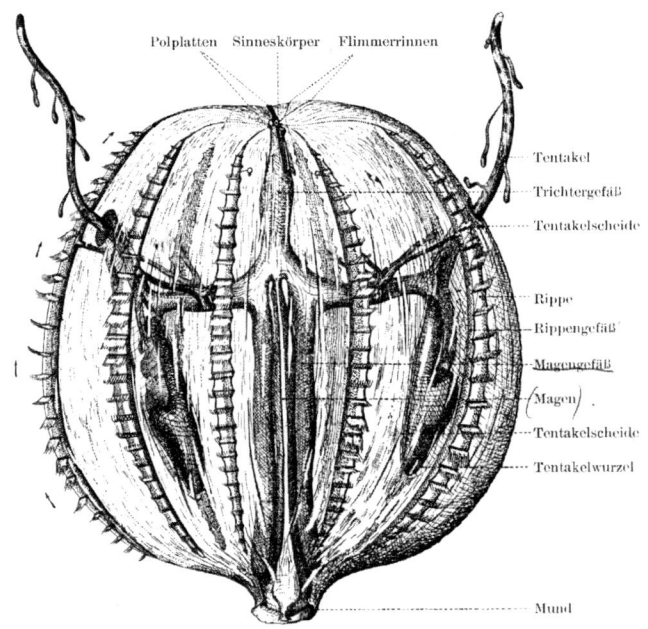

Fig. 51. *Pleurobrachia pileus* (FABR.). Orig.
Die Pfeile geben die Schlagrichtung der Ruderplättchen an.

Grube eintreten, die mit hohen bewimperten Ektodermzellen ausgekleidet ist und das Zentralorgan des Nervensystems darstellt. Über diesem liegt der „Sinneskörper", bestehend aus einem „Statolith" genannten kugeligen Haufen kleiner Konkremente, welcher auf vier federnden Wimperbüscheln ruht; dieser Sinneskörper ist ein statisches Organ, welches die Tätigkeit der einzelnen Ruderplättchenreihen reguliert. Zwei seitlich davon liegende bewimperte Felder, ebenfalls ektodermalen Ursprungs, die sogenannten „Polplatten", dienen wahrscheinlich als Organe einer chemischen Sinnes.

Am entgegengesetzten Pole liegt der Mund, der in einen langen ektodermalen Schlund führt (also ähnlich wie bei den Anthozoen!), darauf folgt der „Trichter" genannte entodermale Magen, von dem aus mehrere Kanäle entspringen. Die wichtigsten sind die Rippengefäße, die in transversaler Richtung (der Transversalebene) zunächst als zwei Kanäle vom Trichter abgehen, sich jederseits zweimal gabeln und sich dann unter den Meridianstreifen hinziehen (s. Fig. 52). Ihre äußere (bei manchen Arten mit blindsackförmigen Ausstülpungen versehene) Wandung enthält in zwei Längsstreifen die Geschlechtszellen, und zwar auf der einen Seite die weiblichen, auf der anderen die männlichen Geschlechtsprodukte, die so angeordnet sind, daß auf den einander zugewandten Seiten zweier Rippengefäße stets gleichartige Geschlechtsprodukte liegen. Durch den Gastrovaskularraum und den Mund gelangen die reifen Geschlechtsprodukte nach außen.

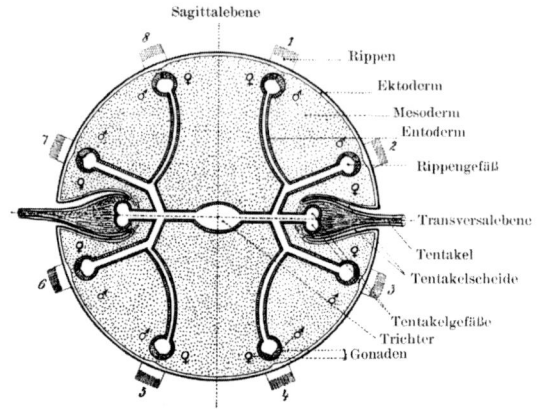

Fig. 52. *Pleurobrachia pileus*. Kombinierter Querschnitt in der Höhe der Mündungen der Tentakelscheiden. Orig.

Ferner sind noch folgende entodermale Kanäle vorhanden, die auch vom Trichter ausgehen. Ein Paar läuft beiderseits dem Schlund parallel, ein zweites Paar geht an die Basis der beiden seitlichen eingesenkten Tentakel, und ein unpaares bildet als Trichtergefäß die Fortsetzung des Trichters. Kurz vor dem Ende gabelt es sich in zwei kurze Schenkel, die seitlich von den Polplatten ausmünden. Endlich sind noch die Tentakel zu betrachten, zwei lange, einreihig mit seitlichen Fäden besetzte Fangfäden, die am Grunde einer Tasche entspringen, und außer Tastzellen zahlreiche sogenannte Klebzellen enthalten. Letztere bestehen aus einem langen kontraktilen Spiralfaden und einem daran sitzenden kugeligen Körperchen, welches ein klebriges Sekret aussondert und die Beutetiere an den Tentakel festheftet.

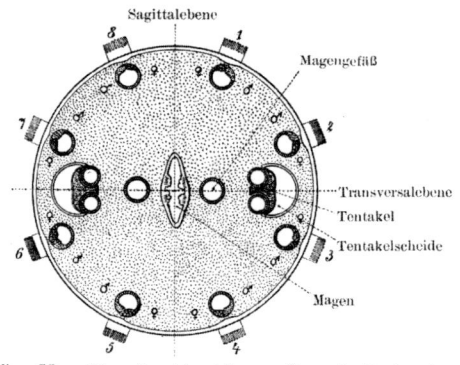

Fig. 53. *Pleurobrachia pileus*. Querschnitt in der Höhe der Schlundgegend. Orig.

Die Lagerung der Organe zueinander ergibt sich aus einem Vergleich der Abbildung Fig. 51 mit den Schemata Fig. 52 und 53.

Systematischer Überblick
für den sechsten Kursus.

III. Stamm.
Platodes (Plathelminthes), Plattwürmer.

Die Platoden oder Plathelminthen sind flache, oft blattförmige Tiere, von bilateraler Symmetrie. Es fehlt ihnen eine Leibeshöhle, der Darm endigt blind, ohne mit einem After durchzubrechen, und ein Blutgefäßsystem fehlt auch. Der Mangel dieser drei Organe nähert sie den Coelenteraten, von denen sie sich durch die Symmetrie, die Ausbildung besonderer Ausführgänge der Geschlechtsorgane, durch Kopulationsorgane, sowie die Anwesenheit besonderer Exkretionsorgane unterscheiden. Entweder werden sie als besondere Klasse des Tierstammes der Würmer aufgeführt oder als eigener Tierstamm betrachtet. Der Körper der Platoden wird vom Hautmuskelschlauch umhüllt, einer Verbindung der Haut mit der darunter liegenden Muskulatur. Die Haut ist ein einschichtiges Flimmerepithel, oder statt der Wimpern mit einer Cuticula bedeckt; an der sie basal begrenzenden Stützlamelle heftet sich die Muskulatur an, außen eine kontinuierliche Ringmuskelschicht, darunter eine Längsmuskelschicht; dazu kommt häufig ein gekreuztes Flechtwerk von Diagonalmuskelfasern. Außerdem finden sich den Körper durchkreuzende dorsoventrale Muskeln. Die Zwischenräume werden ausgefüllt von blasigem Bindegewebe, dem „Körperparenchym", in welches die übrigen Organe eingebettet sind.

Das Nervensystem besteht aus einem dorsal über dem Schlunde gelegenen paarigen Cerebralganglion von dem zwei ventral gelegene Hauptstränge, mitunter auch weitere Längsstränge (zwei seitliche, zwei dorsale) nach hinten ziehen. Häufig sind die Längsstränge durch Querkommissuren verbunden, die sich stark verästeln und ein unterm Hautmuskelschlauch liegendes Netzwerk bilden können.

Der Darm entspricht dem Urdarm der Gastrula, seine Öffnung ist aber nicht der Urmund, sondern eine ektodermale Neubildung. Entweder ist der Darm ein einfacher Blindsack, oder ist verästelt; bei vielen Platoden fehlt er infolge parasitischer Lebensweise. Das Darmepithel ist nicht bewimpert.

Die Darmöffnung (als Mund und After gleichzeitig fungierend) bildet meist einen muskulösen Schlundkopf (Pharynx), der rüsselartig vorgestreckt und wieder in die vorn gelegene Schlundtasche zurückgezogen werden kann.

Als Exkretionsorgan dient das Wassergefäßsystem, zwei längsverlaufende verästelte Schläuche, welche die auszuscheidende Flüssigkeit mittels „Wimperläppchen" aufnehmen und nach außen führen. Die beiden Hauptstämme können hinten verschmelzen und gemeinsam ausmünden. Mitunter bilden sie vor der Mündung eine kontraktile Blase.

Die Geschlechtsorgane sind meist kompliziert gebaut. Das von der Keimdrüse abgeschiedene Ei erhält von einer zweiten meist paarigen Drüse, dem Dotterstock, eine Anzahl von Dotterzellen als Nahrung. Außerdem wird eine schützende Hülle, die Eischale, gebildet, welche das zusammengesetzte Ei umgibt.

Es lassen sich drei Ordnungen der Platoden unterscheiden.

1. Ordnung: Turbellaria, Strudelwürmer.

Freilebend. Mit Flimmerkleid, ohne feste Cuticula, meist ohne Saugnäpfe, mit Mund und Darm.

a) Rhabdocoela.

Mit einfachem, stabförmigem Darm, der bei einigen auch rückgebildet sein kann. *Microstomum, Convoluta.*

b) Dendrocoela.

Mit stark verästeltem Darm. *Planaria.*

2. Ordnung: **Trematodes**, Saugwürmer.

Parasitisch. Ohne Flimmerkleid, mit fester Cuticula, mit Saugnäpfen, mit Mund und Darm. Teils Ekto-, teils Entoparasiten, letztere mit Heterogonie. Bewimperte Larve in niedere Tiere (meist Schnecken) einwandernd, hier aus unbefruchteten Eiern Junge erzeugend (Parthenogenese), die in einen anderen Wirt (Wirbeltier) übergeführt, zur hermaphroditischen Generation werden; mitunter schiebt sich auch eine zweite parthenogenetische Generation ein.

a) Polystomea.

Meist Ektoparasiten, mit starken Klammerorganen, Haftscheibe, mit mehreren Saugnäpfen und Haken versehen. Entwicklung direkt. *Polystomum.*

b) Distomea.

Entoparasiten mit einem Mundsaugnapf und meist auch mit einem Bauchsaugnapf. Entwicklung mit Wirtswechsel und Heterogonie. *Distomum.*

3. Ordnung: **Cestodes**, Bandwürmer.

Parasitisch. Ohne Flimmerkleid, mit fester Cuticula, mit Saugnäpfen; Mund und Darm fehlen. Durch Sprossung Ketten bildend. Entwicklung meist mit Metamorphose, auch mit Generationswechsel. Aus dem Ei entsteht der sechs- oder vierhakige Embryo, der sich im Innern von Wirtstieren zur Finne verwandelt, aus der im Darm eines Raubtieres, Insektenfressers oder Omnivoren der Bandwurmkopf entsteht, der durch Sprossung die Bandwurmglieder bildet. *Taenia, Bothriocephalus.*

6. Kursus.
Platodes.

Technische Vorbereitungen.

Da die Untersuchung lebender Süßwasserturbellarien für den Anfänger zu wenig lohnend erscheint, und andererseits die parasitischen Platoden ein ganz besonders praktisches Interesse besitzen, so sind für diesen Kursus Vertreter der Trematoden und Cestoden gewählt worden.

Von Trematoden empfiehlt es sich, mikroskopische Präparate des ganzen Tieres von *Distomum lanceolatum* zu geben, das sich wegen seiner geringen Größe und relativen Durchsichtigkeit sehr gut zur Anfertigung derartiger Präparate eignet.

Von Cestodenmaterial besorgt man sich finniges Schweinefleisch, welches durch Vermittlung jeder Schlachthofdirektion leicht zu erlangen ist, und welches entweder frisch oder in Formol fixiert und mit 70%igem Alkohol konserviert, untersucht wird. Ferner werden konservierte Proglottiden von *Taenia solium, Taenia saginata* und *Bothriocephalus latus* verteilt.

An fertigen mikroskopischen Präparaten sind erforderlich: Quer- und Flächenschnitte von jüngeren, aus der vorderen Hälfte des Bandwurms stammenden Proglottiden, sowie in toto präparierte Proglottiden aus der gleichen Körperregion. Die Herstellung der letzteren Präparate erfolgt, indem man die frischen Proglottiden mit Pikrinschwefelsäure, der etwas Essigsäure zugefügt ist, fixiert, dann lange mit Alkohol, hierauf etwa $^1/_2$ Stunde lang in destilliertem Wasser auswäscht, und das Präparat durch die verschiedenen Alkoholgrade in Nelkenöl, dann in Kanadabalsam überführt.

Sehr instruktiv sind ferner fertige mikroskopische Ganzpräparate des kleinen Hundebandwurms *(Taenia echinococcus)*.

Als Demonstrationsmaterial sind konservierte Exemplare der häufigeren Bandwürmer aufzustellen.

I. Trematoden, Saugwürmer.

A. Allgemeine Übersicht.

Die als Parasiten in oder auf dem Körper anderer Tiere lebenden Trematoden haben infolge dieser Lebensweise mancherlei Veränderungen ihres Körperbaues erfahren. So fehlt der Haut der Flimmerbesatz, der die Turbellarien auszeichnet, dafür besitzen die blatt- oder zungenförmigen Tiere besondere Haftapparate auf der Bauchfläche, und zwar ist das ein vorderer, vom Munde durchbohrter Saugnapf, zu dem oft ein in der Mittellinie der Bauchfläche stehender Bauchsaugnapf oder eine Haftscheibe am hinteren Körperende kommen kann, diese besetzt mit mehreren Saugnäpfen, deren Wirkung durch chitinige Haken oder Krallen noch unterstützt wird. Besonders stark ausgebildet sind sie bei den ektoparasitisch lebenden Saugwürmern.

Der Hautmuskelschlauch ist stark entwickelt und besteht aus Ring-, Längs- und Diagonalmuskeln. Ferner finden sich dorso-ventrale Muskeln, sowie die Saugnapfmuskeln: meridionale, welche den Saugnapf abflachen, äquatoriale, welche ihn erheben, und radiäre, die ihn verengern und dadurch das Ansaugen des Saugnapfes bewirken.

Das Nervensystem besteht aus zwei miteinander verbundenen, hinter dem Mundsaugnapf liegenden Ganglien (Cerebralganglien), von denen meist drei Paar Stränge nach hinten, andere kürzere nach vorn gehen.

Die Sinnesorgane sind infolge der parasitischen Lebensweise verkümmert, nur bei einigen Ektoparasiten finden sich einfach gebaute Augen vor, ebenso bei manchen freilebenden Larvenformen von Entoparasiten.

Der Darmkanal beginnt mit dem vorn und etwas bauchwärts gelegenen Mund, der in den Vorderdarm mit muskulösem Pharynx führt, dann gabelt sich der Vorderdarm in zwei seitliche Blindsäcke. Der Mund fungiert auch als After.

In den Vorderdarm münden einzellige Speicheldrüsen.

Der Raum zwischen Darmkanal und Haut wird ausgefüllt von einer Zellmasse, dem Parenchym.

Das Exkretionssystem ist ein typisches Wassergefäßsystem und besteht aus zwei großen Hauptstämmen, die, getrennt oder in eine kontraktile Blase vereinigt, hinten dorsal ausmünden. Von den Hauptstämmen gehen kleinere Seitenäste ins Parenchym, die mit Wimperläppchen endigen.

Die Saugwürmer sind fast alle Zwitter. Der männliche Geschlechtsapparat besteht aus zwei meist flachen, lappigen Hoden, deren Ausführgänge sich zu dem Samenleiter vereinigen, der, zur Samenblase erweitert, in den ausstülpbaren, häufig in einen Beutel eingeschlossenen Penis mündet. Der weibliche Geschlechtsapparat besteht aus dem unpaaren, median gelegenen Ovarium, dessen Ausführgang sich mit dem vereinigten Ausführgang zweier seitlich gelegener Drüsen, der Dotterstöcke, verbindet und zum Uterus wird, einen vielfach geschlängelten, die fertigen Eier bergenden Rohr, das neben der männlichen Geschlechtsöffnung ausmündet. Die Dotterstöcke liefern vor allem das Material zur Bildung der Eischale, einer festen, becherförmigen Hülle mit darüber geklapptem Deckel. An dem Anfangsteil des Uterus, dem Ootyp, münden zahlreiche einzellige Drüsen, die in ihrer Gesamtheit als Schalendrüse bezeichnet werden, mit der Bildung der Eischale aber nichts zu tun haben, sondern wahrscheinlich nur eine wässerige, den Uterus erfüllende Flüssigkeit abscheiden.

Die Befruchtung der Eier erfolgt durch den Uterus, und nicht wie man früher annahm, durch den LAURERschen Kanal, einen besonderen Gang, der in die Schalendrüse einmündet und in dessen Nähe eine mit Sperma gefüllte Blase, das Receptaculum seminis, liegen kann.

Die ektoparasitischen Trematoden entwickeln sich direkt, die entoparasitischen machen eine mit Wirtwechsel verknüpfte komplizierte Entwicklung durch. Aus dem befruchteten Ei des erwachsenen Tieres entsteht eine bewimperte Larve, Miracidium, die in ein Mollusk eindringt, hier zu einem fast organlosen Keimschlauch auswächst, der Redie genannt wird, wenn er Schlundkopf und Darm besitzt, Sporocyste, wenn diese Organe fehlen. Unbefruchtete Eier, die sich in diesen Keimschläuchen parthenogenetisch entwickeln, wachsen entweder zu neuen Redien aus, oder liefern weiter entwickelte, dem erwachsenen Tier bereits ähnliche, aber noch mit einem Ruderschwanz versehene Formen, die Cercarien. Letztere gelangen ins Wasser, kapseln sich unter Verlust des Ruderschwanzes an Pflanzen ein und werden, wenn sie von einem neuen Wirt gefressen werden, zum entwickelten Distomum, oder aber die Cercarien gelangen in einen neuen Wirt, in dem sie sich einkapseln, um erst dann, wenn sie samt diesem von einem dritten Wirt gefressen werden, zu entwickelten Saugwürmern heranzuwachsen.

B. Spezieller Kursus.

Distomum lanceolatum (MEHL.)

Distomum lanceolatum findet sich in den Gallengängen von Schaf, Rind, Ziege, Esel, Hirsch, Hase, Kaninchen und Schwein, oft mit *Distomum hepaticum*, dem Leberegel vergesellschaftet.

Es werden fertige mikroskopische Präparate gegeben, die zunächst mit schwacher Vergrößerung zu betrachten sind.

Der 8—10 mm lange Körper des Tieres erscheint·lanzettförmig. Deutlich lassen sich die beiden Saugnäpfe erkennen, von denen der Bauchsaugnapf der größere ist. An den Mundsaugnapf schließt sich der kurze, muskulöse Schlund, der sich zur dünnen Speiseröhre verlängert. Über dem Beginn der Speiseröhre liegen dorsal die beiden verbundenen Hirnganglien. Der Darm gabelt sich nunmehr, und die

6. Kursus: Platodes. 77

beiden einfachen unverästelten Schenkel endigen blind in der Gegend des dritten Viertels der Körperlänge (Fig. 54).
Vom Exkretionssystem, welches in Fig. 55 abgebildet ist, ist an diesen Präparaten fast nichts wahrzunehmen, und alles, was man noch im Präparate sieht, gehört zu den beiden Geschlechtsapparaten. So

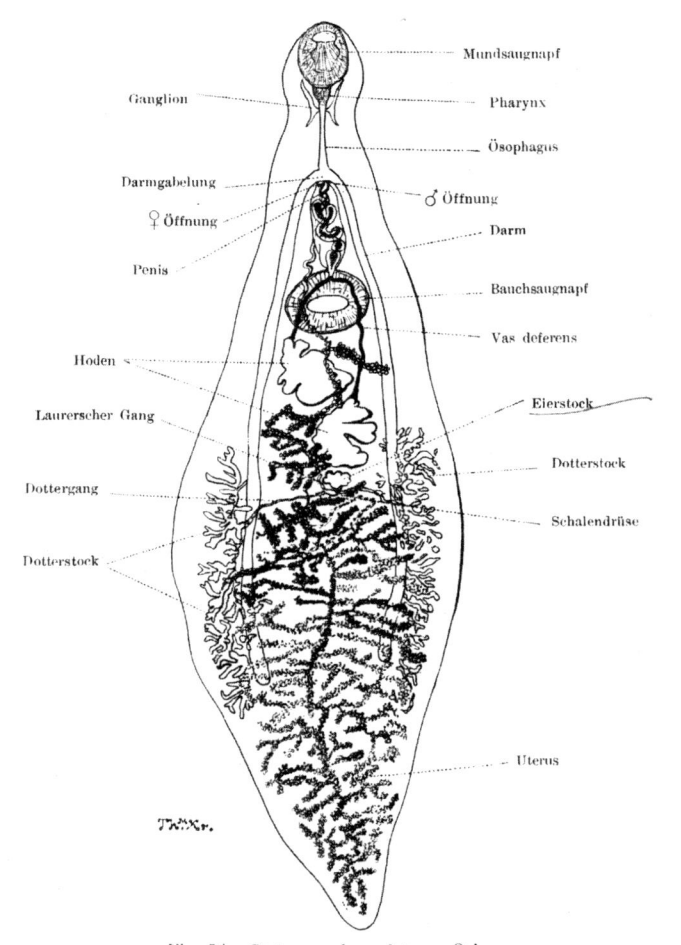

Fig. 54. *Distomum lanceolatum*. Orig.

liegen hinter dem Bauchsaugnapf hintereinander zwei große, etwas gelappte Hoden, und vorn vor dem Bauchsaugnapf sieht man den in einen Beutel eingeschlossenen Penis sich bis zur Gabelung des Darmes erstrecken. Der Eintritt der zu einem Samenleiter vereinigten Ausführgänge der Hoden in den Penis läßt sich mit stärkerer Vergrößerung wahrnehmen.

Von dem weiblichen Geschlechtsapparat imponiert am meisten der in zahlreiche Schlingen gelegte Uterus, der zuerst nach hinten zieht, dann sich wiederum nach vorn wendet und zwischen beiden Hoden neben der männlichen Öffnung ausmündet. Meist ist der Uterus prall mit Eiern gefüllt, und es hat auf den Präparaten oft den Anschein, als ob der Uterus reichlich verästelt wäre. Die vorderen Uteruswindungen, welche die reifen Eier enthalten, erscheinen schwarz, die hinteren rostrot. Betrachten wir ein solches Ei mit starker Vergrößerung, so sehen wir es von einer dicken, dunkelbraunen Schale umgeben, die gedeckelt ist.

Das Ovarium, früher fälschlich als dritter Hode betrachtet, liegt hinter dem zweiten Hoden und erscheint als rundlicher Körper von geringer Größe, in welchem wir bei starker Vergrößerung kleine Eier sehen. Vom Ovarium gelangen die Eier in den von der Schalendrüse umgebenen Ootyp, den Anfangsteil des Uterus, der bei vielen Formen noch einen feinen Kanal in der Richtung nach dem zweiten Hoden zu aussendet, der sich nach außen auf der Rückseite öffnet: den LAURERschen Kanal. Bei den Distomeen ist dieser Kanal vielfach rudimentär.

Endlich haben wir noch die beiden Dotterstöcke zu betrachten, die sich in der Gegend der Körpermitte auf der rechten und linken Seite vorfinden und wegen ihrer distinkten Färbung sogleich ins Auge fallen. Die Gestalt eines Dotterstockes ist gestreckt; auf einem oft nur undeutlich sichtbaren Längsgefäße sitzen Gruppen von meist kurzen, keulenförmigen, oft verzweigten Säckchen. Von der Mitte des Längsgefäßes führt ein querverlaufender Dottergang zum Anfangsteil des Uterus.

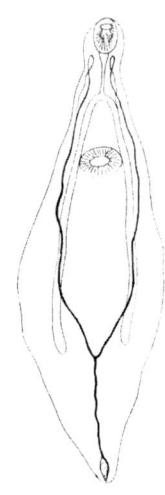

Fig. 55. Wassergefäßsystem von *Distomum lanceolatum*.

II. Cestoden.
A. Allgemeine Übersicht.

Die Bandwürmer oder Cestoden sind entoparasitische Plattwürmer, welche in der durch diese Lebensweise bedingten Umgestaltung des Körpers noch weiter gegangen sind als die Trematoden. So fehlt ihnen ein Darm, und die Ernährung erfolgt mittels Aufnahme flüssiger Nahrung durch die Haut. Sie haben zwei Entwicklungszustände, die Finne (oder Blasenwurm) und die Bandwurmkette, von denen die erstere im Bindegewebe der Muskeln, Leber usw. lebt, die letztere, die geschlechtsreife Form, im Darm.

Aus den befruchteten Eiern des Bandwurmes entwickelt sich der „sechshakige Embryo" Oncosphaera, der in den Körper eines bestimmten Tieres (bei *Taenia solium* z. B. des Schweines) eindringen muß, um zur Finne zu werden. Vom Schwein werden die Embryonen mit der Nahrung aufgenommen, durchbohren alsdann die Darmwand und wandern in das Bindegewebe der Muskeln usw. ein. Durch Verfütterung des „finnigen" Fleisches des „Zwischenwirtes" können die Finnen in ihren „Endwirt" gelangen (bei *Taenia solium* z. B. den Menschen). Im Darme des letzteren wandelt sich die Finne zum Kopfe, Scolex, des Bandwurmes um, an dessen hinterem Ende, unter oft sehr bedeutendem Längenwachstum des ganzen Tieres, sich mehr oder minder scharf getrennte Glieder (Proglottiden) differenzieren, in denen die Geschlechtsprodukte ausgebildet werden. Durch sukzessive Ablösung der letzten geschlechtsreifen Proglottiden gelangen diese ins Freie.

Die Finne stellt sich als ein Bläschen dar, welches mitunter sehr groß werden kann. An seiner Innenwand bildet sich durch Einstülpung die Anlage des Scolex. Bei manchen Formen werden viele Scolices gleichzeitig erzeugt. Bei den Bothriocephalen umgibt sich die Oncosphaera mit einer dünnen Hülle und wandelt sich direkt zum Kopf des Bandwurms um.

Im Darmkanal des Endwirtes wird die Hülle der Finne vernichtet und der Scolex ausgestülpt. Besondere Organe besorgen die Festheftung an der Darmwand. Solche Festheftungsorgane sind chitinige Haken in verschiedener Anordnung, meist an der Außenfläche eines durch Muskeln beweglichen, Rostellum genannten vorderen Teiles sowie Saugnäpfe.

Den Körper bedeckt eine starke Cuticula; die Epithelzellen sind durch die Basalmembran hindurch in die Tiefe versenkt und bilden die sog. Subcuticularschicht. Das Innere ist mit einer Zellmasse, dem Parenchym, erfüllt, welches in eine äußere, die Muskulatur enthaltende Rindenschicht und eine innere Markschicht zerfällt.

Das einheitliche Nervensystem durchzieht den Bandwurm der ganzen Länge nach und besteht aus zwei Seitensträngen, die von den im Kopf gelegenen paarigen Hirnganglien ausgehen.

Das Wassergefäßsystem besteht meist aus vier Längskanälen (darunter zwei sehr schwach entwickelten), von denen kleinere Seitengefäße in den Körper gehen, die in Flimmerläppchen münden. Die Längskanäle münden am Hinterrande der jeweilig letzten Proglottis aus.

Die Geschlechtsorgane sind sehr stark entwickelt, und es finden sich in jeder Proglottis ein männliches und ein weibliches vor. Nur die jüngsten, dem Kopfe am nächsten stehenden Glieder haben noch keine Geschlechtsorgane, die bei den mittleren am stärksten entwickelt sind, während bei den letzten fast nur der mit Eiern gefüllte Uterus übrig bleibt. Wie bei den Trematoden, so finden sich auch bei den meisten Cestoden drei Geschlechtsöffnungen, eine männliche und zwei weibliche, von denen die eine die Mündung der Vagina, die andere die des Uterus darstellt, doch kann letztere auch fehlen (bei den Tänien). Die Genitalöffnungen sind randständig oder flächenständig.

Die männlichen Geschlechtsorgane weisen zahlreiche Hodenbläschen im Parenchym auf, deren kleine Ausführgänge sich zu einem Vas deferens vereinigen. Das Ende dieses Samenleiters liegt in einer Tasche, der Penistasche, ist ausstülpbar und fungiert als Penis.

Die weiblichen Organe beginnen mit dem am Hinterrande jeder Proglottis liegenden paarigen Keimstock (Ovarium). Der davon ausgehende Eileiter zieht zur Schalendrüse, welche die paarigen Ausführgänge zweier Dotterstöcke aufnimmt. Hier wird jede Eizelle von Dotterzellen, die ihr als Nahrung dienen, umhüllt, und das nunmehr zusammengesetzte Ei mit einer gedeckelten Schale umgeben. Bei manchen Formen (Tänien) fehlen die paarigen Dotterstöcke und werden durch die unpaare **Eiweißdrüse** ersetzt. Von der Schalendrüse gehen zwei Gänge nach außen, der eine, die **Vagina**, mündet dicht neben dem Penis nach außen, der andere, der **Uterus**, enthält die fertigen Eier und mündet entweder (Bothriocephaliden) ebenfalls nach außen, oder endigt blind (Tänien), zahlreiche Seitenäste aussendend. Von den fünf Familien, welche man unterscheidet, leben die noch sehr trematodenähnlichen **Caryophyllaeiden** in Fischen, ebenso die **Tetrarhynchiden**, die **Liguliden** im Darm von Wasservögeln (ihre Jugendform in der Leibeshöhle von Fischen), während die **Bothriocephaliden** und **Täniiden** im Darm von Säugetieren vorkommen. Die Bothriocephaliden haben einen spatelartigen Kopf mit zwei Sauggruben auf den schmalen Seiten, bei den Tänien finden sich vier Saugnäpfe, meist auch noch ein Rostellum mit einem Hakenkranz.

B. Spezieller Kursus.

Taenia solium, T. saginata und *Bothriocephalus latus.*

Jeder Praktikant erhält zunächst etwas finniges Schweinefleisch, aus welchem er die einzelnen Finnen — ohne sie anzustechen — herauszulösen und in ein mit Wasser gefülltes Uhrschälchen zu bringen hat. Schon mit bloßem Auge läßt sich der meist ins Innere der Blase eingestülpte Scolex als weißlicher Fleck erkennen.

Um den Scolex besser zur Anschauung zu bringen, kann man ihn entweder durch vorsichtiges Quetschen der Blase zwischen zwei Fingern zur Ausstülpung bringen, oder man hebt ihn mittels einer Nadel aus der Blase heraus, oder man schneidet ihn, samt einem Stück der Umgebung, aus der Blasenwand aus, bringt ihn dann mit ,reichlichem Wasserzusatz auf einen Objektträger, und legt unter leichtem Druck einen zweiten Objektträger auf das alsdann fertige Präparat.

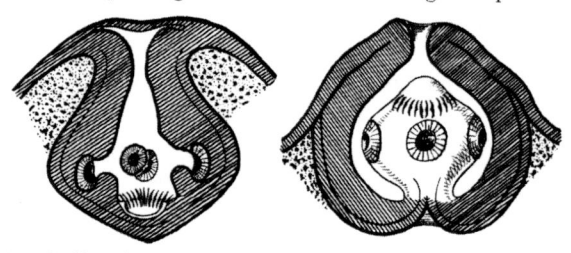

Fig. 56. Scolices der Finne von *Taenia solium* (nach LEUCKART). Schema.

Unter schwacher Vergrößerung zeigt das Mikroskop den **Scolex** in fast rechteckigem Umriß (Fig. 56). Deutlich treten in den vier Ecken die Saugnäpfe hervor. Charakteristisch für vorliegende Form (*Taenia solium*) ist der Besitz eines Hakenkranzes von etwa 28 Haken an der Vorderfläche des Kopfes. Man erkennt zweierlei Haken, größere und kleinere, die in zwei konzentrischen Kreisen stehen. Im inneren Kreise befinden sich die größeren Haken, im äußeren Kreise, damit alternierend, die kleineren. Die Spitzen der Haken beider Kreise liegen vom Zentrum gleich weit entfernt. Die genauere Betrachtung der aus einer hornigen Substanz bestehenden Haken zeigt deren ein-

6. Kursus: Platodes. 81

zelne Teile: eine etwas nach außen gekrümmte Spitze, einen in das Integument eingesenkten Stiel und eine seitliche Zacke, die Handhabe. Der Hakenkranz sitzt auf dem beweglichen Rostellum, seine Wirkungsweise läßt sich durch verminderten oder verstärkten Druck auf den dem Objekt aufliegenden Objektträger demonstrieren.

Um den Bau der Proglottiden zu studieren und dem Praktikanten die wesentlichen Unterschiede der einzelnen Bandwürmer zu demonstrieren, werden möglichst reife Glieder von *Taenia solium*, *Taenia saginata* und *Bothriocephalus latus* verteilt. Die Präparation geschieht in der Weise, daß jedes Objekt, mit etwas Glyzerin bedeckt, zwischen zwei

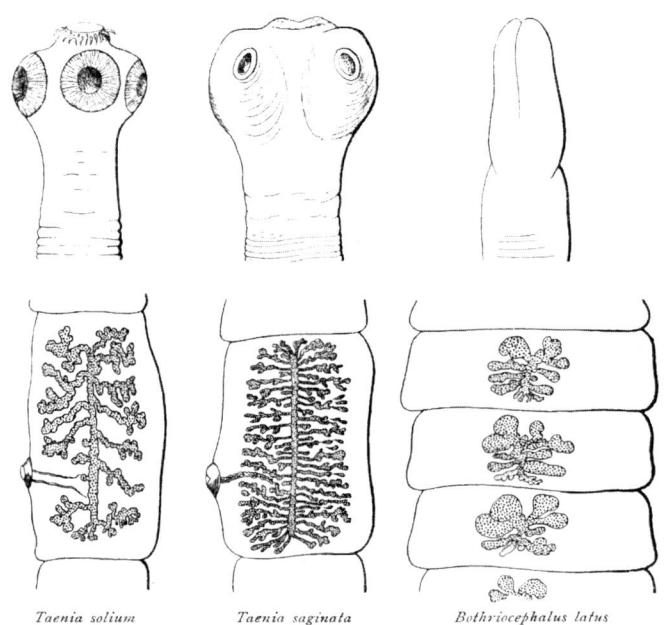

Taenia solium   *Taenia saginata*   *Bothriocephalus latus*
Fig. 57. Köpfe und reife Proglottiden von *Taenia solium*, *Taenia saginata* und *Bothriocephalus latus*. Orig.

Objektträgern leicht gepreßt wird. Das Präparat wird dann gegen das Licht gehalten und mit einer schwachen Lupe betrachtet.

Die Unterscheidung der drei Formen ist sehr leicht. Zunächst unterscheiden sich die Proglottiden beider Tänienarten schon dadurch von denen des Bothriocephalus, daß ihre auf einer leichten Erhebung ausmündenden Ausführungsgänge der Geschlechtsorgane randständig sind und daher leicht wahrgenommen werden können, während sie bei Bothriocephalus flächenständig sind. Die Proglottiden beider Tänien lassen sich sehr leicht dadurch unterscheiden, daß der in durchfallendem Lichte deutlich sichtbare Uterus bei *Taenia solium* nur 7—9 kurze, verästelte Seitenäste aussendet, während bei *Taenia saginata* die Zahl der wenig verästelten Seitenäste 20—30 beträgt. Bei *Bothrio-*

Kükenthal, Zool. Praktikum. 5. Aufl. 6

cephalus latus bildet der in der Mitte der Proglottis liegende Uterus eine dunkel erscheinende rosettenförmige Figur.

Der feinere Bau der Proglottiden wird zunächst an Schnitten studiert, welche sich der Praktikant selbst anfertigt. Eine der mittleren Körperregion entnommene Proglottis wird zwischen ein Stückchen der Länge nach gespaltenes Hollundermark gespannt und mit dem mit Alkohol benetzten Rasiermesser in möglichst dünne Schnitte zerlegt. Diese Schnitte werden mittels Pinsels in eine verdünnte Lösung von Alaunkarmin eingelegt, nach einigen Minuten wieder herausgenommen, mit Alkohol abgewaschen und auf einem Objektträger unter Glyzerin untersucht. Zur Kontrolle werden noch fertige mikroskopische Präparate gefärbter Querschnitte gegeben.

An einem solchen Schnitte läßt sich folgendes sehen. Den Körper umgibt eine starke Cuticula, aus mehreren Schichten bestehend. Darunter liegt eine Schicht spindelförmiger Zellen, welche mit ihrer Längsachse senkrecht zur Cuticula stehen. Diese Schicht, welche als Subcuticularschicht bezeichnet wird, ist das in die Tiefe unter die Basalmembran versenkte Körperepithel. Das Innere des Körpers ist

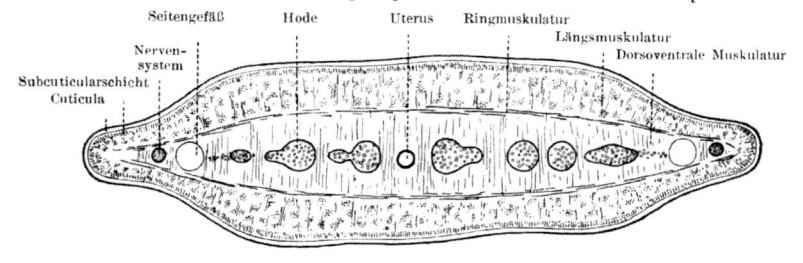

Fig. 58. Querschnitt durch eine junge Proglottis von *Taenia saginata*. Orig.

erfüllt mit bindegewebigem Parenchym, dessen Scheidung in eine Rindenschicht und eine Markschicht sich deutlich wahrnehmen läßt. Zahlreiche sehr dünne Muskeln durchziehen das Parenchym. Nach innen von der Subcuticularschicht lassen sich in Gruppen stehende, sehr feine Querschnitte von Längsmuskelzügen bemerken. Die Markschicht des Parenchyms wird umgeben von querverlaufenden Bündeln, und außerdem durchziehen den Körper noch dorsoventral verlaufende Muskelbündel. In der Markschicht liegen zahlreiche stärker gefärbte Zellgruppen, die Hoden, während in der Mitte des Schnittes der Uterus getroffen ist. An beiden Seiten der Proglottis erscheinen zwei größere Hohlräume, die Querschnitte der beiden seitlichen Längskanäle des Exkretionssystemes und seitlich nach außen von diesen sind die ovalen Querschnitte der beiden Seitenstränge des Nervensystems zu bemerken. Zahlreiche stark lichtbrechende, rundliche oder ovale Körperchen, die im Parenchym zerstreut liegen, sind die „Kalkkörperchen". Der Zusatz von etwas verdünnter Essigsäure auf einen selbstgefertigten Schnitt läßt sie unter Kohlensäureentwicklung aufbrausen.

Es werden nunmehr zum genaueren Studium der Geschlechtsorgane fertige mikroskopische Präparate ganzer Proglottiden, eventuell auch Flächenschnitte durch diese gegeben.

Bei den Präparaten einer Proglottis mittleren Reifegrades von *Taenia* (s. Fig. 59) ist zu beachten die seiten- oder randständige Öffnung der Geschlechtsausführgänge. Die samenerzeugenden Hodenbläschen der zwitterigen Proglottis liegen zerstreut im Parenchym und ihre Produkte werden durch Sammelgänge dem großen Vas deferens zugeführt, dessen vorderster Abschnitt, in einer besonderen Hülle, dem Cirrusbeutel, gelegen, hervorgestülpt werden kann und als Penis fungiert. Vom zweiteiligen Eierstock führt ein Gang in die Schalendrüse, in welche auch der Ausführgang einer unpaaren Eiweißdrüse einmündet. Der in der Mittellinie der Proglottis verlaufende Uterus ist ein einfacher oder seitlich verästelter Blindsack; er enthält die kleinen Eier. Der Ausführgang des weiblichen Geschlechtsapparates, die Vagina, mündet gemeinsam mit dem Penis nach außen.

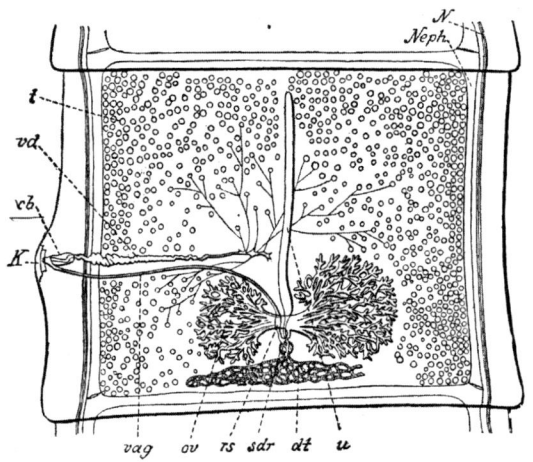

Fig. 59. Geschlechtsapparat einer reifenden Proglottis von *Taenia saginata*. (Nach SOMMER aus R. HERTWIG.)

N Nervenstrang; *Neph* Wassergefäß; *t* Hoden; *vd* Vas deferens; *cb* Cirrusbeutel; *K* Porus genitalis; *vag* Vagina; *ov* Ovar; *rs* Receptaculum seminis; *sdr* Schalendrüse; *dt* Eiweißdrüse; *u* Uterus.

Flächenschnitte durch die Proglottis von *Bothriocephalus* (Fig. 60) zeigen einen etwas anderen Bau der Geschlechtsorgane. Der männliche Geschlechtsapparat, der sonst ähnlich wie bei *Taenia* gebaut ist, mündet flächenständig in der Mittellinie der Proglottis nach außen. Im weiblichen Geschlechtsapparat treten statt der fehlenden Eiweißdrüse zwei große, im Parenchym zerstreute Dotterstöcke auf. Der von der Schalendrüse abgehende Uterus legt sich in vielen Windungen zu einer rosettenförmigen Figur zusammen, enthält bei der Reife sehr große, derbschalige Eier und mündet flächenständig nach außen; auch der zweite weibliche Ausführgang, die Vagina, mündet gemeinsam mit dem Penis, flächenständig.

An dem aufgestellten Demonstrationsmaterial ganzer Tänien ist die verschiedene Form der Proglottiden zu beobachten. Die reifen Endglieder sind langgestreckt, während sie nach dem Kopfe zu immer kürzer werden. Der auf den Kopf folgende, als „Hals" bezeichnete Körperteil zeigt noch keine Segmentierung.

Von kleineren Bandwürmern lassen sich besonders schöne mikroskopische Präparate des ganzen Tieres von der *Taenia echinococcus* des Hundes anfertigen. Die Demonstration der im Menschen, im Rind, Schaf und Schwein vorkommenden Finnen dieses Bandwurmes, der

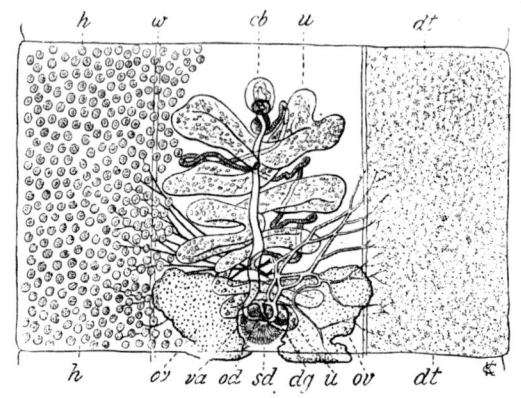

Fig. 60. Geschlechtsapparat einer reifenden Proglottis von *Bothriocephalus latus*, rechts ist nur der Dotterstock, links nur der Hode dargestellt. (Nach SOMMER, aus HERTWIG.) *dt* Dotterstock; *dg* Dottergang; *ov* Eierstock; *od* Ovidukt; *sd* Schalendrüse; *va* Vagina; *u* Uterus; *h* Hodenbläschen; *cb* Cirrusbeutel, gemeinsam mit der Vagina mündend; *w* Wassergefäßkanäle, der dunkelschraffierte Kanal ist das Vas deferens.

Echinokokken, erweist, daß die aus dem befruchteten Bandwurmei hervorgegangene Finne durch Knospung nach innen oder außen zahlreiche Tochterblasen erzeugt, in denen erst die Bildung der Brutblasen vor sich geht, an deren Wandung die Scolices sich ausbilden. Letzterer Vorgang kann übrigens ausbleiben und es entstehen dann die Acephalocysten.

Systematischer Überblick
für den siebenten und achten Kursus.

IV. Stamm.

Vermes.

Die Würmer sind bilateral-symmetrische Tiere, welche mit einem After und meist, im Gegensatz zu den Plathelminthen, mit einem Blutgefäßsystem versehen sind. Eine Leibeshöhle fehlt nur den niedersten.

Es lassen sich sechs Klassen unterscheiden:
1. Rotatorien, Rädertierchen.
2. Nemertinen, Schnurwürmer.
3. Chaetognathen, Pfeilwürmer.
4. Nemathelminthen, Rundwürmer.
5. Prosopygier, Buschwürmer.
6. Anneliden, Ringelwürmer.

I. Klasse: Rotatoria, Rädertierchen.

Sehr kleine, walzenförmige oder dorsoventral abgeflachte, meist im Süßwasser lebende Tierchen, die ihren Namen daher haben, daß sie vorn am Kopf einen zur Bewegung wie zum Herbeistrudeln der Nahrung dienenden, meist einziehbaren wimpernden Apparat besitzen, das Räderorgan. Die übrige Körperoberfläche wird von einer chitinigen Hülle geschützt, die panzerartig fest werden kann. Das Hinterende, der Fuß, ist vom Rumpf besonders abgesetzt und gegliedert, am Ende oft in zwei zangenartige Spitzen auslaufend, die im Verein mit Klebdrüsen die Festheftung des Tieres ermöglichen.

Das Nervensystem wird von einem oberhalb des Schlundes gelegenen Ganglion gebildet, welches nach hinten ein dorsales und ein laterales Längsnervenpaar entsendet. Darüber liegen als Sinnesorgane einfach gebaute Ocellen oder zarte Tastborsten.

Die Muskulatur ist nur schwach entwickelt und bildet keine zusammenhängende Schicht.

Der Darmkanal beginnt mit dem ektodermalen Schlund, der in den mit chitinigen Kiefern versehenen Kaumagen, ebenfalls ektodermalen Ursprungs, führt. In den entodermalen Mitteldarm münden ein Paar Drüsen, und der Enddarm nimmt die Mündungen der beiden Kanäle des Exkretionsorgans auf und wird dadurch zu einer Kloake. Der After mündet dorsal an der Ansatzstelle des Fußes.

Ein Blutgefäßsystem fehlt.

Das Exkretionsorgan ist das gleiche wie bei den Plathelminthen, also ein Wassergefäßsystem, ein paar lange, verästelte, mit flimmernden, blinden Ästen versehene Schläuche, die sich meist in einer unpaaren kontraktilen Blase vereinigen, welche in die Kloake einmündet.

Die Geschlechtsorgane des Weibchens sind ein oder zwei Ovarien an der ventralen Seite des Darmes, die in die Kloake ausmünden.

Die Männchen sind stark rückgebildet und viel kleiner: Zwergmännchen; sie treten nur zu gewissen Zeiten (im Herbst) auf. Den Sommer über pflanzen sich die Weibchen fort, ohne vom Männchen befruchtet zu werden: „Parthenogenesis". Die Sommereier sind dünnschalig, im Gegensatz zu den hartschaligen Wintereiern, welche befruchtet werden. *Brachionus*.

II. Klasse: **Nemertini**, Schnurwürmer.

Vorwiegend im Meere lebende, meist sehr lange, schmale Würmer, welche wie die Turbellarien bewimpert sind, sich von den Plathelminthen aber unterscheiden durch den Besitz eines Afters und eines Blutgefäßsystems. Ferner besitzen sie einen in einer muskulösen Scheide liegenden vorstülpbaren Rüssel.

Das **Nervensystem** besteht aus einem doppelten dorsalen Schlundganglion, von dem zwei Längsnerven seitlich nach hinten laufen.

Seitlich am Kopfe finden sich zwei wimpernde Gruben, die als „**Spürorgane**" dienen sollen, sowie **Ocellen** in verschiedener Zahl, bei einer Form auch paarige „**Statocysten**".

Die Muskulatur ist sehr stark entwickelt. Außer dem aus mehreren Schichten bestehenden **Hautmuskelschlauch** findet sich eine innere, dem Darm zugehörige Muskelschicht und dazwischen bindegewebiges Parenchym.

Über dem gestreckten **Darm** liegt der Rüssel in einer Scheide, meist mit eigener, über dem Mund gelegener Öffnung, an seinem Grunde steht häufig ein Stilett mit Giftdrüse. Ein starker Muskel kann den ausgestoßenen Rüssel wieder zurückziehen.

Das **Blutgefäßsystem** besteht aus einem dorsalen und zwei seitlichen Gefäßen, die miteinander verbunden sind.

Das **Exkretionssystem** ähnelt dem Wassergefäßsystem der Turbellarien.

Die **Geschlechtsorgane** sind einfache, paarig angeordnete Säckchen mit besonderen Ausführgängen.

In der Entwicklung tritt meist eine eigentümliche Larvenform, das **Pilidium**, auf. *Cerebratulus.*

III. Klasse: **Chaetognatha**, Pfeilwürmer.

Kleine, im Meere lebende, glashelle Würmer von Pfeilform, mit lateralen Hautfalten: einer Schwanzflosse mit einem oder zwei Paar seitlichen Flossen. Der Körper sondert sich in drei Regionen, **Kopf**, **Rumpf** und **Schwanz**. Zwei seitlich vom Munde gelegene Muskelpartien sind mit starken, zum Ergreifen der Beute dienenden Haken versehen.

Das ektodermale Nervensystem besteht aus einem dorsalen **Oberschlundganglion**, welches durch zwei den Schlund umfassende Schlundkommissuren mit einem im Rumpfabschnitt gelegenen ventralen Unterschlund- oder **Bauchganglion** verbunden ist.

Über dem Oberschlundganglion liegt ein Paar Ocellen.

Der **Hautmuskelschlauch** besteht aus Längsmuskelfasern, die von den Epithelzellen der äußeren Leibeshöhlenwand ausgeschieden sind.

Die Chaetognathen besitzen eine echte Leibeshöhle. **Cölom**, entstehend aus paarigen Ausstülpungen des Darmes, die sich dann abschnüren. Der ursprüngliche Urdarm teilt sich also in den bleibenden Darm und die seitlichen Cölomtaschen, deren Wandungen, das **Mesoderm**, sich einerseits an die Innenwand des Ektoderms anschmiegen (**parietales Blatt**), andererseits die Außenwand des entodermalen Darmes überziehen (**viscerales Blatt**).

Dorsal wie ventral stoßen die Wandungen der Cölomsäcke aneinander und bilden eine Scheidewand: dorsales und ventrales **Mesenterium**.

Der gestreckte **Darm** tritt nicht ins Schwanzsegment ein, sondern öffnet sich am Ende des Rumpfsegmentes.

Der äußeren Teilung des Körpers in Kopf, Rumpf und Schwanz entspricht eine innere des Cöloms durch zwei transversale Septen. Aus dem mesodermalen Epithel, welches die Leibeshöhle auskleidet, entstehen im Rumpf die **Eier**, welche durch besondere Ovidukte nach außen entleert werden, im Schwanzsegment die **Spermazellen**, die ebenfalls besondere Ausführgänge besitzen. *Sagitta.*

IV. Klasse: **Nemathelminthes**, Rundwürmer.

Meist parasitisch lebende Würmer von zylindrischer, oft fadenförmiger Gestalt. Der Körper ist von einer starken Cuticula umhüllt. Eine **Leibeshöhle** ist vorhanden. Der **Darm**, der bei einigen fehlen kann, ist gestreckt; der After liegt am Hinterende. Ein **Blutgefäßsystem** fehlt.

1. Nematoda, Fadenwürmer.

Der **Hautmuskelschlauch** dieser mit glatter Cuticula bedeckten Rundwürmer wird durch vier längsverlaufende, mit verdickter Hypodermis ausgefüllte Rinnen, zwei seitliche, eine dorsale und eine ventrale, in vier Portionen geteilt. In der dorsalen und ventralen Rinne liegen zwei **Nervenstämme**, die vorn durch einen Schlundring verbunden sind, in den beiden seitlichen Rinnen liegen die **Exkretionsorgane**, zwei in den beiden Seitenlinien längsverlaufende Gefäße, die sich vorn vereinigen und auf der Bauchseite nach außen münden.

Der **Darmkanal** besitzt vorn einen muskulösen, zum Saugen dienenden Schlund. Der Mund liegt vorn endständig, der After ventral. Die **Geschlechtsorgane** der Männchen münden in den Enddarm; die Weibchen haben eine besondere, ventral gelegene Geschlechtsöffnung. Als Begattungsorgane fungieren in der Kloake angebrachte, retraktile Stacheln: **Spicula**. Teils freilebend, teils parasitisch. *Ascaris, Trichina, Rhabdonema.*

2. Acanthocephala, Kratzwürmer.

Parasitisch lebende Rundwürmer, welche vorn einen mit Widerhaken besetzten einstülpbaren **Rüssel** besitzen, der sich in die Darmwand des Wirtes einbohren kann. Der Mund ist geschlossen, der Darm **rückgebildet** und wahrscheinlich hinten in den Ausführgang der Geschlechtsprodukte, in seinem mittleren Abschnitt in ein solides Achsenband und vorn zur Rüsselscheide verwandelt. Von der Rüsselbasis hängen ein paar hohle Schläuche, **Lemnisken**, in die Leibeshöhle hinein, in denen sich das Wassergefäßsystem besonders reich verästelt. *Echinorhynchus.*

V. Klasse: Prosopygia, Buschwürmer.

Würmer mit einem den Mund umgebenden, hufeisenförmigen oder geschlossenen Tentakelkranz, der mit Flimmerepithel bedeckt ist und als Atmungsorgan fungiert, und einem stark gebogenen Darm, dessen beide Öffnungen nahe bei einander liegen. Das Nervensystem ist ein Schlundring mit stärkerer dorsaler oder ventraler Ganglienzellenanhäufung. Blutgefäßsystem meist vorhanden.

Man unterscheidet vier Ordnungen, **Bryozoen**, **Brachiopoden**, **Phoronideen** und **Sipunculideen**.

1. Bryozoa, Moostierchen.

Meist stockbildend, durch Ausscheidung einer festen Cuticula, die hornig oder verkalkt sein kann. Die **Tentakel** sitzen entweder auf ein paar seitlichen Mundarmen oder bilden einen hufeisenförmig gekrümmten Bogen oder einen geschlossenen Kranz. Der vordere Körperteil samt Tentakeln kann in den hinteren zurückgezogen werden.

Das **Nervensystem** ist ein Nervenknoten, zwischen Mund und After gelegen, von dem ein Schlundring, den Ösophagus umfassend, ausgeht. Der **Darm** ist hufeisenförmig gekrümmt, und der After liegt dicht außerhalb des Tentakelkranzes (**Ectoprocten**), bei einigen auch innerhalb desselben (**Entoprocten**).

Ein Blutgefäßsystem fehlt.

In der **Leibeshöhle**, welche den Entoprocten fehlt, zieht sich vom Mitteldarm zur Leibeswand ein Strang, **Funiculus**, an dem sich meist die Geschlechtsprodukte bilden.

Vielfach findet sich eine durch Arbeitsteilung entstandene Verschiedenheit der Personen eines Stockes, so die vogelschnabelähnlichen **Avicularien** oder die mit langem Fortsatz versehenen **Vibracularien**.

Manche Süßwasserbryozoen bilden im Herbst eigentümliche, durch Knospung entstehende, kleine Fortpflanzungskörper, **Statoblasten**. *Cristatella.*

2. Brachiopoda, Armfüßer.

Mit zweiklappiger **Kalkschale**, daher muschelähnlich, doch liegen bei den Muscheln die Schalen zu beiden Seiten des Körpers, bei den Brachiopoden dorsal und ventral. Die Schalen werden von zwei Falten, den Mantellappen, abgeschieden.

Die Tentakel stehen auf zwei spiralig eingerollten Mundarmen.

Der **Darm** endigt bei einem Teile der Brachiopoden blind; ein dorsales und ein ventrales Mesenterium halten ihn in seiner Lage und teilen die **Leibeshöhle** in eine rechte und linke Hälfte. Außerdem finden sich zwei transversale Septen, welche die Leibeshöhle in drei Kammern teilen. Das Nervensystem ist ein Schlundring mit starkem ventralen und schwachem dorsalen Ganglion. Ein Blutgefäßsystem ist vorhanden. Als Exkretionsorgane fungieren ein oder zwei Paar kurzer Röhren, die nach außen münden und auch als Ausführwege der in der Leibeshöhlenwand sich bildenden Geschlechtsprodukte dienen. *Terebratula*.

3. Phoronidea.

Festsitzend, in Chitinröhren eingeschlossen, nicht stockbildend, von wurmförmigem Bau. Tentakel auf einem Teile einen hufeisenförmig gekrümmten, dorsal offenen Bogen. Darm stark gekrümmt, After in der Nähe des Mundes ausmündend. Aus der Leibeshöhle gehen ein oder zwei Paar flimmernde Kanäle (Nephridien) als Exkretionsorgane nach außen. Blutgefäßsystem vorhanden. Nervensystem ein Schlundring mit dorsalem Ganglion. Hermaphroditisch. *Phoronis*.

4. Sipunculidea.

Langgestreckte, schlauchförmige Würmer, freilebend, nicht gegliedert. Hautmuskelschlauch kräftig entwickelt mit Ring- und Längsmuskelschicht. Der vordere Körperteil trägt bei einem Teile einen Tentakelkranz und kann in den hinteren eingestülpt werden. Der Darm macht eine starke Biegung, und der After liegt auf dem Rücken. Aus der Leibeshöhle führt bei einigen ein Paar Nephridien. Blutgefäßsystem vorhanden. Nervensystem ein Schlundring mit dorsalem und ventralem Ganglion und ungegliedertem Längsstamm. *Sipunculus*.

VI. Klasse: Annelida, Ringelwürmer.

Die Ringelwürmer sind die höchst entwickelten Würmer. Sie besitzen eine innerliche Gliederung des Körpers (Metamerie), häufig auch eine äußerliche (Ringelung). Die Metamerie kommt dadurch zustande, daß jedes Segment in gleicher Weise angeordnete Organe oder Teile solcher enthält. Jedes Segment wird ursprünglich von anderen durch ein transversales Septum (Dissepiment) geschieden. Das Nervensystem besteht aus einem Schlundring mit großem dorsalen (Zerebralganglion) und kleinerem ventralen Ganglion, von dem aus die Bauchganglienkette (Bauchmark) nach hinten zieht. Das Blutgefäßsystem besteht meist aus einem Rückengefäß und einem Bauchgefäß, die durch den Darm umgreifende Bogen verbunden sind. Als Exkretionsorgane fungieren die segmental angeordneten Nephridien.

Wir unterscheiden zwei Unterklassen: Hirudineen und Chaetopoden.

1. Unterklasse: Hirudinea, Egel.

Die Hirudineen sind etwas abgeplattete Würmer mit enger äußerer Ringelung, die aber nicht der inneren Metamerie entspricht, indem gewöhnlich 3—5 Ringel auf ein Segment kommen. Am hinteren Körperende findet sich ventral ein Saugnapf, ein zweiter, meist kleinerer, wird vom Munde durchbohrt.

Der Darmkanal beginnt mit einem Schlund; der darauf folgende Abschnitt ist mit paarig angeordneten Blindsäcken versehen; der Enddarm öffnet sich dorsal oberhalb des hinteren Saugnapfes. Das Nervensystem besteht aus Zerebralganglion, Schlundkommissuren, dem Unterschlundganglion und dem davon ausgehenden Bauchmark, welches in jedem Segmente zu einem Ganglion anschwillt. Von Sinnesorganen finden sich Ocellen, sowie die „becherförmigen Organe".

Die Leibeshöhle ist reduziert und in Beziehung zum Blutgefäßsystem getreten; so wird der ventrale, das Bauchmark umschließende Sinus als Rest der Leibeshöhle betrachtet. Auch die Seitengefäße sind Reste derselben.

Die segmental angeordneten Exkretionsorgane, Nephridien, sind stark geknäuelt und bilden vor ihrem Austritt aus dem Körper eine blasenartige Erweiterung.

Die Hirudineen sind Zwitter. Die Hoden sind segmental angeordnet, und ihre Produkte werden durch zwei seitliche Ausführwege (Vasa deferentia) nach vorn zu dem ausstülpbaren Penis geführt. Die weiblichen Geschlechtsorgane bestehen aus einem Paar Ovarien und zwei Eileitern, die sich vereinigen und in der Vagina ausmünden.

Man unterscheidet zwei Ordnungen:

1. Gnathobdellidae. Kieferegel.

Der Schlund ist muskulös, vorn sitzen an ihm drei Kieferplatten. *Hirudo.*

2. Rhynchobdellidae, Rüsselegel.

Schlund dünnwandig, mit Rüssel. Keine Kieferplatten. *Clepsine.*

2. Unterklasse: Chaetopoda, Borstenwürmer.

Die Körpersegmente sind mit Bündeln von Chitinborsten versehen, die als Hebel zur Fortbewegung dienen. Das Blutgefäßsystem kommuniziert nicht mit der Leibeshöhle.

1. Polychaeta.

Marine Borstenwürmer. Die Borsten sitzen auf kurzen, eingliedrigen Extremitäten, Fußstummeln oder Parapodien, zwei ventralen und zwei dorsalen in jedem Segment. Der Körper besitzt mannigfache Anhänge, sowohl an den Parapodien wie am Kopfe, die Tastorgane (Cirren), oder zur Atmung dienende Kiemen oder schützende Lamellen (Elytren) sind. Die Geschlechtsprodukte bilden sich in der Cölomwand und werden meist durch die Nephridien nach außen geführt. Die Polychaeten sind getrennt-geschlechtlich. In der Entwicklung tritt eine pelagisch lebende Larvenform, Trochophora auf. Teils freischwimmend, teils festsitzend und röhrenbildend. *Nereïs.*

2. Oligochaeta.

Im Süßwasser oder in der Erde lebend. Parapodien fehlen, die Borsten sind in jedem Segment dem Hautmuskelschlauch als je zwei ventrale und zwei dorsale schwache Bündel inseriert. Anhänge, wie Cirren, Kiemen usw., fehlen, ebenso sind die Sehorgane schwach entwickelt, die Geschlechtsorgane sind komplizierter gebaut als bei den Polychaeten. Hermaphrodit. Die Entwicklung ist eine direkte, ohne Trochophoralarve. *Lumbricus.*

Anhang: Enteropneusta.

Marine ungegliederte Tiere von Wurmform, vorn mit einem Rüssel versehen, der an seiner Basis von einem Kragen umfaßt wird. Beide Organe sind schwellbar und dienen zur Fortbewegung (Kriechen im Sande). Der Darm ist in seinem vorderen Teile auf der dorsalen Seite von einer doppelten Reihe von Kiemenspalten durchbrochen. Das Nervensystem besteht aus einem ventralen und einem dorsalen Längsstrang, beide in der Gegend des Kragens miteinander verbunden. Die pelagische Larve, Tornaria genannt, zeigt Ähnlichkeit mit Echinodermenlarven. *Balanoglossus.*

---

7. Kursus.
Bryozoen, Chaetognathen und Nematoden.

I. Bryozoen.

Technische Vorbereitungen.

Wenn möglich, suche man sich lebendiges Material von Süßwasserbryozoen zu verschaffen. *Cristatella mucedo*, welche als Paradigma herangezogen worden ist, findet sich besonders in stillem Wasser, in wurmähnlich gestalteten, gallertigen Klumpen in den Monaten Mai bis

September. Von diesem Tiere werden auch fertige Schnitte durch die Kolonie, sowie herauspräparierte Einzeltiere in gefärbten mikroskopischen Präparaten gegeben. Wenn *Cristatella* nicht zu erhalten ist, so wähle man eine andere möglichst durchscheinende Süßwasserbryozoe.

Als Demonstrationsmaterial dienen ferner Präparate verschiedener mariner Formen.

A. Allgemeine Übersicht.

Die im Meere wie im Süßwasser vorkommenden Moostierchen bilden durch Knospung Kolonien verschiedener Art, bald baumförmige, bald dicke Klumpen oder membranartige Überzüge. Ihre Einzeltiere sind äußerlich etwas polypenähnlich, da sie wie diese um den Mund herum einen Tentakelkranz besitzen.

Infolge der festsitzenden Lebensweise liegt der After nicht terminal, sondern der Darm ist umgebogen und der After kommt dadurch in die Nähe des Mundes zu liegen, weshalb diese Tiere zu der Würmerklasse der Prosopygier gerechnet werden. Bei einigen wenigen Formen, die sehr einfach gebaut sind, keine Leibeshöhle besitzen und vielleicht gar nicht näher mit den anderen Bryozoen verwandt sind, liegt er innerhalb des Tentakelkranzes (Entoprocten). Wir wollen uns hier nur mit der zweiten Ordnung, den Ectoprocten, beschäftigen. Man glaubte früher, daß jedes Einzeltier, Zooecium, gewissermaßen ein Doppeltier sei, bestehend aus einem als Leibeswand entwickelten Cystid und einem aus demselben vorstülpbaren Nährtier, Polypid. Beim lebenden Tier ragt das Polypid mit seinem Tentakelkranz weit aus dem Cystid heraus und zieht sich bei äußeren Insulten blitzschnell zurück. Das Polypid ist nichts anderes als Tentakelkranz und Darm, das Cystid die Leibeswand der einheitlichen Tierperson.

Die mit feinen Flimmern besetzten Tentakel stehen auf einem Tentakelträger, Lophophor, der den Mund entweder kreisförmig umgibt oder eingebuchtet ist und die Form eines Hufeisens gewinnt.

Am Darm unterscheiden wir drei scharf geschiedene Abschnitte. Ösophagus, Magen und Enddarm, welch letzterer nach oben geht.

Zwischen Mund und After liegt das Ganglion, in dessen Nähe sich bei einzelnen Formen zwei kurze, gemeinsam nach außen mündende Kanäle befinden, welche die Leibeshöhle mit der Außenwelt verbinden und als Exkretionsorgane betrachtet werden. Die Leibeswand sondert meist ein hartes, oft verkalkendes Cuticularskelett ab. Zwischen Leibeswand und Darm liegt die Leibeshöhle, vorn in den Tentakelträger hineingehend. In ihr befindet sich die Leibesflüssigkeit mit amöboiden Zellen, die sich zum Teil mit Exkreten beladen und deren Zerfallsprodukte wahrscheinlich durch die Niere nach außen gelangen. Am Lophophor wie am hinteren Darm inserieren Muskeln, die als Retraktoren wirken.

Drei verschiedene Arten von Fortpflanzung kommen bei diesen Tieren vor:

1. Die geschlechtliche, durch Erzeugung von Eiern und Sperma an der Innenwand der Leibeshöhle. Die aus den befruchteten Eiern entstehenden Embryonen sind mit Wimpern versehen; nach dem Verlassen des Muttertieres setzen sie sich fest und werden zu fertigen Tieren.

2. Eine ungeschlechtliche, durch Knospung, wodurch die Kolonien gebildet werden.

3. Eine weitere ungeschlechtliche, durch Ausbildung von Dauerknospen, Statoblasten, die an einem besonderen, vom hinteren Darmende zur Leibeswand ziehenden Strange, Funiculus, gebildet werden. Diese Statoblasten werden von einer festen, lufthaltigen Hülle umgeben und dauern den Winter über aus, um im Frühjahr zu einem kleinen Individuum auszuwachsen, das durch Knospung wiederum eine Kolonie bildet. Die alten Kolonien gehen zugrunde.

B. Spezieller Kursus.

Cristatella mucedo (Cuv.).

Die *Cristatella mucedo* findet sich besonders in stillem oder langsam fließendem Wasser und erscheint in gallertigen, wurmähnlich gestalteten Kolonien, die langsame Kriechbewegungen ausführen können, während die anderen Bryozoen sessil sind. Die Kolonie ist bis 5 cm

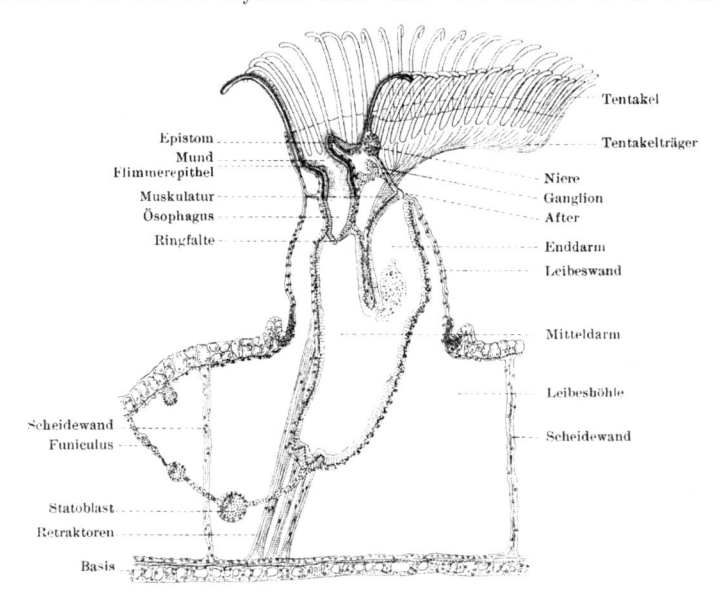

Fig. 61. Längsschnitt durch ein Einzeltier von *Cristatella mucedo* (nach Cori).

lang, schmal und unverzweigt und weist eine sohlenartige, flache Unterseite, welche eine gelatinöse Schleimschicht ausscheidet und eine gewölbte Oberseite auf, auf der die Einzelpersonen gewöhnlich in drei Doppelreihen angeordnet sind.

Man findet sie am häufigsten an Schilfstengeln oder ins Wasser herabhängenden Zweigen, die von ihnen oft ganz umzogen sein können.

Die Kolonien treten frühestens im Mai auf und erreichen ihre größte Entwicklung in den Monaten Juli und August. Schon in der lebenden Kolonie läßt sich die Organisation der Einzeltiere beobachten, besser noch an fertigen mikroskopischen Präparaten, sowohl von Einzeltieren, welche aus der Kolonie herauspräpariert worden sind, wie von Längsschnitten durch ein Stück der Kolonie.

Wir betrachten bei schwacher Vergrößerung das Einzeltier. Es lassen sich ohne weiteres drei Teile unterscheiden: einmal die äußere Hülle oder Leibeswand, welche sich am Grunde mit der Hülle des nächsten Tieres verbindet, zweitens der darin liegende, durch eine weite Höhle von der Leibeswand getrennte Darm und drittens der oben aufsitzende Tentakelkranz.

Der Tentakelkranz sitzt auf einem hufeisenförmigen Tentakelträger, Lophophor, welcher beim erwachsenen Tier auf dem äußeren und inneren Rande 80—90 Tentakel trägt. Die Außenwand der Tentakel setzt sich direkt in die Leibeswand fort, die Innenwand dagegen geht kontinuierlich in das Epithel des vordersten Darmrohrabschnittes über.

Der Darm stellt eine einfache Schlinge dar, die deutlich drei von einander abgesetzte Abschnitte erkennen läßt: Vorderdarm (Ösophagus), Mitteldarm (Magen) und Enddarm.

Am Übergang des Ösophagus in den Magen liegt eine ins Darmlumen vorspringende Ringfalte. Der Enddarm setzt sich nicht geradlinig weiter nach hinten fort, sondern oben an der Dorsalseite an den Magen an, um nach oben zu ziehen, sich zuletzt stark verengernd und im After ausmündend.

Mit starker Vergrößerung läßt sich das Ganglion wahrnehmen, welches zwischen After und Mundöffnung als hufeisenförmig gebogener Körper liegt. Die Leibeswand scheidet im Gegensatz zu den anderen Formen bei *Cristatella* keine chitinige Hülle ab.

Weitere Organisationsverhältnisse sind nur an Schnitten durch ein Stück der Kolonie zu studieren (s. Fig. 61).

Hier sehen wir an das untere Ende des Magens ein Band angeheftet, welches zur seitlichen Leibeswand zieht: den Funiculus. In ihm entstehen die merkwürdigen Dauerknospen, Statoblasten, welche im Frühjahr neue Individuen aus sich hervorgehen lassen.

Ferner inserieren sich an der hinteren Magenwand Muskeln, die von der darunter liegenden Leibeswand ausgehen und als Retraktoren des gesamten inneren Teiles des Tieres fungieren. An der Mundöffnung sehen wir einen beweglichen Deckel, Epistom.

Der Ösophagus wird in seiner Lage erhalten durch ein bandartiges transversales „Diaphragma", vergleichbar einem Annelidendissepiment. Es scheidet die Leibeshöhle in einen geräumigen unteren und einen kleineren oberen Teil. Letzterer setzt sich in den Lophophor fort und in ihm liegt, etwas oberhalb vom Ganglion, das Exkretionsorgan, zwei flimmernde Kanäle, die das Diaphragma durchsetzen und mit Flimmertrichtern in den unteren Leibeshöhlenabschnitt münden, um sich nach oben in eine Blase zu vereinigen, die sich nach außen öffnet.

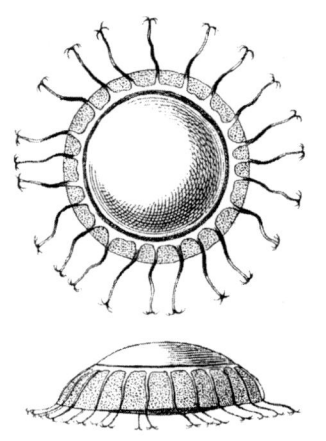

Fig. 62. Statoblast von *Cristatella mucedo* (nach KRAEPELIN).

In der Leibeshöhle findet sich eine Flüssigkeit, in der amöboide Zellen, teilweise mit Exkreten gefüllt, herumschwimmen, auch bilden sich an ihrer Innenwand die Geschlechtsprodukte, die Eier an der vorderen Körperwand, die Spermatozoen am Funiculus. Das befruchtete Ei entwickelt sich in einer sackförmigen Wucherung der Leibeswand zum bewimperten Embryo, der dann das Muttertier verläßt, um sich festzusetzen und zum fertigen Tier zu werden.

Außer der geschlechtlichen Fortpflanzung finden wir eine ungeschlechtliche durch Knospung, wodurch die Kolonien entstehen, und ferner eine dritte Fortpflanzungsart durch die Statoblasten. Die Statoblasten treten im Spätsommer auf, entwickeln sich am Funiculus und sind schon mit bloßem Auge zu sehen als linsenförmige, dunkle Körper, oft in bereits abgestorbenen Teilen der Kolonie. Bei *Cristatella* erlangen die Statoblasten ihre Keimfähigkeit erst nach längerer Ruhezeit. Betrachten wir einen solchen Statoblasten mit schwacher Vergrößerung unter dem Mikroskop, so sehen wir einen scheibenförmigen Körper, von einem breiten Ring lufthaltiger Kammern umgeben, dem sog. Schwimmring, und von der Peripherie ausgehende, zur Anheftung dienende, ankerförmige Dornen. Diese Statoblasten vermögen zu schwimmen und dadurch die Art zu verbreiten (Fig. 62).

II. Chaetognathen.

Technische Vorbereitungen.

Das Studium der Chaetognathen erfolgt an mikroskopischen Präparaten ganzer Tiere. Die besten Präparate geben in Formol konservierte Exemplare, welche mit Boraxkarmin und Bleu de Lyon gefärbt worden sind. An allen Arten lassen sich die Organisationseigentümlichkeiten der Chaetognathen gleich gut wahrnehmen, für unseren Kurs ist die im Mittelmeer häufige kleine *Sagitta bipunctata* gewählt worden.

A. Allgemeine Übersicht.

Die Chaetognathen sind räuberische Würmer von glasheller Durchsichtigkeit, welche schwimmend im Meere leben und einen oft großen Teil des „Planktons" ausmachen. Sie sehen mit ihrem zylindrischen, zugespitzten Körper und den in horizontaler Richtung ausgebreiteten symmetrischen Flossen fast wie kleine Fischchen aus.

Der Körper ist langgestreckt, rundlich, und verjüngt sich nach dem Hinterende hin. Es lassen sich in ihm drei durch mehr oder weniger deutlich ausgebildete Querwände abgeteilte Regionen unterscheiden: Kopf-, Rumpf- und Schwanzsegment.

Der Kopf trägt vorn zwei Paar Gruppen kleiner Zähnchen, und zu beiden Seiten eine wechselnde Zahl von Greifhaken, die zum Erfassen der Beute dienen. Dazwischen liegt die Mundöffnung, welche in den kurzen Ösophagus führt, dem sich in geradem Verlaufe der Darm anschließt. Am Ende des Rumpfteiles biegt der Enddarm ventral um und öffnet sich in dem median liegenden After.

Der Darm ist in der geräumigen Leibeshöhle suspendiert durch ein dorsales und ein ventrales, in der Sagittalebene verlaufendes Aufhängeband, Mesenterium. Der durch Querwände abgetrennte, im Rumpfe liegende Teil der Leibeshöhle ist bei geschlechtsreifen Tieren in seinem hinteren Teile durch die paarigen Ovarien ausgefüllt, deren Ausführgang jederseits auf einer kleinen Papille nach außen mündet.

Die männlichen Geschlechtsprodukte bilden sich im Schwanzsegment in zwei langen Hoden, deren reife, in der Leibeshöhle flottierende Produkte durch zwei kurze Kanäle in eine (nach außen meist vorgewölbte) Samenblase und von da nach außen geleitet werden.

Das Nervensystem besteht aus einem dorsal über dem Schlunde liegenden Kopfganglion und einem ventralen Bauchganglion, die durch zwei Schlundkommissuren miteinander verbunden sind.

Von Sinnesorganen sind zwei deutliche Ocellen auf der Dorsalseite des Kopfes vorhanden, ferner eine als „Geruchsorgan" gedeutete unpaare Epithelgrube und endlich die Tastorgane, an der Körperoberfläche auf flachen Hügeln stehend und durch starre äußere Fortsätze ausgezeichnet.

Die Muskulatur des Kopfes ist äußerst kompliziert, sie dient besonders den Bewegungen der Greifhaken, die des Rumpfes dagegen ist sehr einfach, aus vier Längsmuskelbändern bestehend, zwei dorsalen und zwei ventralen.

Endlich sind noch die Flossen zu erwähnen, eine Schwanzflosse und ein oder zwei Paar Seitenflossen, aus zwei Ektodermplatten und einer hellen, gallertigen Masse bestehend, welche von chitinigen Strahlen gestützt wird. Diese Flossen sind indessen nicht beweglich, sondern der gesamte Körper vermag sich durch die starke Muskulatur blitzschnell vorwärts zu bewegen.

Sehr wichtig ist die Entwicklungsgeschichte der Chaetognathen geworden, besonders wegen der in typischer Weise erfolgenden Bildung der Leibeshöhle aus seitlichen Abschnitten des Urdarmes.

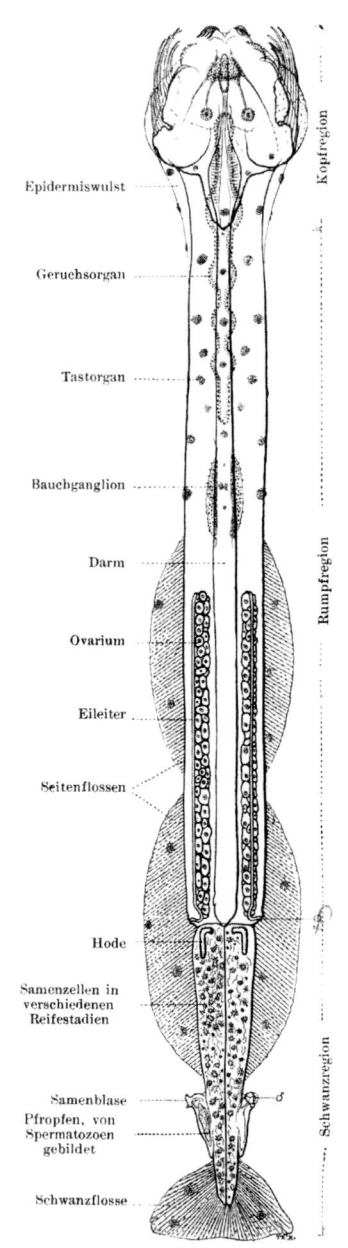

Fig. 63. *Sagitta bipunctata.* Vergr. Orig.

B. Spezieller Kursus.

Sagitta bipunctata (QUOY et GAIM.).

Diese kleine Form gehört wohl zu den häufigsten und verbreitetsten aller Pfeilwürmer. Die Betrachtung des mikroskopischen Präparates erfolgt zunächst bei schwacher Vergrößerung (s. Fig. 63).

Das Tier erreicht eine Länge von etwa 2 cm und besitzt außer der Schwanzflosse noch zwei Paar schmale, aber lange Seitenflossen. Hinter dem Kopf setzt sich ein für diese Art charakteristischer breiter mehrschichtiger Epidermiswulst an.

Zur Betrachtung des dicken Kopfes übergehend, sehen wir auf jeder Seite acht bis zehn Greifhaken mit eingepflanzten Spitzen und können auch deutlich die starke Muskulatur wahrnehmen, welche diese Greifhaken zu bewegen bestimmt ist. Die Basis dieser Greifhaken umgibt eine Hautfalte, die Kopfkappe, welche in der Ruhe den Kopf wie die zusammengelegten Greifhaken umhüllt, beim Angriff aber zurückgestreift wird.

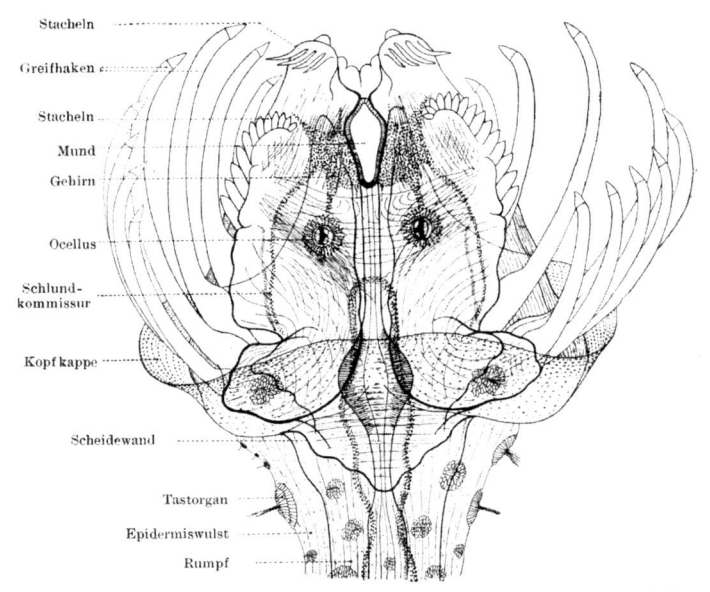

Fig. 64. Kopf von *Sagitta bipunctata* von unten, stärker vergrößert. Orig.

Andere Waffen sind vier Gruppen von Zähnchen oder Stacheln, welche die Mundöffnung begrenzen und auch in unseren Präparaten, in Reihen angeordnet, sichtbar sind.

Leicht aufzufinden sind auch die beiden Ocellen von kompliziertem Bau. Man sieht im Präparate einen schwarzen Pigmentkörper, dem drei Linsen aufgelagert sind. Zwei von diesen sind nach innen, eine nach außen gerichtet.

Der Darmtraktus ist von der längsovalen Mundöffnung an bis zu dem ventral am Hinterende des Rumpfsegments austretenden After leicht zu sehen als geradlinig verlaufender Schlauch. An der Grenze von Kopf- und Rumpfsegment ist der Darm stark eingeschnürt, davor liegt ein aufgetriebener muskulöser Bulbus, der wohl als Saugpumpe wirkt. Bleiben wir noch beim Kopfe, so sehen wir das über die dorsale Epidermis sich erhebende sechseckige, dicke Gehirnganglion, während das große massige Bauchganglion etwa in der Mitte des Rumpfes liegt. Besonders deutlich sind hier die stark gefärbten Ganglienzellen an den Seiten.

Dorsalwärts zieht, zwischen den Augen beginnend, das sehr lange Geruchsorgan nach hinten, seine epithelialen Ränder in der Mitte wiederholt etwas ausbuchtend.

Endlich sind noch die im Präparat meist stark gefärbten Hügelchen auf der Haut zu erwähnen, die auf ihrer Höhe je eine Reihe steifer, feiner Borsten tragen und als Tastorgane fungieren. Diese Tastorgane sind über den ganzen Körper zerstreut und in Ringen angeordnet.

Die Längsmuskulatur des Rumpfes zeigt die typische Anordnung in vier Längsbändern. Bei starker Vergrößerung erkennt man deutlich die Querstreifung der Muskelfasern.

Die meisten Präparate werden in der hinteren Rumpfhälfte die Ovarien ausgebildet zeigen, die bei geschlechtsreifen Tieren stark ausgedehnt und mit reifen und unreifen Eiern prall erfüllt sind.

Ferner sieht man zu beiden Seiten am Ende des Rumpfsegments je einen papillenartigen Vorsprung: hier münden die beiden sog. Eileiter aus, die sich weit nach vorn ziehen und sehr enge Kanäle darstellen. Da ihr blind geschlossenes Hinterende häufig mit Spermatozoen erfüllt ist, scheinen sie hier als Samentaschen und nur in ihrem vorderen Teile als Eileiter zu fungieren.

Das Schwanzsegment ist durch ein deutliches Diaphragma vom Rumpfsegment getrennt und mit Klumpen von Zellen erfüllt, aus denen die fadenförmigen Spermatozoen hervorgehen; die Zellen haben sich von den paarigen, vorn und seitlich im Schwanzsegment liegenden Hoden abgelöst. Die kurzen Ausführungsgänge treten in zwei stark vorspringende seitliche Anschwellungen, die Samenblasen ein, die mit einer feinen Öffnung nach außen münden, und in denen sich die reifen Spermatozoen oft zu einem „Pfropfen" (s. Fig. 63 links unten) verknäueln.

III. Nematoden.

Technische Vorbereitungen.

Zur Untersuchung ist *Ascaris megalocephala* herangezogen worden, der Spulwurm des Pferdes, der dem menschlichen Spulwurm sehr ähnlich ist, aber leichter beschafft werden kann. Die in Sublimat oder Formol fixierten und in Alkohol aufbewahrten Tiere werden im Wachsbecken seziert. Kurz vor der Sektion werden sie durch Kochen in Wasser erweicht.

Von mikroskopischen Präparaten sind nötig: gefärbte Querschnitte durch verschiedene Körperregionen dieses Wurmes. Es empfiehlt sich

7. Kursus: Bryozoen, Chaetognathen und Nematoden. 97

den zu schneidenden Wurm mit 4% Formol zu konservieren und mit Boraxkarmin durchzufärben.

Ferner werden mikroskopische Präparate von der Trichine gegeben. Von frischem trichinösen Fleisch (von einer infizierten Ratte nimmt man am besten die Kaumuskeln oder das Zwerchfell) werden mit dem Rasiermesser feine Schnitte angefertigt, diese unter ein Kompressorium gebracht, darin mit Formol fixiert, hierauf mit Boraxkarmin sehr lange durchgefärbt und ebensolange mit salzsaurem Alkohol differenziert. Nach mehrstündigem Verweilen in absolutem Alkohol erfolgt die Aufhellung in Nelkenöl, dann Einschluß in Kanadabalsam.

A. Allgemeine Übersicht.

Die teils freilebenden, teils parasitischen Nematoden sind Würmer von sehr verschiedener Größe, meist fadendünn und von rundem Querschnitt. Den Körper umgibt eine feste, meist glatte, elastische Cuticula, welche von der darunter gelegenen Epidermis ausgeschieden wird. Die darunter liegende meist mächtige Schicht von Längsmuskeln wird durch vier längsverlaufende, ins Innere vorspringende Leisten der Hypodermis in vier Portionen getrennt. Diese Hypodermisleisten heißen nach ihrer Lage Seitenlinien, Rücken- und Bauchlinie.

Zwischen Leibeswand und Darmtraktus liegt die primäre Leibeshöhle, welche aber meist durch die starke Entwicklung der an ihrem freien Ende kolbigen Muskelzellen sehr eingeengt ist. Der Darm zerfällt in drei Abschnitte, den muskulösen als Pumpe fungierenden Oesophagus, den gradlinig nach hinten verlaufenden Mitteldarm und einen kurzen, wieder mit Muskeln versehenen Enddarm. Der Mund, mitunter von Lippen umstellt, liegt genau terminal, der After ventral, unweit vom hinteren Körperende.

Das Nervensystem besteht aus einem den Schlund umgebenden Nervenring, von welchem mehrere Nervenstämme abgehen; die beiden stärksten verlaufen in Rücken- und Bauchlinie nach hinten. Von Sinnesorganen finden sich Tastpapillen und bei einigen freilebenden Formen kleine Sehorgane. Ein Blutgefäßsystem fehlt. Das Exkretionssystem besteht aus zwei Röhren, welche in den Seitenlinien nach vorn verlaufen und sich vorn in einem transversalen Kanal vereinigen, der durch einen unpaaren Porus nach außen mündet. Vier oder mehr sehr große, sternförmig ausstrahlende Zellen, welche, meist den Seitenkanälen anliegend, in die Leibeshöhle hineinragen, scheinen zu der Exkretion in Beziehung zu stehen und werden als „phagocytäre Organe" bezeichnet. Die Nematoden sind meist getrenntgeschlechtlich. Der Geschlechtsapparat des Weibchens besteht aus zwei sehr langen, dünnen, in zahlreichen Windungen auf- und abziehenden Schläuchen, welche vor ihrer auf der ventralen Seite erfolgenden Ausmündung sich vereinigen, während beim Männchen nur eine unpaare Röhre vorhanden ist, welche in den dadurch zur Kloake werdenden Enddarm einmündet. Beim Weibchen liefert das dünne Ende der Geschlechtsröhren die Eier, stellt also das Ovarium dar; von hier aus gelangen die Eier in einen weiteren Abschnitt, den Eileiter, dessen Fortsetzung sich zu einem Uterus erweitern kann, und das unpaare, nach außen mündende Rohr stellt die Vagina dar. Beim Männchen stellt der Geschlechtsapparat fast durchweg einen unpaaren Schlauch dar, und es bilden sich die entsprechenden Abschnitte als Hoden und Samenleiter aus. Meist besitzen die Männchen besondere Begattungsorgane, die Spicula, gekrümmte, vorstreckbare Nadeln, welche bestimmt sind, die Scheide bei der Begattung offen zu halten. Die Befruchtung erfolgt stets im Uterus; bei manchen Formen (z. B. bei den Trichinen) entwickeln sich die Jungen im Uterus der Mutter, bei anderen erfolgt Eiablage.

Bei den freilebenden Nematoden findet sich direkte Entwicklung, bei den parasitischen kann eine mehr oder minder ausgeprägte Heterogonie eintreten.

B. Spezieller Kursus.

Ascaris megalocephala (CLOQ.).

Wir betrachten zunächst die äußere Körperform eines weiblichen Wurmes. Der über 20 cm lange walzenförmige Körper läuft nach beiden Enden zugespitzt aus, doch ist das Vorderende leicht vom Hinterende zu unterscheiden durch drei vorgewulstete Lippen, welche den terminal liegenden Mund umgeben, während das Hinterende spitz zuläuft. Ventral von dem Hinterende liegt der quergestellte After. Durch die Lage des Afters läßt sich leicht die Bauchseite von der Rückenseite unterscheiden. In der vorderen Körperregion findet sich außerdem an der ventralen Seite ein Porus, durch welchen die Geschlechtsorgane ausmünden. Die Bauch- und Rückenlinie schimmern an konservierten Exemplaren nur undeutlich durch, dagegen sind die beiden Seitenlinien besonders im vorderen Körperteil sehr deutlich markiert.

Der Wurm wird nunmehr mit der feinen Schere etwas seitlich von der Rückenlinie aufgeschnitten, in das Wachsbecken unter Wasser gebracht, auseinandergebreitet und mit Nadeln festgesteckt. Da beim Zerschneiden frischer Ascariden flüchtige Stoffe entweichen, welche heftiges Hautjucken, Augenstechen, auch Erbrechen hervorzurufen vermögen, empfiehlt es sich nur konservierte Exemplare zu verwenden, oder die frischen Tiere vor dem Kurse auf mehrere Stunden in 0,9 %ige Kochsalzlösung zu legen.

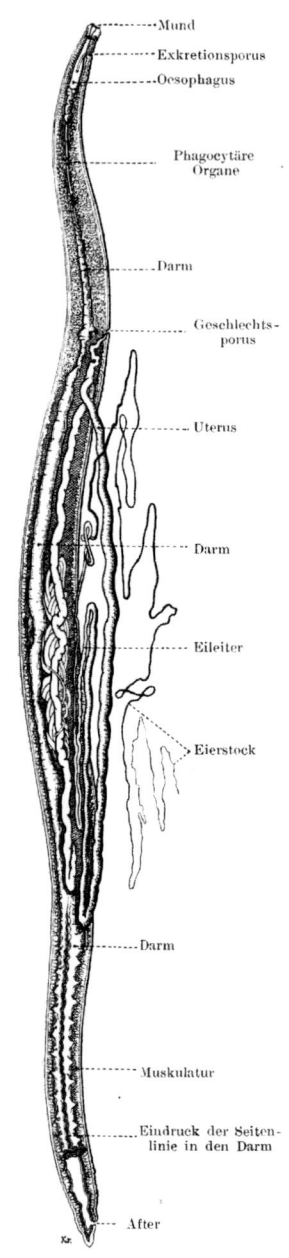

Fig. 65. Anatomie einer weiblichen *Ascaris megalocephala*, von der Seite aus gesehen. Orig.

Wir beginnen mit der Betrachtung des Darmtraktus.

Der Darm verläuft geradlinig von vorn nach hinten und bildet vorn einen muskulösen Oesophagus. Der darauf folgende Darmteil ist im größten Teile seines Verlaufes von zwei langgestreckten weißen Schläuchen umsponnen, welche die Geschlechtsorgane darstellen.

Die Geschlechtsorgane sind am besten von dem Geschlechtsporus aus zu verfolgen. Sie beginnen mit einer kurzen unpaaren Vagina, in welche die beiden Uteri einmünden. Letztere stellen ziemlich kompakte, nach hinten laufende Röhren dar, welche in immer dünner werdende Schläuche, die Eileiter, übergehen, in deren blind geschlossenen Endstücken sich die Eier bilden.

Sonst lassen sich an vorliegendem Präparat noch deutlich die Seitenlinien wahrnehmen und in ihnen die längsverlaufenden Kanäle des Wassergefäßsystems. Verfolgen wir nach vorsichtigem Abheben des Darmes die Wassergefäße weiter nach vorn, so sehen wir, daß sie sich im vordersten Körperteil durch eine Brücke vereinigen, die in dem ventral gelegenen Exkretionsporus ausmündet. Als phagocytäre Organe werden die vier büscheligen Zellen bezeichnet, die ein Stück hinter dem Ösophagus, je zwei alternierend, auf einer Seitenlinie stehen. Ebenso wird die Bauchlinie nach Entfernung des Darmes sichtbar und läßt den Verlauf eines weißen Stranges, des ventralen Nervenstranges, erkennen.

Wir schneiden nunmehr mit einem Scherenschnitt die drei den Mund umgebenden Lippen ab, bringen sie unter Glyzerin auf den Objektträger, bedecken das Präparat mit einem Deckgläschen und betrachten es zunächst bei schwacher Vergrößerung unter dem Mikroskop.

Die Gestalt der Lippen ist für die Kennzeichnung der Art sehr charakteristisch. Bei unserer Form erscheinen die Lippen nahezu herzförmig mit nach vorn gewandter Spitze. (s. Fig. 66). Deutlich hebt sich im Präparat die dicke, chitinartige Hülle von einer dunklen in ihr liegenden Masse, der „Pulpa" ab. Nach der Spitze zu entsendet diese Masse zwei durch eine tiefe Einsattelung getrennte Lappen, die „Lobi", welche jederseits eine flache Einbuchtung aufweisen. An den Seitenrändern jeder Lippe finden sich zwei tief einschneidende Einbuchtungen.

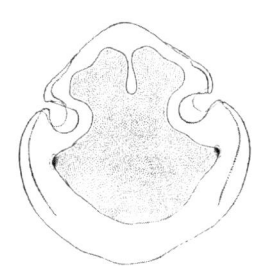

Fig. 66. *Ascaris megalocephala*. Obere Lippe von innen gesehen. Orig.

Dfe Lippenränder sind vorn und seitlich von einer Hautleiste umsäumt, welche bei stärkerer Vergrößerung einen dichten Besatz kleiner, zahnartiger Gebilde erkennen läßt; diese Leiste wird daher auch als Zahnleiste bezeichnet.

Es werden alsdann fertige mikroskopische Präparate, Querschnitte durch den Wurm, gegeben. An einem solchen Querschnitt, der etwa durch die Mitte eines weiblichen Wurmes geführt ist, sieht man folgendes (siehe Fig. 67).

Zu äußerst liegt die transparente, chitinige Cuticula, welche bei stärkerer Vergrößerung drei Schichten erkennen läßt. Darunter findet sich das Ektoderm, welches die Cuticula abgeschieden hat, doch lassen sich Zellgrenzen in dieser Subcuticula oder Hypodermis genannten

7. Kursus: Bryozoen, Chaetognathen und Nematoden.

Schicht nicht nachweisen, da die einzelnen Zelleiber zu einer gemeinsamen protoplasmatischen Masse, einem Syncytium verschmolzen sind. An vier Stellen verdickt sich die Hypodermis und springt ins Innere vor, und zwar bildet sie zu beiden Seiten je eine Längsleiste: die Seitenlinien, und dorsal und ventral: die Rücken- und Bauchlinie. Am stärksten entwickelt sind die Seitenlinien; sie lassen sich leicht wahrnehmen, indem in ihnen jederseits der Querschnitt eines Rohres, des Exkretionsgefäßes, sichtbar wird. Die Rücken- und Bauchlinie sind schwächere Verdickungen, in denen Nervenstränge verlaufen.

Unter dem Ektoderm liegt die eigentümlich geformte Muskulatur. Es sind mächtige, keulenförmig in die Leibeshöhle vorspringende Zellen,

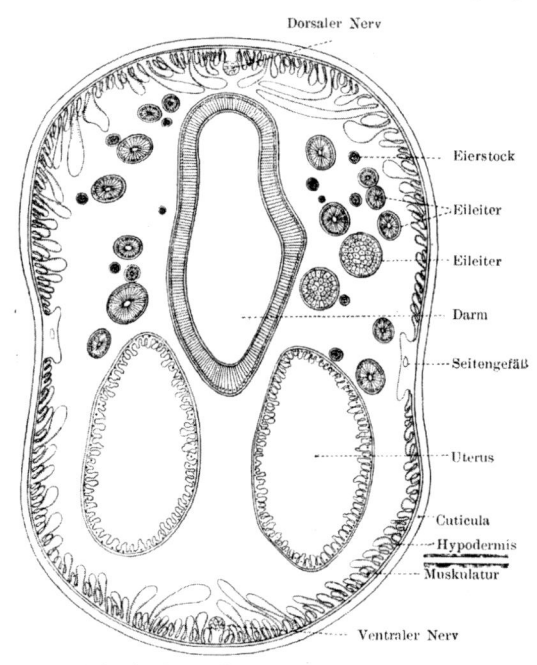

Fig. 67. Querschnitt durch die Körpermitte von *Ascaris megalocephala*. Orig.

welche im oberen blasigen Teil rein protoplasmatischer Natur sind, in ihrem basalen Teile aber in unserem Querschnitt quergetroffene, also längsverlaufende Muskelfibrillen aufweisen, welche an der Peripherie der Zellen liegen. Im Leben treten die Muskelzellen bis an die inneren Organe heran und lassen von der Leibeshöhle nur schmale Lücken frei, erst durch die Konservierung erfolgt ihre Zurückziehung nach der Leibeswand hin. Im Innern finden wir den quergeschnittenen Darm, der von einer Schicht sehr langer schmaler Zylinderzellen gebildet wird, deren Kerne in regelmäßiger Anordnung nahe dem peripheren Ende der Zellen liegen. Innen wird das Darmlumen ausgekleidet von einer feinen porösen Cuticula, und eine zweite dünne Cuticula bildet die Außenwand des Darmes.

Um die Struktur des Pharynx kennen zu lernen, müssen wir einen zweiten, durch die vorderste Körperregion gelegten Querschnitt betrachten. Wir sehen hier das Pharynxlumen eingeengt zu einer nach drei Seiten ausstrahlenden schmalen Spalte. Das wird verursacht durch die mächtige Entwicklung strahlig verlaufender Pharynxmuskulatur. Das enge Pharynxlumen ist durch eine starke, gelbliche, chitinige Cuticula begrenzt.

Kehren wir wieder zur Betrachtung des durch die Körpermitte gelegten Querschnittes zurück, so fallen uns noch zahlreiche in der Leibeshöhle liegende Querschnitte von weiteren und engeren Röhren auf, welche die Geschlechtsorgane bilden. Die beiden großen Hohlräume mit weitem, mit Eiern erfülltem Lumen sind die beiden Uteri, in denen auch die Befruchtung der Eier durch die durch innere Begattung hineingelangten zahlreichen Spermatozoen stattfindet. Außen von einer Cuticula umhüllt, weist der Uterus nach innen vorspringende, große, kolbige Zellen auf, zwischen denen mit Spermatozoen erfüllte Furchen liegen. Ferner finden sich in vorliegendem Schnitte Röhren von geringerem Durchmesser, die dicht mit freien Eiern erfüllt sind, das sind die Eileiter, in welche sich die Uteri fortsetzen, und außerdem sehen wir noch kleinere, kreisrunde Gebilde, in der Mitte mit einem protoplasmatischen Strange, Rhachis genannt, um den herum in regelmäßiger Anordnung die Eier entstehen. Dieser Teil wird als Eierstock bezeichnet.

Vergleichen wir das mikroskopische Bild mit dem makroskopischen Präparat, so sehen wir die weiblichen Geschlechtsorgane aus vier Teilen bestehen; sie beginnen mit der unpaaren Vagina, die sich in die beiden nach hinten ziehenden weiten Uteri spaltet. Diese verengern sich zu den vielfach auf- und absteigenden Eileitern, deren letztes fadendünnes Ende die Eierstöcke darstellen.

Es bleibt noch die Betrachtung eines männlichen Wurmes übrig. Dieser ist bedeutend kleiner als das Weibchen und an der starken Einkrümmung seines Hinterendes ohne weiteres kenntlich. Während beim Weibchen die Geschlechtsorgane in einer weit vorn gelegenen ventralen Öffnung nach außen münden, tritt beim Männchen das unpaare Genitalrohr, welches aus einem fadendünnen Hoden, einem sich daran anschließenden Ausführgang, dem Samenleiter, und einem weiteren, als Samenblase bezeichneten Endstück besteht, in das Rektum ein. Hinter demselben liegen in muskulösen Säcken die beiden Begattungsorgane, zwei chitinige Nadeln: die Spicula, welche bei der Begattung vorgestoßen werden, um die Geschlechtsöffnung des Weibchens aufzusperren.

Zur mikroskopischen Untersuchung eignen sich kleine in feuchter Erde lebende Nematoden, die man sich leicht züchten kann, indem man mit Chloroform getötete, mit Wasser abgespülte Regenwürmer auf einen mit feuchter Gartenerde bedecktem Teller legt, diesen mit einer Glasscheibe bedeckt und im Dunkeln aufbewahrt. Nach einigen Tagen entwickeln sich durchsichtige Nematoden, besonders den beiden Arten *Diplogaster longicauda* Claus und *Rhabditis teres* Schn. angehörig, die zu mikroskopischer Betrachtung sich ganz besonders eignen.

8. Kursus.
Anneliden, Ringelwürmer.

I. Hirudineen.

Technische Vorbereitungen.

Zur Untersuchung gelangt *Hirudo medicinalis*, der Blutegel, welcher in jeder Apotheke erhältlich ist. Da die Tiere meist lange gehungert haben, so empfiehlt es sich, sie einige Zeit vor dem Kurse in einen Behälter zu Fröschen zu setzen, an die sie sich ansaugen und so ihren Darm mit Blut füllen. Bevor die Blutegel verteilt werden, sind sie in einem verschließbaren Glasgefäß mit etwas Chloroform zu töten, oder, was für die Untersuchung des Nervensystems vorteilhafter ist, kurze Zeit in schwachem, 10%igem Alkohol zu belassen. Zur weiteren Orientierung sind nach erfolgter Untersuchung noch fertige Querschnittspräparate zu geben, die unter dem Mikroskop zu betrachten sind.

A. Allgemeine Übersicht.

Die Hirudineen bilden eine Ordnung der Klasse der Anneliden oder Ringelwürmer und sind dadurch von der anderen Ordnung, den Chaetopoden, unterschieden, daß ihnen die Borsten zu beiden Seiten der Körpersegmente fehlen, durch welche die letzteren sich auszeichnen. Eine weitere ihnen zukommende Eigenschaft ist die Rückbildung der Leibeshöhle und damit in Zusammenhang die Ausbildung eines das Innere erfüllenden sogenannten Körperparenchyms, eines aus dem ursprünglichen Cölomepithel stammenden blasig-zelligen Bindegewebes, welches die inneren Organe umgibt. Der Mangel der Leibeshöhle ist es auch, welcher eine gewisse Ähnlichkeit mit Plathelminthen erzeugt und wohl auch eine Abplattung des Körpers in dorsoventraler Richtung bedingt hat.

Drittens sind die Hirudineen im Besitz zweier Saugnäpfe, eines vorderen, in der Umgebung des Mundes, und eines hinteren, ventralwärts vom After gelegenen, die zum Ansaugen, sowie zur Fortbewegung benutzt werden.

Die Muskulatur ist stark entwickelt; unter dem drüsenreichen Hautepithel liegt eine in reichliches Bindegewebe eingebettete Muskulatur, zu äußerst eine Ringmuskelschicht, dann eine Diagonalschicht und nach innen eine starke Längsmuskulatur. Außer diesen den Hautmuskelschlauch der Anneliden bildenden Schichten kommt bei Hirudineen noch eine weitere Schicht von Muskeln vor, die dorsoventrale Muskulatur, deren Bahnen, sich kreuzend, das Körperparenchym schräg vom Rücken zum Bauche durchsetzen und im Bereich der Darmdivertikel zwischen diesen liegende, metamer angeordnete Muskeldissepimente bilden.

Das Blutgefäßsystem der Hirudineen ist mit den Resten der Leibeshöhle in Verbindung getreten. Als solche Cölomreste betrachten wir das Bauchgefäß, in welchem das Bauchmark eingebettet ist, und die beiden Seitengefäße.

Besondere Atmungsorgane fehlen mit einer Ausnahme (*Branchellion*); die Respiration geschieht durch die Haut, in welche das Blutgefäßsystem in feinen Kapillaren eintritt.
Das Nervensystem ist das typische der Anneliden. In allen Segmenten finden sich Anschwellungen des Bauchmarkes, die Bauchganglien, von denen jederseits zwei Nerven ausgehen. Von Sinnesorganen kommen außer Ocellen, die in wechselnder Zahl dorsal vorn am Kopfe liegen, segmental angeordnete Sinnespapillen vor, deren Funktion indessen nicht feststeht.
Der Darm beginnt mit einem sehr verschieden gestalteten Pharynx, nach dessen Bau wir die zwei Ordnungen der Gnathobdelliden und Rhynchobdelliden, der Kiefer- und der Rüsselegel, unterscheiden. Bei den Kieferegeln entspringen an der Innenseite der Muskelwand des Pharynx drei fein bezahnte Kiefer; bei den Rüsselegeln fehlen die Kiefer, dafür kann der ganze, vorn oft zugespitzte Schlund, der mit einer ringförmigen Falte in einer Erweiterung der Schlundtasche sitzt, aus dieser vorgestreckt werden.
Am Mitteldarm finden sich meist paarige Blindsäcke. Der Enddarm zeigt häufig vor seiner Ausmündung in den After noch eine Erweiterung.
Die Exkretionsorgane sind, wie die der anderen Anneliden, Nephridien, die in jedem Segmente, mit Ausnahme der vordersten und hintersten, in einem Paare vorhanden sind. Jedes Nephridium besteht aus zwei oder drei Teilen, dem Trichter, der in der zu Bluträumen reduzierten Leibeshöhle liegt (vielfach im ventralen Blutgefäß oder in den Blutsinus, welche auch teilweise die Hoden umgeben, wie bei *Hirudo*), ferner einem vielfach geschlängelten Kanal, zu dem noch eine kurz vor der Ausmündung liegende Blase kommen kann.
Die Hirudineen sind Zwitter. Der männliche Geschlechtsapparat besteht aus einer Anzahl Hoden, die in den mittleren Körpersegmenten paarig und metamer angeordnet sind und deren kurze Ausführungsgänge jederseits in ein nach vorn ziehendes Vas deferens münden. Beide Samenleiter wenden sich vorn zur ventralen Mittellinie, in eine gemeinsame Öffnung ausmündend, die bei manchen Hirudineen auf einem vorstülpbaren Begattungsapparat, dem Penis, liegt.
Der weibliche Geschlechtsapparat liegt ein Segment hinter der Ausmündung des männlichen Geschlechtsapparates und besteht aus zwei Ovarien, deren kurze Ausführungsgänge, die Eileiter oder Ovidukte, in einen Kanal sich vereinigen, der entweder direkt nach außen mündet oder sich vorher sackartig zur muskulösen Vagina erweitert.
Die Eiablage erfolgt im Frühjahr in feuchter Erde. Die Eier liegen meist zu mehreren in den „Kokons", eigentümlichen Kapseln mit chitiniger, schwammiger Hülle und Eiweißinhalt, beide von der Haut des Tieres abgeschieden. Die Embryonen wachsen durch Verschlucken des als Nahrung dienenden Eiweißes heran, sprengen dann die Eihülle und werden allmählich dem erwachsenen Tiere immer ähnlicher.

B. Spezieller Kursus.

Hirudo medicinalis (L.).

Bevor wir zur Sektion des Blutegels übergehen, sehen wir uns die Art der Fortbewegung an einem nicht betäubten Tiere genauer an. Wir können beobachten, daß die kriechende Fortbewegung derart erfolgt, daß die beiden Saugnäpfe sich abwechselnd festsetzen. Werfen wir das Tier ins Wasser, so sehen wir, wie es mit eleganten schlängelnden Bewegungen zu schwimmen vermag.

Das getötete Tier wird in das kleine Wachsbecken gelegt und zunächst seine äußere Körperform mit Zuhilfenahme der Lupe betrachtet. Der Körper ist dicht geringelt; wie wir bei der Anatomie des Innern sehen werden, entsprechen aber erst fünf dieser Ringel einem inneren Segmente, am Vorder- und Hinterende nur vier und drei. An jedem Blutegel läßt sich leichtlich eine Rücken- und Bauchseite unterscheiden. Erstere ist mehr gewölbt, von grünschwarzer Farbe und mit gelb-, öfters rotbraunen Streifen versehen, zwei an der Seite, zwei etwas dunkleren auf dem Rücken. Die Zeichnung des Blutegels ist übrigens sehr variabel. Die flachere Bauchseite ist heller gefärbt, grünlich oder bräunlich. An den beiden Körperenden findet sich je ein Saugnapf, der größere am Hinterende, der kleinere, mehr löffelförmige, am Kopfe. Schaut man mit der Lupe in den Grund des Kopfsaugnapfes, so sieht man den dreizipfeligen Mund, und breitet man diesen mit der Pinzette etwas auseinander und trocknet mit einem Stückchen Fließpapier den in dieser Region reichlich angehäuften Schleim ab, so sieht man auch die strahlenförmig von einem Punkte ausgehenden drei Kiefer, an denen man schon mit der Lupe die dem Rande in einer Reihe aufsitzenden Zähnchen sehen kann. Demgemäß ist auch die Wunde, welche ein angesetzter Blutegel schlägt, eine von einem Punkte aus divergierende dreistrahlige.

Betrachten wir die Bauchseite aufmerksam mit der Lupe, so fallen uns in der Medianlinie zwei deutliche, auf kleinen Papillen stehende Öffnungen auf, von denen die vordere zum Heraustreten des Penis dient, die hintere die weibliche Geschlechtsöffnung darstellt. Hin und wieder werden auch zu beiden Seiten der Mittellinie die feinen Poren sichtbar, mit welchen sich in gewissen, der inneren Metamerie entsprechenden Abständen die Segmentalorgane nach außen öffnen. Solcher Exkretionsporen gibt es 17 Paar, welche in den letzten (fünften) Ringen des 6. bis 22. Segmentes liegen. In dem vordersten Ringe jedes Segmentes erhebt sich eine Anzahl als Sinnesorgane fungierender sehr feiner Papillen. In den vordersten Ringen der ersten fünf Segmente (auf dem 1., 2., 3., 5. und 8. Ringel) treten fünf Paar kleiner schwarzer Punkte, die Ocellen, auf.

Wir schreiten nunmehr zur Sektion des Tieres. Es wird unter Wasser in dem kleinen Wachsbecken auf den Bauch gelegt, der hintere Saugnapf mit einer starken Nadel angesteckt, mit einer zweiten Nadel der vordere Saugnapf durchbohrt und der Blutegel ganz langsam, soweit es geht, in die Länge gezogen und diese Nadel dann ebenfalls festgesteckt. Diese Streckung wird noch ein paarmal wiederholt, bis der Blutegel sehr lang gezogen ist. Nun wird der Rücken aufgeschnitten. Diese Manipulation muß sehr vorsichtig geschehen, damit der an die dorsale Körperwand anhaftende Darm nicht angeschnitten wird. Man kann entweder den neben der dorsalen Mittellinie zu führenden Schnitt mit einem sehr scharfen, vorn abgerundeten Skalpell machen oder mit der feinen Schere, nur muß man sich stets ganz oberflächlich halten, um das Einschneiden in den Darm, was sich sofort durch Bluterguß kundgibt, zu vermeiden. Ist der Längsschnitt geführt, so wird zunächst ganz vorsichtig mit der Schere, unter Zuhilfenahme der Pinzette, die Körperhaut der einen, dann die der anderen Seite freipräpariert und dann mit Nadeln

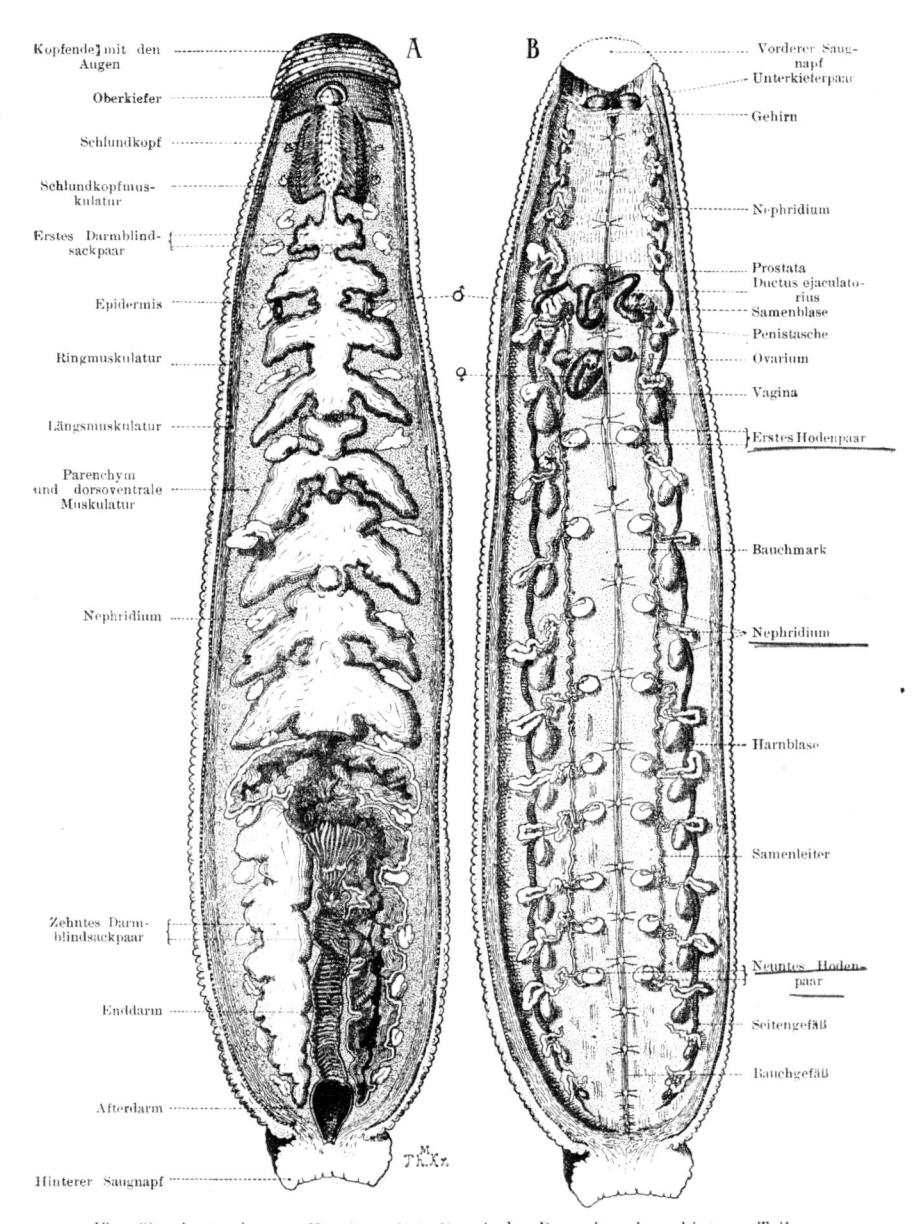

Fig. 68. Anatomie von *Hirudo medicinalis*. A der Darm in seinen hinteren Teilen teilweise aufgeschnitten. B nach Wegnahme des Darmes. Orig.

festgesteckt. Die Nadeln müssen schräg von außen nach innen gesteckt werden, um Raum zum weiteren Präparieren zu gewinnen.

Ist die Operation gut gelungen, so sieht man den Darm in voller Ausdehnung vor sich liegen. Vorn am Kopfe befinden sich die drei **Kiefer**, zu deren Bewegung sich Muskelmassen anheften, die, schräg nach hinten ziehend, an die Leibeswand ausstrahlen. Unmittelbar hinter dem oberen Kiefer liegt das **Cerebralganglion**, welches den obersten Teil des Anfangsstückes vom Darme, den Pharynx, verdeckt. Der **Pharynx** erweist sich als kurzes, zylindrisches, vom vierten bis zum siebenten Segment reichendes Rohr, an dessen Wandung sich zahlreiche, an die Leibeswand ausstrahlende Muskeln ansetzen. Diese Muskeln bewirken durch ihre Kontraktion den Saugakt, während in der Wand des Pharynx liegende Ringmuskeln als Antagonisten wirken und den Pharynx durch ihre Kontraktion wieder verengern (Fig. 68).

Der auf den Pharynx folgende dünnwandige **Mitteldarm** ist charakterisiert durch den Besitz von zehn Paar **Blindsäcken**, von denen die beiden letzten sehr lang sind und den Enddarm zu beiden Seiten einfassen. Der sonst sehr dünne **Enddarm** schwillt an seinem hinteren Ende nochmals zu einem dickeren Afterdarm an und mündet im After dorsal von dem hinteren Saugnapf aus. Der Mitteldarm hat längsgestellte, der Enddarm quergestellte Schleimhautfalten; der Afterdarm ist glatt (s. Fig. 68).

Schneidet man einen **Kiefer** ab und legt ihn auf einem Objektträger unter das Mikroskop, so lassen sich bei schwacher Vergrößerung sehr schön die verkalkten Zähnchen sehen, die in der Weise angeordnet sind, daß sie senkrecht auf dem gekrümmten Kieferrande stehen und ihre Schneiden auf jeder Zahnreihenhälfte nach außen gekehrt halten (siehe Fig. 69). Diese Einrichtung bewirkt, daß bei jeder Bewegung des Kiefers eine Hälfte des Kieferrandes die Tätigkeit eines Sägeblattes ausüben kann.

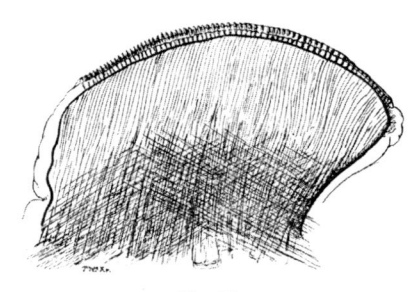

Fig. 69.
Kiefer von *Hirudo medicinalis*. Orig.

An der Kante jeder Kieferplatte münden die Ausführgänge von einzelligen **Speicheldrüsen**, deren Sekret die Eigenschaft hat, das Gerinnen des aufgenommenen Blutes zu verhindern. Diese einzelligen Drüsen liegen nach innen von der Längsmuskulatur in der Körperwand zwischen den Muskelbündeln des Pharynx.

Bevor man den Darm entfernt, beachte man das auf dessen dorsaler Mittellinie liegende dorsale Blutgefäß, das, wie alle Blutgefäße unseres Wurmes, rotes Blut enthält.

Es ist nun der Darm vorsichtig von seiner Unterlage abzulösen und herauszunehmen. Diese Präparation muß sorgfältig gemacht werden, da der Darm auch an der Bauchseite stark festhaftet. Am besten verwendet man zum Lostrennen eine krumme Schere und beginnt vom Enddarme aus.

8. Kursus: Anneliden, Ringelwürmer.

Zunächst sehen wir drei weitere Blutgefäße von vorn nach hinten ziehen, von denen das mittlere, ventral gelegene, das Bauchmark umschließt. Dieses Blutgefäß wird als ein Rest der Leibeshöhle aufgefaßt, welche bei den Hirudineen gleichzeitig mit Ausbildung des Körperparenchyms rückgebildet worden ist. Ebenso sind die beiden seitlichen Blutgefäße als Cölomreste zu betrachten, so daß also die rückgebildete Leibeshöhle mit zu dem Blutgfäßsystem herangezogen worden ist.

Weiter fallen ins Auge die Geschlechtsorgane. Wir sehen im mittleren Körperteil, segmental angeordnet, neun Paar Hoden. Von jedem derselben geht ein kurzer Strang zu dem seitlich nach außen liegenden Ausführgang, den beiden Vasa deferentia, die den Samen nach vorn führen, vorn durch Verknäuelung die beiden Samenblasen („Nebenhoden") bilden und von beiden Seiten her in den unpaaren Penis münden. An der Basis des Penis liegt eine drüsige Anschwellung, die sogenannte Prostata. Der Penis selbst ist ein langer, vorstülpbarer Faden, der in einer Tasche, der Penistasche, verborgen liegt.

Ein Segment weiter hinter dem Penis liegen zwei seitliche Drüsen, die Ovarien, deren Ausführgänge, Oviclukte, sich zur sackförmigen Vagina vereinigen und in einer schon bei der äußeren Betrachtung des Tieres beobachteten Öffnung, die hinter der männlichen Geschlechtsöffnung liegt, ausmünden.

Die Segmentalorgane oder Nephridien, 17 Paar an der Zahl, liegen streng metamer und fehlen nur den vordersten und hintersten Segmenten. Sie beginnen in der Regel mit einem nicht immer leicht sichtbaren, geschlossenen Trichter, der in einem sackartigen Blutsinus liegt, welcher auch den Hoden umgreift. Da die Nephridien stets die Verbindung der Leibeshöhle mit der Außenwelt vermitteln, sind auch diese Blutsinus der Leibeshöhle zuzurechnen. Ein jedes Nephridium besteht aus einem stark geknäuelten dünnen Schlauch, der sich zu einer ansehnlichen Blase, der „Harnblase", erweitert, von der ein kurzer Ausführungsgang nach außen geht. Die äußeren Mündungen der Nephridien haben wir ebenfalls bereits bei der Betrachtung der äußeren Körperform gesehen.

Vom Nervensystem haben wir bereits das dorsal vom oberen Teile des Oesophagus liegende Oberschlundganglion oder Hirnganglion kennen gelernt, nunmehr sehen wir auch das im ventralen Blutgefäß eingebettete Bauchmark, welches vorn, nach oben auseinanderweichend, in zwei Schlundkommissuren den Schlund umfaßt. Deutlich sieht man, trotz der dunklen Umhüllung durch das Blutgefäß, in jedem Segmente eine starke kugelige Anschwellung, die Bauchganglien. Das erste derselben besteht aus mehreren verschmolzenen Ganglien und wird als Unterschlundganglion bezeichnet.

Es werden dann fertige mikroskopische Präparate, Querschnitte durch die mittlere Körperregion vom Blutegel gegeben.

An einem solchen Querschnitte sehen wir folgendes. Außen liegt eine sehr dünne, strukturlose Cuticula, welche von der darunter liegenden Epidermisschicht abgeschieden worden ist. Die Epidermis ist ein einschichtiges Epithel ziemlich hoher Zellen, zwischen denen einzellige, mit körnigem Inhalt gefüllte, schlauchförmige Drüsen durchtreten. Darunter liegt eine von feinen Blutgefäßen durchzogene und mit Pigmentzellen von verschiedener Farbe erfüllte Schicht. Nach innen zu folgen zwei Muskelschichten, außen die Ringmuskelschicht, innen die mächtige Längsmuskelschicht, die durch dorsoventrale Muskelzüge in Portionen geteilt wird, und endlich finden sich nach innen von der Ringmuskelschicht auch schräge Muskelfasern vor, so daß der Körper nach verschiedenen Richtungen gestreckt, zusammengezogen und abgeplattet werden kann. Nach innen von der Muskulatur werden die Lücken zwischen dieser und den inneren Organen durch ein bindegewebiges Parenchym ausgefüllt.

Der Darmkanal erscheint auf dem Querschnitt als ein in der Mitte liegender Kanal, zu dessen beiden Seiten die Querschnitte der Darmdivertikel liegen. Das auskleidende Entoderm ist ein stark gefaltetes Epithel. Von Blutgefäßen sehen wir die Querschnitte der mächtigen, starkwandigen Seitengefäße, ferner ein dorsales Gefäß und ein ventrales, welches das Bauchmark umgibt. Den Darm umzieht in einiger Entfernung ein Netzwerk verknäuelter Gefäße, deren Wandungen große pigmentierte Zellen aufliegen. Früher wurde dieses

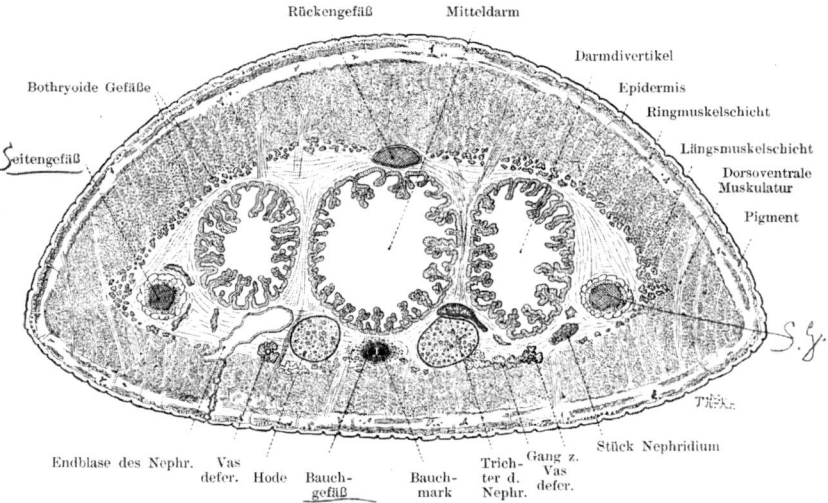

Fig. 70. Querschnitt durch die Körpermitte von *Hirudo medicinalis*. Orig.

variköse Netzwerk fälschlich als Leber gedeutet. Es sind „bothryoide Gefäße" genannte Kanäle, welche in das Blutgefäßsystem eingeschaltet sind, und auch mit Resten der sekundären Leibeshöhle in Verbindung stehen.

Das ventral im Blutgefäß eingebettete Bauchmark zeigt auf dem Querschnitt zwei Längsstränge, zwischen welche sich noch ein dritter, zarterer, der intermediäre Nerv, einschiebt.

Rechts und links vom Bauchmark findet man auf einzelnen Schnitten Querschnitte der Hoden, an der Gestalt und Färbung der Samenzellen leicht kenntlich. Auch die geknäuelten Ausführgänge der Hoden, sowie die Querschnitte der Samenleiter sind deutlich sichtbar. Die mannigfachen Hohlräume, teilweise von Blutgefäßen umsponnen, welche sich auf beiden Seiten des Querschnittes befinden, sind Teile der Nephridien, deren Aufbau nur durch eingehenderes Studium einer Schnittserie erkannt werden kann.

Gelegentlich lassen sich Teile des Trichterapparates wahrnehmen, die in einem Blutgefäß oberhalb des Hodens liegen.

II. Chaetopoden.

Technische Vorbereitungen.

Zur Untersuchung kommt von frischem Material der Regenwurm, und zwar wählen wir dazu eine der größten und häufigsten unserer einheimischen Arten, den *Lumbricus herculeus* (SAV.). Den Winter über kann man Regenwürmer in größeren Blumentöpfen halten, welche mit stark mit verwesenden Pflanzenteilen durchsetzter Erde gefüllt und mit Glasplatten überdeckt werden.

Vor der Sektion werden die Würmer in 10% igen Alkohol gebracht, um sie unverletzt und ausgestreckt zu töten. Ferner werden gefärbte Querschnitte durch den Regenwurm zu mikroskopischer Untersuchung gegeben. Bei der Anfertigung derartiger mikroskopischer Präparate ist folgendes zu beachten. Da der Darm des Regenwurms mit Erde gefüllt ist, so sind Querschnitte durch das Tier fast unmöglich. Man bringe daher den betreffenden Wurm auf einige Tage in ein hohes Zylinderglas, welches mit feuchtem Fließpapier gefüllt ist und erneuere das Papier jeden Tag. Indem der Wurm den erdigen Kot abgibt und dafür das weiche Papier seinem Darme einverleibt, erlangt er bald die zur Anfertigung von Querschnitten wünschenswerten Eigenschaften.

Von Polychaeten werden Exemplare einer *Nereïs* verteilt; im übrigen beschränkt man sich auf Demonstrationen von Alkoholpräparaten verschiedener Formen.

A. Allgemeine Übersicht.

Die Chaetopoden sind vor den Hirudineen dadurch ausgezeichnet, daß sie besondere Fortbewegungsorgane, die Borsten, besitzen, nach welchen sie auch den Namen der Borstenwürmer bekommen haben. Diese Borsten liegen gewöhnlich in vier Büscheln in jedem Segmente, zwei dorsalen und zwei ventralen. Ferner entspricht die äußere Ringelung der inneren Segmentierung.

Die einzelnen Segmente sind fast bei allen Formen durchaus gleichartig gebaut, bis auf den Kopf und das borstenlose letzte Körpersegment.

Die Borsten sitzen in besonderen Säckchen und können durch Muskeln, die sich an ihrem unteren Ende anheften, bewegt werden, fungieren also als Hebel. Bei den Polychäten sitzen sie auf besonderen Fußstummeln, Parapodien, bei den Oligochäten sind sie direkt in die Haut eingepflanzt. Ihre Ausbildung ist sehr verschiedenartig. Es können die dorsalen und ventralen Parapodien jeder Seite bis zur Verschmelzung aneinanderrücken oder erstere werden rudimentär. Häufig entspringen an den Parapodien fühlerartige Anhänge, Rücken- und Bauchcirren.

Erstere können sich zu großen, den Rücken bedeckenden Blättern (Elytren) umwandeln.

Die Leibeswand besteht aus einer dünnen Cuticula, die von der darunter liegenden Epidermis abgeschieden wird, und dem aus einer Ringmuskelschicht und einer in Längsfelder geteilten Längsmuskelschicht gebildeten Hautmuskelschlauch.

Die geräumige, von dem geschlossenen Blutgefäßsystem getrennte Leibeshöhle, welche von einem Peritonealepithel ausgekleidet ist, ist durch mehr oder minder wohl ausgebildete quere Scheidewände, Dissepimente, gekammert.

Der Darmkanal beginnt meist mit einem vorstülpbaren Schlund, der häufig Chitinzähne in seiner Wandung besitzt, und wird ursprünglich durch ein dorsales und ventrales Mesenterium in seiner Lage gehalten. Meist verläuft der Darm geradlinig nach hinten, im letzten Segmente ausmündend.

Das Nervensystem ist das typische Strickleiternervensystem. Von Sinnesorganen finden sich Sehorgane (besonders hoch entwickelt bei pelagischen Polychäten), seltener Statocysten, ferner Tastorgane und Organe eines chemischen Sinnes (becherförmige Organe).

Das Blutgefäßsystem besteht der Hauptsache nach aus zwei Hauptstämmen, dem Rückengefäß und dem Bauchgefäß, beide durch segmental angeordnete Schlingen in Verbindung. Der pulsierende dorsale Gefäßstamm treibt das Blut von hinten nach vorn.

Die Atmung erfolgt entweder ganz allgemein durch die Haut oder durch besondere Ausstülpungen derselben, die Kiemen, welche an der Basis der dorsalen Parapodien, oder, bei Röhrenwürmern, am Kopflappen sitzen.

Die Exkretionsorgane treten als „Segmentalorgane" (Nephridien) paarweise in jedem Segment auf und fungieren meist auch als Ausführgänge der Geschlechtsprodukte, die vom Peritonealepithel gebildet werden.

Die Entwicklung ist bei den marinen Formen eine Metamorphose, durch Ausbildung einer Larvenform, der Trochophora. Auch eine ungeschlechtliche Fortpflanzung findet sich durch Querteilung oder Sprossung. Indem bei manchen Formen die Sprosse erzeugenden Individuen keine Geschlechtsprodukte entwickeln, sondern nur die auf ungeschlechtlichem Wege entstandenen, abweichend gebauten Geschlechtstiere, kommt es zum Generationswechsel.

Die im Meere lebenden Polychäten sind mit Parapodien versehen, die Oligochäten dagegen haben keine Parapodien, sind überhaupt niedriger organisiert als die Polychäten und leben teils im Süßwasser, teils im Schlamm und in feuchter Erde.

B. Spezieller Kursus.

1. *Lumbricus herculeus* (Sav.).

Der zylindrische, dorsoventral, besonders in seinem hinteren Teile etwas abgeplattete Körper des Regenwurmes ist äußerlich in dicht stehende Ringel abgeteilt, welche den inneren Metameren entsprechen.

Die Haut irisiert schwach und ist auf der Oberseite dunkler gefärbt als auf der Unterseite. An jedem Segment sitzen vier Paar nach

8. Kursus: Anneliden, Ringelwürmer.

hinten gerichtete Borsten, zwei ventrale und zwei mehr dorsale Borstenpaare, die am lebenden Tiere schwerer als am konservierten zu sehen sind, dafür aber leicht gefühlt werden können, wenn man mit dem Finger den Körper von hinten nach vorn entlang streift.

Vorn am Kopfe liegt ventral der Mund, von einer Art Oberlippe, dem Kopflappen, überdeckt. Im letzten Segment findet sich als ovale Öffnung der After. Auch die paarigen ventral gelegenen Geschlechtsöffnungen sind leicht zu sehen: die männlichen liegen im 15. Segmente, die weiblichen im 14. Segmente.

Bei geschlechtsreifen Tieren findet sich vom Februar bis August eine drüsige, lederbraune Hautverdickung zwischen dem 32. und 37. Segment, der Sattel, Clitellum. Diese Bildung dient einmal bei der gegenseitigen Begattung, indem beide mit den Bauchflächen aneinander liegenden Tiere durch ausgeschiedene Sekrete des Clitellums miteinander verbunden werden, und dann tritt der Sattel auch noch bei der Eiablage in Tätigkeit, indem er Hüllen um die Eier abscheidet.

Bevor wir zum Studium der inneren Organe übergehen, betrachten wir den lebenden Wurm. Läßt man ihn über Fließpapier kriechen, so kann man das Rascheln seiner Borsten hören, welche als einfache Hebel wirken. Ferner sieht man nach dem Kopfe zu laufende Kontraktionswellen, welche die Leibesflüssigkeit nach vorn drücken und den zugespitzten vorderen Körperteil vortreiben und rigid machen. Das ist von Bedeutung beim Bohren des Regenwurmes in der Erde. Sehorgane sind äußerlich nicht sichtbar, dennoch ist der Regenwurm durch Licht reizbar, indem sich in seiner Epidermis spezifische, lichtempfindliche Zellen finden, die kein Pigment haben.

Bei genügender Zeit lassen sich folgende Untersuchungen anstellen. Der Wurm wird abgewaschen, schnell auf Fließpapier getrocknet und auf einen Objektträger gelegt. Durch äußere Reize, Zwicken mit der Pinzette oder gelinde Erwärmung (bis 35°C) kann man eine starke Sekretion auslösen. Wir untersuchen dieses Sekret unter dem Mikroskop mit starker Vergrößerung und finden eine helle Flüssigkeit mit zwei Arten von Zellen, braungelben größeren und hellen kleineren, zu denen bei geschlechtsreifen Tieren auch noch Geschlechtsprodukte treten. Die Flüssigkeit ist Leibesflüssigkeit, die braungelben Zellen sind die sog. Chloragogenzellen, die hellen dagegen Lymphzellen, die stark amöboid sind und nach kurzer Zeit zu Plasmodien verschmelzen. Diese Abscheidung von Leibesflüssigkeit erfolgt durch sehr feine Poren, welche in der dorsalen Medianlinie in den Segmentgrenzen liegen (Rückenporen). Die biologische Bedeutung dieser Abscheidung ist wohl darin zu suchen, das Tier gegen Eintrocknung zu schützen; ferner sind die Lymphzellen auch befähigt, auf dem Tiere befindliche Bakterien aufzufressen und auch bei der bohrenden Vorwärtsbewegung mag dieser Überzug von Nutzen sein.

Reizt man das Tier anhaltend, so kann man mitunter eine sehr starke Sekretion von oft sehr langen Fäden am ganzen Körper beobachten. Untersucht man diese, so findet man große plasmatische Körper mit wabigem Protoplasmabau und einem Kern in der Mitte. Es sind das einzellige Drüsen der Epidermis, die ganz heraustreten.

Wir gehen nunmehr zur Untersuchung der inneren Organe über. Der Wurm wird zunächst getötet durch Einlegen in eine Mischung von 9 Teilen Wasser und 1 Teil Alkohol und dann im Becken unter Wasser aufgesteckt, so daß die dunklere Rückenseite nach oben zu

112   8. Kursus: Anneliden, Ringelwürmer.

liegen kommt. Um das Gehirn zu schonen werden vorn, aber erst im dritten oder vierten Segmente, zwei Nadeln seitlich eingeführt. Von hinten her wird nun ein Hautschnitt mittels feiner Schere nach vorn zu geführt, nicht genau in der Mittellinie, sondern etwas seitlich von

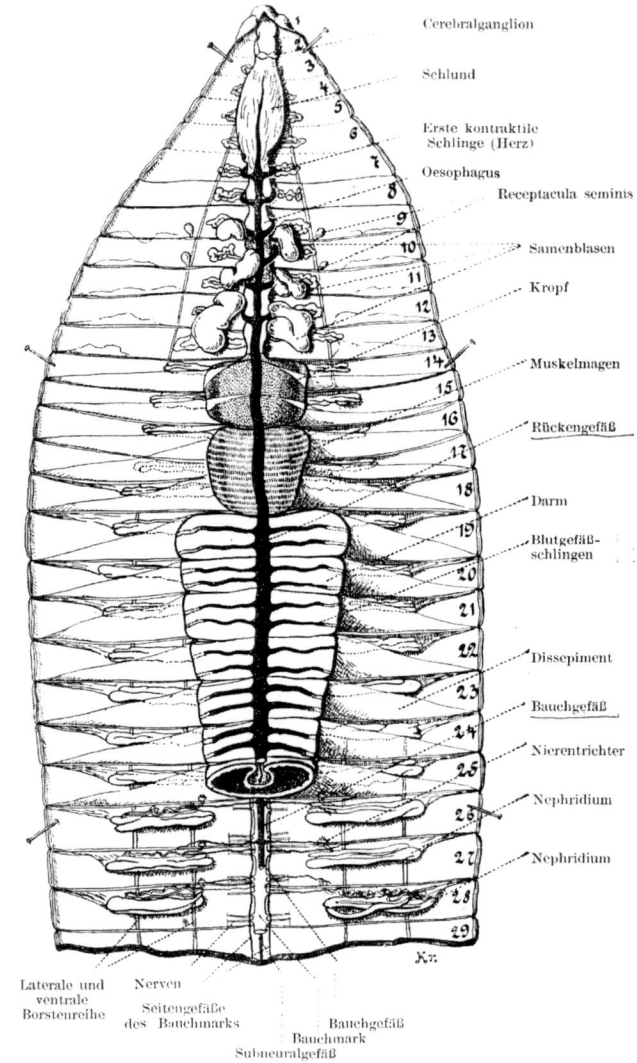

Cerebralganglion
Schlund
Erste kontraktile Schlinge (Herz)
Oesophagus
Receptacula seminis
Samenblasen
Kropf
Muskelmagen
Rückengefäß
Darm
Blutgefäß- schlingen
Dissepiment
Bauchgefäß
Nierentrichter
Nephridium
Nephridium

Laterale und ventrale Borstenreihe   Nerven   Seitengefäße des Bauchmarks   Bauchgefäß   Bauchmark   Subneuralgefäß

Fig. 71. Anatomie von *Lumbricus herculeus*. Orig.

dem meist durchschimmernden Rückengefäß, um dieses nicht zu verletzen. Dann werden die Seitenwände vorsichtig mit dem feinen Skalpell von den sie festhaltenden Dissepimenten abgetrennt, rechts und links zurückgeschlagen und mit Nadeln festgesteckt (Fig. 71).

Wir betrachten zuerst den Darmtraktus. Auf den Mund folgt ein muskulöser Pharynx, dann vom 6. bis zum 13. Segmente der Oesophagus, dessen hinterstem Teile zu beiden Seiten drei Paar weiße Kalksäckchen angelagert sind. Hierauf folgt der rundliche Kropf, dann der starke Muskelmagen, an den sich der Darm anschließt, um gestreckt nach hinten zu verlaufen. Dieser Teil ist durch die sich ansetzenden Dissepimente ebenfalls segmental eingeschnürt und mit einer dicken braunen Masse bedeckt, die früher als Leber bezeichnet wurde. Es sind die Leibeshöhle auskleidende Zellen mit besonderem körnigen Inhalt, Chloragogenzellen. Sie sitzen nicht direkt dem Darm auf, sondern dem feinen ihn umspinnenden Gefäßnetz. Auch finden sie sich freischwimmend in der Flüssigkeit, welche die Leibeshöhle erfüllt.

Schneiden wir den Darm ein Stückchen weit auf, so sehen wir eine Falte in sein Lumen von der dorsalen Seite her hineinragen, die „Typhlosolis".

Vom Blutgefäßsystem läßt sich das starke Rückengefäß bemerken, von dem aus in jedem Segmente zwei Paar seitliche, den Darm umfassende Schlingen abgehen, welche in ein großes ventrales Längsgefäß münden. Vom 7. bis 11. Segment gehen fünf derartige stärkere Schlingen ab, welche durch ihre Kontraktilität als Herzen fungieren.

Die Dissepimente sind zarte, die einzelnen Körpersegmente trennende Membranen, die sich am Darm wie an der Leibeswand anheften. Jedes Dissepiment wird durchbohrt von dem obersten, zu einem Wimpertrichter (Nephrostom) gestalteten Teil des Nephridiums, welches in dem darunter liegenden Segment sich knäuelt, in seinem unteren Abschnitte zu einem dickeren, drüsigen Kanal wird, und kurz vor der Ausmündung zu einer Harnblase anschwillt. Die Öffnungen liegen ventral in der Nähe der ventralen Borsten. Nur den ersten drei und dem letzten Segment fehlen Nephridien.

Die nun folgende Präparation der Geschlechtsorgane wird am besten unter der Lupe vorgenommen. Zunächst wird der Darm entfernt, indem man ihn im 6. oder 7. Segment abschneidet, mit der Pinzette hochhebt, und ihn sehr vorsichtig von seiner Unterlage trennt, bis etwa zum 17. Segment. Mit einer Pipette wäscht man dann das Präparat vorsichtig ab.

Von den Geschlechtsorganen, welche im Frühjahr mächtig ausgebildet sind, später unansehnlich werden, fallen uns zunächst drei Paar ziemlich großer weißlich-gelblicher oder hellbräunlicher Blasen auf, die im 10., 11. und 12. Segment liegen. Meist ist das hinterste Paar das größte und dehnt sich bei der Präparation in das darauf folgende Segment aus (siehe Fig. 72). Diese Gebilde enthalten reichlich Spermatozoen, sind aber nicht die Hoden, wie man früher fälschlich annahm, sondern stellen als Samenblasen bezeichnete Ausstülpungen der betreffenden Dissepimente dar. Zwei große unpaare, median gelegene Säcke, die Samenkapseln, von denen der eine im 10., der andere im 11. Segment liegt, verbinden diese Samenblasen miteinander, und zwar gehören das vorderste und das mittlere Samenblasenpaar zur vorderen Samenkapsel, das hintere zur hinteren Samenkapsel.

In diesen Samenkapseln liegen die Hoden, in jeder ein Paar.

Man kann sie durch sehr vorsichtige Präparation zur Anschauung bringen, indem man an beiden Samenkapseln Fenster aus deren Wand ausschneidet und den Inhalt mit der Pipette auswäscht.

114 8. Kursus: Anneliden, Ringelwürmer.

Die Hoden sind zwei Paar sehr kleiner im 10. und 11. Segment gelegene Körperchen, deren Produkte in die Samenkapseln gelangen, um hier eine Reife zu erreichen. Hinter den Hoden liegen die stark gefalteten Flimmertrichter, deren sich daran schließende Kanäle die dahinter liegende Dissepimente durchbohren und sich jederzeit zu einem Vas deferens vereinigen, welche im 15. Segment ausmünden. Die weiblichen Geschlechtsorgane bestehen aus einem Paar sehr kleiner

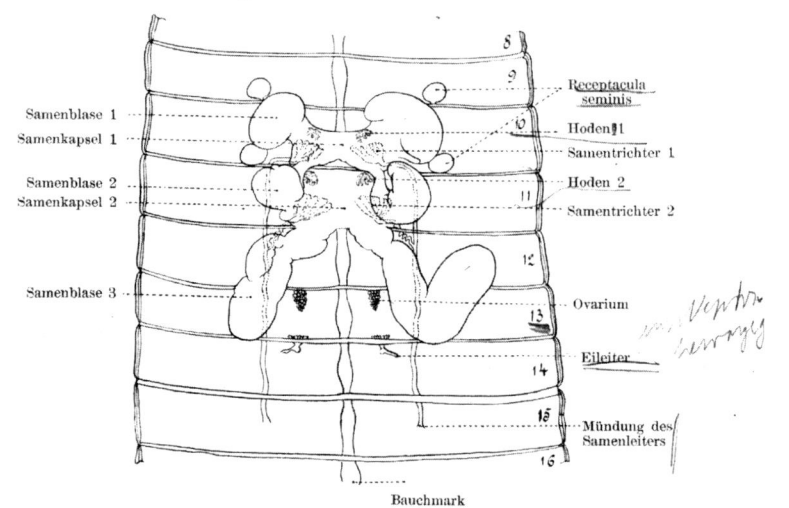

Fig. 72. Geschlechtsorgane von *Lumbricus herculeus*. Orig.

birnförmiger, weißlicher Ovarien, die im 13. Segment liegen, und dahinter zwei kurzen Eileitern, die, mit weiter Öffnung versehen, die zwischen dem 13. und 14. Segment liegende Scheidewand durchbohren und im 14. Segmente nach außen münden.

Da die zwitterigen Regenwürmer sich gegenseitig begatten, sind zur Aufnahme der Spermatozoen des anderen Tieres zwei Paar Samentaschen vorhanden, Einstülpungen des Integumentes, die nach der Leibeshöhle zu geschlossen sind und in unserem Präparat leicht als runde, weiße Körper erkannt werden können, die lateral von der vorderen Samenkapsel im 9. und 10. Segment liegen. Die in diesen Samentaschen aufgespeicherten Spermatozoen werden bei der Ablage der Eier mit in diese umhüllende, vom Clitellum ausgeschiedene Kapsel, den Kokon, gebracht.

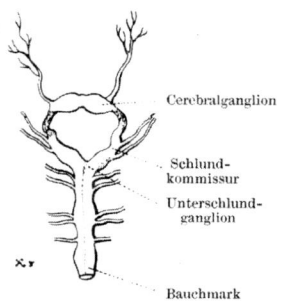

Fig. 73. Cerebralganglion von *Lumbricus herculeus*. Orig.

Durch die Abhebung des Darmes haben wir auch das Bauchmark freigelegt. Die Ganglienanschwellungen desselben sind nicht scharf abgesetzt, und von jeder derselben entspringen in jedem Segmente drei Paar Nerven, von denen die beiden hinteren eng aneinander liegen. Vorn weichen die beiden Längsstränge des Bauchmarkes zur Bildung der Schlundkommissuren auseinander, um in das dorsale Cerebralganglion einzutreten (Fig. 73).

Schauen wir uns den Darminhalt etwas näher an, so finden wir ihn bestehend aus Erdteilchen, untermischt mit pflanzlichen Resten; im vorderen Darmteil sind die Massen gröber, im hinteren feiner. Der Regenwurm nährt sich von den vegetabilischen Resten und gibt die Erde in stark zerriebenem Zustande durch den After wieder ab. Indem er sich des Nachts nach oben begibt, werden die Exkremente größtenteils auf der Erdoberfläche abgelegt. Dadurch, wie durch das Bohren in der Erde überhaupt, trägt der Regenwurm zur Zerkleinerung und Auflockerung der Erdkrume bei.

Die mikroskopische Betrachtung eines sorgfältig herausgehobenen Nephridiums zeigt im Innern der schleifenförmig gewundenen Kanäle bei frisch getöteten Tieren eine lebhafte Flimmerbewegung.

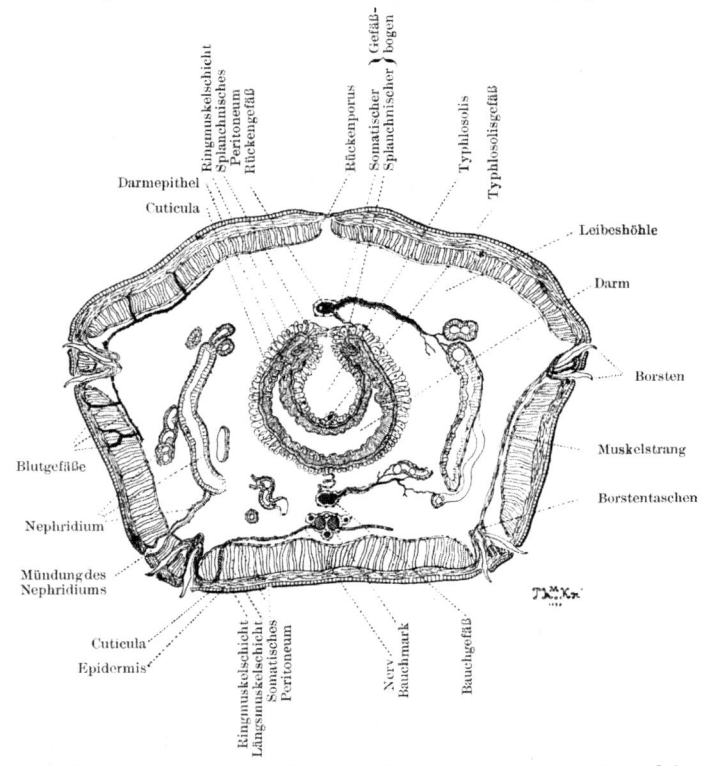

Fig. 74. Querschnitt durch die Körpermitte von *Lumbricus herculeus*. Orig.

Ein Stückchen der Samenblase wird auf dem Objektträger zerzupft und unter dem Mikroskop mit schwacher Vergrößerung betrachtet.

In den meisten Fällen sieht man darin Kugeln verschiedener Größe. Unter stärkerer Vergrößerung erweisen sie sich bestehend aus einer Hülle und einem Inhalt kleiner, kahnförmig gestalteter Körperchen.

Wir haben eine encystierte Gregarine vor uns, deren Inhalt in Fortpflanzungskörper (Sporen) zerfällt ist (siehe S. 24). Ihrer an gewisse Diatomeen (*Navicula*) erinnernden Form wegen nennt man diese Körperchen Pseudonavicellen und die Cyste Pseudonavicellencyste. Der Inhalt jeder Spore zerfällt in eine Anzahl sichelförmiger Keime, die nach dem Platzen der Cyste frei werden und sich wieder zu Gregarinen ausbilden. Gelegentlich wird man diese Gregarinen (*Monocystis tenax Duj.*) in den Samenblasen finden.

Es werden nunmehr fertige mikroskopische Präparate, Querschnitte durch die mittlere Körperregion eines Regenwurms, gegeben und zunächst bei schwacher Vergrößerung betrachtet (Fig. 74).

Von außen beginnend sehen wir zunächst die dünne, strukturlose Cuticula, darunter die Epidermis mit einzelnen größeren Drüsenzellen und alsdann die beiden Schichten des Hautmuskelschlauches, nach außen die Ringmuskulatur, nach innen die Längsmuskulatur. In der Ringmuskelschicht liegen Pigmentanhäufungen als unregelmäßige Körnchenhaufen zwischen den Faserbündeln. Die Längsmuskulatur ist sehr eigentümlich gebaut, indem eine zentrale protoplasmatische Schicht von peripher gelagerten Muskelbändern umgeben wird (siehe Fig. 75). Die innere Körperwand wird ausgekleidet von einer Bindegewebsschicht, dem Peritoneum, welches auch die im Körper liegenden Organe umkleidet. An geeigneten Schnitten läßt sich auch der Bau und die Anordnung der Borsten studieren, die regelmäßig paarweise gruppiert sind, so daß also auf jedes Segment acht kommen. Diese Borsten sitzen in Hauteinstülpungen, den Borstentaschen, an deren Grunde sich Muskelbündel anheften, welche in die Ringmuskulatur übertreten und die Borsten zu bewegen vermögen.

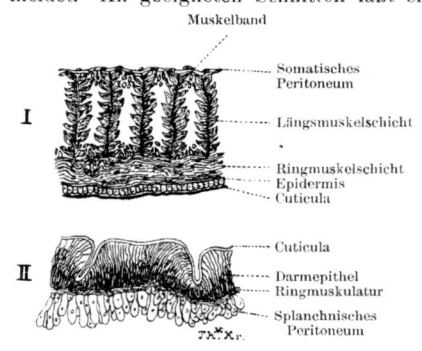

Fig. 75.
I Querschnitt durch die Haut, II durch den Darm von *Lumbricus herculeus*.
Vergr.: 420. Orig.

In der Mitte des Schnittes liegt der Darm. Wir sehen auf dem Querschnitt eine tiefe, rinnenförmige Einstülpung seiner Wand: die Typhlosolis, durch welche die verdauende Darmoberfläche beträchtlich vergrößert wird. An der Darmwand lassen sich folgende Schichten unterscheiden: zu innerst eine dünne Cuticula, dann eine Schicht hoher Zylinderzellen, dann eine Ringmuskelschicht, durchbrochen von zahlreichen parallel laufenden Ringgefäßen, hierauf eine sehr zarte Längsmuskelschicht und zu äußerst eine dicke Schicht gelbgrüner Zellen, die Chloragogenzellen, denen eine exkretorische Funktion zugesprochen wird.

Ventralwärts vom Darm liegt das quer durchschnittene Bauchmark mit seinen beiden Längsstämmen. Vom Blutgefäßsystem bemerken wir dorsal vom Darm den Querschnitt des großen Rückengefäßes, welches das Blut von hinten nach vorn treibt. Es gibt in jedem Segmente drei Paar Gefäße ab, von denen das erste Paar in das unter dem Bauchmark gelegene Subneuralgefäß einmündet, nachdem es Äste an die Leibeswand abgegeben hat. Die beiden hinteren Paare verlaufen an den Darm, hier in ein dichtes Netzwerk sich auflösend. Ein zweites Hauptgefäß ist das ventral zwischen Darm und Bauchmark gelegene Bauchgefäß, in jedem Segmente ein Paar Seitenäste aussendend; drei weitere Längsgefäße sehen wir in der Wandung des Bauchmarkes: ein Subneuralgefäß und zwei Seitengefäße des Bauchmarkes. Auf vielen Schnitten wird man auch Querschnitte durch die Segmentalorgane finden, deren histologisches Studium indessen zu weit führen würde.

1. *Nereis pelagica* (L.).

Schon mit bloßem Auge erkennen wir die wichtigsten morphologischen Merkmale dieses Polychäten. Die äußere Segmentierung, welcher die innere entspricht, ist recht gleichmäßig, nur vorn finden wir einen besonderen Abschnitt, den Kopf, und das Hinterende des Körpers ist von den vorhergehenden Segmenten durch den Besitz zweier Anhänge, der Analcirren, ausgezeichnet.

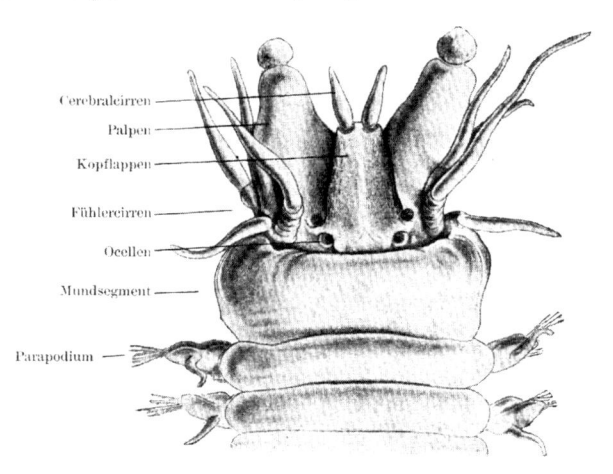

Fig. 76. Kopf von *Nereis pelagica* von der Dorsalseite. Orig.

Wir betrachten nunmehr den Kopf unter der Lupe, von der Dorsalseite her (siehe Fig. 76). In der Mitte liegt der Kopflappen mit stark zugespitztem vorderen Ende, auf dem zwei Fühler, die Cerebralcirren, inseriert sind. An seiner Basis werden vier in ein Trapez gestellte blauschwarze Punkte sichtbar, die Ocellen. Seitlich setzen sich an den Kopflappen die etwa doppelt so langen Palpen an, mit einem birnförmigen Basalglied und einem kleinen, kugeligen Endglied. Das sich anschließende Körpersegment ist doppelt so breit wie die folgenden und aus zweien verschmolzen; man nennt es das Mundsegment oder Peristomium. Borstenbündel besitzt es nicht, wohl aber sind die Parapodialcirren stark entwickelt, und wir sehen an vorliegender Form vier derartige Peristomialcirren oder Fühlercirren zu beiden Seiten des Kopflappens aus dem Peristomium entspringen.

Bei manchen Exemplaren ist der Rüssel hervorgestülpt und imponiert als ansehnliches zylindrisches Gebilde, mit Gruppen braunschwarzer Papillen besetzt. Aus dem Grunde des Rüssels ragt ein Paar starker, innen gezähnter Kiefer hervor.

Wir gehen nunmehr zur Betrachtung der Parapodien über, durch deren Besitz sich die Polychäten vor allen anderen Ringelwürmern auszeichnen, und wählen zum Studium das 14. (siehe Fig. 77).

Mit der feinen Schere wird das Parapodium von dem Körper abgeschnitten, auf einen Objektträger gelegt und unter der Lupe betrachtet.

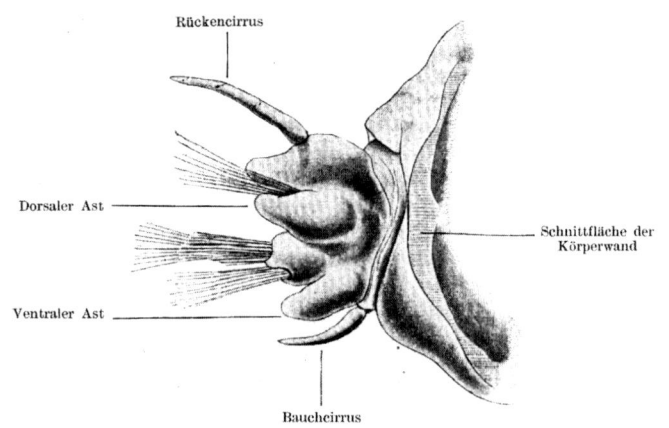

Fig. 77. Parapodium von *Nereis pelagica*. Orig.

Nereis besitzt jederseits nur eine Reihe von Parapodien, während andere Polychäten in jedem Segmente ein dorsales und ein ventrales Parapodienpaar aufweisen. Eine solche biseriale Anordnung wird zur uniserialen wie bei *Nereis*, indem dorsales und ventrales Parapodium zu einem einheitlichen Gebilde zusammentreten, und wir sehen demgemäß an unserem Präparate die Doppelnatur des Parapodiums dadurch ausgeprägt, daß das Parapodium aus einem dorsalen und einem ventralen Aste besteht, deren jeder wieder an der Spitze gespalten ist. Aus dem dorsalen Aste tritt ein Borstenbündel heraus, aus dem ventralen entspringen die Borsten in zwei Bündel gesondert. Beiden Ästen sitzen nach außen zu Cirren auf, die nach ihrer Lage als Rückencirrus und Bauchcirrus unterschieden werden. Die Parapodien sind bei *Nereis* insofern nicht vollständig, als ihnen die Kiemen fehlen. Es sind das bei anderen Polychäten vorkommende dorsale Anhänge der Parapodien, die bald fadenförmig, bald komplizierter verästelt sind, in welche Blutgefäße hineingehen.

Schließlich ist noch das Aftersegment mit seinen beiden langen Analcirren zu betrachten.

Systematischer Überblick
für den neunten Kursus.

V. Stamm.
Echinodermata, Stachelhäuter.

Die Echinodermen sind marine Tiere, charakterisiert durch ihre **radial-symmetrische**, meist fünfstrahlige Gestalt, durch ihre mit Kalkplatten, auch Stacheln und Spitzen versehene Körperwand („Stachelhäuter"), durch den Besitz einer Leibeshöhle und eines „Ambulacralsystems". Ihre Entwicklung erfolgt durch Metamorphose aus einer **bilateral-symmetrischen** Larve.

Das **Ambulacralsystem** ist ein aus einer Cölomtasche sich entwickelndes, mit Seewasser gefülltes Röhrensystem, aus einem den Mund umgebenden Ring bestehend, von dem fünf radiäre Kanäle ausstrahlen (Ambulacralgefäße). Von jedem derselben gehen zu beiden Seiten Äste ab, die in kleine muskulöse Schläuche (**Ambulacralfüßchen**) endigen. Die Füßchen können mit Wasser gefüllt werden und sich meist auch durch Saugscheiben festsaugen, wodurch eine Lokomotion des ganzen Tieres bewerkstelligt werden kann. Füßchen ohne Saugscheiben und Ampullen fungieren als Taster. Die Zufuhr in das Ambulacralsystem wird meist von einer siebartigen Platte (**Madreporenplatte**) und einem von dieser zum Ringkanal führenden Kanal, dem **Steinkanal**, bewerkstelligt.

Das **Nervensystem** besteht ebenfalls aus einem den Mund umziehenden Nervenring und den radiär davon ausstrahlenden Ambulacralnerven (außerdem kann noch ein apicales Nervensystem vorhanden sein) und ähnlich ist das **Blutgefäßsystem** angeordnet, welches sich in Darm- wie Leibeswand in Spalträumen ausbreitet.

Der **Darmkanal** liegt frei in der Leibeshöhle, durch ein dorsales Mesenterium in seiner Lage gehalten, und besitzt Mund wie After; letzterer ist mitunter rückgebildet.

Zwischen den Ambulacralradien, also **interambulacral**, liegen die traubigen **Geschlechtsorgane**.

Wir unterscheiden fünf Klassen: Asteroideen, Seesterne, Ophiuroideen, Schlangensterne, Crinoideen, Haarsterne, Echinoideen, Seeigel und Holothurioideen, Seewalzen.

I. Klasse: Asteroidea, Seesterne.

Von einer zentralen Körperscheibe gehen, meist in der Fünfzahl, längere oder kürzere breit angesetzte Arme aus, die auf der Ventralseite in medianen Längsrinnen (Ambulacralfurchen) Füßchen tragen. Die Mundöffnung liegt im Zentrum der ventralen Seite der Körperscheibe, der After, welcher fehlen kann, auf deren dorsaler Seite. Daneben befindet sich, exzentrisch gelagert, die Madreporenplatte, von welcher der Steinkanal abwärts zum Ringkanal zieht. Vom sackförmigen Magen gehen paarige, mit Drüsen besetzte Blindschläuche in die Arme ab.

Interambulacral, also im Winkel zwischen je zwei Armen, liegen die Geschlechtsdrüsen.

Das mesodermale **Hautskelett** besteht in der Ambulacralfurche aus zwei Reihen dachförmig zusammengefügter Kalkplatten (Ambulacralia), an die sich seitlich und nach oben weitere Plattenreihen anschließen. In der Ambulacralrinne, also außerhalb der Leibeshöhle, liegen die Ambulacralgefäße, Ambulacralnerven und Blutgefäße.

Die **Ambulacralgefäße** senden zwischen je zwei Ambulacralien Seitenäste in die Leibeshöhle hinein, wo sie Bläschen (**Ampullen**) bilden, von denen wieder die zwischen den Ambulacralia hindurchgehenden Füßchen ausgehen. Am Ende der Arme liegen häufig kleine Sehorgane.

Man teilt die jetzt lebenden **Asteroidea** (von denen sich eine paläozoische Unterklasse der **Palaeasteroidea** mit alternierenden Ambulacralplatten der Arme abzweigt) in zwei Ordnungen:

1. Ordnung: Phanerozonia.

Mit stark entwickelten Marginalplatten, Kiemenbläschen nur auf der Oberseite. Zwei Füßchenreihen. Sitzende Pedicellarien. *Astropecten*.

2. Ordnung: Cryptozonia.

Marginalplatten mehr oder weniger rudimentär. Kiemenbläschen auch an den Seiten und der Unterseite. Oft vier Füßchenreihen. Pedicellarien sitzend oder gestielt. *Asterias*.

II. Klasse: Ophiuroidea, Schlangensterne.

Die Arme, welche mitunter an ihren Enden dichotomisch geteilt sind, sind schlank und scharf von der zentralen Körperscheibe abgesetzt. Die mächtig entwickelten Ambulacralplatten sind zu einheitlichen Wirbeln verwachsen. Die Ambulacralfurchen sind durch ventrale Platten geschlossen. Der Darm sendet keine Fortsätze in die Arme hinein. Ein After fehlt. Ambulacralfüßchen ohne Saugscheiben. Die Madreporenplatte liegt ventral. Zu beiden Seiten der ventralen Armansätze liegen fünf Paar Spalten von Hohlräumen (Bursae), die zur Atmung und als Ausführwege der Geschlechtsprodukte dienen.

1. Ordnung: Ophiurae.

Mit unverzweigten, nur horizontal beweglichen Armen. Deutlich entwickelte Mundschilder. *Ophiura*.

2. Ordnung: Euryalae.

Mit einfachen oder verzweigten, oralwärts einrollbaren Armen. Keine deutlichen Mundschilder. *Astrophyton*.

III. Klasse: Crinoidea, Haarsterne.

Von kelchförmiger Gestalt, die Seitenwandungen mit polygonalen Kalkplatten gepanzert. Der Körper sitzt mittels eines vom aboralen Pole ausgehenden, gegliederten, mit rankenartigen Seitenästen versehenen Stieles, der bei einigen rückgebildet ist, fest. Am oberen Körperrande stehen fünf oder zehn meist verästelte Arme, von denen zweireihig kleine Blättchen (Pinnulae) entspringen, welche die Geschlechtsprodukte enthalten. Der After liegt exzentrisch neben dem zentral gelegenen Mund, von dem die Ambulacralfurchen auf die Arme gehen. An Stelle der Saugfüßchen finden sich Tentakel ohne Ampullen. *Antedon*.

IV. Klasse: Echinoidea, Seeigel.

Ohne gesonderte Arme, die in der Bildung des rundlichen Körpers mit aufgegangen sind. Feste, aus zehn Doppelreihen bestehende Schale, fünf Ambulacren mit Löchern zum Durchtritt der Füßchen und fünf Interambulacren ohne Löcher. Auf Ambulacren wie Interambulacren sitzen auf halbkugeligen Tuberkeln bewegliche Stacheln, die den Tieren den Namen verschafft haben. Ventral liegt im Mundfeld (Peristom) meist zentral der oft von einem komplizierten Kauapparat umstellte Mund, in dem dorsal gelegenen Afterfeld (Periproct) der After. Der Darm macht eine einfache oder doppelte Spiralwindung in dem das Innere der Schale einnehmenden Hohlraum.

Die Madreporenplatte ist meist eine der fünf unpaaren Platten, welche dorsal die Interambulacralplatten begrenzen (Genitalplatten), auf denen die fünf Geschlechtsdrüsen ausmünden. Die Ambulacra enden mit fünf unpaaren Ocellarplatten. Der Steinkanal führt durch die Leibeshöhle zum Ringkanal; die fünf radiär davon abgehenden Ambulacralgefäße verlaufen innen von den Ambulacren. Nach ihrer Form unterscheidet man reguläre und irreguläre Seeigel.

1. Ordnung: Regulares.

Meist kreisrunder Körper. Zähne vorhanden, Mund und Afteröffnung polar gelegen. *Echinus esculentus* (L.).

2. Ordnung: Irregulares.

Körper abgeplattet, meist oval. After in einen Interradius gerückt. Die dorsalen Hälften der Ambulacren häufig abgesondert (petaloide Form).

1. Unterordnung: Clypeastroidea.

Mund in der Mitte, Zähne vorhanden. *Clypeaster*.

2. Unterordnung: Spatangoidea.

Mund nach vorn gerückt, Zähne fehlen. *Spatangus*.

V. Klasse: Holothurioidea, Seewalzen.

Walzenförmig, ohne festes Skelett, nur mit einzelnen kleinen Kalkkörperchen in der Haut. Bewegen sich kriechend auf dem Boden; nur die drei Ambulacren, auf denen sie kriechen, sind mit Saugfüßchen ausgestattet (Trivium), die zwei oberen nur mit tentakelartigen Fortsätzen (Bivium). Der Mund ist von einem zurückziehbaren, verästelten oder krausenartig gefalteten Tentakelkranz umstellt. Um den Anfangsdarm liegt ein aus zehn Platten bestehender Kalkring zur Anheftung der starken Längsmuskelstränge, die längs des ganzen Körpers hinziehen, und zusammen mit Ringmuskeln und der Haut einen kräftigen Hautmuskelschlauch bilden. In den Enddarm münden zwei stark verästelte, mit Flüssigkeit gefüllte Schläuche, die als Atmungsorgane aufgefaßt werden und daher Wasserlungen heißen.

Am Kalkring liegen Ambulacralring und Nervenring, von denen fünf radiale Stämme nach hinten gehen.

Der häufig verästelte Steinkanal mündet in die Leibeshöhle.

Nur eine Geschlechtsdrüse ist vorhanden, die meist in der Nähe des Mundes ausmündet.

Es lassen sich folgende Ordnungen unterscheiden:

1. Pedata, Füßige Holothurien.

Füßchen (wenigstens an der Bauchseite) vorhanden. Wasserlungen vorhanden, ebenso entweder Fühlerampullen oder Rückziehmuskeln des Schlundkopfes. Getrenntgeschlechtlich. *Holothuria*.

2. Elasipoda, Tiefsee-Holothurien.

Füßchen vorhanden, Wasserlungen fehlen, ebenso Fühlerampullen und Rückziehmuskeln des Schlundkopfes. Getrenntgeschlechtlich. *Elpidia*.

3. Apoda, Fußlose Holothurien.

Füßchen fehlen. Wasserlungen vorhanden oder fehlend. Zum Teil Zwitter. *Synapta*.

9. Kursus.
Echinodermata.

Technische Vorbereitungen.

An Material ist erforderlich ein Seestern, ein Seeigel und eine Holothurie, sämtlich in Alkohol konserviert. Meist wird von Seesternen die Mittelmeerform *Astropecten aurantiacus* benutzt, aus mancherlei praktischen Gründen ist aber der in Nord- und Ostsee überaus gemeine rote Seestern, *Asterias rubens*, vorzuziehen. Von Seeigeln wird der ebenfalls sehr häufige *Echinus esculentus* besprochen, während von Holothurien diejenige gemeine Form gegeben wird, deren anatomische Untersuchung sich am leichtesten ausführen läßt: *Holothuria tubulosa*.

Von fertigen mikroskopischen Präparaten werden Querschnitte durch einen entkalkten Seesternarm verteilt, und außerdem wird ein reiches Demonstrationsmaterial von Spirituspräparaten aufgestellt. Die verschiedenen Larvenformen lassen sich ebenfalls an mikroskopischen Präparaten demonstrieren, doch genügt es wohl für den Rahmen unseres Elementarkursus, wenn die bekannten Wachsmodelle dieser Larven aufgestellt und erklärt werden.

I. Asteroidea, Seesterne.

A. Allgemeine Übersicht.

Die Seesterne haben ihren Namen von der sternförmigen Gestalt ihres Körpers, der aus einer zentralen Scheibe und — meist fünf — strahlenförmig davon ausgehenden Armen besteht. Das Größenverhältnis von Scheibe und Armen ist sehr verschieden, so daß letztere fast völlig in ersterer aufgehen können. Wir unterscheiden eine dorsale und eine ventrale Seite, letztere leicht kenntlich durch die Füßchenreihen in den Armfurchen.

Die Körperwand der Seesterne besitzt in ihrem bindegewebigen mesodermalen Teile eine Panzerung aus Kalkplatten, die gegeneinander sehr beweglich sind. Die wichtigsten Stücke des Hautskeletts sind paarige, segmental angeordnete Platten an der Ventralseite der Arme, die oben dachförmig zusammenstoßen, Ambulacralplatten genannt werden und das Dach der Ambulacralfurche bilden. Seitlich schließen sich an diese die Adambulacralplatten an. Weniger konstant sind die lateralen Randplatten, Marginalia; das Skelett des dorsalen Integuments ist sehr verschieden entwickelt und oft rudimentär.

Von anderen Skeletteilen finden sich Stacheln und verkalkte Papillen, teils unbeweglich, teils beweglich. Besonders umgebildete Stacheln sind die Paxillen, mit einem Kranz von Papillen auf dem freien Ende, sowie die mannigfach gestalteten Greiforgane, Pedicellarien.

Der Mund liegt zentral auf der Ventralfläche der Scheibe, ist unbewaffnet und führt in den geräumigen Zentraldarm, den Magen. Von diesem entspringen fünf Paar oder mehr, der Zahl der Arme entsprechende Blinddärme („Leberschläuche"), die weit in die Arme hineingehen und durch dorsale Mesenterien an die Rückenwand der weiten Armhöhlen befestigt sind. Der kurze Enddarm öffnet sich in den etwas exzentrisch in einem Interradius gelegenen After, der einigen Formen auch fehlen kann, und gibt eine wechselnde Zahl kürzerer Blindschläuche ab.

Dünnwandige Ausstülpungen der Haut auf der Dorsalseite werden als Kiemen betrachtet.

Das Ambulacralsystem beginnt mit der dorsal und exzentrisch in einem (dem rechten vorderen) Interradius liegenden Madreporenplatte, welche siebartig durchlöchert ist. Von dieser führt der Steinkanal, welcher zusammen mit einem eigentümlichen Organ, der Paraxondrüse, früher als „Herz" bezeichnet, in einen Sinus eingeschlossen ist, herab zu dem Ringkanal, welcher den Mund umgibt. Am Ringkanal sitzen interradiale Ausstülpungen, die POLIschen Blasen, die auch fehlen können, und zu beiden Seiten derselben je zwei kleine Lymphdrüsen: die „TIEDEMANNschen Körperchen". In jeden Arm geht vom Ringkanal aus ein Hauptkanal, unter den Ambulacralplatten in der Ambulacralfurche verlaufend. In jedem Armsegment gehen von ihm ein paar laterale Ästchen zu den Füßchen ab, und zwar zunächst zu den in der Leibeshöhle liegenden bläschenförmigen Ampullen, von denen die Füßchen wieder in die Ambulacralfurche abgehen (s. Fig. 78).

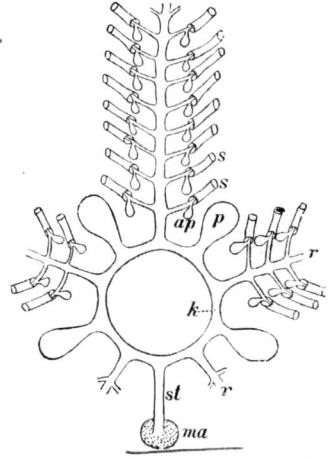

Fig. 78. Schema des Ambulacralgefäßsystems eines Seesterns (aus BOAS). *ma* Madreporenplatte; *st* Steinkanal; *k* Ringkanal; *p* POLIsche Blasen; *r* Ambulacralgefäße; *s* Füßchen; *ap* Ambulacralampullen.

Das Nervensystem besteht aus einem den Mund umgebenden Ring, von dem in jeden Arm ein Ambulacralnerv abgeht. Von Sinnesorganen sind die Ocellen zu erwähnen, kleine rote Punkte am äußersten Ende jeder Ambulacralrinne, am Grunde eines fadenförmigen Gebildes (Terminalfühler).

Die Geschlechtsorgane bestehen aus einem, mit dem Achsenorgan in Verbindung stehenden, den Enddarm ringförmig umgebenden Genitalstrang, von dessen fünf interradialen Ecken fünf Paar Gonadenbüschel entspringen, die in den Buchten zwischen den Armen in kleinen Genitalporen ausmünden.

Sehr groß ist die Regenerationsfähigkeit der Seesterne: aus abgelösten Armen kann ein vollkommenes Tier regenerieren (Kometenform).

B. Spezieller Kursus.

Asterias rubens (L.).

Die Untersuchung der in Alkohol konservierten Exemplare geschieht im Wachsbecken unter Wasser.

Zunächst betrachten wir die äußere Körperform. Wir sehen einen fünfstrahligen Stern, dessen fünf Arme der zentralen Scheibe breit aufsitzen, etwa drei- bis viermal so lang wie breit sind und allmählich spitz zulaufen. Scheibe wie Arme sind etwas abgeplattet. Die Bauchseite erkennen wir ohne weiteres an den vier Reihen von Füßchen in der Mittellinie jedes Armes, welche in einer bis zu dessen Ende verlaufenden Rinne, der Ambulacralfurche, liegen.

Auf der ventralen Seite der Scheibe liegt da, wo die fünf Ambulacralfurchen sich vereinigen, der Mund, in den Ecken zwischen den Furchen umstellt von fünf Gruppen beweglicher verkalkter Dornen, den Mundpapillen. Auf der dorsalen Seite der Scheibe liegt, nur wenig von deren Zentrum entfernt, eine feine Öffnung: der After. Weiter nach außen von ihm und zwischen den Ansatzstellen zweier Arme gelegen, also interradial, findet sich eine flache Kalkplatte: die Madreporenplatte.

Die gesamte Körperoberfläche ist bedeckt mit dicht stehenden kleinen Kalkgebilden, die im allgemeinen unregelmäßig angeordnet sind. Regelmäßigere Reihen von Dornen findet man in der dorsalen Mittellinie der Arme, ferner in zwei bis drei Reihen zu beiden Seiten der Ambulacralfurchen; letztere Dornen sind beweglich. Dazwischen liegen kleine Gebilde mit zwei gegeneinander beweglichen Spitzen, die als Greifapparate dienen: Pedicellarien.

Am Ende jeder Ambulacralfurche liegt ein roter, mit lichtpercipierenden Zellen versehener, als Sehorgan fungierender Fleck und darüber ein tentakelartiges Füßchen, der Terminalfühler, welches als Geruchsorgan gedeutet wird.

Bei manchen Exemplaren sieht man aus der Mundöffnung eine häutige Blase hervortreten, den ausgestülpten Magen.

Wir legen den Seestern mit der Ventralseite nach unten unter Wasser in das Wachsbecken und trennen ihn an der Seite auf. Mit der starken Schere werden zunächst die Arme seitlich von der Spitze bis zu der Basis aufgeschnitten. Dann hebt man vorsichtig die dorsale Körperdecke des Armes von der Spitze her auf und präpariert mit dem Stiel des Skalpells die beiden braunen Schläuche von der Dorsaldecke ab, welche mittels zarter, längsverlaufender Mesenterien an sie befestigt sind. So verfährt man mit allen fünf Armen. Dann erst kann man dazu übergehen, auch die Dorsaldecke der Scheibe abzuheben. Man beginnt zunächst mit der Durchschneidung der zwischen je zwei Armen liegenden Pfeiler und präpariert dann die Decke vorsichtig ab. Die Madreporenplatte wird kreisförmig ausgeschnitten und an der unteren Hälfte belassen. Endlich wird die gesamte Decke vorsichtig abgehoben (Fig. 79).

Durch diese Präparation haben wir zunächst den Darm freigelegt. In der Körpermitte liegt der durch einen kurzen Oesophagus zum Munde führende blasenförmige Magen, von dem aus in jeden Armstrahl ein Darmast geht, der sich beim Eintritt in den Arm gabelt. Der Magen ist durch eine Anzahl dorsaler Bänder an der Körperwand aufgehängt. Auch finden sich derartige noch kräftigere Bänder auf der ventralen Seite, wo sie paarig angeordnet sind, und sich in jeden Arm ein Stück weit erstrecken. Beide Äste (Darmdivertikel genannt) durchziehen den Arm bis kurz vor die Spitze und geben nach rechts und links Seitenästchen ab, die mit braunen Drüsenmassen besetzt sind, welche verdauende Sekrete absondern. Auf der Oberseite des Magens liegen kürzere, weniger

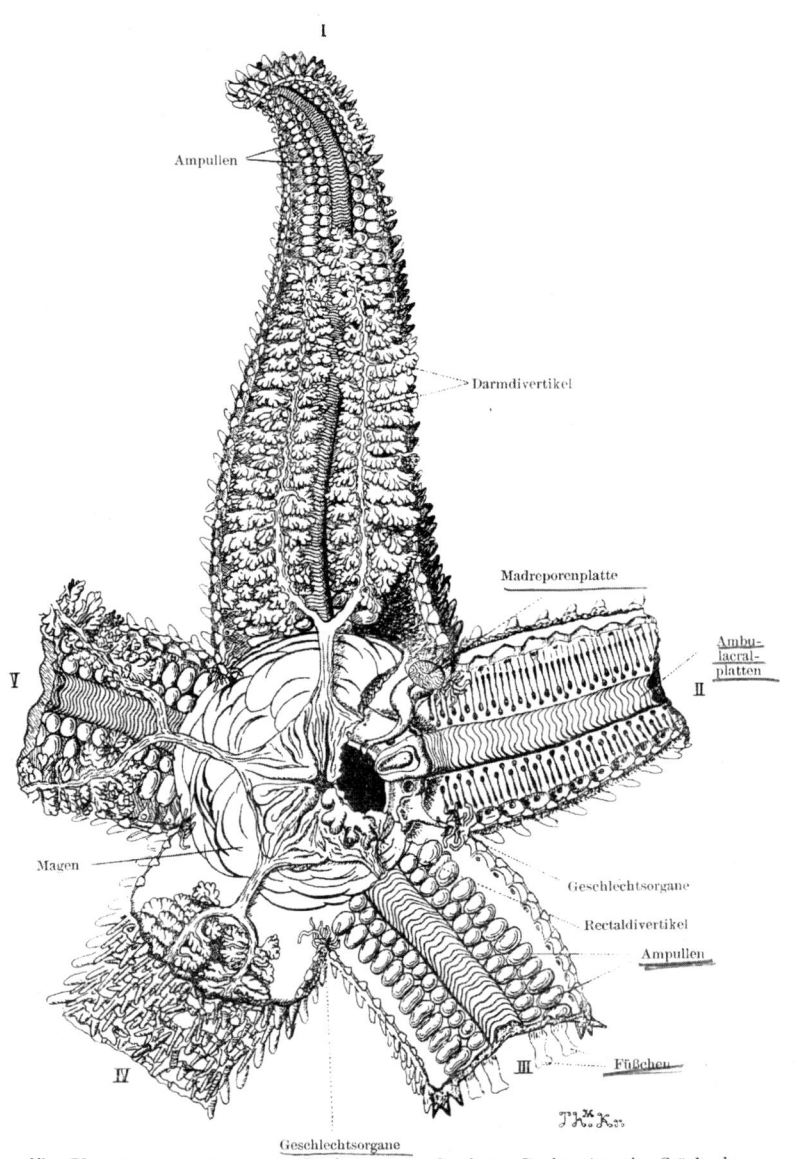

Fig. 79. *Asterias rubens*, vom Rücken aus präpariert. Rechts ist ein Stück des Magens weggeschnitten. Orig.
I ganzer Arm mit normaler Lagerung der Organe; II das Kalkskelett eines Armes; III Arm mit Ampullen; IV ein Stück der Rückendecke ist belassen; V mit auseinandergezogenen Armdivertikeln.

verästelte Blindschläuche, die Rektaldivertikel, welche an der Übergangsstelle des Magens in den Enddarm abgehen.

Im Magen finden sich mitunter unverdaute Teile, Schalen usw. der Beutetiere. Größere Beute, welche der Seestern nicht in seinem Magen aufnehmen kann, überwältigt er, indem er den Magen ausstülpt und durch die Wirkung der Verdauungssäfte das Beutetier (meist Muscheln) tötet und aufsaugt.

Der After, welcher in unserem Präparat natürlich nicht zu sehen ist, liegt etwas exzentrisch in einem Interradius.

In der Körperscheibe befindet sich zwischen je zwei Armen, also interradial, ein doppeltes Büschel, welches frei in die Leibeshöhle vorragt. Das sind die Geschlechtsorgane, deren Ausführgänge sich auf der dorsalen Seite interradial öffnen. Auf unserer Zeichnung (Fig. 79) ist ein junges Tier mit noch wenig entwickelten Geschlechtsorganen abgebildet worden. Werden die Geschlechtsorgane mit zunehmender Reife größer, so drängen sie sich als gegabelte, lappige Äste in die Leibeshöhle der Arme hinein.

Wir präparieren nunmehr Magen und Darmäste vorsichtig ab und kommen dadurch zur Betrachtung des Wassergefäßsystems.

Wir beginnen mit der Madreporenplatte. Eine Betrachtung unter der Lupe zeigt, daß diese auf ihrer Oberfläche sehr zierlich mit radiär verlaufenden Furchen versehen ist, in deren Grunde die Porenöffnungen liegen (s. Fig. 80). Von dieser Madreporenplatte steigt der Steinkanal nach abwärts, in einem häutigen Sack, dem Axensinus, verlaufend. In diesem Axensinus ist noch ein zweites Organ zu sehen, neben dem Steinkanal verlaufend, das früher als Herz, jetzt als Lymphdrüse gedeutete Axialorgan (Paraxondrüse). Fühlt man den Steinkanal mit der Pinzette an, so erkennt man, daß er verkalkt ist. Sein Inneres ist durch vorragende Falten und Leisten in viele Fächer geteilt.

Fig. 80. Madreporenplatte von *Asterias rubens*. In den Furchen liegen die Porenöffnungen. Orig.

Der Steinkanal führt zu dem Ringkanal, welcher den inneren Konturen des Mundskelettes folgt.

Bei unseren Spiritusexemplaren ist er stark kollabiert und daher schwer zu sehen. Unter der Lupe erkennt man je zwei kleine interradial liegende Körperchen, die TIEDEMANNschen Körperchen, zwischen denen bei anderen Seesternen, aber nicht bei unserer Art, größere Blasen, die POLIschen Blasen liegen, die mit dem Ringkanal in Verbindung stehen.

Von dem Ringkanal gehen fünf Radialkanäle in die Arme; sie sind aber auf diesem Präparat nicht zu sehen, da sie auf der ventralen Seite im Grunde der tiefen Armfurchen (Ambulacralfurchen) verlaufen.

Dagegen sind deutlich sichtbar die Ampullen, helle Bläschen, welche in zwei Paar dicht stehenden Reihen den Arm entlang ziehen.

Da die Ampullen sehr dicht gedrängt stehen, so ist die Reihenanordnung oft verwischt. Jede Ampulle steht durch einen Kanal, den Ampullenkanal, in Verbindung mit einem auf der ventralen Seite hervortretenden Füßchen, das außerdem durch einen zweiten Kanal, den Füßchenkanal, direkt mit dem Radialkanal in Verbindung steht.

Betrachten wir von der ventralen Seite her die Füßchen, so sehen wir sie in der Gestalt von mehr oder minder kontrahierten Schläuchen, von denen die dem Zentrum näher liegenden am freien Ende eine wohl entwickelte Saugscheibe besitzen. Schneiden wir ein solches Füßchen ab und betrachten wir es bei schwacher Vergrößerung unter dem Mikroskop, so finden wir eine starke Längs- wie Ringmuskulatur in ihnen verlaufend, während von der Mitte der Saugscheibe aus radiäre Muskelfasern ausstrahlen.

Wir reißen nunmehr einige Ampullen mittels Pinzette von ihrer Unterlage ab.

Es werden dadurch zwei alternierende Längsreihen von Spalten sichtbar, welche das Skelett durchbohren, und die zum Durchtritt der Ampullenkanäle dienen (siehe Fig. 79 Armstück II).

Wir sehen uns bei dieser Gelegenheit das Armskelett etwas näher an. In der Mittellinie stoßen schmale Kalkplatten, die Ambulacralplatten, dachförmig zusammen, die wirbelähnlich miteinander verbunden sind. Wir sehen gleichzeitig, daß die Löcher für die Ampullenkanäle alternierend zwischen diesen Platten hindurchgehen.

Wir kommen nunmehr zur Präparation des Nervensystems.

Von der Ventralseite aus werden die Füßchen vorsichtig mit der Pinzette entfernt (Fig. 81).

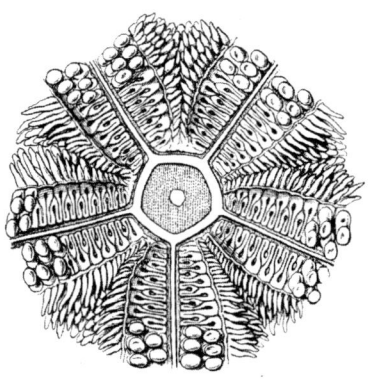

Fig. 81. Orales Nervensystem von *Asterias rubens*. Der Ringnerv und die fünf Radiärnerven. Orig.

Wir sehen alsdann im Grunde der Ambulacralfurche einen deutlichen Längsstrang, den Radiärnerven, liegen. Dieser Radiärnerv tritt mit den in den anderen Armen liegenden in einen den Schlund umgebenden Ringnerven ein, dessen Präparation sich schwerer ausführen läßt.

Außer diesem oberflächlichen, oralen Nervensystem, welches früher allein bekannt war, ist noch ein darunter liegendes Nervensystem, sowie ein apicales Nervensystem vorhanden, auf dessen Präparation indessen verzichtet werden muß.

Es werden nunmehr fertige mikroskopische Präparate, Querschnitte durch den entkalkten Arm eines jungen Seesternes, gegeben.

Zunächst müssen wir uns daran erinnern, daß die den Arm umgebenden Skelettstücke durch den Prozeß der Entkalkung nicht mehr scharf abgegrenzt sind. Wie die etwas schematisierte Abbildung (Fig. 82) zeigt, liegen seitlich von den beiden die Ambulacralfurche bildenden Ambulacralplatten die Adambulacralplatten, an die sich als

128   9. Kursus: Echinodermata.

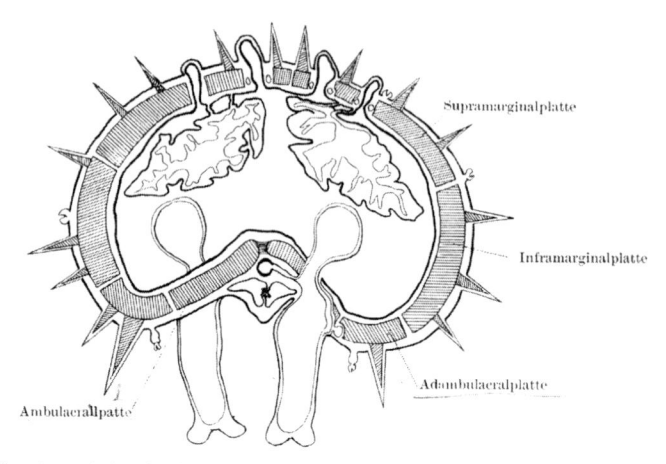

Fig. 82. Querschnitt durch einen Arm von *Asterias rubens* mit eingezeichneten Skelettstücken, schematisiert. Orig.

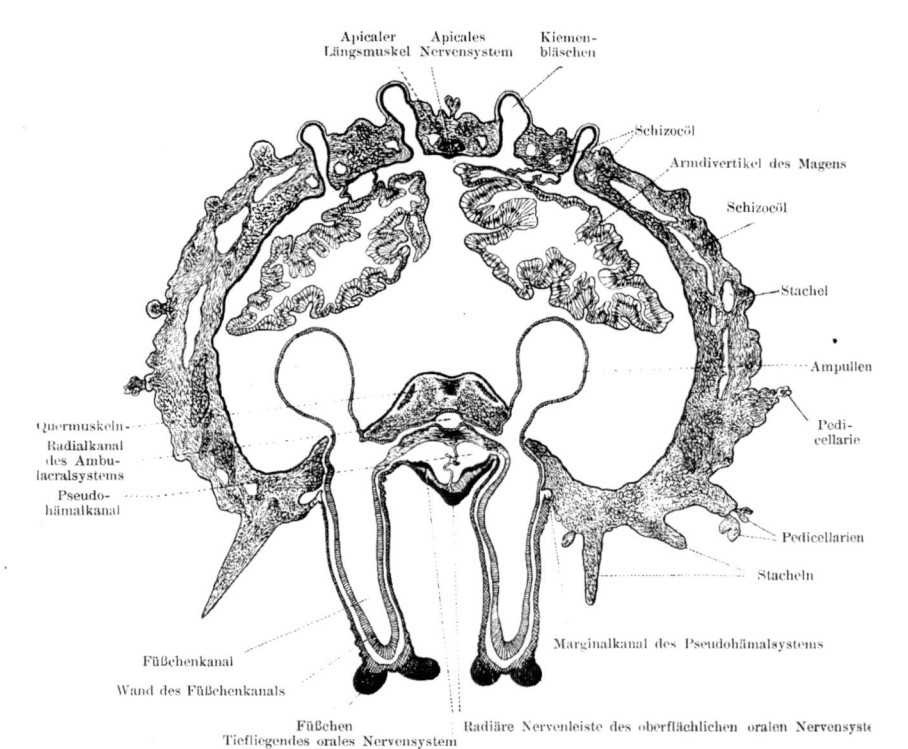

Fig. 83. Querschnitt durch einen entkalkten Arm von *Asterias rubens*. Orig.

seitliche Begrenzungen des Armes die Infra- und Supramarginalplatten anschließen, während sich dorsal die mit vielen Kalktäfelchen besetzte Rückenhaut befindet. An unserem vorliegenden Querschnitt ist die Ambulacralfurche leicht aufzufinden, so daß man sich ohne Schwierigkeit orientieren kann.

An den Seiten wie auf dem Rücken des Querschnittes sehen wir zwischen den Skelettplatten Lücken, aus denen bläschenförmige Ausstülpungen der Leibeswand hervortreten. Dies sind die, der Atmung dienenden Kiemenbläschen, deren Hohlraum also nur ein sich vorwölbender Teil der Leibeshöhle ist.

Auch die dazwischen sitzenden Pedicellarien sind deutlich zu sehen. Ein gutes Präparat der Pedicellarien erhält man, wenn man in der Nähe des Mundfeldes die Stacheln abschneidet, auf denen Pedicellarien in Gruppen sitzen, und sie, ohne sie zu färben, in Glyzerin auf den Objektträger bringt. Die Pedicellarien sind sämtlich nur zwei-

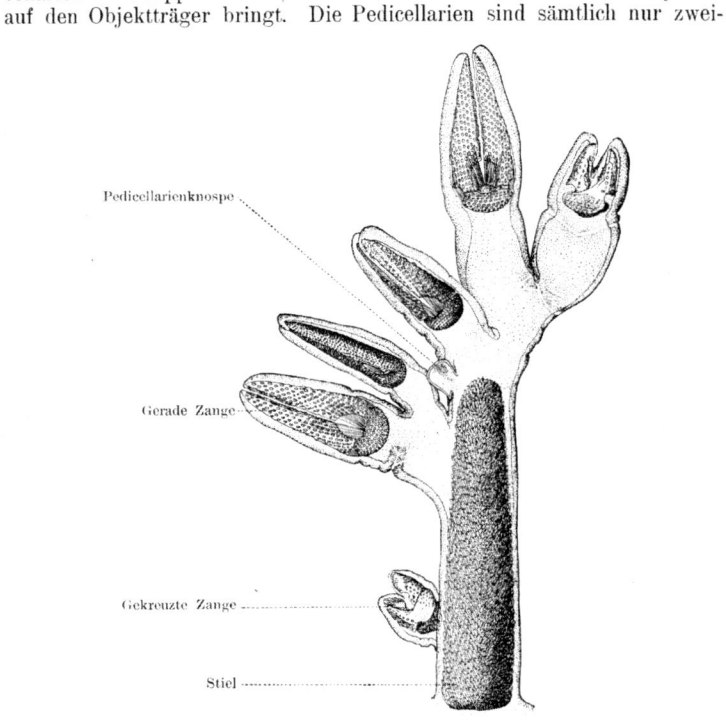

Fig. 84. *Asterias rubens*. Gruppe von Pedicellarien auf einem Stachel. Orig.

klappig, aber verschieden ausgebildet. So gibt es außer „geraden" noch „gekreuzte" Formen, bei denen die Blätter im Gelenk kreuzweise miteinander verschränkt sind (siehe Fig. 84).

Im Innern des Armes liegen, der dorsalen Seite genähert, die ansehnlichen Querschnitte der gegabelten Darmdivertikel des Magens. Auf der ventralen Seite befinden sich die Ampullen, meist nur eine auf jeder Seite, da sie ja alternierend angeordnet sind. Auch der zu den Füßen führende Ampullenkanal ist deutlich sichtbar (Fig. 83).

Von dem Radialkanal des Wassergefäßsystems, welches in der Tiefe der Ambulacralfurche liegt, gehen die Füßchenkanäle seitlich zu den Füßchen ab.

Sehr deutlich zu sehen ist das oberflächliche orale Nervensystem, (s. Fig. 81 u. 83), welches als vorgewölbte Platte die Ambulacralfurche bedeckt. Zwischen diesem Radialnerv und dem Radialkanal des Wassergefäßsystems liegt ein Hohlraum, durchzogen von einem senkrechten Bande, in dessen Mitte ein zarter Strang quergeschnitten ist, der früher als radiales Blutgefäß beschrieben wurde. Es führt zu einem den Mund umgebenden Ring, welcher mit dem schon erwähnten Axialorgan in Zusammenhang steht, und als **Pseudohämalkanal** bezeichnet wird.

II. Echinoidea, Seeigel.

A. Allgemeine Übersicht.

Die Seeigel haben einen **kapselförmigen Körper**, ohne gegliederte Arme. Ihre Körperwand ist mit einem starken Plattenpanzer versehen, der fast ausnahmslos so fest durch Nähte zusammengefügt ist, daß nur an beiden Polen der vertikalen Hauptachse ein beweglicher Teil des Integumentes übrig bleibt. Das untere, den Mund umgebende Feld ist das **Peristom**, das obere, in welchem der After liegt, heißt **Periproct**. Zwischen beiden liegt, bei den regulären Seeigeln in zehn Doppelreihen angeordnet, das Plattenskelett. Es alternieren miteinander fünf Ambulacra und fünf Interambulacra, erstere von den Ambulacralfüßchen durchbohrt.

Die fünf Ambulacra endigen am Periproct in fünf Platten, den **Ocellarplatten**, die fünf Interambulacra ebenfalls in fünf Platten, den **Genitalplatten**, von denen eine meist als **Madreporenplatte** fungiert.

Im Periproct findet sich, meist exzentrisch, der After; ein zusammenhängendes Skelett fehlt hier, ebenso wie im Peristom, in dessen Mitte die **Mundöffnung** liegt.

Bei den irregulären Seeigeln ist das Afterfeld aus dem Kreis der Ocellar- und Genitalplatten heraus in einen Interradius gerückt, mitunter bis in die Nähe des Mundfeldes. Die Ambulacra sondern sich bei diesen Formen in einen ventralen, füßchentragenden und einen dorsalen, tentakeltragenden Abschnitt. Letzterer zeigt gewöhnlich die Gestalt einer fünfstrahligen, blumenkronenartigen Rosette (**petaloide Form**).

Bei manchen irregulären Seeigeln ist auch das Mundfeld nach vorn verschoben, und dadurch ergeben sich große Änderungen in der Gestaltung des Skelettes.

Ambulacra wie Interambulacra sind bedeckt mit kleinen, halbkugeligen Höckern, auf denen durch Muskeln bewegliche **Stacheln** inseriert sind. Auch **Pedicellarien** finden sich, besonders häufig in der Umgebung des Mundes, vor. Der Mund ist bei den regulären und einigen irregulären Seeigeln mit fünf Zähnen bewaffnet, die in einem komplizierten Gerüst von 25 Kalkstücken, der **Laterne des Aristoteles**, liegen (s. Fig. 90).

Der lange Darmkanal ist ein ansehnlicher zylindrischer Schlauch, der durch ein dorsales Mesenterium an der Schalenwand befestigt wird. Er ist spiralig aufgewunden, meist in einer doppelten Spirale, indem er erst eine ganze Windung von links nach rechts, dann eine rückläufige Windung von rechts nach links beschreibt. Der After liegt meist exzentrisch, bei einigen auch zentral, doch ist diese zentrale Lage erst sekundär erworben (Fig. 85).

Die erste Spiralwindung des Darmes wird begleitet von einem engen Nebendarm, der vom Ende des Ösophagus entspringt und am Ende der ersten Windung wieder in den Hauptdarm einmündet (s. Fig. 89).

Das Ambulacralsystem ist folgendermaßen gebaut. Von der Madreporenplatte geht der Steinkanal fast senkrecht nach abwärts, in enger Verbindung mit dem schon bei den Seesternen erwähnten Achsensinus, und mündet in den Ringkanal ein, der meist auf der inneren, pentagonalen Basis der „Laterne" liegt. Die fünf davon abgehenden Hauptkanäle ziehen an der Außenfläche der Laterne herab und treten dann an die Innenfläche der Panzerkapsel, in der Mittellinie der Ambulacra verlaufend und in den Ocellarplatten endigend.

Jede Ambulacralplatte erhält von ihnen einen Querast, der zu einer Ampulle führt. Von jeder Ampulle treten zwei Kanäle zu den meist mit Saugscheibe versehenen Füßchen. Die Ambulacralplatten weisen also stets Doppelporen auf. Die Ambulacralfüßchen sind differenziert in Saugfüßchen, pinselförmige Fühler in der Nähe des Mundes und blattförmige Kiemenfüßchen. Sie dienen teils der Fortbewegung, teils dem Tasten und chemischer Perzeption, teils der Atmung.

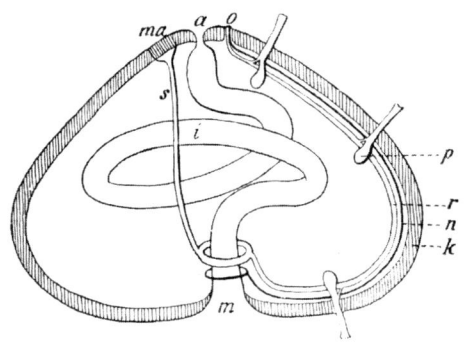

Fig. 85. Schematischer Längsschnitt eines Seeigels (aus BOAS). Der Schnitt geht rechts durch ein Ambulacrum, links durch ein Interambulacrum.
a After; *i* Darm; *k* Leibeswand; *m* Mund; *ma* Madreporenplatte; *n* Radiärnerv; *o* empfindliche Hautstelle; *p* Ampulle; *r* Radiärkanal; *s* Steinkanal.

Im Umkreis des Mundes liegt der Nervenring, von dem aus fünf Nerven abgehen, die gemeinsam mit den Hauptkanälen verlaufen.

Die Geschlechtsorgane liegen im Dorsalteile der Panzerkapsel, gewöhnlich als fünf traubige Drüsen, die durch fünf interradiale Mesenterien an der Innenfläche der Rückenwand befestigt sind. Ihre Ausführgänge münden durch die Löcher der Genitalplatten aus.

B. Spezieller Kursus.

Echinus esculentus (L.).

Der uns vorliegende Seeigel stellt ein Sphäroid dar, mit einer abgeplatteten Unterseite, in deren Mitte der von fünf Zähnchen umstellte Mund liegt, und einer gewölbten Oberseite.

Die gesamte Oberfläche, mit Ausnahme der Umgebung des Mundes und des entgegengesetzt liegenden Afters, ist mit kurzen Stacheln bedeckt, die, im Leben beweglich, auf runden Tuberkeln sitzen. Wir betrachten zunächst ein getrocknetes Exemplar, an welchem die Stacheln entfernt sind, und beginnen mit der Umgebung des Afters. In der Mitte der dorsalen Wölbung liegt das Afterfeld, bedeckt mit unregelmäßigen Kalkplättchen. Die etwas exzentrisch darin liegende Öffnung ist der After. Um das Afterfeld herum sehen wir zwei Kreise von Kalkplatten liegen. Der innere besteht aus fünf größeren fünfeckigen Platten, Basalia oder Genitalplatten genannt, weil durch je ein großes Loch in ihnen die fünf Genitaldrüsen nach außen münden. Eine dieser Platten ist besonders groß und an ihrer Oberfläche von unzähligen feinen Poren durchsetzt. Das ist die Madreporenplatte.

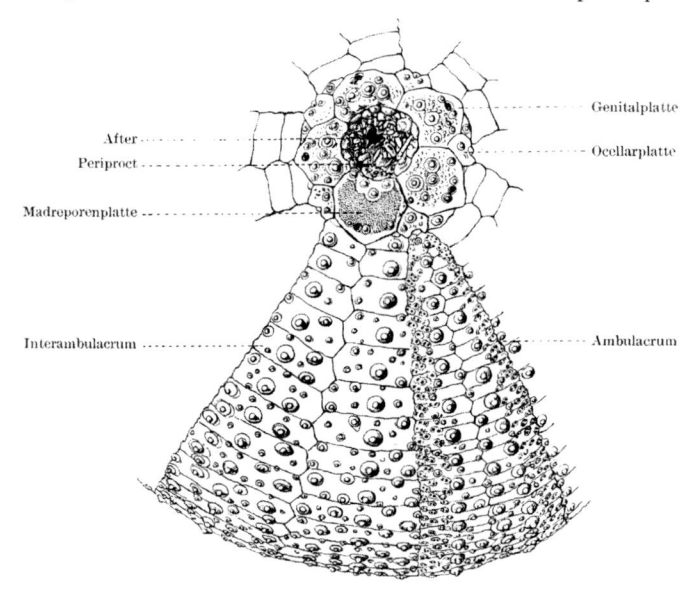

Fig. 86. Dorsalfläche von *Echinus esculentus*. Orig.

Der äußere Plattenkreis schiebt sich zwischen die Genitalplatten etwas ein und besteht ebenfalls aus fünf fünfeckigen Stücken, den Radialplatten, auch Ocellarplatten genannt (Fig. 86).

Auch in jeder von diesen findet sich ein allerdings viel engerer Kanal, der deutlich sichtbar wird, wenn man das Schalenstück gegen das Licht hält.

Von diesen beiden Plattenkreisen aus ziehen in Meridiane gestellte Plattenreihen nach abwärts, die Schale bildend. Wir zählen 20 solcher Reihen, die paarweise vereinigt sind, also zehn Doppelreihen. Fünf derselben gehen von den Radialplatten aus und heißen Ambulacra; mit ihnen alternieren die fünf anderen an die Genitalplatten anstoßenden Doppelreihen, die Interambulacra. Die Naht zwischen je zwei gleichartigen Plattenreihen bildet eine Zickzacklinie.

Die Ambulacra sind leicht daran zu erkennen, daß sie allein von Poren durchsetzt sind, die stets paarig auftreten. Auf jeder Platte finden sich drei solcher Porenpaare, die stets nach den äußeren Rändern jeder Doppelreihe zu liegen, während der mittlere Teil mit runden, stacheltragenden Tuberkeln besetzt ist.

Die gleichen Stachelwarzen finden wir in ziemlich regelmäßiger Anordnung auf den Interambulacra wieder.

Ambulacra wie Interambulacra endigen an dem fünfeckig gestalteten Mundfeld.

Wir nehmen nun das in Alkohol konservierte Exemplar und legen es unter Wasser ins Wachsbecken, das Mundfeld nach oben.

Zunächst betrachten wir das Mundfeld etwas genauer. Es erweist sich als eine dünne weiche Membran, in deren Mitte sich der von fünf weißen Zähnchen umstellte Mund befindet. Um den Mund herum stehen zehn größere Mundfüßchen, welche eine zweilappige Endscheibe tragen, und die als Sinnesorgane (eines chemischen Sinnes?) aufgefaßt werden (Fig. 88) und wahrscheinlich die Nahrungssuche vermitteln. An der äußeren Peripherie des Mundfeldes stehen fünf Paar verästelter Anhänge, in jedem Interradius ein Paar, das sind die Kiemen, hohle Ausstülpungen der Mundhaut, deren Hohlraum mit Leibesflüssigkeit ausgefüllt ist. Zwischen den Stacheln liegen zahlreiche, verschieden geformte und verschiedenen Zwecken dienende Pedicellarien.

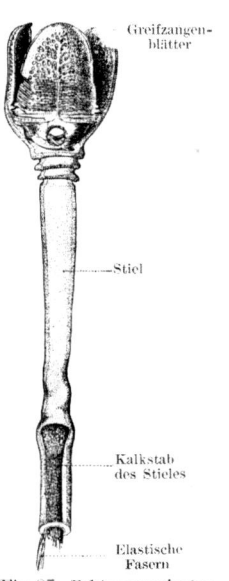

Mit der feinen Pinzette werden einige Pedicellarien vorsichtig von ihrer Unterlage abgehoben, auf einen Objektträger in Glyzerin gebracht und unter dem Mikroskop bei schwacher Vergrößerung betrachtet.

Man sieht alsdann, daß diese kleinen Greifapparate aus einem Stiel und drei diesem aufsitzenden, beweglichen Klappen bestehen. Der Stiel enthält in seinem untersten Teil einen starren Kalkstab, der von einer Scheide elastischer Fasern umgeben ist. Der obere, elastische Stielteil kann sich gelegentlich unten spiralig drehen, oben fernrohrartig ineinander schieben (s. Fig. 87).

Fig. 87. *Echinus esculentus*, Pedicellarie. Orig.

An dem in Alkohohl konservierten Exemplar lassen sich ferner die dem Skelett aufsitzenden Stacheln genauer untersuchen. Sie sind mit einem der Schale fest aufsitzenden Tuberkel gelenkig verbunden, und zwar durch eine Tuberkel und Stachelbasis verbindende Kapsel, der die Muskulatur angelagert ist. Zwischen den zahlreichen Stacheln sieht man, in den Ambulacra, die fünf Doppelreihen von Füßchen liegen, welche beim lebenden Tier sehr ausdehnungsfähig sind, und ähnlich funktionieren wie beim Seestern.

Es wird nunmehr der Körper des Seeigels geöffnet. Am besten geschieht das mit Hilfe einer Laubsäge. Etwas unterhalb der Mitte wird die Schalenwand ringsherum horizontal aufgesägt, dann werden die beiden Schalenhälften vorsichtig etwas voneinander entfernt, aber nicht gleich auseinander geklappt. Etwas langwieriger, aber lohnender, ist das Heraussägen der Ambulacra, so daß breite Fenster entstehen, durch welche man die innere Organisation überschauen kann.

Wir blicken jetzt in die von der Schale gebildete Höhle hinein und betrachten zunächst den Steinkanal. Er durchzieht dorsoventral den Innenraum von der Madreporenplatte zum Ringkanal. Am besten sieht man ihn, wenn man die beiden Schalenhälften nach dem Aufsägen nicht gleich auseinanderklappt, sondern vorsichtig ein wenig voneinander entfernt, so daß man durch den Spalt ins Innere blicken kann.

Der Darm (Fig. 89) ist an der Schalenwand durch Mesenterien befestigt. Gehen wir von der Mundöffnung aus, so sehen wir den Darm

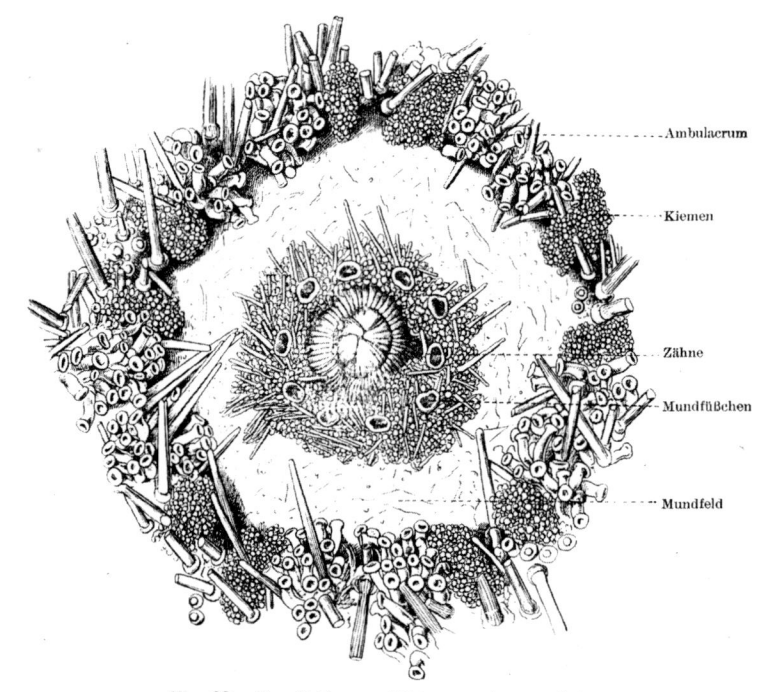

Fig. 88. Mundfeld von *Echinus esculentus*. Orig.

aus dem oberen Ende eines komplizierten Apparates, des Kauapparates, austreten. Er steigt schräg dorsalwärts in die Höhe, biegt dann um, tritt an die Innenseite der Schale und macht in der Richtung des Uhrzeigers unten einen Umgang, dann biegt er nach oben gewendet auf sich selbst zurück, um in entgegengesetztem Sinne oben einen zweiten Umgang bis zum Afterdarm zu machen.

Wir entfernen nunmehr den Darm vorsichtig.

Vom Wassergefäßsystem sehen wir nur die Ampullen, welche an der Innenwand der Ambulacra als abgeplattete, zarte Gebilde erscheinen.

Der Ringkanal, welcher den Schlund auf der Oberseite des Kauapparates umgibt, ist schwer zu präparieren und ebenso die fünf von ihm abgehenden Radiärgefäße, welche zunächst innerhalb des Kauapparates verlaufen und dann erst hervortreten, um dorsalwärts emporzusteigen und blind zu endigen. Seitlich von ihnen alternierend austretende Zweige gehen in die Ampullen. Man bringt sie durch vorsichtige Wegnahme der Ampullen zur Ansicht. Jede Ampulle steht mit dem entsprechenden Füßchen durch zwei die Schale durchbohrende Kanäle in Verbindung (s. Fig. 90).

Die Geschlechtsorgane sind bei großen Exemplaren sehr stark entwickelt und bilden fünf traubige, miteinander verschmelzende Organe,

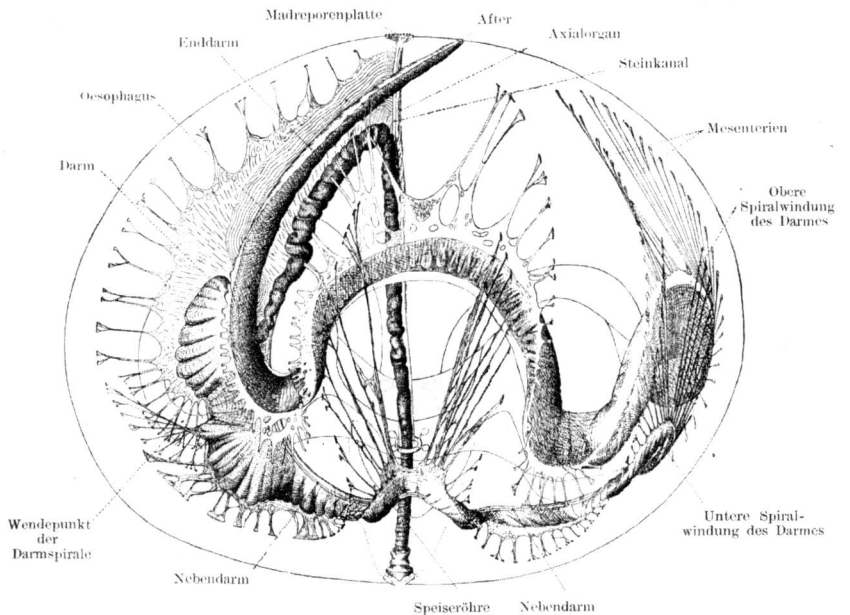

Fig. 89. *Echinus esculentus*. Der Verlauf des Darmes (Schale und Ambulacralsystem sind weggelassen). Orig.

die an der dorsalen Schalenwand angeheftet sind und interambulacral liegen.

Schließlich wenden wir uns zur Betrachtung des komplizierten Kauapparates, des von Plinius als „Laterne des Aristoteles" bezeichneten Organes, welches von einer Membran, der Wandung der Leibeshöhle, überzogen ist (Fig. 90). Schon bei der Betrachtung der äußeren Körperform hatten wir fünf vorstehende, elfenbeinweiße Zähnchen gesehen. Lösen wir die Laternenmembran vorsichtig ab, so sehen wir die fünf Zähnchen im Innern von fünf stützenden Pyramiden, den Kiefern, liegen. Auf der inneren Oberfläche befinden sich, wie Speichen eines Rades, fünf nach dem Zentrum zustrebende Zwischenkieferstücke (Rotulae) und über diesen fünf Gabelstücke.

Dieses komplizierte Skelett wird durch eine große Anzahl Muskeln in Bewegung gesetzt. Zum Teil inserieren sich dieselben an einem die

Peripherie der Mundscheibe umgebenden, nach innen vorspringenden Skelettring, welcher fünf ambulacral liegende, bogenförmige Erhebungen aufweist: die Aurikeln. Die Zähne werden aneinandergepreßt durch sehr kräftige Muskeln zwischen den einzelnen Kiefern, die Interpyramidalmuskeln, und auseinandergezogen durch die Muskeln, die an den äußeren und inneren Enden der Rotulae sitzen und die Rotulae wie Keile von oben her zwischen die einzelnen Kiefer treiben, wobei die fünf Muskelpaare, welche von der Spitze der Aurikeln nach unten an die Kieferstücke gehen, mitwirken. Das Herabziehen einzelner Kiefer und das Senken der ganzen Laterne wird durch die fünf Muskel-

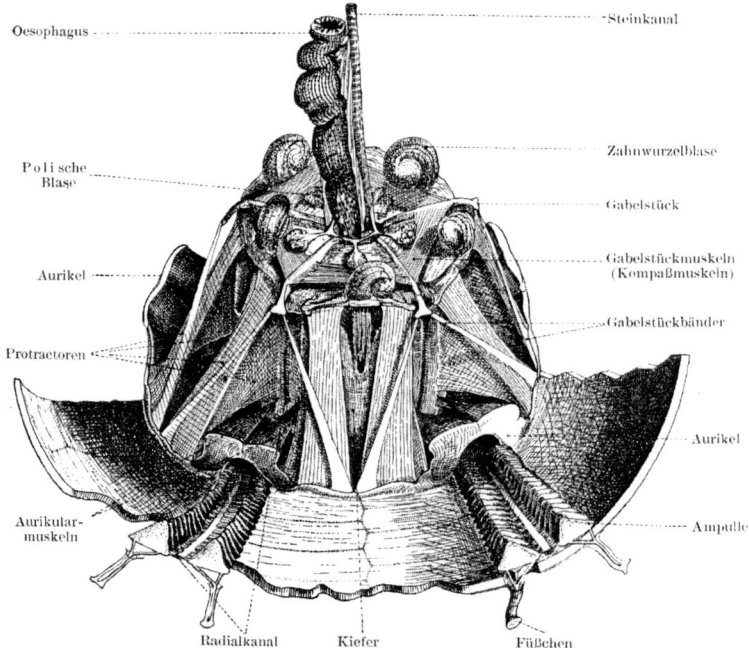

Fig. 90. Kauapparat von *Echinus esculentus*. Die feine Membran, die über den ganzen Apparat gespannt ist, ist an den Seiten weggelassen. Orig.

paare besorgt, die am oberen und seitlichen Rande jeder Pyramide ansetzen und in die interambulakralen Vertiefungen zwischen je zwei Aurikeln ziehen. Als Antagonisten wirken beim Neigen die Mundmembran und die Interpyramidalmuskeln und beim Senken die Aurikularmuskeln. Von anderen Muskeln sind u. a. vorhanden ein auf der oberen Fläche liegender fünfeckiger Ring, welcher die fünf Stiele der Gabelstücke miteinander verbindet, sowie zehn dünne, von den gegabelten Enden der Gabelstücke nach unten ziehende Muskeln, die den Druck innerhalb der Laterne im Dienste der Atmung und der Freßbewegungen regulieren.

III. Holothurioidea, Seewalzen.
A. Allgemeine Übersicht.

Die Körperform der Holothurien ist eine langgestreckte, zylindrische, indem die Hauptachse bedeutend länger ist als die Nebenachsen. Die Tiere nehmen dadurch eine wurst- oder gurkenförmige, häufig auch wurmförmige Gestalt an.

Die radiale Symmetrie wird dadurch stark verwischt, daß die Tiere konstant mit einem bestimmten Teile der seitlichen Körperwand dem Boden aufliegen. Diese Seite wird die Bauchseite genannt, die andere die Rückenseite.

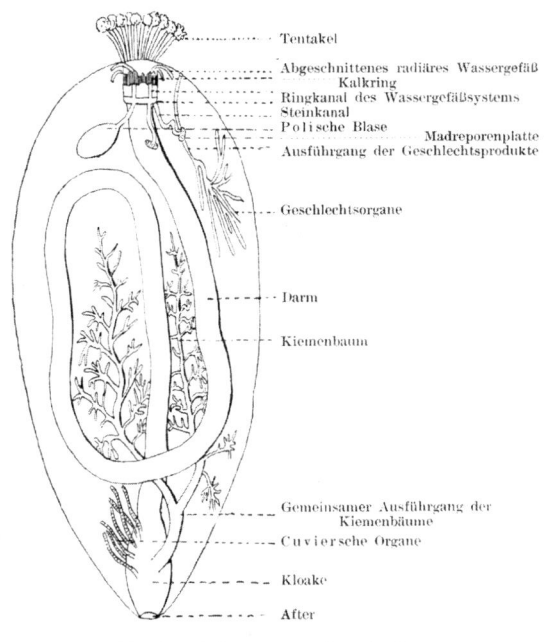

Fig. 91. Schema einer Holothurie.

Das Hautskelett ist reduziert auf kleine Kalkkörperchen und nur den vordersten Darmteil umgibt ein Ring von 10 größeren Skelettstücken. Die Körperwand ist daher sehr weich.

Um den Mund herum steht ein Kranz von Fühlern oder Tentakeln, bald krausenartig gefaltet, bald zierlich verästelt (s. Fig. 92). Ihr Hohlraum steht mit dem Wassergefäßsystem in Verbindung.

Der Darmkanal ist ein einfacher zylindrischer Schlauch von der drei- bis vierfachen Körperlänge und in eine longitudinale Spiralwindung zusammengelegt. Mesenterien befestigen ihn an der Körperwand. Um den muskulösen Schlund herum liegt der Kalkring, meist aus fünf größeren perradialen und fünf kleineren interradialen Platten bestehend.

Der Enddarm erweitert sich zur Kloake und nimmt ein Paar mächtige, baumförmig verästelte Drüsen, die Kiemenbäume, auf, die man als „Wasserlungen" bezeichnet hat, da sie durch Aufnahme und Ausstoßen von Wasser als Atmungsorgane dienen.

Bei vielen finden sich noch besondere Organe, die als Differenzierungen der Kiemenbäume zu betrachten sind: die CUVIERschen Organe, lange, klebrige Schläuche von unbekannter Funktion.

Das Ambulacralsystem ist nach dem allgemeinen Echinodermentypus entwickelt, zeigt aber mancherlei Rückbildungen. Der Ringkanal liegt hinter dem Kalkring; von ihm aus geht meist nur ein Steinkanal, dem gegenüber eine einzige POLIsche Blase liegt. Bei einigen kann sich die Zahl der Steinkanäle und POLIschen Blasen vermehren. Der Steinkanal führt nicht in die Leibeswand, sondern hängt frei in dem Leibeshohlraum, an seinem Ende mit einer durchlöcherten Madreporenplatte versehen.

Vom Ringkanal gehen fünf Hauptkanäle (Radialkanäle) ab, nach dem Afterpol hinziehend, um dort blind zu endigen. Bei manchen können sie gleichzeitig mit den Füßchen rückgebildet werden. Die Füßchen sind meist nicht gleichmäßig entwickelt, sondern nur die drei ventralen Ambulacra (Trivium) haben lokomotorische Füßchen mit Saugscheiben, die beiden dorsalen (Bivium) tentakelartige, welche indessen auch fehlen können.

Die den Mund umgebenden Fühler sind aufzufassen als stark ausgebildete Saugfüßchen. Sie stehen mit den Radialkanälen, seltener mit dem Ringkanal selbst in Verbindung und besitzen meist große Ampullen.

Stark entwickelt bei den meisten Holothurien ist die Muskulatur der Leibeswand, aus Längs- und Ringmuskeln gebildet, die mit der Haut fest verwachsen sind, so daß man von einem Hautmuskelschlauch reden kann. Vorn inserieren sich die Längsmuskelstränge an dem Kalkring.

Das Nervensystem besteht aus einem am Kalkring gelegenen Nervenringe, von dem fünf radiale Stämme der Innenseite des Hautmuskelschlauches entlang verlaufen.

Von Sinnesorganen finden sich außer den Tentakeln bei einigen Holothurien Statocysten mit Statolithen, einige tragen auch an der Basis jedes Fühlers ein Paar schwarze Pigmentflecke mit besonderem Sinnesepithel.

Das Genitalsystem besteht aus einem Paar zusammenhängender Gonaden, die durch eine unpaare Öffnung in der interradialen Medianlinie des Rückens ausmünden.

Viele Holothurien weisen eine große Regenerationsfähigkeit auf. Auf starke, äußere Reize hin stoßen sie einen großen Teil der Eingeweide, besonders den Darm, aus und vermögen dann das Verlorengegangene wieder zu regenerieren.

B. Spezieller Kursus.

Holothuria tubulosa (Gm.).

Wir betrachten zunächst die äußere Körperform dieser Holothurie. Der Körper ist langgestreckt und zylindrisch. Am Vorderende liegt der Mund, umgeben von einem Kranze von 20 kurzen Tentakeln, die bei den meisten Exemplaren eingezogen sind. Diese Tentakel sind an der Oberfläche durch Seitenäste verbreitert und bilden eine annähernd schildförmige Abflachung („Aspidochiroten"). Am entgegengesetzten Pole liegt die Afteröffnung. Die Körperwand weist eine hellere Bauchfläche und eine dunklere Rückenfläche auf, letztere besetzt mit einer Anzahl größerer Warzen, während auf der Bauchseite unregelmäßig angeordnete Saugfüßchen auftreten, die jedoch an unseren konservierten Exemplaren eingezogen sind.

Wir legen die Holothurie unter Wasser in das Wachsbecken und schneiden mit einem Längsschnitt die Körperdecke auf. Man nimmt dazu besser nicht die Schere, sondern das Skalpell, führt den Längsschnitt auf der helleren Bauchseite und hört etwa 1 cm vor der Afteröffnung auf. Dann wird die aufgeklappte Körperwand mittels Nadeln festgesteckt.

Wir beginnen mit der Betrachtung des Darmes. Er liegt in zwei Windungen und ist durch ein dorsales Mesenterium an der Körperwand befestigt. Der vorderste Teil ist der Schlundkopf, hinten geht der Darm in einen erweiterten Abschnitt über, die Kloake, welche durch radiär angeordnete Stränge an die benachbarte Leibeswand befestigt ist (Fig. 92).

Nächst dem Darm fallen am meisten in die Augen zwei seitliche, den Körper der Länge nach durchziehende, stark verästelte Organe, welche in die Kloake einmünden, nachdem sie sich zu einem kurzen, unpaaren Stamme vereinigt haben. Es sind das die Wasserlungen oder inneren Kiemenbäume. Der linke Kiemenbaum wird von einem Blutgefäßnetz umsponnen. In beide strömt frisches Wasser von der Kloake aus ein, und sie dienen also wohl zweifellos der Atmung.

Sehr deutlich ist an unserem Präparat das Blutgefäßsystem zu sehen, dem indessen eine regelmäßige Zirkulation vollkommen fehlt. Es stellt sich als ein System von Lakunen dar, die an dem Darm zu zwei Gefäßstämmen zusammentreten. Das Dorsalgefäß wird auf die größte Strecke des Darmes hin zu dem Randgefäß eines „Wundernetzes", welches man sich als eine vielfach durchbrochene Membran sich an den Darm anheftet.

Vom Wassergefäßsystem sehen wir zunächst eine große Blase in der Nähe des Schlundes: die Polische Blase (seltener sind es zwei), und wenn wir diese nach ihrer Basis hin verfolgen, so treffen wir auf den Ringkanal, welcher den Schlund eng umfaßt.

Nun müssen wir, vom Ringkanal ausgehend, die Steinkanäle aufsuchen. Bei den meisten Holothurien erreichen die Steinkanäle die äußere Körperoberfläche nicht mehr, sondern hängen frei in dem Leibeshohlraum, und so sehen wir auch an unserem Präparate auf der dorsalen Seite des Schlundes kleine, keulenförmige Gebilde von dem Ringkanal abgehen, welche die Steinkanäle repräsentieren.

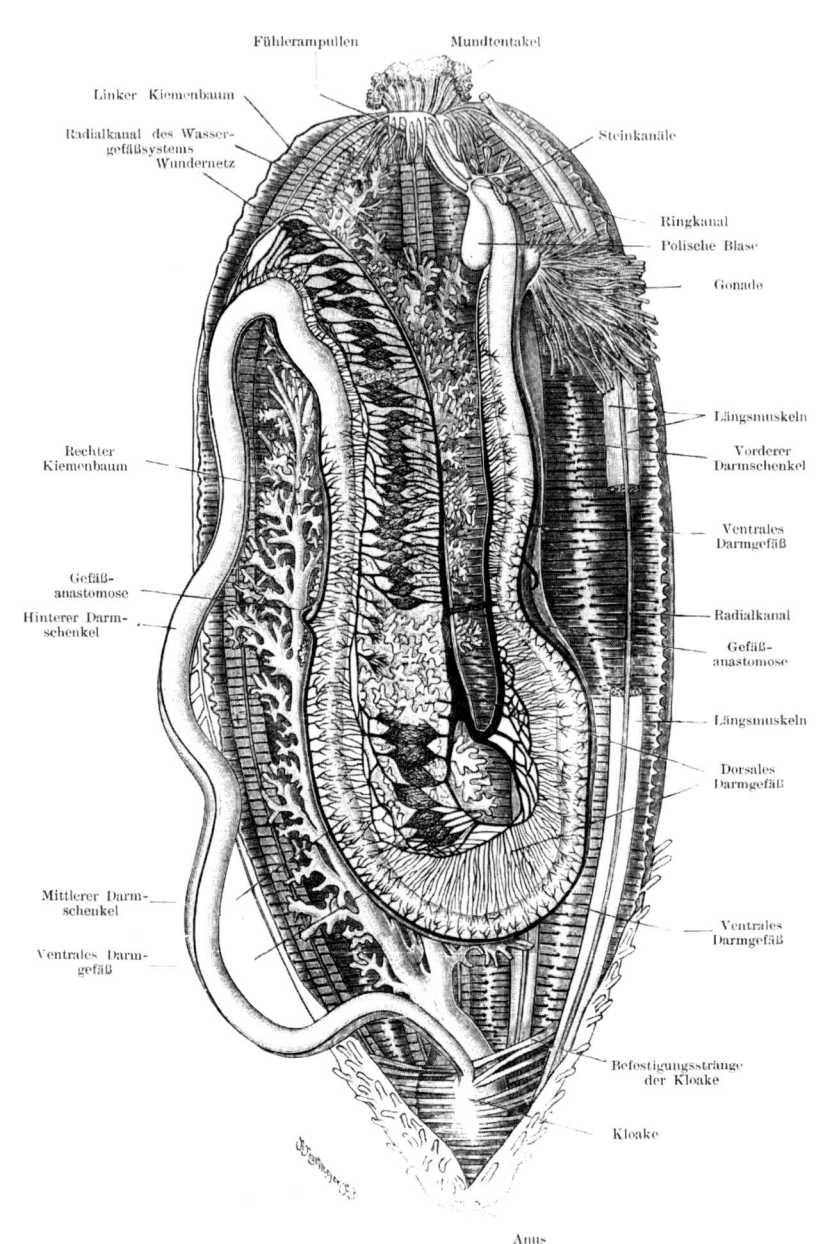

Fig. 92. Organisation von *Holothuria tubulosa* (nach CARUS, aus LANG). Das Blutgefäßsystem schwarz.

Vom Ringkanal gehen fünf Radialkanäle aus, zunächst den Schlund entlang nach vorn verlaufend, dann an die Körperwand abbiegend. Sie laufen dann, blind endigend, nach dem After zu.

Von ihnen gehen alternierend seitliche Äste ab, die sich zu den Ampullen der Füßchen begeben. Die Ampullen liegen nicht frei in der Leibeshöhle, sondern unter der Ringmuskelschicht, hier und da vorschimmernd.

Um sich diese Verhältnisse zu veranschaulichen, trägt man vorsichtig ein Stückchen der Muskulatur von der Leibeswand ab und klappt es um.

Auch in die Tentakel gehen Äste des Wassergefäßsystems hinein, aber nicht etwa vom Ringkanal, sondern von den Radialkanälen aus. Nach hinten zu geben diese Fühlerkanäle langgestreckten Hohlschläuchen, den Fühlerampullen, den Ursprung, die wir leichtlich als zarthäutige, nach hinten gerichtete Schläuche auffinden. An ihrer Basis sehen wir den weiß schimmernden Kalkring, welcher den Schlund umgibt, aus zehn Stücken bestehend. An seiner Innenseite verläuft der Nervenring und die fünf starken Längsmuskeln des Körpers heften sich an ihn an.

Dicht unter dem Steinkanal liegt eine aus mehreren verästelten Schläuchen zusammengesetzte Drüse: die Geschlechtsdrüse, von der ein gemeinsamer Ausführungsgang nach vorn geht, um auf der Dorsalseite nach außen zu münden.

Wir entfernen nunmehr Darm und Wasserlungen und betrachten die Körpermuskulatur.

Der Hautmuskelschlauch stellt sich dar als bestehend aus fünf in den Radien verlaufenden Längsmuskelpaaren und einer äußeren Ringmuskelschicht.

Um die Kalkkörperchen zur Anschauung zu bringen, welche als Reste des reduzierten Skeletts in der Haut liegen, bringt man ein Stückchen Haut auf den Objektträger mit etwas Liquor natr. hypochlor. und wäscht nach einiger Zeit mit Wasser nach. Außerdem werden noch fertige mikroskopische Präparate von Synaptahaut gegeben.

Die Kalkkörperchen erscheinen als ovale, mehrfach durchlöcherte Plättchen von ziemlicher Regelmäßigkeit. Bei den verschiedenen Holothurienarten sind diese Kalkkörperchen verschieden gestaltet; besonders hübsch sind die von *Synapta digitata*, wo zu dem flachen Plättchen stets ein ankerförmig gebautes zierliches Gebilde tritt.

An die Untersuchung von *Holothuria tubulosa* schließen sich Demonstrationen anderer Holothurien, besonders von Synaptiden, an; ferner sind Abbildungen der merkwürdigen schlauchförmigen parasitischen Schnecke *Entoconcha mirabilis* zu erläutern; auch kann der in Kloake und Wasserlungen einer Holothurie (*Stichopus regalis*) lebende kleine Fisch, *Fierasfer acus*, demonstriert werden.

Systematischer Überblick
für den zehnten und elften Kursus.

VI. Stamm.
Mollusca, Weichtiere.

Die Mollusken sind unsegmentierte, ursprünglich bilateral-symmetrische Tiere, deren Körper aus dem Eingeweidesack, dem Augen und Tentakel tragenden Kopf (der bei den Muscheln fehlt), dem ventralen, aus Muskelmasse bestehenden Fuß und dem dorsalen Mantel besteht. Letzterer ist eine Hautfalte, welche gemeinsam mit dem Rückenepithel eine schützende Schale ausscheidet und eine den Rumpf ringförmig umziehende Körperhöhle, die Mantelhöhle, begrenzt, in welcher die paarigen, kammartigen Kiemen liegen. Bei den Muscheln ist die Mantelfalte paarig, indem sie von der dorsalen Mittellinie aus nach rechts und links abgeht, und daher haben die Muscheln paarige Schalen, sowie paarige Mantel- oder Atemhöhlen. Bei den Schnecken und Tintenfischen dagegen ist die Mantelfalte und damit auch Schale nnd Mantelhöhle unpaar.

Das Cölom der Mollusken ist reduziert auf den Herzbeutel, Perikard, einen das Herz umschließenden Sack, aus dem zwei Exkretionsorgane, Nephridien, in die Mantelhöhle führen, und auf die Lumina der Geschlechtsdrüsen.

Das Nervensystem besteht immer aus drei Paar Ganglien: den Hirnganglien (Cerebralganglien), den Fußganglien (Pedalganglien) und den Eingeweideganglien (Visceralganglien). Die Hirnganglien stehen sowohl mit dem Fuß- wie mit den Eingeweideganglien durch Nervenstränge in Verbindung. Den drei Ganglienpaaren entsprechen drei Paar Sinnesorgane. Die Cerebralganglien versorgen die Augen, sowie auch die Tentakel, den Pedalganglien liegen die Statocysten auf, die aber von den Cerebralganglien aus innerviert werden, und in der Nähe der Visceralganglien befinden sich am Mantelrande die als Geruchsorgane gedeuteten Osphradien.

Das Blutgefäßsystem ist nie geschlossen, meist finden sich Lakunen (fälschlich als Leibeshöhle bezeichnet). Das dorsal gelegene arterielle Herz ist ursprünglich mit zwei symmetrischen Vorhöfen versehen.

Fortpflanzung ausschließlich geschlechtlich; vielfach tritt in der Entwicklung eine Metamorphose auf, durch Ausbildung einer modifizierten Trochophoralarve, der Veligerlarve.

Wir unterscheiden vier Klassen: Amphineuren (Urmollusken), Schnecken Muscheln und Tintenfische.

I. Klasse: **Amphineura**, Urmollusken.

Bilateral-symmetrisch. Das Nervensystem ist nicht in Ganglien und Kommissuren gesondert, sondern besteht aus zwei Paar nach hinten ziehenden Längssträngen, einem Paar seitlichen und einem Paar ventralen, die sich in einem bügelartig über den Anfangsdarm liegenden Cerebralstrang vereinigen.

1. Ordnung: **Placophora** (Chitonidae), Käferschnecken.

Acht dorsale, dachziegelartige Schalenstücke. Fuß stark entwickelt; in der Rinne zwischen Fuß und Mantel jederseits eine Reihe Kiemen, paarige Nephridien, paarige Geschlechtsausführgänge, die zu beiden Seiten des Afters ausmünden. Marin. *Chiton.*

2. Ordnung: Solenogastres.

Körper zylindrisch, wurmförmig, keine Schale. Mantelhöhle eine jederseits vom rudimentären, leistenartigen Fuß gelegene Furche, hinten in eine Höhle (Kloake) erweitert, in welche Darm und Nephridien münden. Die Geschlechtsprodukte gelangen ins Perikard und durch die Nephridien nach außen. Marin. *Neomenia, Chaetoderma.*

II. Klasse: Gastropoda, Schnecken.

Körper meist asymmetrisch. Die vier Körperabschnitte, Eingeweidesack, Kopf, Fuß und Mantel, meist wohl entwickelt. Der Fuß ist zum Kriechen bestimmt und daher zu einer Sohle abgeplattet. Kopf mit Tentakeln (Fühlern) und Augen Eingeweidesack meist stark entwickelt, bruchsackartig vorgestülpt und spiralig eingerollt. Die unpaare Mantelfalte überdeckt die Atemhöhle, die sich durch einen Spalt nach außen öffnet. Der Spalt kann durch Verwachsung enger und zu dem verschließbaren Atemloch, Spiraculum, werden. Ein röhrenartiger Fortsatz des Mantelrandes ist der Sipho. Die unpaare Schale entspricht der Form des darunter liegenden Mantels wie des Eingeweideknäuels und ist meist ebenfalls spiralig aufgerollt.

Die spiralige Drehung des Eingeweidesackes bedingt auch eine Verlagerung der Mantelorgane (Kiemen, After, Nierenmündungen, Osphradien). Auch das Herz kann sich verlagern, so daß die Kiemen nicht mehr hinter ihm liegen (Opisthobranchier), sondern vor ihm (Prosobranchier). Durch die Teilnahme des Nervensystems an der Drehung entsteht aus der ursprünglichen Orthoneurie die Chiastoneurie, indem es zu einer Kreuzung der Cerebro-Visceralkommissuren kommt.

Durch Schwinden von Kieme, Niere und Herzvorkammer einer Seite kann sich die Asymmetrie auch innerlich ausprägen.

Am Grunde des Schlundkopfes liegt stets eine mit Zähnchen besetzte Reibeplatte, die Radula.

1. Ordnung: Prosobranchia, Vorderkiemer.

Nervensystem chiastoneur. Die meist unpaare Kieme liegt vor dem Herzen, dessen Vorhof durch die Drehung nach vorn verlagert ist und das Kiemenblut von vorn aufnimmt. Schale kräftig entwickelt. Fuß meist mit Deckel zum Verschluß der Schale. Getrenntgeschlechtlich. Überwiegend marin.

1. Unterordnung: Diotocardia.

Herz mit zwei Vorkammern:
 a) mit zwei Kiemen (Zeugobranchia). *Haliotis, Fissurella.*
 b) mit einer Kieme (Azygobranchia). *Turbo, Trochus, Neritina.*
 c) Kammkiemen rückgebildet, durch sekundäre ringförmige Mantelkiemen ersetzt (Cyclobranchia). *Patella.*

2. Unterordnung: Monotocardia.

Herz mit einer Vorkammer und einer Kieme. *Murex, Cypraea, Paludina.*

2. Ordnung: Heteropoda, Kielschnecken.

Pelagisch lebende Prosobranchier, mit gallertigem, durchsichtigem Körper. Ein Teil des Fußes (Propodium) wird zur Schwimmflosse; die Schale bildet sich zurück. *Carinaria, Pterotrachea.*

3. Ordnung: Pulmonata, Lungenschnecken.

Orthoneur. Wie bei den Prosobranchiern ist die Vorkammer des Herzens nach vorn gewandt. Die Kieme ist verschwunden und durch eine Lunge, ein Gefäßnetz an der inneren Mantelfläche, ersetzt. Hermaphroditen.

1. Unterordnung: Stylommatophora.

Mit vier zurückziehbaren Fühlern, die Augen auf den Spitzen der beiden hinteren. *Helix, Limax, Arion.*

2. Unterordnung: Basommatophora.

Zwei nicht einstülpbare Fühler, die Augen liegen an deren Basis. *Limnaeus, Planorbis.*

4. Ordnung: **Opisthobranchia**, Hinterkiemer.

Orthoneur. Die Vorkammer hinter der Herzkammer empfängt das Blut von der Kieme von hinten her. Kiemen entweder echte Kammkiemen (entsprechend denen der anderen Mollusken) oder accessorische Kiemen, die entweder in zwei Längslinien auf dem Rücken oder in einer Rosette um den After liegen. Zwitter. Schale fehlt meist, ebenso der Mantel. Marin.

1. Unterordnung: **Abranchia**.

Mantel, Schale und Kammkiemen fehlen. *Elysia*.

2. Unterordnung: **Nudibranchia**.

Mantel und Schale fehlen, mit accessorischen Kiemen. *Doris, Aeolis, Tethys, Phyllirhoe.*

3. Unterordnung: **Tectibranchia**.

Mit Mantel Schale und Kammkieme. *Aplysia, Pleurobranchus.*

5. Ordnung: **Pteropoda**, Flossenschnecken.

Pelagische Opisthobranchier (Tectibranchier), Fuß zu zwei als Flossen fungierenden Lappen ausgezogen. Kopf nicht oder wenig gesondert. Marin.

1. Unterordnung: **Thecosomata**.

Beschalt. Kopf nicht gesondert. *Limacina, Cymbulia.*

2. Unterordnung: **Gymnosomata**.

Nackt. Kopf gesondert. *Clio.*

6. Ordnung: **Scaphopoda**.

Zwischen Schnecken und Muscheln stehend. Körper symmetrisch, ebenso Darm und Nervensystem. Nieren paarig. Kiemen fehlen, statt dessen fadenförmige Tentakel an der Schnauzenbasis. Schale röhrenförmig, wie ein Elefantenstoßzahn gekrümmt, beiderseits offen. Radula vorhanden. Marin. *Dentalium.*

III. Klasse: **Lamellibranchiata**, Muscheln.

Körper symmetrisch. Ohne gesonderten Kopf, ohne Radula, ohne Tentakel. Die paarigen Mantellappen umgeben von der dorsalen Mittellinie her den Körper, daher ist auch die meist starke Schale paarig, d. h. zweiklappig; rechte und linke Schale werden durch ein dorsales „Schloß" verbunden; zum Verschluß dienen ein oder mehrere Muskeln. Oft verwächst der Mantel bis auf drei Öffnungen: einen Schlitz zum Durchtritt des meist beilförmigen Fußes, einen Branchialsipho zum Einströmen des frischen Wassers und einen Kloakalsipho zur Entleerung. Die beiden letzteren können auf lang ausgezogenen Röhren stehen. Zwischen Mantel und Körper liegen jederseits die lamellösen Kiemen als je zwei Blätter, jedes wieder aus zwei Lamellen bestehend. Die Symmetrie zeigt sich auch innerlich, indem das Herz rechte und linke Vorkammer hat, paarige Geschlechtsorgane und paarige Nieren (BOJANUssche Organe) vorhanden sind. Der stark gewundene Darm durchbohrt in seinem Endabschnitt Perikard und Herzkammer. Marin und im Süßwasser.

1. Ordnung: **Protobranchia**.

Älteste Gruppe mit einem Paar Kammkiemen im hinteren Teile der Mantelhöhle, mit der Spitze frei nach hinten vorragend. Mantellappen frei, ohne Siphonen, Fuß mit Kriechsohle. *Nucula.*

2. Ordnung: **Filibranchia**.

Die einzelnen Kiemenblättchen der Kammkiemen zu langen Fäden ausgewachsen. *Arca, Mytilus.*

System. Überblick: Mollusca, Weichtiere. 145

3. Ordnung: Ptychobranchia.

Die aufeinander folgenden Kiemenfäden sind durch Brücken verbunden, ebenso auf- und absteigender Schenkel jedes Fadens. *Pecten, Meleagrina, Ostrea.*

4. Ordnung: Elatobranchia.

Zwei Paar gegitterte Kiemenblätter, jedes aus zwei verwachsenen Lamellen bestehend. *Cardium, Dreissena, Unio, Anodonta, Tridacna, Mya, Solen, Pholas, Teredo.*

5. Ordnung: Septibranchia.

Kieme jederseits in ein muskulöses, von Spalten durchbrochenes Septum verwandelt, welches die Mantelhöhle in zwei übereinander liegende Etagen teilt. *Poromya, Cuspidaria.*

IV. Klasse: Cephalopoda, Tintenfische.

Körper symmetrisch, mit hohem Eingeweidesack. Äußerlich zerfällt der Körper in Kopf und Rumpf. Kopf groß, Schlund mit Radula. Fuß vorn einen Armkranz bildend, der nach vorn den Mund umwachsen hat, hinten zum Trichter umgeformt ist, aus dem das Wasser der Mantelhöhle ausgestoßen wird. In der Mantelhöhle zwei oder vier Kammkiemen. Schale äußerlich oder innerlich oder fehlend. Mundöffnung mit zwei starken Hornkiefern (wie ein Papageischnabel). Der Enddarm mündet in der Medianlinie in die Mantelhöhle, seitlich davon münden die paarigen Nieren (vier bei *Nautilus*) und kurz vor dem After der Tintenbeutel. Das unpaare Geschlechtsorgan hat einen unpaaren oder paarigen Ausführgang. Herz mit zwei (bei *Nautilus* vier) Vorkammern.

Nervensystem eine den Schlund umfassende Masse, von Knorpel umhüllt. Sinnesorgane, besonders Augen, hoch entwickelt. Marin.

1. Ordnung: Tetrabranchiata.

Mit wohl entwickelter, äußerer, gekammerter Schale, mit vier Kiemen, vier Herzvorkammern, vier Nieren und zahlreichen Tentakeln um den Mund. *Nautilus,* fossil *Ammoniten.*

2. Ordnung: Dibranchiata.

Mit rudimentärer Schale oder schalenlos, mit zwei Kiemen, zwei Vorkammern, zwei Nieren, acht oder zehn kräftigen, mit Saugnäpfen bewaffneten Tentakeln.

1. Unterordnug: Decapoda.

Schale rudimentär, meist nur „Rückenschulp". Zehn Arme, *Spirula, Loligo, Sepia.*

2. Unterordnung: Octopoda.

Schalenrudiment sehr klein oder fehlend, acht Arme. *Octopus, Argonauta.*

10. Kursus.
Chitonen und Schnecken.

Technische Vorbereitungen.

Die Untersuchung von *Chiton* soll nur als Einleitung in das Studium der Mollusken dienen und es wird daher von einer Präparation abgesehen. Zur Demonstration der äußeren Körperverhältnisse werden große, in Alkohol konservierte Exemplare verteilt, während der innere Bau an fertigen mikroskopischen Präparaten, Querschnitten durch eine kleinere Form, gezeigt wird.

Von Schnecken verwenden wir die große Weinbergschnecke, *Helix pomatia* (L.). Es ist sehr wichtig, die Tiere in ausgestrecktem Zustande zu untersuchen; um dies zu erreichen, werden sie zwei Tage vor Abhaltung des Kursus in ein hohes, bis zum Rande mit abgekochtem Wasser gefülltes Gefäß gebracht, das alsdann mit einem Glasdeckel verschlossen wird. Nach 48 Stunden sind sie erstickt und schön ausgestreckt. Der Zusatz von etwas Chloralhydratlösung beschleunigt den Prozeß. Die Schale bricht man vorsichtig mit einer starken Insektensteckzange von der Mündung her entzwei. Schwacher Alkohol entfernt den Schleim.

Will man die Schnecken in kürzesten Zeit zur Sektion gebrauchsfähig machen, so tötet man die ausgestreckten Tiere durch Einlegen in heißes Wasser, worauf sie sich ganz leicht aus der Schale herausdrehen lassen, dann reinigt man die Tiere von dem anhaftenden Schleim, indem man sie auf kurze Zeit in schwachen Alkohol bringt. Doch sind derartig behandelte Schnecken nicht ganz so schön ausgestreckt wie die erstickten.

I. Chitonen.
A. Allgemeine Übersicht.

Ein Verständnis der Organisation der Mollusken läßt sich am leichtesten gewinnen, wenn wir von ihrer hypothetischen Stammform ausgehen oder vielmehr von einer von dieser abstammenden, als *Prorhipidoglossum* bezeichneten hypothetischen Urschnecke, aus der sich die Schnecken und Muscheln entwickelt haben, nachdem sich aus dem Urmollusk Amphineuren und Cephalopoden abgezweigt hatten.

Nach der Annahme neuerer Autoren kann man sich den Bau dieser hypothetischen Urschnecke folgendermaßen vorstellen. Der Körper ist von vollkommener bilateraler Symmetrie und mit einer einfachen napfförmigen Schale bedeckt. Auf der Unterseite befindet sich ein muskulöser, als Kriechsohle ausgebildeter Fuß. Vorn ist ein Kopf mit Augen und Tentakeln abgesetzt. Am hinteren Körper hat sich eine Hautfalte ausgebildet, welche einen Hohlraum überdeckt, die Mantelhöhle, in der die paarigen, federförmigen Kiemen verborgen sind, neben ihnen liegt ein einfaches Sinnesorgan (Osphradium). Diese ursprünglichen Kiemen bezeichnet man als Ctenidien.

Der Darmkanal beginnt mit dem ventral am Kopfe liegenden Mund, der in einen muskulösen, mit hornigen Kiefern versehenen Schlund

(Pharynx) führt, an dessen Boden eine mit vielen spitzen Hornzähnchen versehene Reibeplatte (Radula) liegt. Es folgt dann der Oesophagus, der Magen mit symmetrischer rechter und linker Leber und der Enddarm, der durch den medianen After in die Mantelhöhle an deren hintersten, höchsten Stelle ausmündet (Fig. 93 und 94).

Das Nervensystem ist vollkommen symmetrisch und besteht aus zwei Cerebralganglien im Kopfe, die durch eine Querkommissur verbunden sind, und auf jeder Seite zwei von jedem Cerebralganglion ausgehenden Längsstämmen, die den Körper von vorn nach hinten durchziehen, zwei unteren im Fuße verlaufenden, den Pedalsträngen, und zwei mehr dorsalen, in der Leibeshöhle liegenden, den Pleurovisceralsträngen, die sich später verbinden. In diesen Nervensträngen sind bereits Ganglien differenziert, so in den Pedalsträngen die Pedalganglien, in den Pleurovisceralsträngen zwei seitlich vom Pharynx liegende Pleuralganglien und zwei weiter hinten liegende Visceralganglien.

Ferner besitzt die Urschnecke eine echte Leibeshöhle, in deren vorderem Abschnitt, der Geschlechtskammer, aus der inneren Wand die Geschlechtsprodukte entstehen, deren hinterer als Herzbeutel (Pericard) das Herz umgibt.

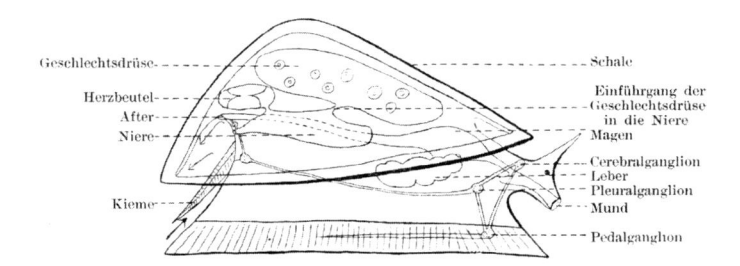

Fig. 93. Schema der hypothetischen Urschnecke (nach PLATE). Seitenansicht.

Die Nieren sind sackförmig; in sie münden ursprünglich die paarigen Ausführwege der Geschlechtsprodukte ein, und ferner stehen sie durch den Renoperikardialkanal in Verbindung mit dem hinteren Leibeshöhlenabschnitt, dem Herzbeutel, nach innen von den Kiemen in der Mantelhöhle ausmündend.

Das arterielle Herz besteht aus der Herzkammer und zwei seitlichen Vorkammern.

Dieser mutmaßlichen Stammform stehen die Amphineuren und unter ihnen die Chitonen oder Käferschnecken am nächsten. Sie weisen aber in ihrer Organisation neben primitiven Merkmalen auch Abweichungen auf, die als spezielle Anpassungserscheinungen zu betrachten sind.

Primitive Merkmale der **Chitonen** sind:
Die ausgesprochene bilaterale Symmetrie, die sich nicht nur in der äußeren Gestalt, sondern auch im inneren Bau kundgibt. Der Körper ist länglich-oval, vorn mit abgesetztem Kopfe, an der Bauchseite mit muskulösem Fuße.

Des Nervensystem ist noch nicht in Ganglien und Kommissuren gesondert, sondern es sind sog. Markstränge, im wesentlichen von der gleichen Anordnung wie bei der oben geschilderten hypothetischen Urschnecke. Ein Cerebralstrang, der durch eine ventrale Kommissur verbunden ist, entsendet nach hinten zwei Markstränge, die Pedalstränge und die Pleuroviszeralstränge, die durch Queranastomosen in Verbindung stehen.

Die bilaterale Symmetrie prägt sich auch aus in der medianen Lage des Afters, der paarigen Leber, Niere und Herzvorkammer.

Die Geschlechtskammern haben eigene paarige Ausführgänge, die sich dicht vor den Nierenmündungen öffnen, während die Gonaden selbst äußerlich unpaar sind.

Primitiv ist auch der Bau der Niere mancher Chitonen, die, aus vier Hauptkanälen mit Seitenzweigen bestehend, sich diffus im Körper ausbreitet und an das Wassergefäßsystem mancher Plathelminthen (Polycladen) erinnert.

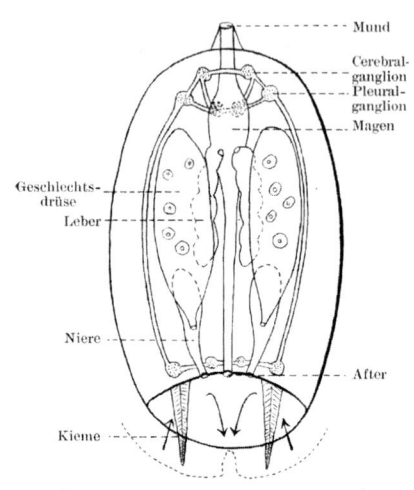

Fig. 94. Schema der hypothetischen Urschnecke (nach PLATE). Flächenansicht.

Diesen primitiven Eigenschaften stehen andere gegenüber, die als sekundäre Anpassungen zu bezeichnen sind. Die Brandung, in der die Chitonen leben, hat die Ausbildung eines breiten Saugfußes veranlaßt. Auch die niedergedrückte, flache Körpergestalt ist darauf zurückzuführen.

Die Mantelhöhle ist zu einer Rinne reduziert. In der Mantelhöhle liegen zahlreiche gefiederte Kiemenblättchen. Durch die Entwicklung der Randkiemen bedingt, entstand eine dorsale, über dem After liegende Vereinigung der Pleuroviszeralstränge.

Ferner brachte die sessile Lebensweise den Verlust von Tentakeln und Augen mit sich. Dafür entwickelten sich (besonders bei tropischen Formen) „Schalenaugen" und auf der Schale liegende Tastorgane.

Als sekundäre Anpassung ist auch die Gliederung der Schale in aufeinander folgende, gegeneinander verschiebbare Stücke zu betrachten, die dem Tier ein Einrollen (etwa wie einem Gürteltiere) gestatten.

B. Spezieller Kursus.

Chiton spec.

Zur Verwendung kommen möglichst große Exemplare eines Chiton, sowie mikroskopische Querschnitte durch die mittlere Körperregion einer kleineren entkalkten Form, z. B. von *Chiton marginatus*.

Das große Exemplar dient nur zur Betrachtung der äußeren Körperform.

10. Kursus: Chitonen und Schnecken.

Auf dem Rücken des länglich-ovalen, flachen Tieres sehen wir in dem Mittelteil die acht hintereinander liegenden verkalkten Schalenstücke dachziegelförmig sich deckend. Jedes derselben besteht aus einer äußeren und einer inneren Schicht. An den Seiten sitzen der Körperoberfläche zahlreiche feine Kalkgebilde, besonders kurze Stacheln, auf.

Die Bauchseite (Fig. 95) zeigt in der Mitte den breiten, äußerst muskulösen Fuß und vorn den deutlich davon abgesetzten, etwas tiefer liegenden Kopf, mit der queren Mundspalte in der Mitte.

Von der häufig als Mantelfalte betrachteten Randzone des Körpers, die ziemlich breit und muskulös ist und ebenso wie der breite, als Saugscheibe wirkende Fuß zur Festheftung des Tieres dient, werden Fuß und Kopf durch eine tiefe Rinne getrennt, die sich ringsherum zieht. In dieser Rinne liegen zu beiden Seiten die dicht aneinander gelagerten Kiemenblättchen, die bei manchen Arten nur am hinteren Teil des Körpers vorkommen.

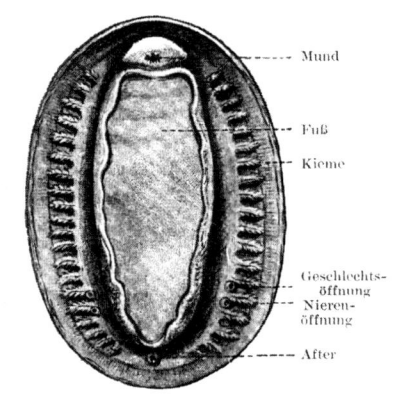

Fig. 95. *Chiton*, von unten gesehen, leicht schematisiert (aus BOAS).

Wir schneiden ein solches Kiemenblättchen mit der feinen Schere heraus, legen es auf einen Objektträger und betrachten es unter Wasser bei schwacher Vergrößerung.

Es zeigt sich, daß die breite, oben spitz zulaufende Kieme aus einer Achse besteht mit zahlreichen zarten Fiederchen auf jeder Breitseite, die lamellenartig dicht nebeneinander liegen.

Es werden nunmehr die Querschnitte durch Chiton zunächst unter schwacher Vergrößerung betrachtet.

Ein solcher Schnitt zeigt etwa folgendes (s. Fig. 96).

Wir orientieren uns zunächst über Rücken- und Bauchseite, letztere leicht kenntlich durch den breiten muskulösen Querschnitt des Fußes. Zu beiden Seiten des Fußes sehen wir die Mantelfalte oder Randzone, mit einer nach innen vorspringenden Lateralleiste und von einem inneren und einem äußeren Mantelmuskel durchzogen. Zwischen Mantelfalte und Fuß liegt jederseits eine tiefe Rinne, in die von oben eine Kieme hineinragt, deren einzelne, transversal gelagerte Blättchen deutlich sichtbar sind.

Gehen wir zur Betrachtung des Integumentes über, so sehen wir eine Besonderheit desselben auf der Dorsalseite der Randzone; hier finden sich nämlich tief eingesenkte Becher, in denen die Kalkstacheln saßen, die bei der Entkalkung des Objektes aufgelöst worden sind.

Eine andere Besonderheit finden wir auf dem Rücken. Ein großer Hohlraum unter dem dorsalen Teile der Haut zeigt die Stelle an, wo die untere, kalkreiche Schicht des Schalenstückes (das Articulamentum) gelegen hat. Die darüber liegende obere, einen Teil der allgemeinen Körpercuticula bildende Schicht (das Tegmentum) ist in unserem

150   10. Kursus: Chitonen und Schnecken.

Präparate erhalten und von Poren durchsetzt, in denen lange Zellen
schräg nach oben gehen, oben auseinanderweichend und in Anschwellungen
endigend, eine größere mit tief becherförmiger Chitinkappe in der Mitte,

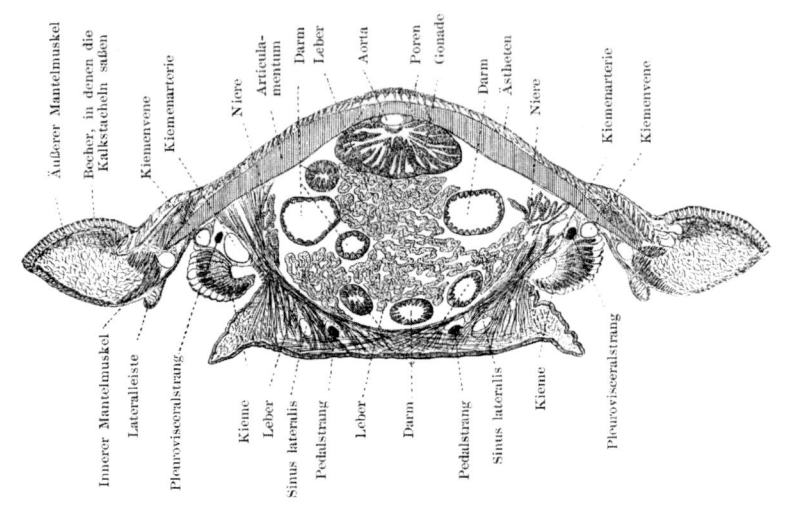

Fig. 96. Querschnitt durch *Chiton*. Orig.

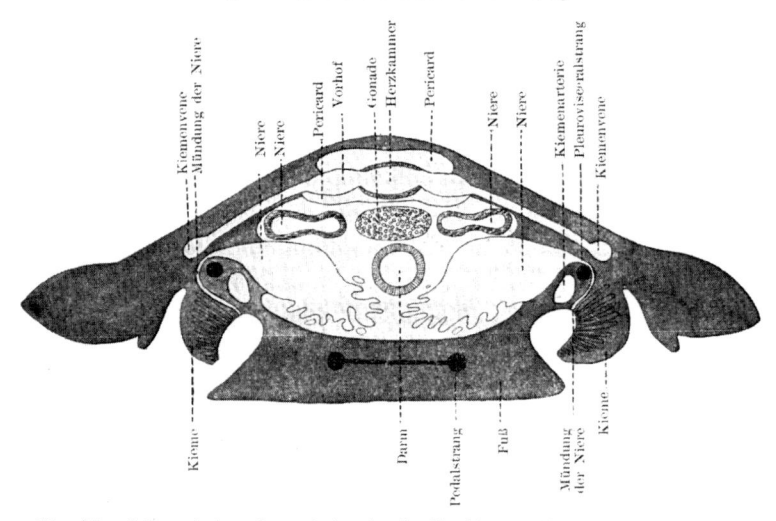

Fig. 97. Schematischer Querschnitt durch die hintere Körperregion von *Chiton* (verändert nach SEDGWICK).

kleinere seitlich davon. Diese Organe werden als Sinnesorgane (Ästheten) aufgefaßt. Bei einigen Formen tragen sie die Augen. Rings um die Schalenstücke herum liegt die „Zone", eine Cuticula, welche mit zahlreichen Stacheln, Borsten, Schuppen usw. besetzt sein kann.

Sehen wir uns nun die inneren Organe an, so fällt uns der mehrfach durchschnittene **Darm** auf; derselbe hat also im Tiere einen geschlängelten Verlauf. Das stark entwickelte, lappig gebaute Organ in der Mitte ist die **Leber**. Dorsal davon liegt in der Medianlinie die **Gonade**, entweder ein Hode oder ein Eierstock. Dorsal von dieser findet sich die **Aorta**. An den Seiten liegen die stark verästelten **Nieren**. Von anderen Blutgefäßen sehen wir über den Kiemen je zwei liegen, das innere, die **Kiemenarterie**, das äußere, die **Kiemenvene**. Zwischen beiden liegt der Querschnitt des äußeren „**Markstranges**", der Pleuroviszeralstrang; auch die beiden inneren, unteren Nervenstränge (Pedalstränge) sind sichtbar, zu beiden Seiten der Mittellinie im Fuße. Nach außen findet davon sich jederseits ein Blutsinus (Sinus lateralis).

Ein weiter hinten geführter Schnitt zeigt uns das **Herz** mit seinen beiden **Vorkammern**, umhüllt vom **Pericard**, darunter in der Medianlinie den **Enddarm** und seitlich von diesem die **Nieren**.

Zum besseren Verständnis dieser Verhältnisse mag der beifolgende schematische Querschnitt dienen (Fig. 97), der in einer etwas weiter nach hinten liegenden Körperregion geführt gedacht ist als der in Fig. 96 abgebildete Schnitt.

II. Schnecken.

A. Allgemeine Übersicht.

Die Schnecken haben meist einen asymmetrischen Körper; der gesamte Mantelkomplex ist auf die rechte (selten auf die linke) Seite, oder dieser entlang nach vorn verschoben. Wie kann man sich nun diese tiefgreifende Asymmetrie entstanden denken? Wir gehen wieder von der hypothetischen Urschnecke aus und nehmen an, daß deren Eingeweidemasse allmählich immer voluminöser wurde (s. Fig. 98 und 99).

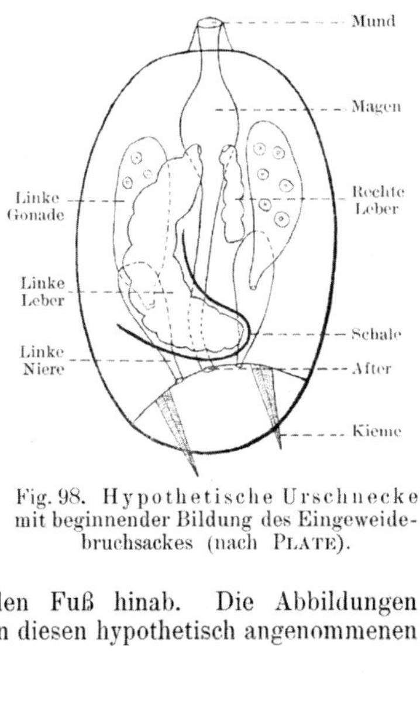

Dadurch wurde dorsalwärts die zarte Rückenhaut ausgedehnt, und es kam zu einer **Einrollung** des Eingeweidesackes. Über die erste Entstehungsursache dieser Einrollung ist noch keine vollkommene Einigung erzielt. Gleichzeitig mit dieser von links nach rechts erfolgenden Einrollung kam es zu einer einseitigen Vergrößerung der linken Leber, und die voluminöse Eingeweidemasse legte sich vorwiegend auf die linke Gonade und drückte sich ventralwärts gegen den Fuß hinab. Die Abbildungen Fig. 100 und Fig. 101 veranschaulichen diesen hypothetisch angenommenen Prozeß.

Fig. 98. Hypothetische Urschnecke mit beginnender Bildung des Eingeweidebruchsackes (nach PLATE).

152   10. Kursus: Chitonen und Schnecken.

Mit der wachsenden Krümmung des Bruchsackes wird auch die Schale sich nach rechts einkrümmen, und durch den größeren Zug, welcher auf den Mantelrand der linken Seite ausgeübt wird, wird auch dessen Längenwachstum ein größeres sein als das auf der rechten Seite. Der Mantelkomplex verschiebt sich damit vom hinteren Körperpol nach rechts und vorn.

Gleichzeitig ging die Einrollung des Brucksackes weiter und hat zu eingerollten Gehäusen geführt (s. Fig. 100).

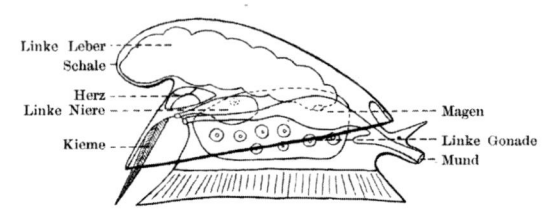

Fig. 99. Hypothetische Urschnecke mit beginnender Bildung des Eingeweidebruchsackes (nach PLATE). Seitenansicht.

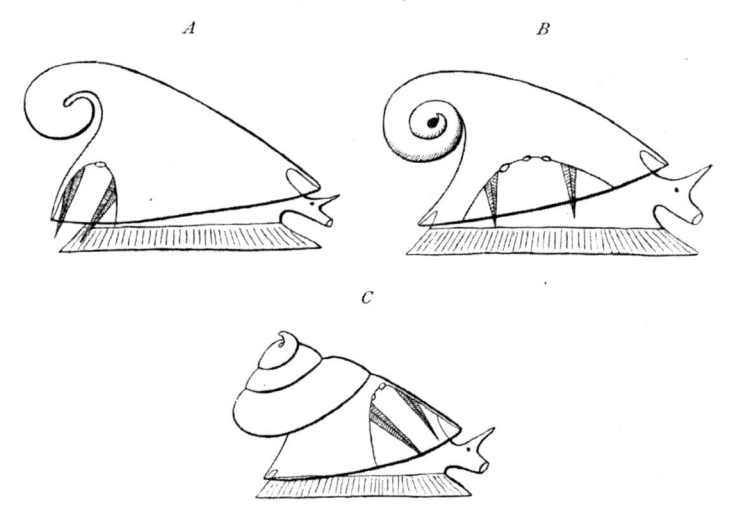

Fig. 100. Hypothetische Urschnecke. Drei Stadien der Verschiebung des Mantelkomplexes nach rechts und vorn (nach PLATE).

In der inneren Organisation ergaben sich nun folgende Veränderungen. Zuerst schwand in vielen Fällen die kleine rechte Leber vollständig. Dann bildete sich der Schalenmuskel, welcher ursprünglich die napfförmige Schale am Tiere festheftete, zum Spindelmuskel aus, dazu bestimmt, das Tier in seine Schale zurückzuziehen, und zwar war es von diesem paarigen Muskel der rechte Teil, da der linke durch die starke Entwicklung von linker Leber und linker Gonade sich nicht weiter entfalten konnte. Der rechte Spindelmuskel wirkte aber hemmend auf die rechte Gonade und wohl auch die rechte Leber ein, die dadurch atrophierten (s. Fig. 101). Auch die rechte Kieme ging bei vielen Schnecken infolge ihrer ungünstigen Stellung verloren. — Mit der Verschiebung des Mantelkomplexes verschiebt sich auch das Herz und seine Vorhöfe, da diese an die Kiemen gebunden sind.

Bei den Opisthobranchiern und auch bei den Pulmonaten hat der sich rechts nach vorn verschiebende Mantelkomplex die Medianlinie vorn zwar überschritten, ist aber wieder zurückgedreht worden. Bei den Prosobranchiern hat dieses letztere nicht stattgefunden, und dadurch ist es zu einer dauernden Umlagerung der Pleuroviszeralkommissuren gekommen, indem sich diese in der Weise kreuzen, daß der vom rechten Pleuralganglion entspringende Strang **über den Darm hinweg auf die linke Seite zieht, während die ursprünglich linke Kieme ihr Parietalganglion unter dem Darm auf die rechte Seite zieht.** Jede Kieme zieht nämlich ihr Parietalganglion mit sich. Beifolgende Schemata veranschaulichen diese Verlagerung, welche als Chiastoneurie bezeichnet wird. im Gegensatz zu der normalen Lagerung, der Orthoneurie (s. Fig. 102). An diesen Abbildungen sieht man auch gleichzeitig die Verlagerung des Herzens und seiner an die Kiemen gebundenen Vorhöfe. Die Ausbildung der Chiastoneurie unterbleibt, auch wenn der Mantelkomplex, der rechten Seite entlang nach vorn wandernd, die vordere Mediane überschreitet, in dem Falle, wenn die Kommissuren kurz sind und die Parietalganglien weit nach vorn zu liegen. Denn alsdann sind sie dem

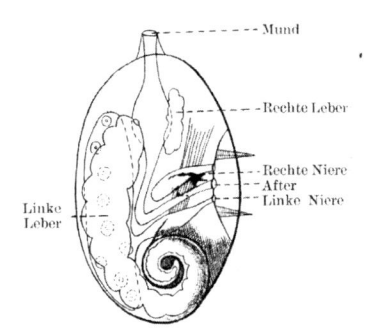

Fig. 101. Hypothetische Urschnecke. Beginnende Einrollung des Eingeweidesackes (nach PLATE).

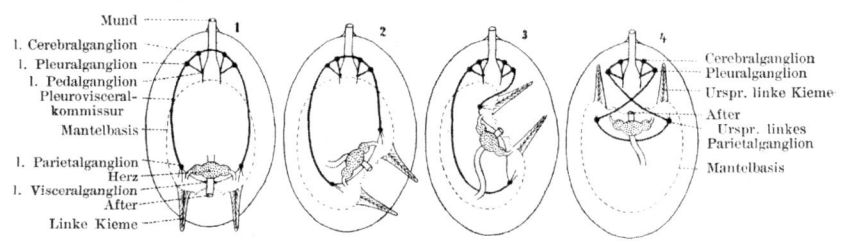

Fig. 102. Schematische Darstellung der Entstehung der Chiastoneurie (nach LANG).

Einflusse der spiraligen Drehung entrückt, und es bleibt der alte Zustand der symmetrischen Verteilung der Ganglien, die Orthoneurie, bestehen.

Nachdem wir so den eigentümlichen asymmetrischen Bau der Schnecken zu erklären versucht haben, gehen wir zu einer kurzen Übersicht der wichtigsten Organisationsverhältnisse über. Es lassen sich meist drei deutlich voneinander abgegrenzte Körperregionen nachweisen: Kopf, Fuß und Eingeweidesack, letzterer von einer Kalkschale umgeben. Am Kopfe sitzen ein Paar Fühler, an deren Basis die Augen liegen; oder es stehen die Augen an der Spitze eines zweiten hinteren Fühlerpaares, wie bei den Landschnecken. Der Fuß ist sehr muskulös und auf der Unterseite sohlenartig abgeplattet; er dient der Schnecke zum Kriechen. Eine Hautfalte des Rückens, die sich nach vorn schlägt, ist die **Mantelfalte**; sie schließt einen Raum, die **Mantel-** oder **Atemhöhle**, ein, in der die Atmungsorgane liegen. Eine mehr oder minder breite Öffnung vermittelt die Verbindung dieser Atemhöhle mit der Außenwelt. Der Eingeweidesack tritt dorsalwärts bruchsackartig hervor und rollt sich meist spiralig von links nach rechts ein. Dementsprechend ist auch die **Schale** gebildet, welche von dem überdeckenden Mantel abgeschieden wird und die Form des Eingeweidebruchsackes genau widergibt. An einer spiralig aufgerollten, meist kegelförmigen Schale unterscheidet man eine Spitze, **Apex**, und eine **Basis**, an der sich oft eine Vertiefung, der **Nabel, Umbo**, findet. Meist verschmelzen die inneren Wandungen zu einer festen Kalkspindel, **Columella**. Das Wachstum der Schale erfolgt am Mantelrand; ist dieser zu einer Rinne (**Sipho**) ausgezogen, so ist auch die Schale mit einem derartigen Fortsatz versehen.

Ein von der vorderen Fußmuskulatur aufsteigender, meist doppelter Muskel, der **Spindelmuskel**, inseriert sich in der Schale und vermag den vorderen Körperteil zurückzuziehen. Viele Schnecken scheiden am hinteren Teile des Fußes eine meist dünne Kalkplatte, das **Operculum**, aus, welches die Schalenöffnung völlig zu schließen vermag. An Stelle dessen kann auch zur Winterszeit eine Kalkschicht an der Schalenmündung, das **Epiphragma**, erzeugt werden, das im Frühling wieder abfällt.

Die **Haut** ist weich und mit Schleim bedeckt, der von einzelligen Drüsen abgesondert wird.

Der Mund führt in einen vorstülpbaren **Schlundkopf**, an dessen Grunde auf einem dicken Wulst, der **Zunge**, eine mit vielen Chitinzähnchen besetzte Platte, die **Radula**, liegt; vor dieser liegt bei manchen Schnecken ein Ring von Kiefern, dessen Teile auch dorsalwärts rücken und verschmelzen können. Ein Paar **Speicheldrüsen** münden hier ein. Der stark gewundene Darm ist von der „**Leber**" umhüllt und öffnet sich meist rechts vorn nach außen. Die „Leber" ist eine Ausstülpung des Darmes und stark tubulös. Der gesamte Mageninhalt tritt in sie ein, und es findet in ihr die Resorption statt.

Das **Nervensystem** ist das typische, schon bei der Urschnecke geschilderte. Außer den paarigen Cerebral-, Visceral- und Pedalganglien, von denen die beiden letzteren Paare mit dem ersten durch Kommissuren verbunden sind, finden sich noch auf den Pleuroviszeralkommissuren liegende gesonderte Pleural- und Parietalganglienpaare. Über Orthoneurie und Chiastoneurie siehe S. 153.

Sind zwei **Kiemen** vorhanden, so besitzt auch das **Herz** zwei Vorkammern, welche das Blut von ihnen aufnehmen; mit dem Schwunde einer Kieme schwindet meist auch eine Vorkammer. Liegt das Atmungsorgan hinten, so liegt auch die Vorkammer hinter der Herzkammer (**Opisthobranchier**), mit der Verlagerung des Atmungsorganes nach vorn hat auch das Herz eine Drehung erfahren, und die Vorkammer liegt vor der Herzkammer (**Prosobranchier**). Umgeben wird das Herz vom Herzbeutel, **Pericard**, einem Rest der ursprünglichen Leibeshöhle. In ihn mündet die meist unpaare **Niere** (von den ursprünglich paarigen Nieren ist die meist geschwunden), die sich neben dem After nach außen öffnet.

Die Vorderkiemer sind meist getrennten Geschlechtes, die Hinterkiemer und Lungenschnecken dagegen Zwitter. Bei letzteren werden Eier und Samen in derselben Drüse, der Zwitterdrüse, gebildet, und auch der Ausführgang ist mehr oder minder gemeinsam; meist spaltet er sich nach Bildung eines erweiterten Abschnittes, des Uterus, in zwei Kanäle, Eileiter und Samenleiter, von denen der erstere einige Anhänge besitzt, so die Eiweißdrüse, das Receptaculum seminis und den Liebespfeilsack. In dessen Innerem wird ein aus Aragonit bestehender spitzer Stab, der Liebespfeil, ausgeschieden, der bei der Begattung als Reizmittel hervorgeschossen wird. Der Samenleiter geht an seinem Ende in den ausstülpbaren mit Rückziehmuskel versehenen Penis über, der einen eigentümlichen, peitschenförmigen Anhang, das Flagellum, besitzt.

Bei Vorder- und Hinterkiemern entwickelt sich aus dem Ei eine Larve mit Schwimmsegel, die Veligerlarve.

Die meisten Schnecken leben im Meere (Hinterkiemer und die meisten Vorderkiemer), manche auf dem Lande (die meisten Lungenschnecken und einige Vorderkiemer), andere im Süßwasser (einige Lungenschnecken und Vorderkiemer).

B. Spezieller Kursus.

Helix pomatia (L.).

Eine der erstickten Weinbergschnecken (s. S. 146) wird im Wachsbecken unter Wasser gelegt und zunächst auf ihre äußere Körperform hin untersucht. Die drei Körperregionen sind leicht bestimmbar. Der große Fuß ist auf der Unterseite sohlenartig abgeplattet, vorn sehen wir über ihm den rundlichen Kopf liegen, sogleich kenntlich durch zwei Paar Tentakeln. Das vordere Paar ist kleiner als das hintere, welches an seinen Spitzen die Augen trägt. Der Eingeweidesack ist größtenteils in der Schale verborgen. Über den aus der Schalenöffnung heraustretenden Körper wölbt sich der wulstige Mantelrand (Fig. 103).

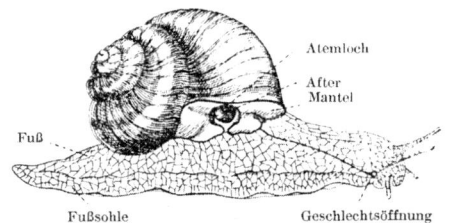

Fig. 103. *Helix pomatia*, von der Seite gesehen. Orig.

Von Körperöffnungen sehen wir den Mund an der Ventralseite des Kopfes, ferner das Atemloch auf der rechten Seite unter dem Mantelrand zutage treten und in ihm den After. Eine weitere Öffnung ist die Geschlechtsöffnung, dicht hinter dem Kopfe an der rechten Körperseite gelegen.

Wir gehen nunmehr zur Abtragung der Schale über (siehe auch S. 146). Die Schnecke wird auf den Tisch gelegt und die unterste Schalenwindung mittels eines Hammers mit vorsichtig geführten Schlägen zertrümmert. Mit der starken Pinzette, besser noch mit einer gebogenen Insektensteckzange wird dann die Schale Stück für Stück abgetragen. Aus den obersten Windungen läßt sich der Körper durch vorsichtiges Drehen leicht herausbringen.

156 10. Kursus: Chitonen und Schnecken.

Nunmehr sehen wir folgendes (Fig. 104): Durch den dünnen Mantel schimmern verschiedene Organe hindurch. Orientieren wir die Schnecke so, daß sie mit der Fußsohle aufliegt und der Kopf vom Beschauer abgewendet ist, so erblicken wir auf der größten Windung des Eingeweidesackes ein gefäßreiches Organ: die Lunge. Am hinteren Rande derselben schimmert links von der Medianlinie das blasse Herz hindurch, von welchem ein Blutgefäß, die Lungenvene, schräg durch die Lunge zieht. Seitlich vom Herzen, der Medianen genähert, schiebt sich ein hellbräunlich gefärbtes Organ keilförmig zwischen die Lunge hinein, das ist die Niere, die mit dem Hohlraume des Herzbeutels durch einen Kanal in Verbindung steht, dessen Mündung in den Herzbeutel das Nephrostom (Nierenspritze) ist (s. Fig. 106). Die drei

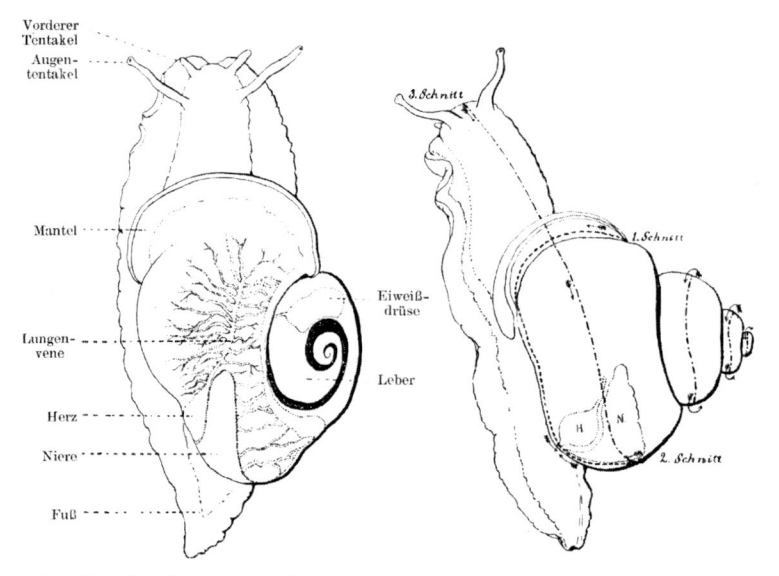

Fig. 104. Die Weinbergschnecke nach Enfernung der Schale. Orig.

Fig. 105. Schema der drei Schnittrichtungen zur Anatomie der Weinbergschnecke. Orig.

kleiner werdenden oberen Windungen werden von der Leber eingenommen. Am oberen Rande der zweitgrößten Windung schimmert die Eiweißdrüse hindurch.

Wir beginnen die Sektion, indem wir über der Atemöffnung, dicht über dem Mantelwulst, mit einer kleinen Schere in die Lungenhöhle einschneiden und den Schnitt in einer Entfernung von etwa 4 mm dem Mantelwulste entlang auf der linken Seite des Tieres führen, bis zu der Stelle, wo das Herz durchschimmert. Wir klappen jetzt den Mantel noch nicht auf, sondern führen erst noch einen Hilfsschnitt von einer anderen Stelle aus. Wir heben (2. Schnitt) mit der Pinzette die dünne Körperhaut am hinteren (rechten) Ende der Niere auf und führen vorsichtig den Schnitt nach vorn an dem hinteren Nierenrande entlang bis zum Ende des ersten Schnittes (s. Fig. 105).

10. Kursus: Chitonen und Schnecken. 157

Nunmehr können wir die Lungenhöhle aufklappen, indem wir die obere Lungenwand nach rechts legen.

Wir sehen an der Innenseite der oberen Lungenwand eine große Anzahl von Blutgefäßen verlaufen, welche in die große Lungenvene (s. Fig. 106) münden und besonders im vorderen Abschnitt reich entwickelt sind.

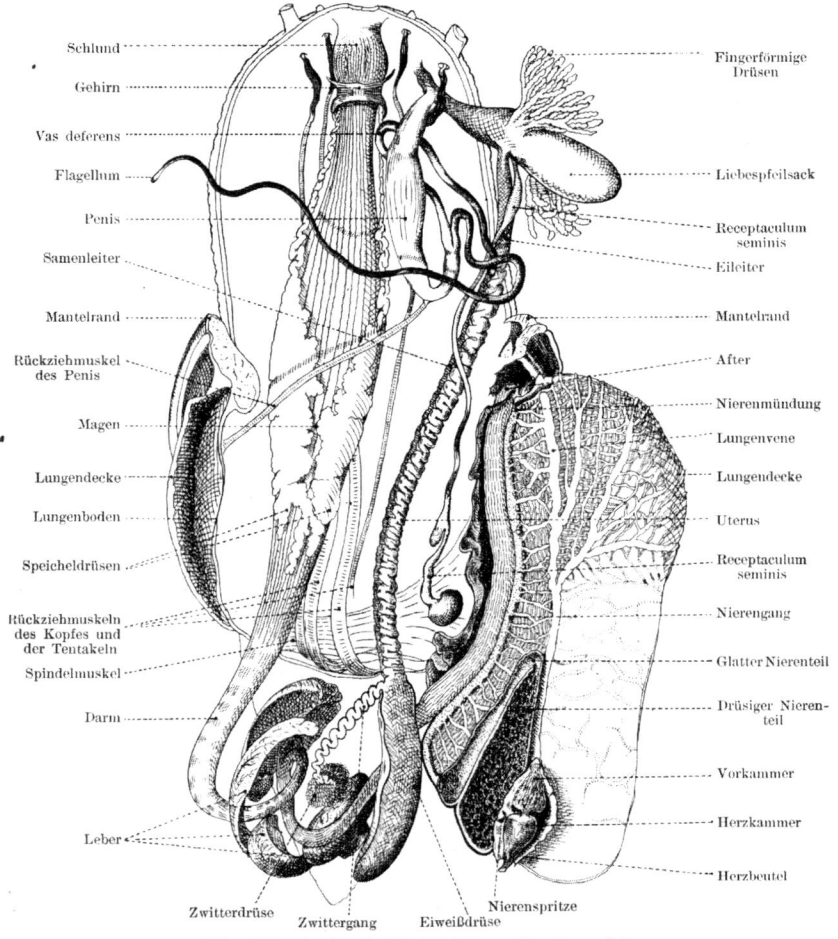

Fig. 106. Anatomie der Weinbergschnecke. Orig.

Den Boden der Lungenhöhle bildet die glatte Wand des Eingeweidesackes.

Rechts auf der Grenze zwischen der respiratorischen Decke und dem glatten Boden der Lungenhöhle verläuft der in die Atemöffnung ausmündende Enddarm.

Dicht der Niere angelagert liegt am hinteren Teile der respiratorischen Lungendecke der **Herzbeutel**, den wir mit einem Längsschnitt aufschneiden.

Es wird das **Herz** mit seiner **Kammer** und nach vorn gelegenen **Vorkammer** sichtbar, in welche letztere die **Lungenvene** einmündet. Nach hinten gibt die Herzkammer die große **Aorta** ab.

Seitlich führt aus der Herzkammer ein in die Niere mündender kurzer Gang, die **Nierenspritze** (Nephrostom). Die **Niere** selbst beginnt mit einem sackartigen drüsigen Teile und endigt mit einem röhrenförmigen glattwandigen Abschnitt, der sich in den parallel mit dem Enddarm verlaufenden Ausführgang (**Harnleiter**) fortsetzt.

Mit den ersten zwei Schnitten haben wir nur den Mantel aufgetrennt und die Lungenhöhle eröffnet, nunmehr ist auch die Körperwand zu durchschneiden, um die Eingeweide bloßzulegen. Es wird vom Kopfe aus dem Rücken entlang ein Medianschnitt mit der Schere durch die Körperwand geführt bis zum Mantelwulst. Dann durchschneiden wir diesen und führen den Schnitt, immer noch in der Medianlinie, weiter, die Decke des Eingeweidesackes — den Boden der Lungenhöhle — spaltend. Immer weiter gehend, kommen wir auf die zweite Windung und folgen alsdann mit unserem Schnitte der Höhe der Windungen so weit als möglich (s. Fig. 105).

Das Tier wird nunmehr mit Nadeln im Wachsbecken festgesteckt. Man entfernt vorsichtig durch Abschneiden möglichst nahe dem Fuße die beiden aufgeschnittenen Hälften der Eingeweidehülle, schneidet die zarten Bindegewebsbrücken, welche die einzelnen Organe miteinander verbinden, durch und legt die Organe in der Weise auseinander, wie es auf Fig. 106 abgebildet ist.

Wir gehen jetzt zur Betrachtung der freigelegten Organsysteme über und beginnen mit dem **Darmkanal**. Dicht hinter der Mundöffnung sehen wir einen ansehnlichen weißlichen Körper liegen, den **Schlundkopf**, von dem aus der **Oesophagus** ein Stück weit nach hinten zieht, um in den geräumigen, braungefärbten **Magen** überzugehen. Auf dem Magen liegen zwei langgestreckte, weiße Drüsenmassen, die **Speicheldrüsen**, die auf der uns zugekehrten, also dorsalen Seite ein Stück weit verschmolzen sind.

Jede dieser beiden Drüsen gibt nach vorn zu einen bandartig gewundenen Kanal ab, der zu beiden Seiten der Speiseröhre nach vorn zieht, um in den Schlundkopf einzumünden. Auf den Magen folgt der Dünndarm, der sich in geschlängeltem Verlaufe in die oberen Windungen hineinbegibt, um dann auf die andere Seite überzubiegen und am inneren Rande der Lungenhöhle als Enddarm im After auszumünden. Der Dünndarm ist von einer dicken, braunen „Leber" umgeben.

Vom Nervensystem sehen wir die beiden großen **Cerebralganglien** am Beginn des Oesophagus liegen, ihn dorsal überbrückend.

Von den seitlich und unterhalb vom Oesophagus verlaufenden **Muskeln** fallen uns besonders zwei seitliche auf, welche zu den hinteren Tentakeln ziehen und als deren Rückziehmuskeln fungieren. Meist sind im Präparate die **Tentakel** eingestülpt und liegen im Innern; das Auge schimmert durch die Wandung hindurch. Die großen nach hinten gehenden **Muskelbündel** sind die Retraktoren des Kopfes und des Schlundes.

Mächtig entwickelt ist der **Genitalapparat**, und zwar finden sich männliche und weibliche Geschlechtsorgane in jedem Individuum vereinigt, da die Pulmonaten Zwitter sind.

Wir gehen aus von der die Geschlechtsprodukte produzierenden Gonade, hier Zwitterdrüse genannt, da sie sowohl männliche wie weibliche Keimstoffe, allerdings zu verschiedenen Zeiten, erzeugt. Die Zwitterdrüse liegt ganz oben in die Leber eingebettet.

Ihr Ausführgang ist ein feines Fädchen, welches transversal zur anderen Seite hinüberzieht und bald einen mäandrisch gewundenen Verlauf nimmt. Es mündet fast senkrecht in einen ansehnlichen gelblichen Körper, dessen oberer freier Teil die Eiweißdrüse darstellt. Da, wo sich beide vereinigen, setzt sich ein mit wulstigen Auftreibungen versehener Schlauch an, der im Präparat ungefähr in der Medianen nach vorn zieht.

In diesem Schlauche spaltet sich nun der vorher einheitliche Ausführgang der Geschlechtsprodukte in zwei Kanäle, von denen der eine, die sog. „Prostata", als Samenleiter dient, der andere, der Uterus, die weiblichen Geschlechtsprodukte aufnimmt.

Weiter nach vorn zu wird die Trennung beider Kanäle vollständig. Betrachten wir zunächst den Ausführgang der männlichen Geschlechtsprodukte, so sehen wir ihn nach seiner Trennung vom Uterus als Vas deferens unter dem Rückziehmuskel des rechten Augententakels nach der Medianen ziehen, wo er in einen muskulösen Penis einmündet. Der Penis verlängert sich nach hinten in einen peitschenförmigen Anhang, das Flagellum. Im Hohlraum des Penis wird eine Spermatophore gebildet, deren hinteres Ende vom Flagellum geliefert wird. An das hintere Penisende setzt sich ein langer, dünner Muskel an, der Retractor penis.

Der weibliche Ausführgang hat nach der Abspaltung des männlichen einen kürzeren Verlauf. Er mündet als Ovidukt in die Vagina, welche mit dem Penis zusammen hinter dem rechten Augententakel ausmündet.

Wie das Flagellum eine hintere Fortsetzung des Penis darstellt, so besitzt auch die Vagina eine nach hinten gerichtete geräumige Fortsetzung, den Liebespfeilsack. Da, wo der Ovidukt in die Vagina tritt, finden sich zwei fingerförmige Drüsen. Ein weiterer Anhang vereinigt sich mit dem unteren Teile des Ovidukts. Es ist das ein langer, dem Uterus anliegender Kanal, der in seinem hinteren Teile rötlich gefärbt ist, Anschwellungen zeigt und in einer ansehnlichen birnförmigen Blase endigt. Die Blase ist das Receptaculum seminis und dient zur Aufbewahrung der Spermatozoen des anderen bei der Begattung tätigen Tieres.

Spalten wir den abgeschnittenen und auf einen Objektträger gelegten Pfeilsack mit einen Scherenschnitt der Länge nach auf, so finden wir in seinem Innern den Liebespfeil, einen stilettartigen Körper, aus Aragonit bestehend, mit einer breiten Basis und aufsitzender dünner, nach der Geschlechtsöffnung zu gerichteter Spitze. Nach der Begattung ist der Pfeil verschwunden, da er bei den vorhergehenden Liebesspielen in die Haut des anderen Individuums eingepflanzt worden ist.

Schließlich wird der Schlundkopf herausgelöst und in einem Reagenzgläschen 2—3 Minuten in starker Kalilauge gekocht. Man spült sodann im Uhrschälchen mit reinem Wasser die zersetzten Fleischteile fort. Auf diese Weise werden Radula und Kiefer freigelegt. Die Radula läßt sich übrigens auch leicht präparieren, indem man den Schlundkopf von oben aufschneidet; sie wird alsdann schon durch ihre gelbliche Farbe sichtbar und läßt sich leicht ablösen.

Dicht hinter der Mundöffnung liegt oben der quergelagerte bräunliche Kiefer. Den Boden des Schlundkopfes überzieht eine dünne, gelbliche Lamelle, die Radula. Legen wir diese unter das Mikroskop und betrachten sie mit schwacher Vergrößerung, so finden wir in Querreihen geordnet eine große Zahl kleiner, stumpfer Chitinzähnchen.

11. Kursus.
Muscheln und Tintenfische.

Technische Vorbereitungen.

Frische Flußmuscheln (oder Teichmuscheln) werden vor dem Kurse etwa 24 Stunden lang in $1^0/_0$ige Chloralhydratlösung eingelegt, um sie zu betäuben. Durch Einlegen in Wasser, welches auf 60^0 erwärmt worden ist, kann man sie zweckentsprechend abtöten. Ein paar Exemplare bleiben zu Demonstrationszwecken am Leben und werden in einem Cylinderglas mit Wasser so aufgestellt, daß ihre Atemöffnungen, die am spitzen Schalenpol liegen, nach oben kommen.

Von Cephalopoden werden in Alkohol oder Formol konservierte Exemplare von *Sepia officinalis* zur Zergliederung gegeben.

I. Muscheln.

A. Allgemeine Übersicht.

Die Muscheln sind bilateral-symmetrische Tiere, im Gegensatz zu den asymmetrischen Schnecken. Ihre Schale besteht aus zwei gleichen Stücken, einem rechten und einem linken, die in der Rückenlinie verbunden sind, während die Schnecken nur eine unpaare, fast stets asymmetrische Schale haben. Ein gesonderter Kopf fehlt, es findet sich nur ein dorsaler Rumpf und ein davon entspringender ventraler Fuß. Unter der Schale liegt der Mantel, aus einem rechten und einem linken Mantelblatt bestehend, die als dünne Falten vom dorsalen Teile des Rumpfes ausgehen. Innerhalb der beiden dadurch geschaffenen Mantelhöhlen befinden sich jederseits zwei blattförmige Kiemen, die dicht unter der Ursprungsstelle des Mantels abgehen.

An der Mundöffnung sitzen vier große Mundlappen. Der Fuß hat meist die Form eines Längskieles und ist bei manchen Formen sehr groß, bei anderen dagegen klein. Jedes Mantelblatt besitzt einen häufig mit Tastfäden (auch anderen Sinnesorganen) besetzten Rand, den Mantelsaum, der seltener frei bleibt und meist mit dem des anderen Mantelblattes teilweise verwächst. Meist bleiben drei Schlitze übrig, einer zum Durchtritt des Fußes, ein zweiter, welcher frisches Atemwasser einfließen läßt, die Atemöffnung, und am weitesten hinten die Kloakenöffnung, aus welcher verbrauchtes Atemwasser und Kot ausgestoßen werden. In der Umgebung der beiden letzteren Öffnungen kann der Mantel zu mehr oder minder langen Röhren auswachsen, dem Branchialsipho und dem Kloakalsipho. Vom Mantel und Rücken des Rumpfes werden die beiden Schalenhälften ausgeschieden, die dorsalwärts durch ein Schloßband und ein Schloß verbunden sind.

Das Schloßband ist ein äußeres oder ein inneres elastisches Band, welches das Bestreben hat, die beiden Schalenhälften zu öffnen. Dem wirken ein oder zwei starke, quer durch die Muschel ziehende Muskeln, die Schließmuskeln entgegen. Bei abgestorbenen Muscheln, bei denen letztere nicht mehr wirken, müssen also die von dem Schloßband auseinander gezogenen Schalen klaffen. Als Schloß bezeichnet man zahnartige Vorsprünge in der dorsalen Mitte, die in Vertiefungen der anderen Schale eingreifen.

An der Innenseite der Schalen lassen sich ein oder zwei Eindrücke finden, welche von der Insertion der Schließmuskeln herrühren. Ferner zieht dem Schalenrande parallel eine Linie, die Mantellinie, auf der sich der Mantelrand mittels Muskelfasern festheftet. Bei den mit Siphonen versehenen Muscheln buchtet sich die Mantellinie hinten ein („Sinupalliaten"), während bei den anderen diese Einbuchtung fehlt („Integripalliaten"). Die Muschelschale besteht aus drei Schichten; zu innerst liegt die Perlmutterschicht, die aus sehr dünnen Lamellen gebildet wird, in der Mitte findet sich mit senkrecht zur Oberfläche gestellten Prismen die Prismenschicht und außen die verschieden gefärbte Cuticula, aus organischer Masse bestehend, während die beiden anderen Schichten im wesentlichen kohlensaurer Kalk sind. Perlen sind krankhafte Bildungen der Perlmutterschicht, die bei der echten Perlmuschel durch Finnen eines in Haien lebenden Bandwurmes hervorgerufen werden.

Die Kiemen entspringen als zwei Blätter jederseits vom Rumpfe. Bei den meisten Muscheln ist jedes Kiemenblatt doppelt, indem der untere Rand wieder umgebogen ist und nach der Basis zurückläuft, mitunter auch mit dem Rumpfe verwächst. Es entsteht also in jedem Kiemenblatt ein von zwei Lamellen umschlossener Binnenraum, der mitunter zur Aufnahme der jungen Brut dient. In ihrem Bau stellen die Kiemen ein durchlöchertes Netzwerk dar, dessen Balken mit Flimmerepithel besetzt sind. Meist verwachsen die Kiemen rechts und links hinter dem Rumpfe und bilden eine horizontale Scheidewand, welche die Mantelhöhle in einen kleineren oberen Kloakalraum und eine geräumige untere Atemhöhle trennt.

Wir kommen nunmehr zur inneren Organisation. Der von zwei Paar Mundlappen umstellte quere Mundspalt führt durch eine kurze Speiseröhre in den Magen. Radula und Kiefer fehlen. Bei manchen Formen findet sich am Magen ein Blindsack mit dem „Kristallstiel", der ein wahrscheinlich von der Leber abgeschiedenes Ferment darstellt, welches die in der Nahrung enthaltene Stärke in einen reduzierbaren Zucker verwandelt. In den Magen mündet die große ihn umgebende Leber. Der Darm zieht in vielen Windungen nach hinten, sein Ende durchbohrt die Herzkammer und mündet in den Kloakalraum.

Das Nervensystem der Muscheln ist dadurch ausgezeichnet, daß das Pleuralganglion zum Cerebralganglion tritt und das Parietalganglion zum Visceralganglion, welche letzteren beiden zu einem einheitlichen Körper vereinigt sind. Auch die beiden Pedalganglien liegen dicht aneinander. Alle drei Ganglienkomplexe sind weit voneinander gerückt; Pedal- und Visceralganglien sind durch lange Kommissuren mit dem Cerebralganglion verbunden. Auf den Pedalganglien liegen die vom Cerebralganglion aus innervierten **Statocysten**. Sind **Sehorgane** vorhanden, so sitzen sie in großer Zahl am Mantelrand.

Das **Herz** wird vom **Herzbeutel** umhüllt; seine beiden Vorkammern nehmen das frische Blut von den Kiemen auf und leiten es in die Herzkammer. Aus dieser strömt das Blut bei den meisten Muscheln in zwei Arterien, die **vordere** und die **hintere Aorta**, die es zu den einzelnen Organen leiten. Es sammelt sich dann in einem **Lakunensystem** des Körpers wieder an und tritt in einen unter dem Herzbeutel liegenden venösen **Längssinus**, von dem aus das venöse Blut größtenteils auf die Nieren strömt, um sich dann in je einem zuleitenden Kiemengefäß (**Kiemenarterie**) zu sammeln und in die Kiemen einzutreten. Nachdem es in den Kiemen frischen Sauerstoff erhalten, also arteriell geworden ist, geht es in je einem ableitenden Kiemengefäß (**Kiemenvene**) wieder zu den beiden Vorhöfen des Herzens.

Die **Nieren** (BOJANUSsche **Organe**) sind paarig und symmetrisch unter dem Herzbeutel gelegen und münden durch einen Nierentrichter jederseits in diesen ein, während die äußere Öffnung in der Mantelhöhle liegt. Jede Niere besteht aus einem oberen glattwandigen Raum, der **Vorhöhle**, und einem unteren von Lamellen durchsetzten, dem exkretorischen **Nierensack**; letzterer steht durch den Nierentrichter mit dem Herzbeutel in Verbindung, während sich die obere Vorhöhle durch den Ureter nach außen öffnet. Da mitunter die Geschlechtsorgane in die Nieren münden, so fungieren letztere in diesem Falle auch als Ausführwege der Geschlechtsprodukte. In den meisten Fällen münden aber die Ausführgänge der stark verästelten Geschlechtsdrüsen in besonderen Öffnungen neben den Nierenöffnungen in die Mantelhöhle aus. Meist sind die Muscheln getrennten Geschlechtes.

In der Entwicklung, die bei manchen Süßwassermuscheln in dem Hohlraum der äußeren Kieme des Muttertieres erfolgt, tritt bei den marinen Muscheln wieder die charakteristische **Veligerlarve** auf.

Einzelne Muscheln (z. B. die Auster) sind mit einer Schalenhälfte **festgewachsen** und werden dadurch asymmetrisch; andere vermögen sich zeitweise durch hornartige Fasern, die **Byssusfäden**, festzuheften. Diese Fäden werden von einer oft ansehnlichen, im hinteren Teile des Fußes gelegenen Drüse ausgeschieden. Andere kriechen mittels des Fußes langsam fort; andere vermögen sich durch dasselbe Organ fortzuschnellen oder durch Auf- und Zuklappen der Schale Schwimmbewegungen auszuführen (*Pecten*); andere bohren sich in Holz (*Teredo*) oder Stein (*Lithodomus*) ein.

B. Spezieller Kursus.

Flußmuschel und Teichmuschel.

Wir wählen zuerst eine Flußmuschel (*Unio spec.*) und betrachten deren äußere Körperform. Als **Rückenseite** wird diejenige bezeichnet, an welcher die beiden Schalenhälften durch das Schloß verbunden sind, als **Bauchseite** die entgegengesetzte. Das kurze, abgerundete Ende ist das **Vorderende**, das längere, mehr zugespitzte das **Hinterende**. An der braunen Außenfläche der Schalen gewahren wir eine große Anzahl dem Rande parallel laufender, konzentrischer Linien, die **Anwachsstreifen**. Zu innerst von ihnen liegen auf der Rückenseite zwei vorspringende Höcker, die **Wirbel** (s. Fig. 107). Betrachten wir eine leere Muschelschale, so sehen wir deren beide Hälften auseinander klaffen. Es wird das bewirkt durch das elastische **Schloßband**, welches, an der Außenseite gelegen, beide Schalenhälften miteinander verbindet. Das Innere der Schale wird gebildet von einer glänzenden Schicht, der **Perlmutterschicht**. In ihr sind die Eindrücke der Schließmuskeln, sowie die dem Schalenrande parallel laufenden Anwachsstellen des

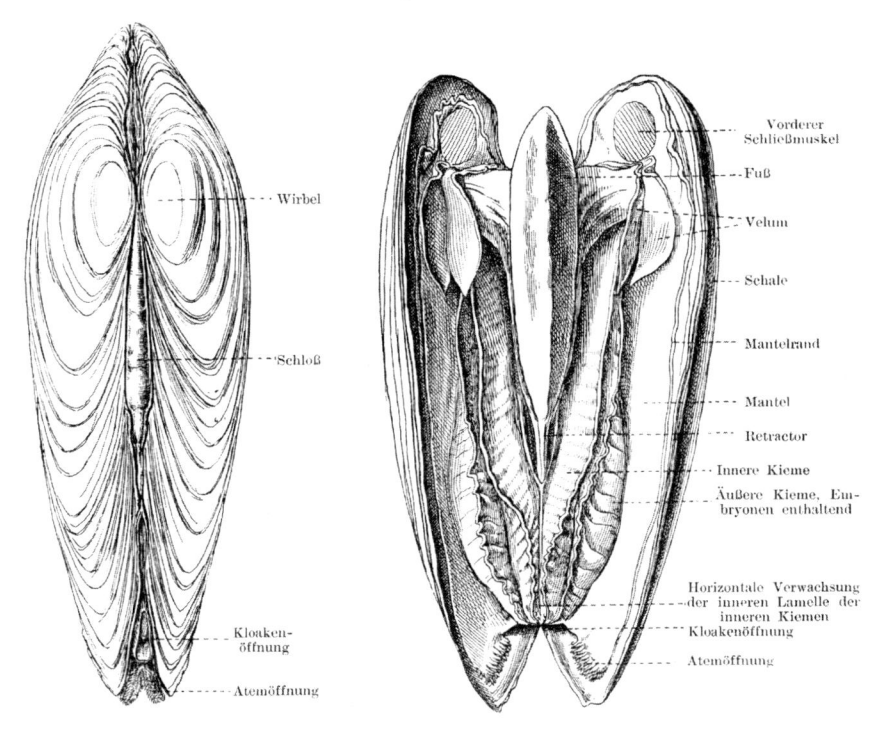

Fig. 107. Rückenansicht einer **Flußmuschel**. Orig.

Fig. 108. Geöffnete **Flußmuschel** (♀). Orig.

Mantels deutlich sichtbar. Die äußere Schicht, die grünlich-braune **Cuticula**, tritt etwas über den Schalenrand hinweg. Ein Vergleich mit der leeren Schale einer Teichmuschel zeigt, daß letztere viel dünner ist und kein eigentliches Schloß besitzt.

Bei der lebenden Muschel, welche wir in ein Wasserglas mit dem Hinterende nach oben gestellt hatten (s. S. 160), sehen wir die beiden Schalenhälften von der Spitze nach dem Rücken zu etwas geöffnet und blicken in zwei Öffnungen des Mantels hinein, die durch eine schmale, häutige Brücke voneinander getrennt sind. Die am meisten dorsal gelegene, also dem Schloß genäherte Öffnung ist die **Kloakenöffnung**, aus welcher das verbrauchte Atemwasser zugleich mit Darmexkrementen herausbefördert wird; die mehr ventral gelegene große Öffnung ist mit Reihen von kleinen, spitzen Papillen umstellt und dient als Atemöffnung zur Einfuhr des frischen Wassers (s. Fig. 107).

Mit dem starken Messer wird nunmehr am Vorder- wie am Hinterende vom Rücken aus ein nicht zu tiefer Schnitt zwischen beiden Schalenhälften geführt, um die beiden Schließmuskeln zu zerschneiden. Dann werden beide Schalenhälften langsam auseinander gebogen.

Nunmehr sieht man das Tier in seiner Schale liegen (s. Fig. 108). Wir können den Vergleich mit einem Buche ziehen, dessen Rücken dem Schloß, dessen Einband den beiden Schalenhälften und dessen erste und letzte Seite den beiden der Schale anliegenden Mantelfalten entsprechen würde. Zwei darauffolgende Blätter jederseits sind die Kiemen, während zu innerst der Fuß mit dem darunter befindlichen Rumpf liegt.

Am vorderen Ende befinden sich jederseits zwei dreieckige Hautlappen: die Mundsegel oder Vela. Weiter sind vorn und hinten am Körper die beiden quer durchschnittenen Schließmuskeln sichtbar.

Eine genauere Betrachtung zeigt uns, daß der Mantel nicht ganz bis an den Schalenrand herangeht. Nahe seinem verdickten Rande verläuft eine zarte schwärzliche Furche. Am Hinterende sehen wir die schon beschriebenen braunschwarzen Papillen der Atemöffnung. Vollständig von derselben getrennt ist die mehr dorsal liegende Kloakalöffnung und zwar sind es die hinter dem Fuße zu einer transversalen Platte verschmelzenden inneren Kiemenblätter beider Seiten, welche diesen Hohlraum in einen kleineren oberen und geräumigen unteren Abschnitt trennen. Letzterer ist die Atemhöhle, der darüber gelegene kleinere Raum die Kloakalhöhle. Die dorsale Wand der Kloakalhöhle wird durch die sich vereinigenden Mantellappen gebildet.

Es wird die eine Mantelhälfte von der Schale losgelöst, indem das Hinterende des Skalpells zwischen beide geführt wird. Sobald man an die Insertionen der beiden Schließmuskeln kommt, sind diese dicht an der Schale von ihrer Unterlage abzutrennen. Es lassen sich nunmehr beide Schalenhälften vollkommen zurückbiegen.

Die Kiemen stellten jederseits zwei dünne Blätter dar, mit sanft gerundetem Rande, die schon dem bloßen Auge eine deutliche dorsoventrale Faltung erkennen lassen. Unter der Lupe tritt sowohl in senkrechter wie wagerechter Richtung eine feine Streifung auf. Diese Streifung wird durch feine Chitinstäbchen erzeugt. Das dadurch gebildete Gitterwerk ist umkleidet von einem Flimmerepithel, welches in den Maschen des Gitterwerkes in Poren auseinander weicht.

Um diese Verhältnisse genauer zu studieren, schneiden wir ein kleines Stückchen der Kieme ab, breiten es unter Wasser auf einem Objektträger aus und betrachten es unter dem Mikroskop mit schwacher Vergrößerung.

Jedes Kiemenblatt besteht aus zwei dicht aneinander gelagerten Lamellen, die am unteren Rande ineinander übergehen. Wir überzeugen uns davon, indem wir an dem dorsalen Rande des inneren Kiemenblattes mit der Pinzette die innere Lamelle desselben hochheben. Zwischen beiden Lamellen finden sich zahlreiche Verwachsungsbrücken. Der dazwischen liegende innere Kiemenraum ist an der Basis der Kiemen geräumiger und heißt hier Kiemengang. Während die innere Lamelle des inneren Kiemenblattes teilweise nicht festgewachsen ist, haftet die äußere Lamelle des äußeren Kiemenblattes fest an dem Mantel an. Der Kiemenraum der äußeren Kiemen dient bei der weiblichen Muschel als Brutraum für die sich entwickelnden Embryonen.

Jetzt lassen sich auch die Verhältnisse der hinteren Region genauer studieren. Wir sehen, daß die transversale Scheidewand zwischen Atemraum und Kloakalraum von den miteinander verwachsenen inneren Lamellen der hinteren Kiemenblätter gebildet wird.

Der Fuß ist ein muskulöses, beilförmiges Organ, von etwas dunklerer Farbe, welches sich wenig scharf von dem darunter liegenden kompakten Rumpfe absetzt.

Zur Untersuchung der inneren Organe wählen wir besser eine **Teichmuschel** (*Anodonta spec.*), weil diese, bei sonst ziemlich gleichartiger Organisation wie die Flußmuschel, bedeutend größer und leichter präparierbar ist.

Die Schale einer Teichmuschel wird vom Rücken her auf beiden Seiten mit einer gebogenen Drahtzange aufgebrochen, nachdem man sie vorsichtig angeschlagen hat. Darauf wird die Muschel im Wasser weiter beobachtet.

Es wird nunmehr das Herz sichtbar, welches in einem geräumigen, durchscheinenden Sack, dem Herzbeutel, einem Reste des Cöloms, eingeschlossen ist. Nach Eröffnung des Herzbeutels durch einen vorsichtigen Längsschnitt und Abtragen von dessen dorsaler Wandung tritt das Herz deutlicher hervor (s. Fig. 109).

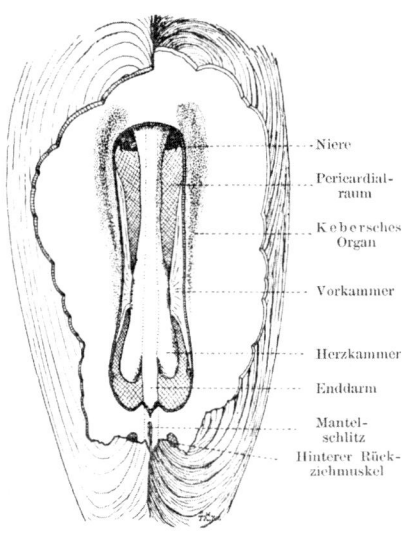

Fig. 109. *Anodonta*. Schale vom Rücken aufgebrochen. Herzbeutel geöffnet. Orig.

Man erkennt die in zwei hintere Zipfel auslaufende, langgestreckte Herzkammer, in welche seitlich die beiden flachen, dreieckig gestalteten Vorhöfe einmünden. Das Blut strömt in oxydiertem Zustande aus den Kiemen in die Vorhöfe und von da ins Herz, welches es in den Körper pumpt. Deutlich sichtbar ist auch der Enddarm, welcher die Herzkammer geradlinig in der Medianen durchzieht. Zwei langgestreckte, rotbraun gefärbte Organe, welche in den vorderen Winkeln des Pericards liegen, und sich in den Mantel vorstülpen (s. Fig. 109), sind die KEBERschen Organe. Es sind das Pericardialdrüsen von wahrscheinlich exkretorischer Funktion; außer ihnen finden sich noch zwei kleinere Pericardialdrüsen vor, die an der hinteren Wandung der Vorhöfe liegen und sich in den Herzbeutel vorwölben.

166   11. Kursus: Muscheln und Tintenfische.

Von den unter dem Herzen liegenden schwärzlichen Nieren sieht man nur den vorderen Teil durchschimmern.

Um die Nieren und ihre Ausführgänge zur Darstellung zu bringen, wird nach Entfernung der übrigen Schale der rechte Mantellappen abgeschnitten, dann werden die beiden rechten Kiemen zurückgeschlagen und mit dem Finger allmählich vom Körper abgepreßt. Mit der Pinzette wird hierauf die Anwachsstelle zwischen Kieme und Körper durchtrennt.

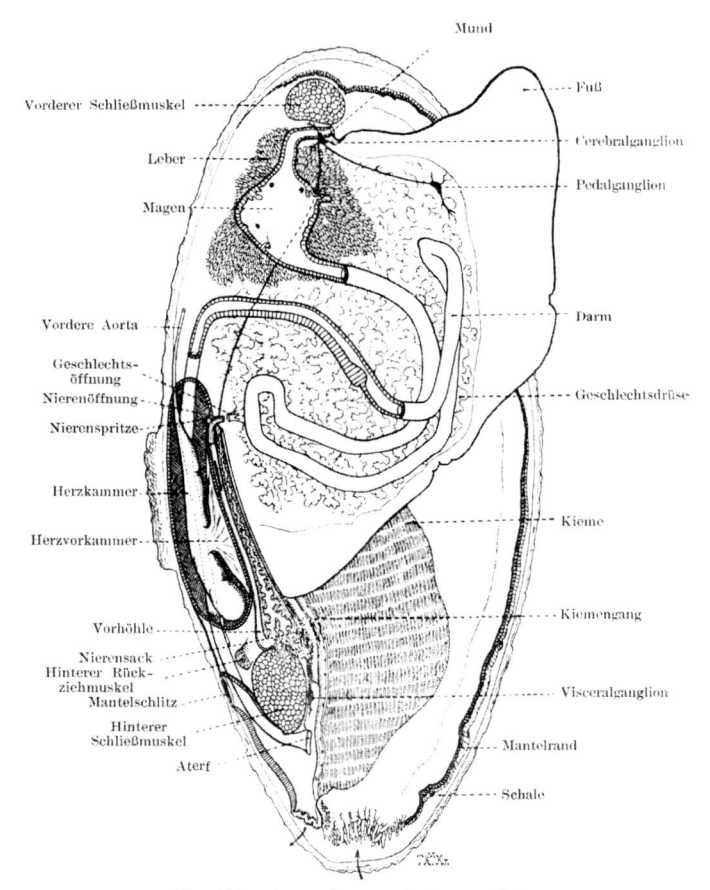

Fig. 110. Anatomie von *Anodonta*. Orig.

Dadurch ist der innere Kiemengang freigelegt worden, in dem nunmehr zwei Öffnungen sichtbar werden. Die untere ist die Öffnung des Geschlechtsorganes, die obere die der Niere.

Zwei eingeführte Borsten orientieren über die Richtung der beiden Gänge. Es werden die beiden rechten Kiemen nunmehr mit der Schere entfernt, wobei die beiden Kiemengänge deutlich zur Anschauung kommen:

dann verfolgt man mit einer feinen Schere die in die Nierenöffnung eingeführte Borste.

Die Niere (s. Fig. 110) besteht aus einem weiten, auf sich selbst zurückgebogenen Schlauche, der in der Längsachse des Körpers liegt und sich bis zum hinteren Schließmuskel hinzieht. Die beiden Schenkel des Schlauches sind übereinander gelagert. Der untere Schenkel (Nierensack), der mit einem Nierentrichter in dem Herzbeutel beginnt, ist pigmentiert und durch zahlreiche, von drüsigem Epithel überzogene Falten von schwammigem Gefüge ausgezeichnet. Der obere Schenkel (die Vorhöhle) ist glatter und ohne exkretorisches Epithel; seine kurze Mündung wird als Ureter bezeichnet. Jeder Ureter mündet in dem inneren Kiemengange nach außen und steht nahe seinem vorderen Ende mit dem anderen durch einen Schlitz in Verbindung.

Vom Nervensystem sind die Cerebralganglien leicht zu finden, wenn man unterhalb und nach innen vom vorderen Schließmuskel die oberste, seitlich vom Munde liegende Hautschicht vorsichtig abhebt. Alsdann erscheint das Ganglion als ein kleiner rotgelber Körper, von dem aus ein Verbindungsstrang zum Cerebralganglion der anderen Seite geht. Außerdem sind noch, außer schwächeren Nerven, die zu den Pedal- und Visceralganglien verlaufenden Konnektive ein Stück weit zu verfolgen.

Die Präparation der Eingeweide ist recht schwierig. Um wenigstens einen Überblick der übrigen Organisation zu erhalten, empfiehlt es sich, mit einem breiten Skalpell vom Fuße aus einen Medianschnitt durch den gesamten Körper zu führen.

Man suche zunächst den Mund auf (s. Fig. 110). Von diesem aus führt ein kurzer Oesophagus in den geräumigen, längsdurchschnittenen Magen, in dessen Wandung mitunter ein opalisierender, gallertiger Körper, der Kristallstiel, sichtbar wird. Von dem darauf folgenden Darm sind deswegen einige Schlingen sichtbar; sein letztes Ende durchbohrt das Pericard wie das Herz und mündet hinter dem hinteren Schließmuskel. An den längsdurchschnittenen Stellen des Darmes wird eine längsverlaufende Falte sichtbar, die zur Vergrößerung der Schleimhaut dient und Typhlosolis genannt wird. Die braun-grünliche, drüsige, den Magen umgebende Masse ist die sog. „Leber", die ihre Ausführgänge in den Magen sendet. In das den Darm umgebende Parenchym sind mächtige drüsige Komplexe eingebettet, welche in ihrer Gesamtheit die entweder männliche oder weibliche Gonade darstellen.

Schließlich kann man noch die beiden anderen Ganglien des Nervensystems aufsuchen. Das Pedalganglion liegt im vorderen unteren Winkel des Körpers unweit der Grenze des muskulösen Fußes; das Visceralganglion findet man leicht, wenn man unter dem hinteren Schließmuskel sucht.

Bei weiblichen Muscheln finden sich zuzeiten in dem äußeren Kiemengang die als Glochidien bezeichneten Embryonen. Ein solches *Glochidium* besteht aus einer zweiklappigen Schale, an deren ventralen Rändern sich jederseits eine nach innen vorspringende, mit Stacheln besetzte dreieckige Spitze befindet. Aus dem Innern ragt ein langer Klebfaden heraus, der im Verein mit den Schalenspitzen ein Anklammern des frei gewordenen Embryos an die Kiemen (*Unio*) oder die Flossenhaut (*Anodonta*) vorbeischwimmender Fische ermöglicht. Hier machen sie, von dem befallenen Gewebe vollkommen umwuchert, ihre weitere Entwicklung durch, und fallen endlich durch Bersten der umhüllenden Wandung als fertige kleine Muscheln zu Boden.

Gelegentlich sieht man am Mantel schleimumhüllte, langbeinige Wassermilben (*Atax*) von schwärzlicher Farbe herumkriechen, deren verschiedene Entwicklungsstadien in den Mantellappen, als größere und kleinere Fleckchen auftretend, sitzen.

Ein weiterer Parasit, der in Leber und Eierstock der großen Teichmuschel haust, ist der *Bucephalus*, eine Cercarie, die nach Verlassen der Muschel eine Zeitlang frei umherschwimmt, und dann von Fischen aufgenommen wird. Zum geschlechtsreifen Tier (*Gasterostomum fimbriatum* SIEB.) wird sie erst in größeren Raubfischen.

Endlich finden sich in den Kiemen, besonders bei Flußmuscheln, zu gewissen Zeiten Entwicklungsstadien eines kleinen Fisches, des Bitterlings (*Rhodeus amarus*). Die Eier werden vom Weibchen mittels einer langen Legeröhre durch den Kloakalsipho in die Muschel eingeführt und dann vom Männchen befruchtet.

II. Tintenfische.

A. Allgemeine Übersicht.

Die Tintenfische oder Cephalopoden haben einen bilateral-symmetrischen Körper, an dem sich zwei Abschnitte unterscheiden lassen: Kopf und Rumpf. Eine eigentümliche Umbildung hat der ursprüngliche Molluskenfuß erfahren. Sein Vorderteil ist als breite Armscheibe vorn um den Kopf herumgewachsen und trägt entweder 8—10 mit Saugnäpfen besetzte Fangarme oder viele Tentakel (*Nautilus*), der Hinterteil des Fußes dagegen ist in ein Paar ventralwärts gekrümmte Seitenlappen ausgezogen, die durch Übereinanderlagerung (*Nautilus*) oder Verwachsung (*Dibranchiata*) zu einem Rohre, dem Trichter, werden.

Um den Cephalopodenkörper mit dem der anderen Mollusken zu vergleichen, muß man ihn so orientieren, daß der Kopf mit den Fangarmen zu unterst liegt, die freie Spitze des Rumpfes also nach oben (s. Fig. 111). Wir finden alsdann die drei Teile des Molluskenkörpers Kopf, Fuß und Rumpf, wieder. Das dem Kopfe entgegengesetzte Körperende stellt also den höchsten Punkt des Rückens dar. Die Körperwand, an der sich der Trichter befindet, ist die hintere, die entgegengesetzte die vordere.

Wie bei den anderen Mollusken, so findet sich auch bei den Cephalopoden ein Mantel, der hinten am Rumpf herunterhängt und eine Mantelhöhle einschließt, die sich hinten über dem Kopffuß in einer Spalte öffnet. In der Mantelhöhle liegen die Kiemen in der Zwei- oder Vierzahl.

Die Schale ist bei den meisten Cephalopoden rudimentär geworden. Ihre allmähliche Umbildung ist stammesgeschichtlich wohl folgendermaßen erfolgt. Ursprünglich war sie flach-napfförmig, dann schlanker-

11. Kursus: Muscheln und Tintenfische. 169

kegelförmig und bedeckte den Rücken. An ihrem dorsalen Scheitel bildete sich zwischen Schale und Körperwand ein Luftraum als hydrostatischer Apparat aus, der dann durch ein Septum von einem, sich

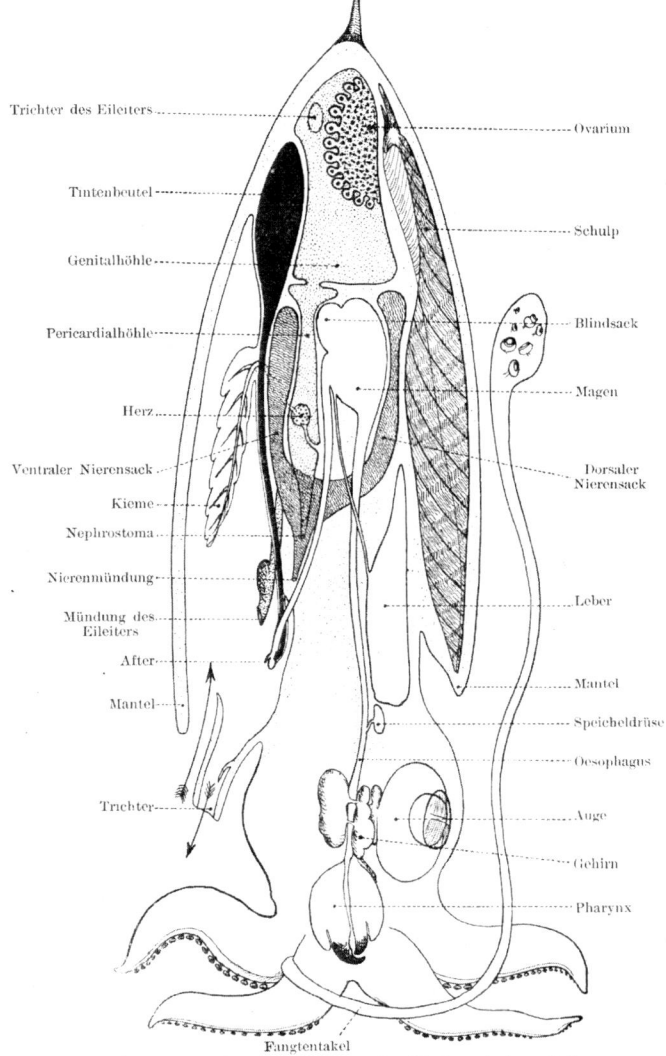

Fig. 111. Schema einer *Sepia* im Medianschnitt. Orig.

darunter bildenden neuen Raume getrennt wurde. Durch Wiederholung dieses Prozesses kam es zur Bildung hintereinander liegender Luftkammern der Schale, die miteinander in Verbindung standen und mit dem zunehmenden Wachstum des Tieres immer größer wurden. Diese einzelnen Schalenkammern rollen sich in verschiedener Weise auf. Das Tier bewohnt also nur die letzte, jüngste Kammer (z. B. *Nautilus*).

Ein Rudimentärwerden der Schale trat dadurch ein, daß sie von den Mantellappen umwachsen wurde, daß die Luftkammern schwanden und nur der in der Vorderseite des Rumpfes eingebettete „Schulp" übrig blieb, der bei einigen sogar den Kalk verloren hat und zu einer dünnen Chitinlamelle geworden ist oder gänzlich fehlt.

So finden wir alle wesentlichen Teile des Molluskenkörpers bei den Cephalopoden wieder.

Die Haut der Cephalopoden ist dadurch interessant, daß sie die Eigenschaft des Farbenwechsels besitzt. Unter der aus Zylinderepithel bestehenden Oberhaut liegt eine bindegewebige Lederhaut, in welcher sich große Farbzellen (Chromatophoren) finden. In diesen Farbzellen kann das Pigment wandern, wodurch in Verbindung mit dem Irisieren einer tiefer gelegenen Schicht von Bindegewebsplatten das Farbenspiel zustande kommt.

Bei vielen Dibranchiaten finden sich am seitlichen Körperrand Flossen in wechselnder Ausdehnung.

Die von einer ringförmigen Lippe umgebene Mundöffnung birgt zwei kräftige und wirksame Hornkiefer, von Gestalt der Hornscheiden eines Papageischnabels. In dem muskulösen Schlundkopf ist stets eine Radula vorhanden. Zwei (selten ein) Paar Speicheldrüsen münden hier ein. Auf den langen Oesophagus folgt der Magen mit einem Blindsack, in welchen die paarigen Ausführgänge der „Leber" eintreten. Neben der Leber liegt die Bauchspeicheldrüse, das „Pankreas". Der kurze Dünndarm öffnet sich in die Mantelhöhle.

Als eine stark entwickelte Analdrüse ist der Tintenbeutel zu betrachten, dessen Sekret, der Sepiafarbstoff, schnell entleert und durch den Trichter nach außen geführt werden kann. In dem dadurch stark getrübten Wasser kann sich der Tintenfisch seinen Verfolgern entziehen.

Das Nervensystem zeichnet sich durch starke Konzentration aller Molluskenganglien aus, die ringförmig den Schlund umfassen. Die Kommissuren sind demnach sehr stark verkürzt. Sehr auffällig sind die riesigen Ganglia optica im Verlauf der beiden Sehnerven. Auch die Mantelganglien, nach ihrer Gestalt Ganglia stellata genannt, sind sehr groß. Ein sympatisches Nervensystem innerviert den Darmtraktus, auf dem Magen zu einem Ganglion gastricum anschwellend.

Der Ganglienkomplex am Schlund wird durch einen Knorpelring, den Kopfknorpel, geschützt.

Die hohe Organisation des Cephalopodenkörpers kommt auch in den Sinnesorganen, besonders den Augen, zum Ausdruck. Am einfachsten gebaut sind sie noch bei *Nautilus*, wo sie einfache Augengruben, Einstülpungen des Körperepithels darstellen, an deren Boden sich die Netzhaut (Retina) ausbreitet, zu welcher der Augennerv herantritt. Durch die Öffnung der Grube vermag das Wasser in den Augenraum einzudringen.

Aus diesen Augengruben sind die Augen der Dibranchiaten in der Weise abzuleiten, daß die Ränder der Augengrube einander entgegenwachsen und verschmelzen, und somit eine Augenblase darstellen, deren obere helle Wand zusammen mit dem äußeren Epithel die primäre Hornschicht (Cornea) bildet. Es wächst nun eine Ringfalte vorn um das Auge herum, in der Mitte eine Öffnung, die Pupille, freilassend; diese Ringfalte wird als Iris bezeichnet. Endlich bildet sich noch eine äußere, zweite Ringfalte der Haut, die bei vielen Formen offen bleibt, bei anderen aber sich vollständig schließt und eine sekundäre Cornea darstellt. Als optischer Apparat erscheint vorn in der primären Cornea eine Linse, deren äußere Hälfte von der Oberhaut, die innere von dem Epithel der Augenblase geliefert wird.

Andere Sinnesorgane sind die sogenannten „Riechgruben" der Dibranchiaten, zwei über den Augen gelegene Vertiefungen, die besonders innerviert werden.

In zwei Vertiefungen des Kopfknorpels liegen die beiden „Hörbläschen", in erster Linie wohl dazu bestimmt, über die Körperlage zu orientieren.

Das Blutgefäßsystem ist wenigstens teilweise geschlossen. Das Herz hat zwei (bei *Nautilus* vier) Vorkammern, welche das frische Blut aus den zwei (resp. vier) Kiemen aufnehmen.

Aus der Herzkammer treiben zwei nach vorn und hinten abgehende Aorten, die Aorta cephalica und die Aorta abdominalis, das Blut in die verschiedenen Organe. Das venös gewordene Blut wird durch ein Venensystem gesammelt und gelangt durch die sich gabelnde Hohlvene zu den beiden an der Basis der Kiemen liegenden kontraktilen Venen- oder Kiemenherzen (die bei *Nautilus* fehlen). Durch besondere Venenanhänge, die sich in die Wand der Nierensäcke einstülpen, werden gewisse Exkretstoffe des Blutes den Nieren übermittelt. Die beiden venösen Kiemenherzen pressen nun das Blut in das zuführende Kiemengefäß (Kiemenarterie). Aus den Kiemen strömt das arteriell gewordene Blut in das ausführende Kiemengefäß, und durch dieses in die Vorkammer des arteriellen Herzens.

Von der Leibeshöhle hat sich bei den Cephalopoden außer dem Herzbeutel und der Höhlung der Gonaden auch noch ein ansehnlicher Raum im dorsalen Rumpfteile erhalten, der durch zwei Öffnungen mit den beiden Nierensäcken in Verbindung steht. Die Nieren münden mit je einer Öffnung in die Mantelhöhle aus.

Die Cephalopoden sind stets getrennten Geschlechts. Die Gonade ist immer unpaar, die Leitungswege sind dagegen bei vielen paarig, bei anderen ist der rechtsseitige geschwunden, ihre Ausmündung liegt in der Mantelhöhle zu seiten des Afters. Der Samenleiter ist meist kompliziert und zerfällt in drei bis vier Abschnitte: das von der Gonadenhöhle (Hodenkapsel) kommende Vas deferens, das sich zu einer großen Samenblase erweitert, in das Vas efferens (welches fehlen kann) sich fortsetzt und in die flaschenartige Spermatophorentasche mündet, die in die Mantelhöhle hinausführt. In der Spermatophorentasche (NEEDHAMschen Tasche) liegen die kompliziert gebauten Spermatophoren, welche die Spermatozoen enthalten.

Als Begattungsorgan soll bei einigen ein in die Mantelhöhle vorragender Penis fungieren (?), bei anderen dagegen wandelt sich ein Mundarm, Hectocotylus genannt, zum Begattungsorgan um. Sein Endstück ist bei einigen Formen zu einem fadenförmigen Penis umgestaltet, der von dem Ausführungsgang einer im Innern des Armes liegenden, die Spermatophoren aufnehmenden Blase durchbohrt wird. Dieser Hectocotylus löst sich bei der Begattung los, tritt in die Mantelhöhle des Weibchens ein und befruchtet dasselbe auf eine noch nicht beobachtete Weise. Da er sich einige Zeit in der Mantelhöhle des Weibchens beweglich erhält, hielt man ihn früher für einen Parasiten.

Der weibliche Ausfährgang besteht aus dem eigentlichen Ovidukt und einem Paar großer Drüsen, den Nidamentaldrüsen, deren Sekret zusammen mit dem einer unpaaren Eileiterdrüse die äußeren Eihüllen der Eier liefert.

Aus den großen, häufig in feste Kapseln eingeschlossenen Eiern entwickeln sich die Jungen ohne Metamorphose.

Die Bewegung der Cephalopoden ist eine kriechende oder schwimmende. Schnelle Bewegung wird erzeugt durch das Ausstoßen des in der Mantelhöhle befindlichen Wassers durch den Trichter. Das geschieht durch heftige Kontraktion der muskulösen Mantelwand, wodurch ein Rückstoß erzeugt wird. Das Tier schwimmt also mit dem Rücken voran.

Von der alten Ordnung der Vierkiemer ist nur noch die Gattung *Nautilus* vorhanden, während sie früher sehr reich entwickelt war (Ammoniten). Innerhalb der Ordnung der Zweikiemer unterscheiden wir zehnarmige und achtarmige Tintenfische.

B. Spezieller Kursus.

Sepia officinalis (L.).

Die in Alkohol konservierte *Sepia officinalis* wird in das Wachsbecken unter Wasser gelegt und zunächst auf ihre äußere Körperform hin untersucht. Das Tier wird so orientiert, daß es auf der dunkleren Seite liegt, mit dem Kopfe dem Beschauer abgewandt.

Wir sehen einen großen, ovalen, abgeplatteten Rumpf mit einer helleren und einer dunkleren Seite. Eine den Körper umgebende Hautfalte, welche nur am Ende unterbrochen ist, stellt die Flosse dar. Aus dem vorderen Teile des Rumpfes ragt, durch eine tiefe, ringsherum gehende Einsenkung getrennt, der ansehnliche Kopf heraus (Fig. 112).

Am Kopfe sehen wir rechts und links zwei große Augen, sowie vier Paar ziemlich kurze, aber kräftige Arme, welche den Mund umgeben. Die stärksten sind die beiden uns zugekehrten, die durch einen breiten Zwischenraum voneinander getrennt sind. Jeder Arm trägt an der Innenseite Saugnäpfe, die nach der Spitze zu an Größe abnehmen. Die Saugnäpfe sitzen wie Beeren an kurzen Stielchen, an der Basis in vier Reihen angeordnet. Außer diesen acht Armen finden wir noch rechts und links zwei um das Dreifache längere Fangarme, welche unter dem obersten Armpaar aus tiefen Gruben entspringen, in die sie eingezogen werden können. Die beiden Fangarme sind viel dünner, mehr zylindrisch und nur oben mit einer blattartigen Erweiterung versehen, welche auf der Innenseite Saugnäpfe verschiedener Größe trägt. An der Basis des vierten Armes der linken Seite sind beim Männchen der *Sepia* die Saugnäpfe durch Hautfalten ersetzt: der Arm ist hectocotylisiert. In der Mitte des Armkranzes liegt auf einem kurzen Kegel der Mund. Mit dem Finger lassen sich die darin verborgenen Hornkiefer fühlen. Schließlich können wir noch den Trichter betrachten, der auf der uns zugekehrten Seite schornsteinartig zwischen Rumpf und Kopf hervortritt. Auf der dunkler gefärbten Seite läßt sich ein ansehnliches hartes Gebilde fühlen: der als „Schulp" bezeichnete Rest der Schale.

11. Kursus: Muscheln und Tintenfische. 173

Es wird nunmehr durch einen Medianschnitt mit dem Skalpell die hellere Rumpfseite aufgetrennt. Der Schnitt beginnt unterhalb des Trichters und muß weiter hinten sehr vorsichtig geführt werden, um nicht den Tintenbeutel anzuschneiden, dessen Inhalt das Präparat stark beschmutzen würde. Mit den Fingern hält man die beiden Schnitthälften oberhalb der Messerführung auseinander.

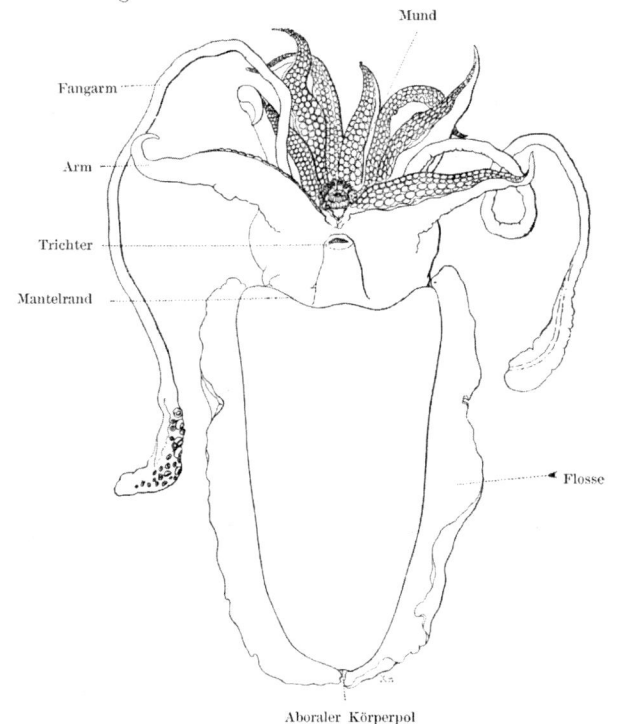

Fig. 112. Äußere Körperform von *Sepia officinalis*. Orig.

Zur Orientierung sei bemerkt, daß wir in der folgenden Beschreibung die uns zugekehrte Seite als die untere (physiologische Bauchseite), die aufliegende als die obere (physiologische Rückenseite) bezeichnen, die nach dem Kopfe zu liegende Region als die vordere, die entgegengesetzte als die hintere.

Wir sehen nunmehr, daß wir eine starke Integumentfalte, den Mantel, durchschnitten und damit eine Höhle eröffnet haben, die als Mantel- oder Atemhöhle zu bezeichnen ist (Fig. 113). Der Mantel heftet sich links, rechts und unten an die Körperwand an, an der unteren Seite geht er nur am Kopfe frei herum. Hinter dem Trichter stehen rechts und links von der Medianen zwei längsovale, von Knorpelmasse umgebene Gruben, in welche ein jederseits von der Innenfläche des Mantels entspringender Knopf paßt. Es wird dadurch eine Art Verschluß hergestellt. Hinter dem Trichter ziehen zwei mächtige Muskelpfeiler nach hinten, die sich an den Schulp inserieren und als Depressores infundibuli bezeichnet werden.

In der Mantelhöhle fallen besonders ins Auge die beiden Kiemen. Diese sind ansehnliche gefiederte Gebilde, die zu beiden Seiten eines großen Sackes entspringen und sich nach der Öffnung der Mantelhöhle zu erstrecken. Auf der frei in die Mantelhöhle ragenden Kante zieht sich jederseits die starke Kiemenvene entlang, die andere Kante dagegen ist an den Mantel festgeheftet. Der Sack, von welchem die Kiemen entspringen, ist der Eingeweidesack. Man sieht ein dunkles Gebilde durchschimmern: den Tintenbeutel, hinten fast herzförmig erweitert, nach vorn zu einem Ausführgang sich verengernd, der in den Enddarm mündet. Die Mündung des Enddarms liegt nach hinten vom

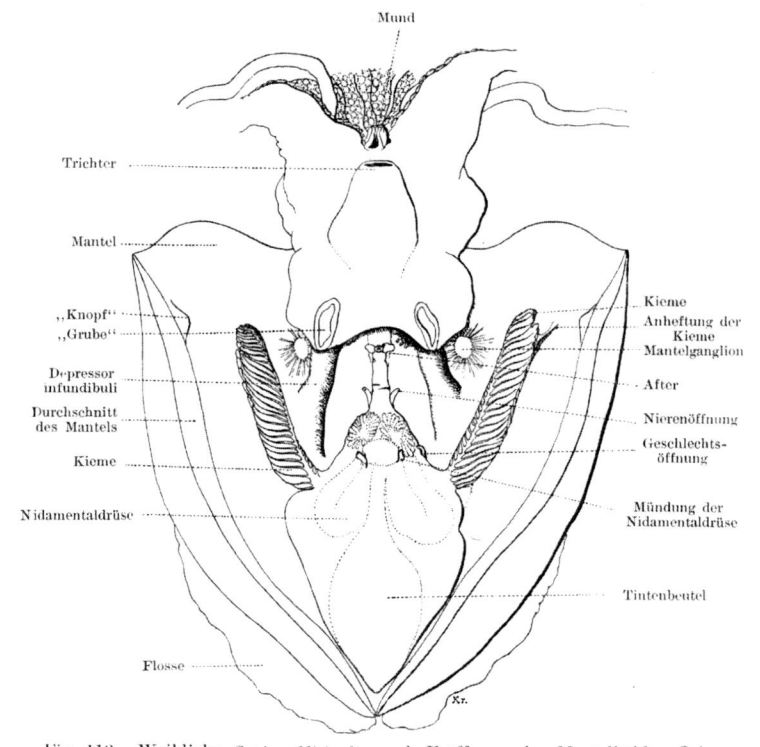

Fig. 113. Weibliche *Sepia officinalis*, nach Eröffnung der Mantelhöhle. Orig.

Trichter in der Medianlinie. Der After ist umstellt von vier Lappen, durch die er verschlossen werden kann. Seitlich und hinter dem After liegen auf zwei Papillen die Mündungen der Ausführgänge der Nieren. Zwischen der im Bilde rechten Kieme und der rechten Nierenöffnung sehen wir einen weiteren Kanal ausmünden, den Ausführungsgang der Geschlechtsprodukte.

Es erfolgt nunmehr die Weiterpräparation, indem mit der stumpfen Pinzette die den Eingeweidesack bildende zarte Hülle vorsichtig entfernt wird; man hüte sich besonders davor, den Tintenbeutel zu verletzen, da sein hervorquellender Inhalt das Präparat beschmutzen würde.

Ist das Unglück dennoch geschehen, so ist der Tintenbeutel samt Ausführungsgang unverzüglich herauszunehmen und das Präparat unter fließendem Wasser abzuwaschen. Um Raum zum Präparieren zu gewinnen, schneidet man den Mantel jederseits nach der Basis der Kiemen zu ein und steckt ihn mit Nadeln fest.

Nach vollendeter Präparation sehen wir an einem **weiblichen Exemplare** folgendes (Fig. 114). Der große, schwarze Tintenbeutel nimmt die Hauptmasse des Raumes ein und überdeckt die meisten anderen Organe. Ganz hinten tritt seitlich rechts ein größtenteils unter dem Tintenbeutel verborgenes Organ hervor, das Ovarium. Weiter

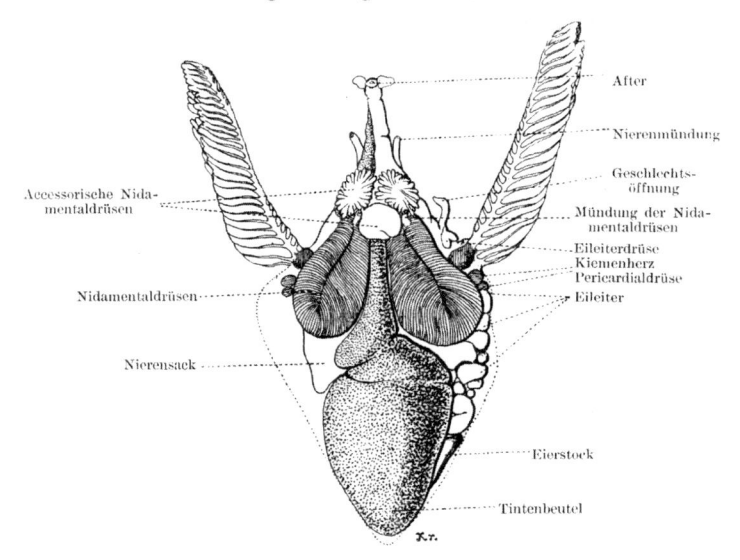

Fig. 114. Eingeweidesack einer weiblichen *Sepia*, nach Entfernung der Hülle. Orig.

nach vorn setzt sich an das Ovarium der unpaare Eileiter an, leicht kenntlich durch die großen, gegeneinander abgeplatteten Eier. Der Eileiter verläuft an der rechten Seite weiter nach oben und wird vor seiner Ausmündung von einer herzförmigen Drüse, der Eileiterdrüse, überdeckt. Die Ausmündung des Eileiters erfolgt in die Mantelhöhle.

Vor dem Tintenbeutel liegen rechts und links zwei große, ovale Körper, in der Mitte mit einer Furche versehen und von blätteriger Struktur, die Nidamentaldrüsen. Schon vor der Entfernung der Hülle des Eingeweidesackes sahen wir sie durch denselben hindurchschimmern (s. Fig. 113), ebenso wie drei davor gelegene kleinere Drüsen: die accessorischen Nidamentaldrüsen. Jetzt nach erfolgter Präparation sehen wir auch die gemeinsamen Ausmündungen sämtlicher Nidamentaldrüsen in den Mantelraum (s. Fig. 114). Alle diese Drüsen sondern Sekrete ab, die zur Herstellung der äußeren Hüllen der heraustretenden Eier dienen.

Wir fahren nunmehr mit der Präparation in folgender Weise fort: Die beiden großen Nidamentaldrüsen werden von hinten her vorsichtig entfernt, indem der Holzgriff des Skalpells darunter geschoben wird. Dann nimmt man die Finger zu Hilfe und kann nun den ganzen Drüsenkomplex nach vorn zu abheben. Ganz ebenso verfährt man mit dem Tintenbeutel, auch unter diesen schiebt man von hinten her den Holzgriff des Skalpells, bis man den Beutel mit den Fingern erfassen kann; hierauf hebt man ihn langsam ab unter gleichzeitiger Zuhilfenahme einer Pinzette, mit der man die an ihm haftenden Membranen abtrennt. Er läßt sich so mit Leichtigkeit unverletzt herausnehmen (Fig. 115).

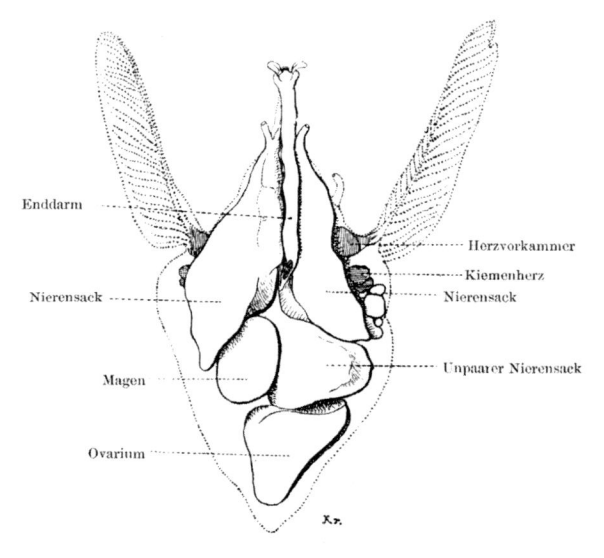

Fig. 115. Eingeweidesack von *Sepia*, nach Entfernung von Nidamentaldrüsen und Tintenbeutel. Orig.

Eine große dreieckige Drüse im hinteren Ende des Eingeweidesackes ist das Ovarium. Zu beiden Seiten des Enddarmes liegen bis zum Magen hin zwei ansehnliche Säcke, die wir, wenn wir sie nach vorn hin verfolgen, in den zu beiden Seiten des Afters gelegenen Nierenöffnungen ausmünden sehen. Wir haben die Nieren vor uns. Diese beiden paarigen Nierensäcke werden verbunden durch einen dritten unpaaren, der bedeutend größer ist, in seinem Hauptteil aber von den paarigen Nierensäcken und dem Magen bedeckt wird. Einen kleineren Teil von ihm sehen wir in unserem Präparate rechts etwas tiefer liegen.

Schneiden wir die außerordentlich dünne Haut der Nierensäcke auf, so finden wir unter ihrem Boden traubige, drüsige Gebilde, die wir schon vorher hindurchschimmern sahen: die Venenanhänge, welche sie scheinbar erfüllen, in Wirklichkeit aber nur die untere Wandung dieser Nierensäcke einstülpen. Durch diese Venenanhänge strömt das venöse Blut und gibt Exkretstoffe an die Nieren ab.

Im Präparate (und Bilde Fig. 115) links, seitlich vom unpaaren Nierensack, liegt der Magen, und unter dem Nierensack, diesen einstülpend, ein Blindsack von rundlicher Form. Ein größerer Teil des

11. Kursus: Muscheln und Tintenfische. 177

unpaaren Nierensackes liegt unter dem Magen und seinem Blindsack. Schneiden wir diesen Blindsack auf, so sehen wir seine Wandung mit zahlreichen vorspringenden Lamellen erfüllt und im oberen Teile spiralig eingedreht. Speisereste wird man in diesem Blindsack nie finden, er dient nur dazu, die Sekrete der „Leber", welche ihm durch die beiden sich im Endabschnitt vereinigenden Ausführungsgänge zugeführt werden, aufzunehmen, von wo sie sich in den Magen ergießen.

Mit Pinzette und Pinsel entfernen wir nunmehr die sämtlichen Venenanhänge, um die übrigen Organsysteme freizulegen.

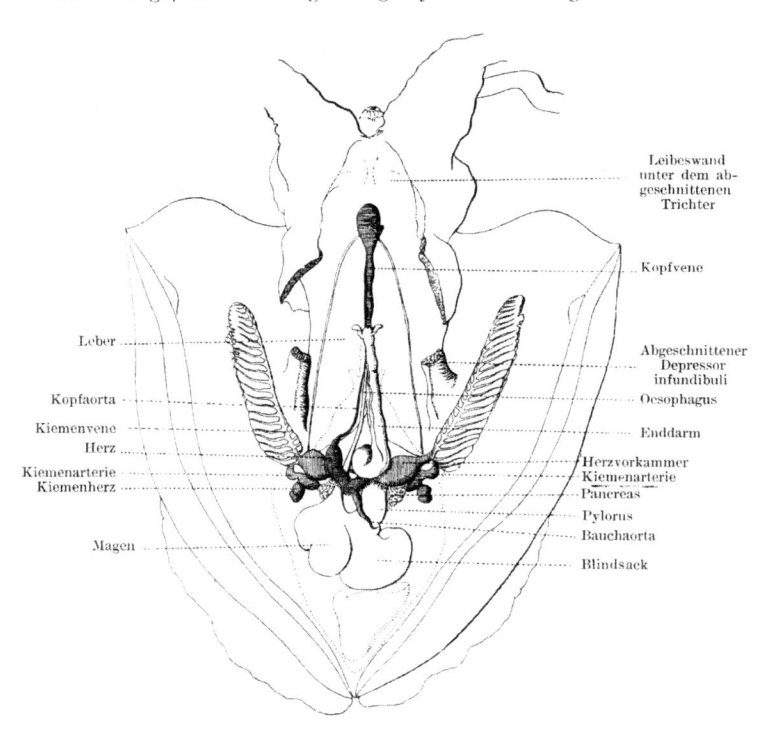

Fig. 116. Anatomie von *Sepia*, nach weiterer Entfernung der Nieren und Venenanhänge. Orig.

Vom Magen aus können wir den Darm weiter verfolgen, der mit einem etwas weiteren Pylorusabschnitt beginnt, sich um sich selbst windet, und geradlinig nach vorn ziehend mit dem After endigt.

Gerade hinter dieser Windung des Enddarmes befindet sich das Herz, ein spindelförmiger Schlauch, der etwas links unterhalb des Darmes liegt und schräg nach vorn aufsteigt; das von ihm nach vorn ziehende Blutgefäß ist die Kopfaorta, das nach hinten ziehende die Bauchaorta. Zu beiden Seiten des Herzens liegen in dieses einmündende große Blasen, die Vorkammern, welche von den auf der Unterseite der Kiemen liegenden Kiemenvenen das gereinigte Blut erhalten und dem Herzen zuführen, von dem es dann durch die beiden großen Körperarterien in die verschiedenen Körperregionen getrieben wird. Vom Venensystem sehen wir folgendes: Durch die Entfernung der Venenanhänge haben wir auch größtenteils die Venen selbst entfernt, nur über der Kiemenbasis sehen wir hinter den Vorkammern zwei blasige Gebilde, die dazu gehören, die **Kiemenherzen**. Diese sind kontraktil und treiben das von den Körpervenen erhaltene venöse Blut in die Kiemenarterie. An der Basis jedes Kiemenherzens sitzt ein konisches, exkretorisch tätiges Gebilde, die **Pericardialdrüse**.

Wir haben der Beschreibung der Eingeweide bis jetzt ein **weibliches Exemplar** zugrunde gelegt. Liegt ein **männliches Individuum** vor, so ist die Präparation insofern einfacher, als die Nidamentaldrüsen fehlen, und man nach Wegnahme der Eingeweidehülle gleich die Nierensäcke vor sich liegen sieht. Die übrige Anordnung ist ungefähr die gleiche. An der Stelle, wo beim Weibchen der Eierstock liegt, findet sich beim Männchen der **Hode**, und statt des rechts gelegenen Eileiters finden wir den **Samenleiter**, der zu einer mächtigen Blase, der **Spermatophorentasche**, anschwillt. Diese mündet ebenso wie der Eileiter auf einer rechts gelegenen Papille in die Mantelhöhle.

Nachdem wir nun den Eingeweidesack und seinen Inhalt genauer kennen gelernt haben, gehen wir zu einer **Präparation der vor ihm gelegenen Organe** über.

Durch einen medianen Längsschnitt trennen wir den Trichter auf, so daß wir in seine Höhlung hineinblicken können.

Wir bemerken an der Innenseite seiner oberen Wand einen blattförmigen Anhang, der als Klappe fungiert und **Trichterklappe** genannt wird.

Über die Funktion des Trichters gewinnen wir jetzt Klarheit, indem wir sehen, daß er mit einer weiten Öffnung in die Mantelhöhle mündet. Das die Kiemen umspülende Wasser der Mantelhöhle dringt von der Mantelspalte aus ein und kann dann unter gleichzeitigem Verschluß des Mantels in den Trichter gepreßt werden. Die Klappe im Trichter wird angedrückt, und das Wasser strömt durch die jetzt offene vordere Trichteröffnung nach außen, gleichzeitig durch Rückstoß das Tier in entgegengesetzter Richtung fortbewegend.

Wir tragen nunmehr den Trichter völlig ab. Zunächst werden die beiden großen Muskelpfeiler hinter dem Trichter durchschnitten, und dann wird durch einen Flächenschnitt die obere Trichterwand abgetragen, so daß sich der gesamte Trichterapparat abheben läßt.

In der Medianlinie der freigelegten Fläche verläuft ein ansehnliches, vorn stark angeschwollenes Blutgefäß zum Eingeweidesacke hin. Es ist das die große **Kopfvene**, welche aus einem den Mund umgebenden **Ringsinus** das venöse Blut aufnimmt und sich in die beiden **Hohlvenen** teilt, deren Inhalt durch die Kiemenherzen in die Kiemen gepreßt wird.

Nehmen wir die Decke der über dem Trichter freigelegten Fläche ab, so erscheint die von einer zarten Hülle umgebene **Leber**, aus zwei langen, symmetrischen, in der Medianlinie nahe zusammentretenden Lappen bestehend (s. Fig. 117).

11. Kursus: Muscheln und Tintenfische. 179

Nunmehr wird die Kopfvene abgeschnitten und entfernt; zwischen beide Leberlappen führen wir den Holzgriff eines Skalpells ein und drängen sie so etwas auseinander.

Es erscheint nunmehr in der Tiefe zwischen beiden Leberlappen der geradlinig verlaufende, dünne Oesophagus.

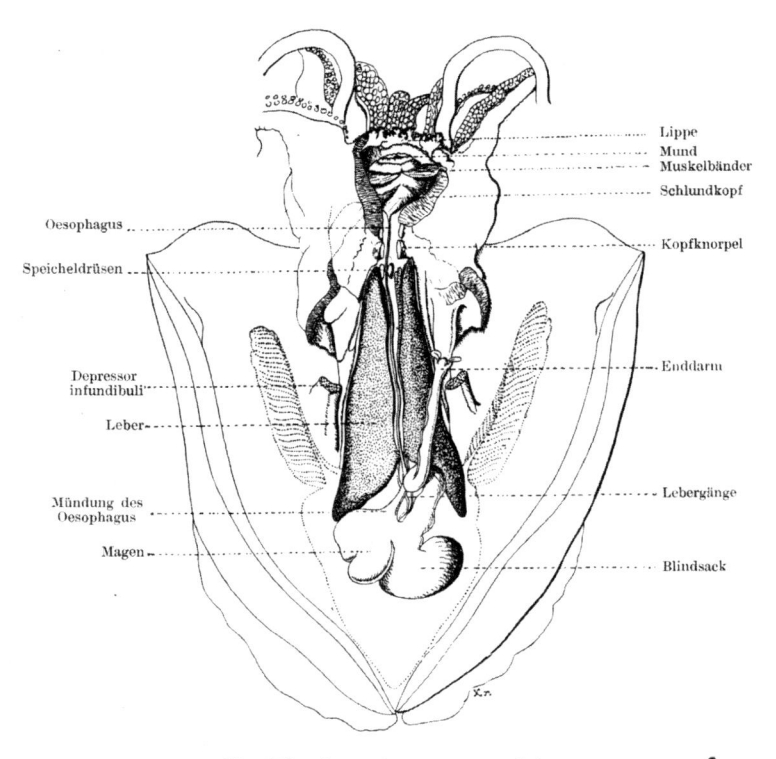

Fig. 117. Anatomie von *Sepia*. Orig.

Mit einem Skalpellschnitt trennen wir nun in der Medianlinie den Kopfknorpel auf und führen den Schnitt vorsichtig weiter nach vorn, bis wir auf ein großes, rundliches Gebilde stoßen.

Dieser Bulbus ist der muskulöse Schlundkopf, welcher mit der Körperwand durch Muskelbänder verbunden ist; der Schnitt durch den Kopfknorpel hat auch den im Kopfknorpel liegenden, den Oesophagus umgebenden Nervenring durchschnitten, der, im Knorpel eingelagert, im Querschnitt sichtbar wird. Unmittelbar vor den Leberlappen liegen zu beiden Seiten des Oesophagus zwei kleine Drüsen, die Speicheldrüsen, von denen feine Ausführkanäle nach vorn ziehen, um sich in der Medianlinie zu vereinigen und in den Schlundkopf einzumünden.

An der Innenfläche jedes Leberlappens entspringt ein Ausführgang, der, mit pankreatischen Anhängen besetzt, der Speiseröhre parallel nach dem Magen zu zieht. Kurz vor der Einmündung in das Verdauungsrohr, da, wo vom Magen der Blindsack abgeht, vereinigen sich beide Lebergänge, um in den Blindsack einzumünden.

Schließlich schneiden wir noch den Schlundkopf auf; das Messer wird bei einem Medianschnitt bald auf Widerstand stoßen, verursacht durch einen der beiden Hornkiefer. Wir gehen daher seitlich rechts und links von diesem Kiefer mit der Präparation weiter und können ihn bald, wie auch den darunter liegenden Kiefer, mit den Fingern herausziehen und betrachten.

Nunmehr wird die Radula frei, eine zahnbesetzte Platte, welche einer vorspringenden Erhöhung aufliegt.

Damit ist die Betrachtung der inneren Organsysteme erschöpft; es würde nur noch das Nervensystem in Betracht kommen. Dessen Präparation ist indessen für den Anfänger zu schwierig, und es sei deshalb auf die kurze Beschreibung in der allgemeinen Übersicht S. 170 verwiesen. Nur die beiden Mantelganglien sind ohne weiteres sichtbar (s. Fig. 113); sie liegen an der Innenwand des Mantels als große Körper, von denen strahlenförmig Nerven an die Mantelfläche gehen.

Um das als „Schulp" bezeichnete Schalenrudiment kennen zu lernen, führt man auf der Medianlinie der dunkel gefärbten Oberseite einen Schnitt durch das dünne Integument und kann dann leicht das in einer Tasche liegende Gebilde frei präparieren und herausnehmen. (Siehe Fig. 111).

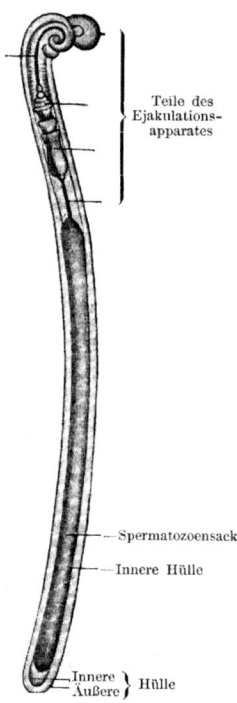

Fig. 118. Spermatophor von *Sepia* (nach MILNE EDWARDS aus LANG).

Wir haben einen ansehnlichen, ellipsoiden Körper vor uns, dessen Ränder wie das in ein spitzes Häkchen auslaufende Hinterende von hornigen Blättchen gebildet werden, während die Hauptmasse aus kohlensaurem Kalk besteht.

Die lamellare Struktur des Schulpes zeigt seine Herkunft als Rudiment einer ursprünglich gekammerten Schale an. Bei erwachsenen Tieren finden sich im Schulp Gasansammlungen, vielleicht zur Aufrechterhaltung der normalen Körperstellung.

Mit Zuhilfenahme des Mikroskopes läßt sich noch folgende Untersuchung ausführen:

Man schneidet bei einem erwachsenen männlichen Tier den Spermatophorensack auf und wird als Inhalt zahlreiche weiße Fädchen bis zu 2 cm Länge finden. Wir legen einige derselben unter Wasser auf den

11. Kursus: Muscheln und Tintenfische.

Objektträger, bedecken das Präparat mit einem Deckgläschen und betrachten es unter schwacher Vergrößerung (Fig. 118). Es ist ein ganz überraschendes Bild, welches wir jetzt sehen. Jedes dieser Fädchen stellt einen **Spermatophor** dar, einen komplizierten Apparat, welcher die Spermatozoen enthält. Wir sehen zunächst eine aus zwei Hüllen bestehende chitinige Röhre. An einem Ende derselben liegt ein langgestreckter, mit Spermatozoen gefüllter Samensack, von dem nach vorn zu ein Fädchen zu einem eigentümlichen Ejakulationsapparate hinführt. Das Vorderende des Spermatophors krümmt sich spiralig ein. Gelangen die reifen Spermatophoren des lebenden Tieres ins Wasser, so platzen sie und spritzen ihren Inhalt heraus.

Systematischer Überblick
für den zwölften und dreizehnten Kursus.

VII. Stamm.
Arthropoda, Gliederfüßer.

Die Gliederfüßer sind bilateral-symmetrisch, innerlich wie äußerlich segmentiert und besitzen gegliederte Extremitäten, im Gegensatz zu den mit ungegliederten Extremitäten versehenen Anneliden. Die Haut sondert ein chitiniges Skelett ab, dessen einzelne Teile gelenkig verbunden sind. Nur bei den niedersten Formen sind die Segmente gleichartig, bei den höheren werden sie zu ungleichwertigen Körperabschnitten (Heteronomie). Das Nervensystem besteht wie bei den Anneliden aus einem dorsalen Hirn und dem durch zwei Schlundkommissuren damit verbundenen Bauchmark ("Strickleiternervensystem"). Die Augen sind einfach (Stemmata) oder zusammengesetzt (Facettenaugen). Das Herz liegt über dem Darme, auf dem Rücken; ein geschlossener Blutkreislauf fehlt. Die Atmung erfolgt entweder durch Kiemen oder durch Tracheen. Man unterscheidet danach zwei Unterstämme: Branchiata und Tracheata.

1. Unterstamm: Branchiata.
Klasse: **Crustacea,** Krebse.

Mit zwei Paar Antennen am Kopfe. Durch Kiemen atmende Wasserbewohner. Die Kiemen sitzen an der Basis der Beine. Das Chitinskelett erlangt durch Einlagerung von kohlensaurem Kalk größere Festigkeit. Kopf aus fünf Segmenten verschmolzen. Die Gliedmaßen sind Spaltfüße, mit einem Stamm (Protopodit), einem äußeren Schwimmfußast (Exopodit) und einem inneren Gehfußast (Endopodit), von denen der Exopodit verloren gehen kann. Hierzu kann noch ein vom Protopodit entspringender Nebenast (Epipodit) kommen, der häufig als Kieme im Dienste der Respiration steht. Die Extremitäten können zu verschiedenen Funktionen herangezogen werden, z. B. treten häufig die vorderen in den Dienst der Ernährung. Am Kopfe befinden sich außer den beiden Antennenpaaren drei Paar Kiefer und zwar ein Paar Oberkiefer (Mandibeln), sowie ein erstes und ein zweites Unterkieferpaar (Maxillen). Die Entwicklung erfolgt meist durch Metamorphose. Larvenstadien sind der *Nauplius* und die *Zoëa*, beide von verschiedener Organisationshöhe.

1. Unterklasse: **Entomostraca,** Niedere Krebse.

Anzahl der Körpersegmente wechselnd. Als Exkretionsorgan fungiert die Schalendrüse. Larvenform: der niedriger organisierte Nauplius.

1. Ordnung: **Phyllopoda,** Blattfüßer.

Rückenschild (Carapax) vorhanden oder fehlend. Der Spaltfuß wird meist zum Schwimmfuß durch Verbreiterung beider Äste. Die Kiemen sitzen als Säckchen an den Schwimmfüßen. Im Süßwasser, einzelne marin.

System. Überblick: Arthropoda, Gliederfüßer.

1. Unterordnung: **Branchiopoda**, Kiemenfüßer.

Deutlich segmentierter Körper mit vielen Segmenten. Langgestrecktes dorsales Herz. Ohne Carapax: *Branchipus*; mit flachem Carapax: *Apus*; mit zweiklappiger Schale: *Estheria*.

2. Unterordnung: **Cladocera**, Wasserflöhe.

Aus wenigen, undeutlich abgegrenzten Segmenten bestehender Körper. Zweites Antennenpaar große Ruderorgane. Zweiklappige Schale, die den Kopf freiläßt. Herz kurz, säckchenförmig. Unpaares Facettenauge. Oberer Schalenraum dient als Brutraum. *Daphnia, Leptodora*.

2. Ordnung: **Ostracoda**, Muschelkrebse.

Aus wenigen, undeutlich abgegrenzten Segmenten bestehender Körper. Zweiklappige, muschelähnliche Schale, die auch den Kopf einschließt. Marin und im Süßwasser. *Cypris*.

3. Ordnung: **Copepoda**.

Deutlich segmentierter Körper, der Kopf mit dem ersten Rumpfsegment verschmolzen. Gewöhnlich zehn freie Segmente, von denen die ersten fünf (Thorax) typische Spaltfüße tragen, die nächsten vier (Abdomen) extremitätenlos sind und das letzte (Telson) eine Schwanzgabel trägt. Eier am Abdomen des Weibchens in unpaaren oder paarigen „Eiersäckchen". Marin und im Süßwasser.

1. Unterordnung: **Eucopepoda**.

Keine Facettenaugen. Genitalöffnung am siebenten Rumpfsegment. Teils freilebend (*Cyclops*), teils parasitisch (*Lernaea*).

2. Unterordnung: **Branchiura**.

Schildförmiges, flaches Kopfbruststück und kleines, gespaltenes Abdomen. Drei freie Brustsegmente. Facettenaugen. Genitalöffnung am fünften Rumpfsegment. Die zweiten Maxillen zu Saugnäpfen und Krallen umgewandelt. *Argulus*.

4. Ordnung: **Cirripedia**, Rankenfüßer.

Festsitzende Krebse, mit dem Nacken festgeheftet. Der Carapax bildet meist einen Mantel mit stark verkalkten Platten. Füße mit geringelten, dichtbehaarten Innen- und Außenästen (Rankenfüße), die zum Herbeistrudeln der Nahrung dienen. Herz fehlt. Zwitter, bisweilen treten „Zwergmännchen" auf. Marin.

1. Unterordnung: **Lepadidaea**.

Kopfende zu einem Stiel ausgezogen. *Lepas*.

2. Unterordnung: **Balanidaea**.

Ohne Stiel. Skeletteile zum Teil zu einem festen Kranz verbunden. *Balanus*.

3. Unterordnung: **Rhizocephala**.

Durch Parasitismus stark rückgebildet. Darmkanal wie Gliedmaßen fehlen. Körper ein weichhäutiger Sack voller Geschlechtsprodukte. Nahrungsaufnahme durch wurzelförmige Verästelungen, die vom festsitzenden Stiel ins Innere des Wirtes hineingehen. *Sacculina, Peltogaster*.

2. Unterklasse: **Malacostraca**, Höhere Krebse.

Anzahl der Segmente konstant 19, selten 20. Außer 5 fast stets verschmolzenen Kopfsegmenten 8 Brustsegmente und 6 (selten 7) Hinterleibssegmente. Dazu kommt noch meistens ein letztes Anhangssegment, das Telson. Als Exkretionsorgan fungiert die Antennendrüse. Larvenform: die höher organisierte Zoëa, selten vorher der Nauplius.

1. Legion: **Leptostraca**.

Zwischen Entomostraken und Malacostraken stehend. Zweiklappige Schale. Abdomen siebengliedrig, dazu ein Telson mit beweglichen Ästen. Marin. *Nebalia*.

2. Legion: **Eumalacostraca.**

Abdomen sechsgliedrig, dazu ein Telson ohne bewegliche Äste.

A. *Syncarida.*

Kein Rückenschild (Carapax). Alle Brustsegmente getrennt bis auf das erste, welches mit dem Kopfe verwachsen ist. Keine Bruttasche.

Ordnung: **Anaspidacea.**

Im Süßwasser. *Anaspides.*

B. *Peracarida.*

Carapax, wenn vorhanden, wenigstens vier Brustsegmente freilassend. Erstes Brustsegment stets mit dem Kopfe verschmolzen. Weibchen mit Bruttasche, die aus blattförmigen Anhängen der Beine gebildet ist.

1. Ordnung: **Mysidacea.**

Carapax über den größten Teil der Brust sich erstreckend, aber höchstens mit drei Brustringen verwachsen. Augen gestielt. Brustfüße mit Schwimmfußästen. Das erste Fußpaar oder die beiden ersten zu Kaufüßen umgewandelt. In den Endopoditen der Uropoden finden sich meistens zwei Statocysten. Marin, vereinzelt im Süßwasser. *Mysis.*

2. Ordnung: **Cumacea.**

Carapax mit den ersten drei oder vier Brustsegmenten verwachsen. Keine Stielaugen. Einige Brustfüße mit Schwimmfußästen, die ersten drei Fußpaare zu Kieferfüßen umgewandelt. Marin. *Diastylis.*

3. Ordnung: **Tanaidacea.**

Carapax mit den ersten beiden Brustsegmenten verwachsen. Augen fehlend oder auf kurzen unbeweglichen Stielen stehend. Keine Schwimmfußäste. Das erste Fußpaar zu Kieferfüßen umgewandelt. Marin. *Tanais.*

4. Ordnung: **Isopoda,** Asseln.

Körper dorsoventral zusammengedrückt. Carapax fehlt. Das erste Brustsegment mit dem Kopf verwachsen. Telson fast stets fehlend. Augen sitzend oder auf kurzen unbeweglichen Stielen stehend. Brustfüße ohne Schwimmfußäste, erste Paar zu Kieferfüßen umgewandelt. Herz kurz, ganz oder teilweise im Hinterleib liegend. Teilweise Parasiten und alsdann stark umgebildet. Meist marin, doch auch auf dem Lande, vereinzelt im Süßwasser. *Asellus* (Wasserassel), *Cryptoniscus.*

5. Ordnung: **Amphipoda,** Flohkrebse.

Körper seitlich zusammengedrückt. Carapax fehlt. Das erste Brustsegment oder die beiden ersten mit dem Kopfe verwachsen. Telson meist vorhanden. Augen sitzend, Brustfüße ohne Schwimmfußäste, das erste Paar zu Kieferästen umgewandelt. Herz meist lang, im Brustabschnitt gelegen. Meist marin, einzelne Formen im Süßwasser. *Gammarus, Phronima.*

C. *Eucarida.*

Carapax dorsal mit allen Brustsegmenten verwachsen. Augen auf beweglichen Stielen. Ohne Bruttasche.

1. Ordnung: **Euphausiacea.**

Kein Fußpaar zu Kieferfüßen umgewandelt. Kiemen in einer einzelnen Reihe am Grundgliede der Füße. Fast stets mit Leuchtorganen versehen. Marin. *Euphausia.*

2. Ordnung: **Decapoda.**

Die drei ersten Fußpaare sind zu Kieferfüßen umgewandelt. Kiemen meist in mehreren Reihen, sowohl am Grundgliede der Füße wie am Körper selbst. Meist marin, einige Süßwasser- und Landformen.

1. Unterordnung: **Natantia**.

Körper meist seitlich zusammengedrückt, ebenso Rostrum. Abdominalfüße wohlentwickelt, zum Schwimmen gebraucht. *Crangon*.

2. Unterordnung: **Reptantia**.

Körper nicht seitlich, aber oft dorsoventral zusammengedrückt, ebenso das Rostrum, wenn es vorhanden ist. Abdominalfüße oft reduziert oder fehlend, nicht zum Schwimmen gebraucht. *Potamobius, Pagurus, Birgus, Cancer*.

D. *Hoplocarida*.

Der Carapax läßt vier oder mehr Brustsegmente frei. Vom vorderen Teile des Kopfes gliedern sich zwei freie Segmente ab, die die auf beweglichen Stielen sitzenden Augen und die ersten Antennen tragen. Keine Bruttasche.

Ordnung: **Stomatopoda**.

Marin. *Squilla*.

2. Unterstamm: Tracheata.

Durch hohle Hauteinstülpungen, Tracheen, atmende Landbewohner. Mit einem Paar Antennen. Die Gliedmaßen sind niemals Spaltfüße, sondern einreihig. Die Tracheen öffnen sich durch Spalten, Stigmata, auf der Haut. Im vorderen Darmteil münden Speicheldrüsen aus, in den Enddarm die als Niere fungierenden Vasa Malpighii. Ferner finden sich vielfach Schleim-, Gift- und Spinndrüsen, auf einer der Mundextremitäten ausmündend.

I. Klasse: **Protracheata**.

Übergang von den Anneliden zu den Tracheaten. Annelidenähnlicher, segmentierter Körper, mit Segmentalorganen, Nephridien, anderseits im Besitze von Tracheen. Beine parapodienähnlich, kurz, mit Krallen versehen („Onychophoren"). Nervenstränge wie bei Plattwürmern, ein Paar ventrale, vom Hirnganglion ausgehende Stränge; noch nicht zum typischen Strickleiternervensystem zusammengetreten. *Peripatus*.

II. Klasse: **Myriopoda**, Tausendfüßer.

Annelidenähnlich, aber wohlgegliederte Beine. Kopf aus drei Segmenten verschmolzen. Strickleiternervensystem. Das dorsale Herz sehr lang, in jedem Segment eine besondere, mit seitlich angehefteten Muskeln versehene Kammer bildend. Augen einfach.

1. Ordnung: **Diplopoda (Chilognatha)**.

Körper rund, jedes Segment trägt ein Paar Extremitäten. Pflanzenfresser. *Julus*.

2. Ordnung: **Chilopoda**.

Körper abgeplattet, jedes Segment trägt ein Paar Extremitäten. Giftiger Biß. Räuber. *Scolopendra*.

III. Kasse: **Insecta**.

Der Körper besteht aus drei Regionen: Kopf, Brust und Hinterleib. Die Brust besteht aus drei Segmenten, der Hinterleib aus fünf bis elf. Jeder Brustring trägt ein Beinpaar („Hexapoda"). Am Kopf ein Paar Antennen, ein Paar Mandibeln und zwei Paar Maxillen. Die ursprünglichsten Mundgliedmaßen sind die kauenden, davon abzuleiten sind die leckenden, saugenden und stechenden. Können fliegen, da je ein Paar Flügel am zweiten und dritten Brustring dorsal angeheftet ist, die als Hautausstülpungen zu betrachten sind. An der Grenze vom entodermalen Mittel- und ektodermalen Enddarm münden die Exkretionsorgane: Malpighische Gefäße. Hirn meist sehr entwickelt. Ein Paar Facetten-

System. Überblick: Arthropoda, Gliederfüßer.

augen. Tracheensystem sehr entwickelt, daher Blutgefäßsystem rudimentär. Getrenntgeschlechtlich. Bei einigen entwickelt sich das Ei unbefruchtet (Parthenogenesis). Die meisten Insekten machen eine Metamorphose in der Entwicklung durch.

1. Ordnung: Apterygota, Urinsekten.

Direkte Entwicklung; beißende Mundgliedmaßen; ursprünglicher Mangel der Flügel. Tracheen fehlend oder unzusammenhängend. Manchmal Fußstummeln am Hinterleib. 1. *Thysanura (Lepisma)*, 2. *Collembola (Podura)*.

2. Ordnung: Archiptera, Urflügler.

Direkte Entwicklung oder unvollkommene Metamorphose; beißende (bei den Physopoden saugende) Mundgliedmaßen; glasartige, fein, oft netzförmig geäderte Flügel. 1. *Corrodentia (Termes, Psocus, Trichodectes)*. 2. *Amphibiotica (Ephemera Libellula, Perla)*, 3. *Physopoda (Thrips)*.

3. Ordnung: Orthoptera, Geradflügler.

Unvollkommene Metamorphose; beißende Mundgliedmaßen. Die beiden Flügelpaare ungleich. Meist pergamentartige Vorderflügel und etwas weichere, faltbare Hinterflügel. 1. *Dermatoptera (Forficula)* 2. *Cursoria (Periplaneta)*, 3. *Gressoria (Mantis)*, 4. *Saltatoria (Acridium, Locusta, Gryllus)*.

4. Ordnung: Rhynchota, Schnabelkerfe.

Direkte Entwicklung oder unvollkommene Metamorphose; stechende Mundgliedmaßen; die Vorderflügel halbhornig, an der Spitze häutig, und Hinterflügel häutig, oder alle Flügel häutig, oder Flügel fehlend. 1. *Hemiptera (Acanthia)*, 2. *Homoptera (Cicada)*, 3. *Phytophthires (Aphis)*, 4. *Aptera (Pediculus)*.

5. Ordnung: Neuroptera, Netzflügler.

Vollkommene Metamorphose; beißende Mundgliedmaßen; häutige, netzförmig geäderte Flügel. Erstes Brustsegment frei. *(Myrmeleon, Panorpa, Chrysopa)*.

6. Ordnung: Coleoptera, Käfer.

Vollkommene Metamorphose; beißende Mundgliedmaßen; Vorderflügel hart, Hinterflügel häutig, einfaltbar. 1. *Pentamera (Melolontha)*, 2. *Heteromera (Meloe)*, 3. *Tetramera (Chrysomela)*, 4. *Trimera (Coccinella)*.

7. Ordnung: Strepsiptera, Fächerflügler.

Vollkommene Metamorphose; verkümmerte Mundgliedmaßen; Männchen mit verkümmerten Vorder- und häutigen Hinterflügeln, Weibchen madenförmig, ohne Flügel und Beine *(Xenos)*.

8. Ordnung: Hymenoptera, Hautflügler.

Vollkommene Metamorphose; beißende und leckende Mundgliedmaßen; häutige Flügel. Erstes Brustsegment meist mit dem zweiten verwachsen. 1. *Terebrantia (Sirex)*, 2. *Gallicola (Cynips)*, 3. *Entomophaga (Ichneumon)*, 4. *Aculeata (Apis)*.

9. Ordnung: Diptera, Zweiflügler.

Vollkommene Metamorphose; saugende oder stechende Mundgliedmaßen; häutige Vorderflügel, Hinterflügel zu Schwingkölbchen (Halteren) umgewandelt. 1. *Nemocera (Culex)*, 2. *Tanystomata (Tabanus)*, 3. *Muscaria (Musca)*, 4. *Pupipara (Hippobosca)*.

10. Ordnung: Aphaniptera, Flöhe.

Vollkommene Metamorphose; stechende Mundgliedmaßen; Flügel fehlen *(Pulex)*.

11. Ordnung: Trichoptera, Köcherjungfern.

Vollkommene Metamorphose; saugende Mundgliedmaßen; Vorderflügel mit Haaren oder Schuppen besetzt, Hinterflügel faltbar. Erstes Brustsegment frei. *(Phryganea)*.

System. Überblick: Arthropoda, Gliederfüßer.

12. Ordnung: **Lepidoptera**, Schmetterlinge.

Vollkommene Metamorphose, saugende Mundgliedmaßen; mit vier gleichmäßig gebildeten, häutigen, beschuppten Flügeln. Erstes Brustsegment mit dem zweiten verwachsen. 1. *Microlepidoptera (Tinea)*, 2. *Geometrina (Geometra)*, 3. *Noctuina (Agrotis)*, 4. *Bombycina (Bombyx)*, 5. *Sphingina (Sphinx)*, 6. *Rhopalocera (Pieris)*.

IV. Klasse: **Arachnida**, Spinnentiere.

Der Körper zerfällt in Kopfbruststück und Hinterleib, letzterer ohne Gliedmaßen, ersterer mit acht Beinen zur Fortbewegung. Zu Mundteilen umgewandelte Extremitätenpaare sind ein Paar kurze Kieferfühler (Cheliceren) und ein Paar lange, beinähnliche Kiefertaster (Maxillipalpen), mit einem zu einer Kaulade umgewandelten Basalglied und freiem, mit Klaue oder Schere versehenem Ende. Oesophagus zum Saugen eingerichtet. Magen mit drei bis fünf Paar Blindsäcken. Ganglien des Bauchmarks meist mehr oder minder verschmolzen. Zwei bis zwölf hoch entwickelte Einzelaugen. Tracheen zu vier Paar oder weniger, ventral am vorderen Teile des Hinterleibes sich öffnend. Außer den typischen Tracheenbüscheln finden sich auch Tracheenlungen, zahlreiche Blätter enthaltende Säckchen, die aus ersteren entstanden sind. Das Blutgefäßsystem kann bei kleinen Formen fehlen.

1. Unterklasse: **Arthogastres**, Gliederspinnen.

Hinterleib deutlich gegliedert.

1. Ordnung: **Scorpiones**.

Gestreckter Körper. Oberflächliche Ähnlichkeit mit Flußkrebs. Kiefertaster mit kräftiger Schere, auch die Kieferfühler tragen kurze Scheren. Die letzten sechs Segmente des Hinterleibes sind schmäler als die vorderen sieben und bilden das Postabdomen, an dessen letztem Gliede ein Giftstachel mit den Mündungen zweier Giftdrüsen sitzt. Tracheenlungen. Gebären lebendige Junge. *Scorpio*.

2. Ordnung: **Solpuges**.

Körper insektenähnlich. Kein einheitliches Kopfbruststück, die drei Brustsegmente getrennt. Die Kieferfühler tragen kräftige Scheren; die Kiefertaster und das erste Paar Beine groß, zum Tasten verwandt. Nur die drei an den drei Brustsegmenten sitzenden Extremitäten werden zum Laufen verwandt. Nächtliche Tiere. *Galeodes*.

3. Ordnung: **Pedipalpi**.

Die sechs vorderen Segmente zum Kopfbruststück verschmolzen, nur die drei hinteren Beinpaare werden zum Laufen verwandt; das erste in fadenförmige Geißel ausgezogen. Kieferfühler und Kiefertaster mit Klauen. *Phrynus*, *Telyphonus*.

4. Ordnung: **Pseudoscorpiones**.

Ähnlich den Skorpionen, aber es fehlt das Postabdomen mit Giftstachel, und der segmentierte Hinterleib ist dem Kopfbruststück breit angewachsen. Tracheen. *Chelifer*.

5. Ordnung: **Phalangia**.

Hinterleib undeutlich gegliedert und vom Kopfbruststück nicht scharf abgesetzt. Sehr lange Beine. Tracheen. Keine Spinnwarzen. *Phalangium*.

2. Unterklasse: **Sphaerogastres**, Rundspinnen.

Hinterleib wie Kopfbrust nicht gegliedert, weichhäutig.

6. Ordnung: **Aranea**, Weberspinnen.

Die vier Paar Beine dienen zur Bewegung. Die Kieferfühler mit spitzer Klaue, auf der oft eine Giftdrüse ausmündet. Am Hinterleib liegen die Spinnwarzen mit vielen Öffnungen, aus denen rasch erhärtende Sekretfäden fließen, welche von den Hinterextremitäten zu einem Faden versponnen werden. Atmung durch Lungen und Tracheen. *Epeira*.

7. Ordnung: **Acarina**, Milben.

Rückgebildete Spinnen, mit verschmolzenem Vorder- und Hinterleib. Vier Paar Beine und zwei Paar Mundgliedmaßen, die einen Stechrüssel bilden. *Ixodes*, *Demodex*.

8. Ordnung: **Linguatulina**, Zungenwürmer.

Durch Parasitismus stark veränderte, wurmähnliche Tiere in der Stirnhöhle von Carnivoren, als Jugendformen in der Leber und Lunge von Nagetieren. Ihre Zugehörigkeit zu den Spinnentieren erweist die Entwicklungsgeschichte. *Pentastomum*.

Anhang.

Folgende drei Gruppen haben noch keine sichere systematische Stellung gefunden. 1. Die **Xiphosuren**, zu welchen der Molukkenkrebs *Limulus moluccanus* gehört, die früher den Krebsen zugezählt, jetzt von vielen Zoologen den Spinnentieren angegliedert werden. 2. Die **Pycnogoniden**, die ebenfalls entweder den Krebsen oder den Spinnentieren zugerechnet oder als besondere Tiergruppe betrachtet werden, und 3. die **Tardigraden** oder Bärentierchen, die von manchen zu den Spinnentieren gestellt, neuerdings aber als Abkömmlinge der Anneliden betrachtet werden.

---

12. Kursus.

Crustacea, Krebstiere.

Technische Vorbereitungen.

Zum Studium der Krebstiere verwenden wir zwei Süßwasserformen, die beide leicht zu beschaffen sind. Die eine, eine Daphnide, tis ein Vertreter der niederen Krebse und ist unter dem Mikroskope zu untersuchen. Daphniden sind überall in unseren Teichen häufig und erfüllen gemeinsam mit *Cyclops* das Wasser oft in großen Mengen. Man schöpft derartiges Wasser mit einem großen Glase heraus oder benutzt besser zum Fischen ein feines Gazenetz, welches alsdann in ein mit klarem Wasser gefülltes Glas umgestülpt und ausgewaschen wird.

Schon mit bloßem Auge lassen sich die Daphnien von den kleineren, oft rötlich gefärbten Copepoden unterscheiden, welche mit schnellen, ruckweisen Stößen schwimmen, während sich die flacheren Daphnien, mit ihren großen Antennen rudernd, langsamer durchs Wasser bewegen.

Die andere zu untersuchende Form ist der Flußkrebs, *Potamobius astacus* L. Die Tiere werden beim Händler gekauft und kurz vor Beginn des Kursus in einem bedeckten Glasgefäß (ohne Wasser!) durch einige Tropfen Chloroform getötet.

A. Allgemeine Übersicht.

Die Krebse sind durch Kiemem atmende Gliedertiere, im Gegensatz zu den durch Tracheen atmenden Tracheaten. Die Gliederung des Körpers ist nur bei einigen der ältesten Formen mehr gleichartig und daher annelidenähnlich, bei den meisten dagegen ungleichartig, heteronom. Von den Anneliden unterscheiden sie sich besonders durch die gegliederten Extremitäten. Zur Bildung des Kopfes treten fünf Metameren zusammen mit ebensoviel Gliedmaßenpaaren, die als zwei Paar Antennen, ein Paar Mandibeln und zwei Paar Maxillen erscheinen. Sämtliche Gliedmaßen, mit Ausnahme der ersten Antennen, sind ursprünglich nach einem einheitlichen Typus, dem des „Spaltfußes", gebaut. Wir unterscheiden an einem typischen Spaltfuß ein Stammglied (Protopodit) und auf ihm sitzend einen Innenast, Gehfußast (Endopodit), einen vom zweiten Glied desselben entspringenden Außenast, Schwimmfußast (Exopodit) und einen meist im Dienste der Respiration stehenden Nebenast (Epipodit). Außenast wie Nebenast können fehlen. Die Zahl der Metameren schwankt in der Regel zwischen 10 und 20. Meist scheidet sich der Rumpf in zwei Hauptabschnitte, Brust und Hinterleib. Indem Brustringe mit dem Kopfe verschmelzen, entsteht der Cephalothorax.

Ihren Namen verdanken die Crustaceen der Eigentümlichkeit, daß in die chitinige Cuticula eine meist ansehnliche Quantität von kohlensaurem Kalk abgelagert und dadurch ein dicker, harter und spröder Panzer gebildet wird.

Der Darmkanal beginnt mit einem auf der Unterseite des Kopfes liegenden Munde, der vorn und hinten von je einer unpaaren Hautfalte, der Oberlippe und der Unterlippe, begrenzt ist. Speicheldrüsen fehlen stets. Häufig ist der Vorderdarm zu einem Kaumagen umgebildet, und der Mitteldarm besitzt meist eine Mitteldarmdrüse („Leber").

Die Atmungswerkzeuge fehlen bei manchen, besonders kleinen Formen, und die ganze Körperoberfläche tritt alsdann in den Dienst der Respiration; meist sind aber Kiemen entwickelt, entweder als besondere verästelte Anhänge an den Gliedmaßen oder Körperseiten, oder die Nebenäste (Epipoditen) der Gliedmaßen sind völlig zu Kiemen geworden. Manche Krebse haben sich dem Leben auf dem festen Lande angepaßt und nehmen den Sauerstoff aus der atmosphärischen Luft auf (z. B. *Birgus latro* und die Landasseln).

Das Gefäßsystem ist verschieden ausgebildet, doch niemals geschlossen. Das Herz liegt dorsal über dem Darme. Das Blut wird vom Herzen aus durch Arterien (die bei kleinen Formen, wie die Gefäße überhaupt, fehlen können) in den Körper getrieben. Das unbrauchbar gewordene Blut sammelt sich in größeren Behältern an und tritt alsdann in die Kiemen hinein, von denen es, wieder mit Sauerstoff versehen, durch besondere Gefäße zum Herzbeutel geleitet wird. Durch die Spalten des Herzens strömt es dann in dasselbe hinein.

Das Nervensystem ist ein typisches Strickleiternervensystem, mit Gehirn, Schlundkommissuren und Bauchganglienkette.

Von Sinnesorganen finden sich Geruchsorgane, an den ersten Antennen sitzende, fadenförmige Haare; sogenannte Gehörorgane sind nur bei höheren Krebsen vorhanden, meist ein Grübchen an der Basis der ersten Antennen, mit feinen innervierten Haaren, die an ihrer Spitze einen Haufen „Hörsteinchen" tragen, welche von außen hineingebracht werden; Augen finden sich in zweierlei Formen: das einfacher gebaute ist das sogenannte Stirnauge oder Naupliusauge liegt in der Mittellinie des Kopfes, während die beiden großen, zusammengesetzten Augen, die Seitenaugen, zu beiden Seiten des Kopfes liegen, unbeweglich oder auf beweglichen Stielen. Ein zusammengesetztes Auge oder Facettenauge besteht aus einem Komplex keilförmiger, einfacher Augen, von denen jedes nur einen einzelnen Bildpunkt liefert, deren Gesamtheit ein aufrechtes Bild zustande kommen läßt (JOH. MÜLLERs Theorie des **musivischen Sehens**). Als **Exkretionsorgane** fungieren zwei Drüsen, die **Schalen-** und die **Antennendrüse**, die in ihrem Bau an die Nephridien der Anneliden erinnern. Die Antennendrüsen münden im Basalglied der zweiten Antennen, die Schalendrüsen an der Basis der zweiten Maxillen.

Die meisten Krebse sind getrennten Geschlechts. Die **Geschlechtsorgane** münden auf der Bauchseite. Bei manchen findet sich **Parthenogenesis**.

Die **Entwicklung** ist meist mit **Metamorphose** verbunden, indem das aus dem Ei schlüpfende Junge wesentlich anders gebaut ist als das erwachsene Tier. Die niederen Krebse durchlaufen das **Nauplius**-Stadium, die höheren das der **Zoëa**. Der Nauplius ist von gedrungenem Bau mit drei Paar zum Schwimmen dienenden Extremitäten, von denen das erste, einreihige, zu den ersten Antennen wird, das zweireihige zweite und dritte zu den zweiten Antennen und zu den Mandibeln. Das Auge („Naupliusauge") ist einfach, die zusammengesetzten Seitenaugen fehlen.

Die Zoëa ist viel komplizierter gebaut, sie besteht aus Cephalothorax und Hinterleib, ersterer mit mehreren Schwimmfußpaaren. Ferner finden sich zwei zusammengesetzte Seitenaugen und ein Herz.

Die Krebse, von denen manche **parasitisch** sind, leben meist im **Meere**, teils schwimmend, teils auf dem Boden kriechend, andere im **Süßwasser**, und eine Anzahl sind **terrestrische** Tiere geworden.

B. Spezieller Kursus.

1. Eine Daphnide (*Simocephalus vetulus* O. F. MÜLL.).

Bezüglich der Beschaffung des Materials sei auf S. 188 verwiesen. Die Tiere werden mittels einer Glasröhre aus dem Gefäße geholt und mit etwas Wasser auf den Objektträger gebracht. Das darauf zu bringende Deckgläschen wird an der Unterseite mit Wachsfüßchen versehen. Die Untersuchung des lebenden Tieres erfolgt zunächst bei schwacher Vergrößerung.

Wir beginnen mit der Betrachtung der äußeren Körperform.

Die Daphniden gehören zur Unterordnung der Cladoceren, die mit den Branchiopoden zusammen die erste Ordnung der Entomostraken: die Phyllopoden ausmachen. Der Körper erscheint eingeschlossen in eine zweiklappige Schale, die nur den Kopf mit den starken Ruderantennen freiläßt. Beide Schalen sind auf dem Rücken verbunden. Stellt man auf die Oberfläche der Schale ein, so sieht man, daß diese in regelmäßiger Weise skulpturiert ist; besonders wird das deutlich am hinteren Rande, wo die Schale über den Körper hinausragt. In dieser Schale ist der gedrungene Körper des Tieres bis auf den Kopf geborgen.

Die Extremitäten sind folgende: Zuerst ein Paar kleiner **Antennen**, oberhalb des Mundeinganges, mit einem Besatz feiner „Riechröhrchen" endigend, zweitens ein Paar großer Spaltfüße: die zweiten oder **Ruderantennen**, welche zur Fortbewegung des Tieres dienen. Sie bestehen aus einem starken Stammglied, in welches mehrere kräftige Muskeln hineintreten, und zwei mit Schwimmborsten versehenen Ästen.

Schwer zu sehen sind die Mundgliedmaßen, zuerst ein Paar **Mandibeln**, ungegliedert, kräftig, und mit gezähneltem, nach einwärts gekrümmtem, freiem Ende. Viel schwächer sind die **Maxillen** entwickelt, die ganz rudimentär sein können. Es folgen dann 4—6 Paar **Beine**, die von den Schalen umhüllt sind und deren Gestalt daher nicht leicht festzustellen ist. Außenast und Innenast sind stark verbreitert, häufig plattenförmig, und an der Basis erhebt sich ein blasenförmiger Anhang: das **Kiemensäckchen**. Die Beine nehmen von vorn nach hinten zu an Größe ab, das letzte Paar ist häufig rudimentär.

Der **Hinterleib** ist stark ventralwärts gekrümmt, sehr beweglich und endigt in einer wechselnden Zahl von Endkrallen und Borsten.

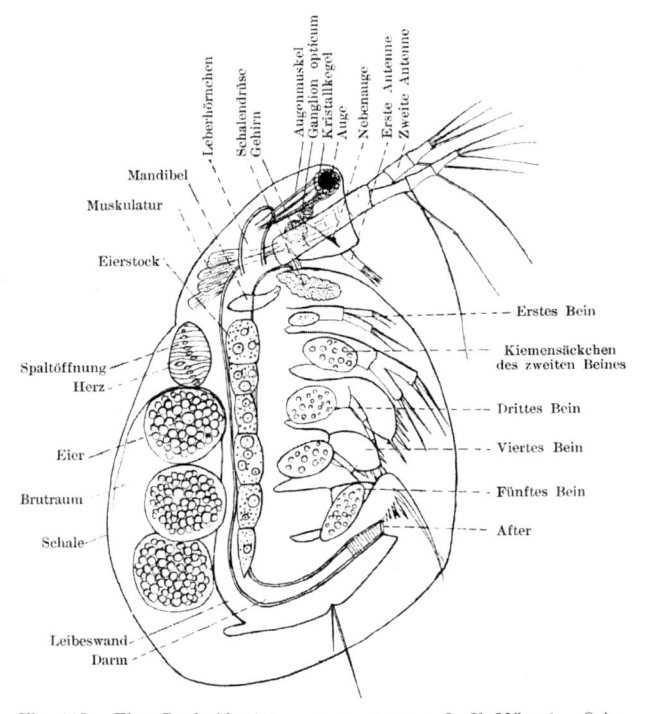

Fig. 119. Eine Daphnide (*Simocephalus vetulus*, O. F. MÜLL.). Orig.

Unter den inneren Organen erregt unsere Aufmerksamkeit zunächst das lebhaft pulsierende **Herz**, ein dorsal liegendes, rundliches Säckchen mit einer **Spaltöffnung** jederseits, die bei manchen Arten zu einer einzigen queren Öffnung zusammentreten.

Die Kontraktionen des Herzens erfolgen sehr schnell, man kann in der Sekunde etwa 2—4 zählen; sie werden bewirkt durch ringförmige Muskulatur. Außen sieht man am Herzen noch einzelne Zellen mit deutlichen Kernen sitzen. Umgeben wird das Herz von einem schwer sichtbaren, zarten Herzbeutel. Vom Herzen ausgehende **Blutgefäße fehlen** völlig, vielmehr umspült das farblose oder ganz schwach gefärbte Blut die inneren Organe. Mit stärkerer Vergrößerung sieht man auch farblose Zellen im Blute schwimmen und kann deren Weg verfolgen. Betrachtet man aufmerksam den vorderen Rand des Herzens, so wird man aus der dort liegenden arteriellen Öffnung die Blutzellen ausströmen und in den Kopf, sowie dessen Gliedmaßen eintreten sehen; vom Kopfe kehrt das Blut zurück in den Rumpf und von da aus in die Beinpaare. Ein anderer Strom zweigt sich ab, um in den Raum einzutreten, welcher von der Duplikatur der Schale gebildet wird. Dieser Raum ist von zahlreichen Stützbalken durchzogen, und der Blutstrom verästelt sich daher netzförmig. Das aus dem Leibe und dem Schalenraume zurückkehrende Blut geht dann zum Herzbeutel zurück, aus dem es vom Herzen wieder aufgenommen wird.

Vom Nervensystem ist das Gehirn zu sehen, unmittelbar über dem Schlund gelegen und aus rechtem und linkem Ganglion verschmolzen. Rückwärts gehen die beiden den Schlund umfassenden Kommissuren ab. Nach vorn zu, und mit dem Gehirn verbunden, liegt das Ganglion opticum, von dem aus das große unpaare Auge inneriviert wird. Dieses Auge ist bei Embryonen paarig angelegt und beim erwachsenen Tiere verschmolzen. Es ist in fortwährender zitternder Bewegung. Wir sehen in der Peripherie eine zarte Hülle, darunter eine Anzahl heller, stark lichtbrechender Körper, die Kristallkegel, denen sich nach innen zu radiär gestellte Nervenstäbe anschließen, doch wird das Innere durch das dichte, dunkle Pigment verdeckt.

Die zitternde Bewegung wird hervorgerufen durch das Spiel der Augenmuskeln, die, meist sechs an der Zahl, sich am Auge inserieren und in der Nähe der Basis der Ruderantenne entspringen.

Es findet sich nun noch eine Pigmentstelle am Kopfe, oft mit Kristallkegel und meist lang ausgezogen, das sogenannte „Nebenauge", welches einem unpaaren Gehirnfortsatz aufliegt; es entspricht dem Sehorgan des Nauplius.

Als weiteres Sinnesorgan haben wir die feinen röhrenförmigen Aufsätze am freien Ende der ersten Antenne aufzufassen; sie sind als Organ eines chemischen Sinnes zu betrachten. Zahlreiche feine Haare fungieren als Tastorgane.

Bei manchen Daphniden findet man auf dem Rücken hinter dem Auge eine Vertiefung, unterhalb deren größere drüsige Zellen liegen; es ist dies ein Haftapparat. Die Schalendrüse ist sehr groß und liegt in transversaler Ausdehnung unter der Mandibel. Der Darmkanal steigt, vom Munde beginnend, als Schlund bogenförmig in die Höhe und ist von Ringmuskeln umgeben. Vom langgestreckten Magen gehen nach vorn zwei Blindsäcke, die „Leberhörnchen" ab. Der Enddarm ist kurz, und an sein Ende setzen sich ringsherum strahlenförmig Muskeln an.

Von den Geschlechtsorganen sieht man sehr gut die beiden Eierstöcke, welche zu beiden Seiten des Darmes liegen. Die Eier sind in Gruppen zu vier in den sogenannten Eifächern angeordnet, und mit sehr deutlichem Keimbläschen und einer oder mehreren Ölkugeln versehen. Nur ein Ei aus jedem Fach entwickelt sich, die anderen drei werden als Nahrung verbraucht; so entstehen die Sommereier. Die größeren, dickschaligen Wintereier entstehen, wenn die Eier mehrerer Eifächer zur Nahrung eines einzigen verwandt werden.

Die Sommereier entwickeln sich unbefruchtet, die Wintereier nur nach vorausgegangener Befruchtung. Im Herbst treten die männlichen Daphniden auf, kleiner und etwas anders gestaltet als die

12. Kursus: Crustacea, Krebstiere.

Weibchen. An Stelle der Ovarien haben sie zur Seite des Darmes die Hoden liegen.

Bei vielen Exemplaren wird man in dem dorsalen Raume, welcher zwischen Schale und Körper liegt, einige große Eier liegen sehen. Dieser Raum dient als Brutraum, in welchem die Eier heranwachsen. Die größeren Wintereier, von denen sich nur eins oder zwei im Brutraum finden, werden hier mit einer chitinigen Schale, zwei uhrglasartig gewölbten Platten, dem Ephippium, umhüllt, das einen lufterfüllten, als hydrostatischer Apparat wirkenden Raum darstellt.

Schließlich betrachten wir noch die zahlreichen Infusorien (Vorticelliden), welche sich auf der Schale der meisten Tiere angesiedelt haben.

2. Der Flußkrebs, *Potamobius astacus* (L.).

Der Flußkrebs wird in dem Wachsbecken unter Wasser studiert.

Zunächst erfolgt die Betrachtung der äußeren Körperform. Wir sehen den Körper umgeben von einem festen Panzer, der aus chitiniger Substanz besteht, in welche sich Kalksalze abgelagert haben. Dieses von der darunter liegenden Epidermis ausgeschiedene Skelett wird alljährlich durch Häutung gewechselt.

Der Panzer besteht aus zwei Hautabschnitten, dem Kopfbruststück (Cephalothorax, der sogenannten „Krebsnase") und dem Hinterleib (Abdomen, dem „Krebsschwanz"). Betrachten wir das Tier vom Rücken, so sehen wir in der Mitte des Kopfbruststückes eine seichte, aber deutliche Querfurche, die Nackenfurche, welche die hintere Begrenzung des Kopfes angibt; zu beiden Seiten der Mittellinie des Bruststückes verlaufen zwei weitere sehr seichte Furchen nach hinten, innerhalb deren der Panzer mit dem Rücken des Krebses fest verwachsen ist, während zu beiden Seiten des Körpers die Kiemenhöhlen liegen.

Der Kopfabschnitt spitzt sich nach vorn zu einem stachelartigen Fortsatz, dem Rostrum, zu, an dessen Seiten die gestielten Augen liegen.

Der Hinterleib ist geringelt, und zwar sind es sechs Segmente, welche wir zählen, ein siebentes, letztes ist die mittlere Schuppe des Schwanzfächers. Die sechs Ringel, von denen der erste noch zum Teil vom Kopfbruststück bedeckt wird, sind beweglich miteinander verbunden.

Betrachten wir den Krebs von der Bauchseite, so fallen vor allem die segmental angeordneten Gliedmaßen in die Augen, im ganzen neunzehn Paare.

Es werden mit einer Pinzette die sämtlichen Gliedmaßen einer Seite abgelöst und der Reihe nach auf einen Bogen Papier gelegt. Die Pinzette muß möglichst tief angesetzt werden. Ratsam ist es, die Extremitäten von hinten nach vorn loszutrennen, weil man alsdann die Mundextremitäten besser sehen und anfassen kann.

Die Betrachtung beginnt mit der vordersten Extremität, der ersten Antenne. Wir sehen an ihr drei aufeinander folgende Glieder, denen zwei zarte, geringelte Fäden aufsitzen, der äußere etwas dicker und länger als der innere. In dem Basalteil liegt das sogenannte „Hörgrübchen", ein nach außen sich öffnendes Säckchen, innen mit einer Leiste versehen, auf der zu beiden Seiten zarte Borsten sitzen, auf

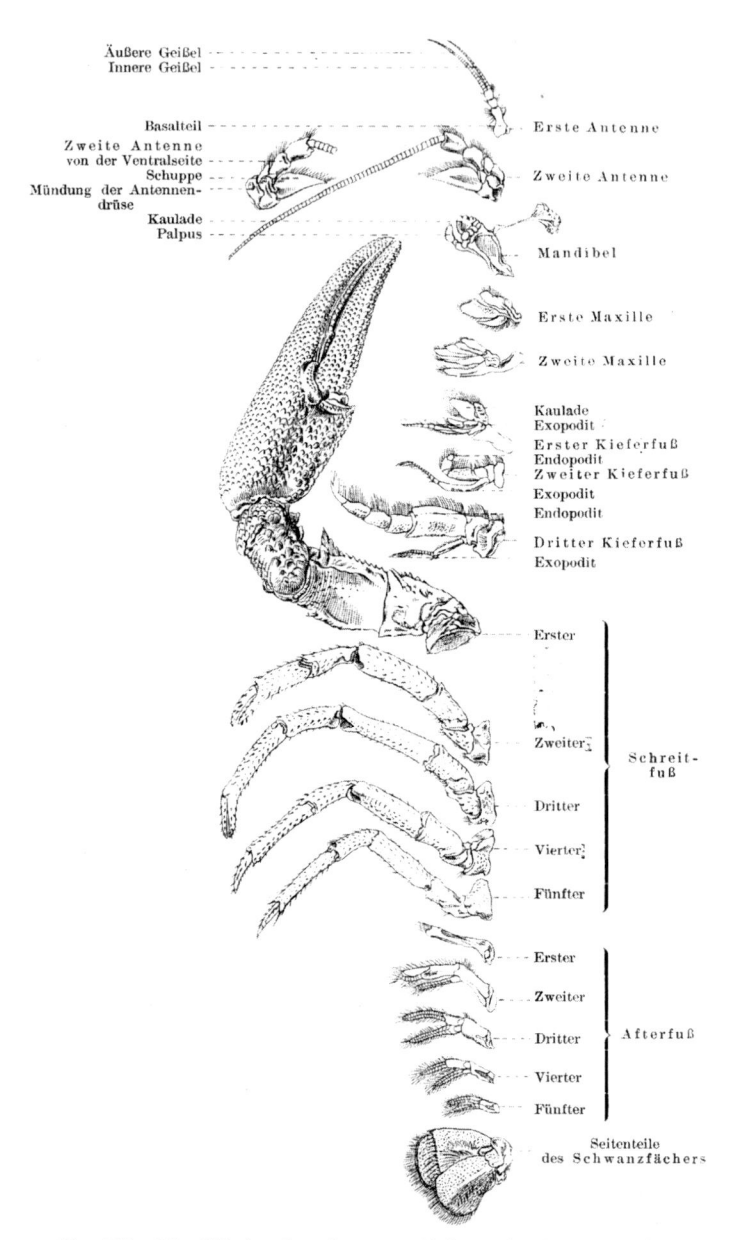

Fig. 120. Die Gliedmaßen des männlichen Flußkrebses. Orig.

deren Spitze, in gallertige Masse eingebettet, kleine Fremdkörper, wie z. B. Sandkörnchen, ruhen. Ein Nerv tritt in die Borsten hinein; das Organ dient aber nicht zum Hören, sondern ist ein Gleichgewichtsorgan, also als „Statocyste" zu bezeichnen.

Die erste Antenne trägt noch ein weiteres Sinnesorgan: an dem äußeren Fühlerfaden finden sich nämlich vom siebenten bis zum vorletzten Ringe eigentümliche Anhänge von zirka $1/_{10}$ mm Länge, die als Riechhaare bezeichnet werden.

Sehr viel größer als die erste ist die zweite Antenne. Sehen wir uns diese Antenne von der Ventralseite an, so bemerken wir auf ihrem kurzen Basalglied einen Höcker, auf das das Exkretionsorgan, die Antennendrüse, ausmündet. Außer dem langen Fühler, welchen der Krebs im Leben stets tastend bewegt, findet sich noch ein äußerer Ast, in Form einer breiten dreieckigen Schuppe.

Wir kommen nunmehr zu den Mundgliedmaßen, welche die Zerkleinerung der Nahrung besorgen. Die erste derselben ist die Mandibel, bestehend aus einer massiven, nach innen gezähnten Kaulade und einem, den äußeren Fußast darstellenden, dreigliedrigen Taster oder Palpus.

Es folgen nunmehr die beiden Maxillen, die sich als kurze, dünne Platten mit rudimentären Tastern darstellen.

Die Kieferfüße zeigen den Spaltfußcharakter schon viel deutlicher, am wenigsten noch der erste. Es sind drei Paar solcher Kieferfüße vorhanden, die bei der Nahrungsaufnahme mit tätig sind. (Siehe Fig. 120.)

Der zweite und mehr noch der dritte Kieferfuß besitzen einen nach innen gehenden Anhang, auf dem sich fadenförmige Kiemen befinden. Die Taster dieser Mundgliedmaßen, welche am Eingange zum vorderen Spalt der Kiemenhöhlen liegen, sieht man am lebenden Tiere fast ununterbrochen in lebhafter schlagender Bewegung zur Erneuerung des Atemwassers in den Kiemenhöhlen.

Auf die drei Kieferfüße folgen die fünf Brustgliedmaßen, welche der Ordnung den Namen Decapoden verschafft haben. Es fehlt ihnen der äußere Ast (Schwimmfußast) des typischen Spaltfußes. Die dritte Gliedmaße ist wie die anderen Schreitfüße siebengliedrig und am Ende mit einer großen Schere versehen, die einen inneren beweglichen Ast besitzt.

Es folgen nunmehr die Beine des Hinterleibes, die Afterfüße (Pedes spurii), fünf an der Zahl.

Bei ihnen tritt, mit Ausnahme des ersten, der ursprüngliche Spaltfuß wieder zutage. Sie helfen beim Schwimmen und dienen beim Weibchen auch zur Befestigung der Eier. Beim Männchen sind die beiden vordersten Paare zu Hilfsorganen für die Begattung umgewandelt, indem das erste in einer Rinne den Samen aus der männlichen Geschlechtsöffnung (an der Basis des letzten Brustfußes gelegen) aufnimmt und dem Weibchen an die weibliche Geschlechtsöffnung (an der Basis des dritten Brustfußes gelegen) anklebt. Das zweite Paar Afterfüße deckt beim Männchen die Rinne des ersten Paares zu. Beim Weibchen ist das erste Paar Afterfüße rückgebildet. Die anderen vier Afterfüße sind Spaltfüße, beim Weibchen zum Tragen der befruchteten Eier bestimmt. Am vorletzten Körpersegment sitzen als sechste Hinterleibsextremitäten zwei breite Platten (Uropoden), aus Innen- und Außenast eines Spaltfußes entstanden, welche die Seiten des

Schwanzfächers bilden. Die mittlere Platte des Schwanzfächers, das Telson, ist als umgewandeltes siebentes und letztes Hinterleibssegment anzusehen. Auf der Unterseite des Telsons liegt der After als deutlicher Längsschlitz.

Zur Untersuchung seiner inneren Organisation wird nunmehr der Krebs mit der Ventralseite ins Wachsbecken gelegt und mit dem Skalpell die weiche Haut auf dem Rücken, welche Kopfbruststück und Hinterleib verbindet, ein Stück weit aufgetrennt. Dann werden mit der Schere zwei parallele Schnitte nach vorn geführt, etwa in der Gegend der zarten Längsfurchen und weiter nach vorn bis kurz vor die Augen, wo sie durch einen kurzen, transversalen Schnitt miteinander verbunden werden. Das Mittelstück wird darauf am hinteren Ende mit der Pinzette gefaßt und vorsichtig von seiner weichen Unterlage abgelöst.

In gleicher Weise führt man zwei Schnitte parallel der dorsalen Mittellinie nach hinten und trägt dann vorsichtig das obere Panzerstück jedes Schwanzsegmentes ab.

Schließlich werden noch die beiden Seitenwände des Kopfbrustschildes entfernt, was leicht gelingt, da diese nicht wie das Mittelstück angewachsen sind (Fig. 121).

Der größte Teil der inneren Organe ist nunmehr sichtbar. Wir beginnen mit der Betrachtung des Herzens. Dicht vor dem hinteren Rande des Kopfbruststückes liegt in der dorsalen Mittellinie das ansehnliche Herz, von fünfeckiger Gestalt, mit drei Paar Spalten, von denen nur das dorsal gelegene Paar zu sehen ist. Nach vorn ziehen drei ihrer Zartheit wegen schwer zu sehende Gefäße, von denen die beiden seitlichen sich wieder gabeln, das mittlere, die Augen versorgende, direkt median nach vorn zieht.

Nach hinten geht nur ein Gefäß ab, die Hinterleibsarterie, die dorsal auf dem Darm liegt und rechts und links Verzweigungen abgibt. Andere Gefäße lassen sich auf unserem Präparat nicht sehen, doch wollen wir uns merken, daß ein weiteres Gefäß ventralwärts zieht, um in ein ventrales Längsgefäß einzumünden.

Ein besonderer, das Herz umgebender Herzbeutel empfängt das in den Kiemen arteriell gewordene Blut durch zahlreiche Kiemenvenen, von wo es durch die Spaltöffnungen zum Herzen gelangt, welches es durch die Arterien in den Körper pumpt. Hier sammelt sich das venös gewordene Blut in Hohlräumen und gelangt in einen großen, ventral gelegenen Blutsinus, von wo es in die Kiemen strömt.

Der Blutkreislauf ist also, wenn auch nahezu, doch nicht ganz geschlossen.

Durch Wegnahme der Seitenteile des Cephalothorax haben wir die Kiemen freigelegt. Wie wir gesehen haben, ist der Panzer am Rücken in einem medianen Streifen festgewachsen, wölbt sich aber jederseits frei über die Kiemen hinweg, zwei Kiemenhöhlen bildend, die nach vorn zu in Spalten sich öffnen. Um eine Zirkulation in den Kiemenhöhlen zu bewirken und frisches, sauerstoffhaltiges Wasser zuzuführen, sind die Taster der Kieferfüße fast ununterbrochen in vibrierender Tätigkeit. Die Kiemen selbst sind blattartige, z. T. auch fadenförmige Gebilde, die an den Brust- und Kieferfüßen, in ihrem dorsalen Teile auch an der Körperwand sitzen.

Vom Darmsystem sehen wir ganz vorn im Kopfbruststück gelegen den Magen, von dem eine kurze, ventralwärts absteigende

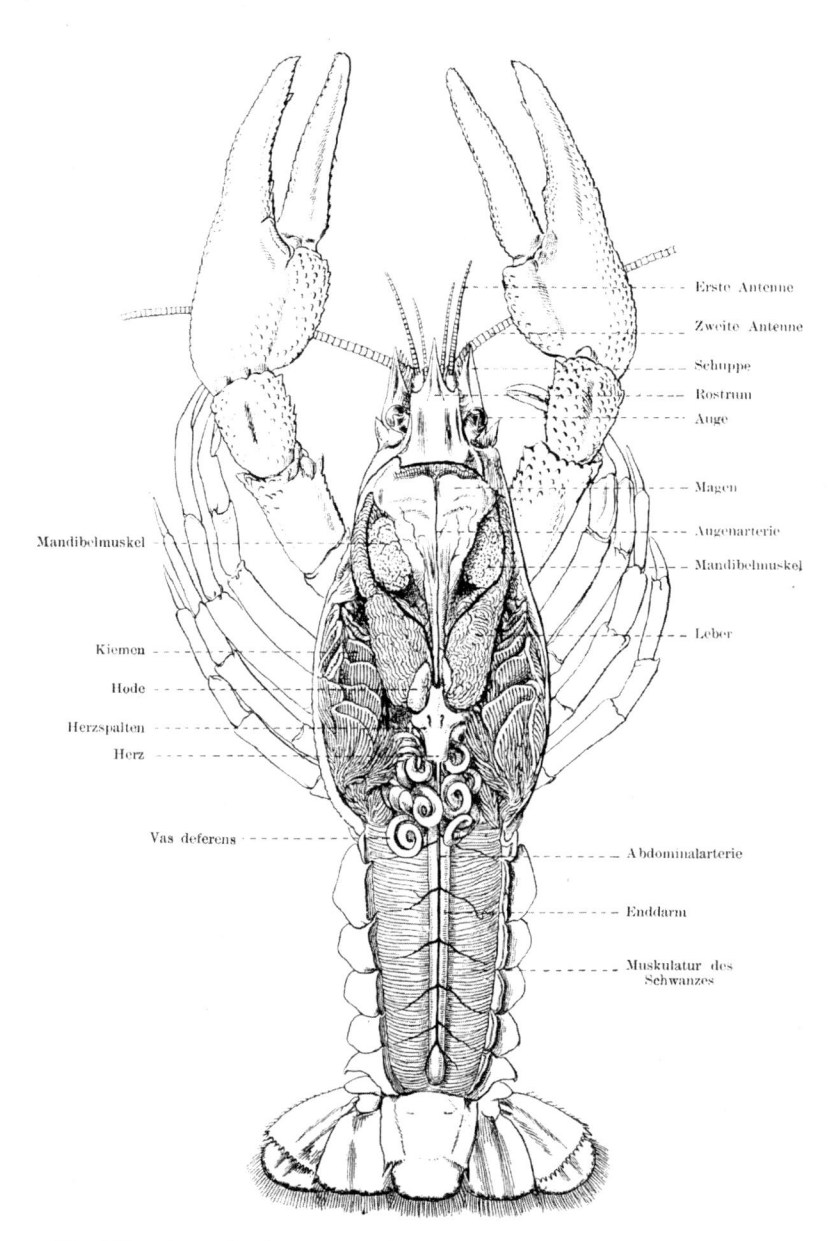

Fig. 121. Anatomie eines männlichen Flußkrebses von der Dorsalseite. Orig.

Speiseröhre zum Mund führt. Zwei vordere und zwei hintere Muskeln sind an ihm inseriert.

Die dorsale Decke des Magens wird mittels eines Scherenschnittes abgetragen und der bräunliche, schleimige Inhalt mit Pinzette und Spritzflasche entfernt.

Man sieht nunmehr zwei starke Chitinleisten von beiden Seiten ins Innere vorspringen, zu denen noch eine unpaare obere kommt. Diese drei „Magenzähne" dienen zur Zerkleinerung der Nahrung, und der Magen wird daher als „Kaumagen" bezeichnet. Zuzeiten liegen in zwei seitlichen Ausbuchtungen des Magens die sogenannten „Krebsaugen", halbrunde, weiße Ablagerungen von kohlensaurem

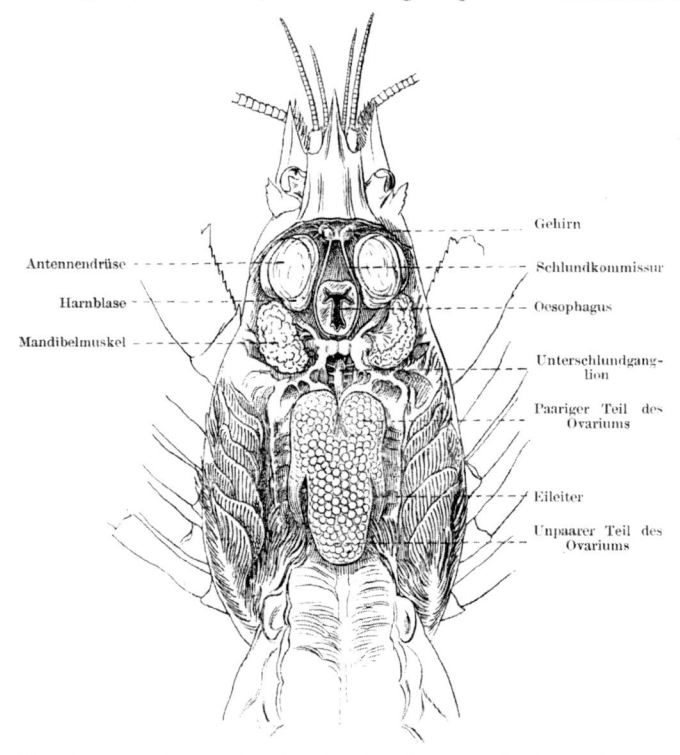

Fig. 122. Anatomie eines weiblichen Flußkrebses von der Dorsalseite; Magen, Leber und Herz sind entfernt. Orig.

Kalk, die wahrscheinlich bei der Neubildung des Panzers nach der Häutung verbraucht werden. Hinter dem Kaumagen münden die beiden ansehnlichen, braunen Leberlappen in den Darm, welche die dorsale Körperregion zwischen Magen und Herz völlig ausfüllen. Zerzupft man sie ein wenig, so erkennt man, daß sie aus sehr vielen kleinen Schläuchen bestehen.

Kurz hinter der Einmündung der Leber beginnt der geradlinig nach hinten zum After ziehende Enddarm.

Gleich bei Beginn der Untersuchung der inneren Organe werden dem Praktikanten, falls er ein **männliches Tier** zur Untersuchung erhalten hat, stark geknäuelte, schneeweiße Schläuche aufgefallen sein, die etwas hinter dem Herzen liegen und sich in die Tiefe verlieren. Das sind die Ausführgänge der Hoden, die beiden Vasa deferentia, welche auf der Bauchseite an der Basis des fünften Brustbeinpaares ausmünden. Die Hoden selbst liegen dicht vor dem Herzen in der Medianlinie und sind in ihrem hinteren Abschnitt miteinander verschmolzen.

Hat der Praktikant ein **weibliches Tier** vor sich, so wird er die ähnlich angeordneten Ovarien sehen, die ebenfalls im hinteren Teile verschmolzen sind und von denen kurze Ovidukte zur Basis des dritten Brustbeinpaares führen (s. Fig. 122).

Zum Studium der Exkretionsorgane wird der Magen herausgehoben und der vordere Teil des Kopfbruststückes vorsichtig entfernt.

Man sieht alsdann die sehr auffallenden großen, grünen Drüsen oder Antennendrüsen, auf denen ein feines, kollabiertes Säckchen („Harnblase") liegt. Wie schon erwähnt, münden diese Drüsen an der Basis der zweiten Antenne ventral aus (Fig. 122).

Die Präparation des Nervensystems erfolgt von hinten nach vorn. Es werden die Muskeln des Hinterleibes entfernt, und am Grunde sieht man dann den Nervenstrang liegen. Jedes Segment besitzt ein eigenes Ganglion, so daß im Hinterleibe sechs solcher Ganglien vorhanden sind, von denen jederseits drei Nerven entspringen.

Verfolgt man das Bauchmark vom Schwanze aus nach vorn, so sieht man es im Cephalothorax plötzlich unter einer aus mehreren Stücken bestehenden Skelettplatte verschwinden. In den zwischen dieser Skelettplatte und dem ventralen äußeren Körperskelett liegenden Raum befinden sich seitlich die Muskeln der Brustextremitäten, in der Mitte dagegen ein sog. „Sternalkanal", in dem das Bauchmark liegt.

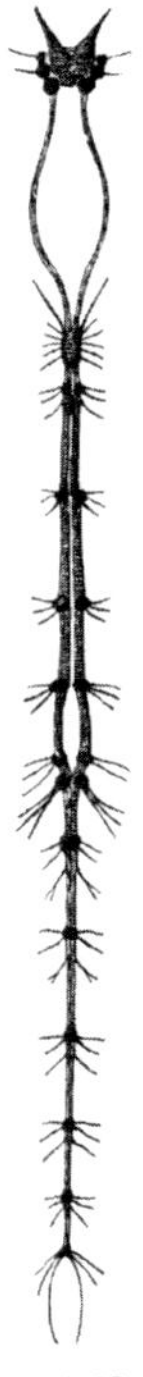

Präparieren wir diese innere Skelettplatte mit ein paar längsgeführten Scherenschnitten

Fig. 123. Nervensystem des Flußkrebses. Orig.

ab, so können wir das Bauchmark liegen sehen. Man findet indessen nur sechs Ganglien, während acht Segmente vorhanden sind, so daß Verschmelzungen stattgefunden haben müssen. Aus verschmolzenen, ursprünglich segmentalen Ganglien besteht auch das untere Schlundganglion, von dem die beiden Schlundkommissuren, den Oesophagus umfassend, nach oben zum Hirnganglion gehen (s. Fig. 123).

Es schließt sich nunmehr die mikroskopische Untersuchung einzelner Teile an; so kann man die Mandibeln und Maxillen unter schwächster Vergrößerung betrachten, ebenso die erste Antenne, um die Geruchsborsten, sowie den von Borsten umstellten Eingang zu dem Hörbläschen zu sehen. Ein weiteres Präparat gewinnt man durch Zerzupfen eines Stückchens des Samenleiters. Man sieht alsdann bei starker Vergrößerung eine Menge rundlicher Zellen, die Spermatozoen, die, wenn sie reif sind, eine sonderbare Gestalt annehmen, indem von ihrem scheibenförmigen Körper aus eine Anzahl langer, gebogener Strahlen abgehen.

Auch vom Bauchmark ist ein Stück abzuschneiden und auf dem Objektträger auszubreiten. Bei Anwendung schwächster Vergrößerung sieht man die Doppelnatur der einzelnen Ganglien, sowie der sie verbindenden Längskommissuren.

Ferner sind die Kiemen aufmerksam zu durchsuchen auf einen wenige Millimeter großen hellweißen Parasiten hin, die *Branchiobdella astaci* ODIER, die allerdings nicht gerade häufig ist.

Hat man einen solchen Parasiten gefunden, so fertige man von ihm ein mikroskopisches Präparat an, indem man ihn unter Wasser auf den Objektträger bringt und ein Deckglas mit Wachsfüßchen darauf legt. Die große Durchsichtigkeit des Tieres gestattet eine eingehende Untersuchung seines Baues. *Branchiobdella* wird meist zu den Hirudineen gerechnet und bildet in vieler Hinsicht einen Übergang zwischen diesen und den Chaetopoden. Es fehlen die Borsten, und der Körper ist nicht geringelt, dagegen zeigen die vier wundervoll deutlichen Nephridien große Flimmertrichter, die in der wohl entwickelten Leibeshöhle liegen. Auch ist ein dorsales und ein ventrales Blutgefäß vorhanden. Beide sind durch transversale Bögen verbunden, so daß ein vollständiger Kreislauf vorhanden ist. Um den Flimmertrichter läßt sich deutlich die lebhafte Flimmerbewegung wahrnehmen. Der muskulöse, gelbbraune Darm zeigt kräftige Kontraktionsbewegungen; vorn liegen zwei chitinige Kiefer mit nach hinten gerichteten Spitzen. Die weiblichen Geschlechtsorgane sind zwei Eierstöcke im hinteren Körperteil, die männlichen liegen weiter nach vorn und bestehen aus zwei Hoden, in welche die Samenleiter mit Trichtern münden, und einem langen, nur zum Teil ausstülpbaren Penis.

Findet man nach Wegnahme der dorsalen Decke am Darm oder in dessen Umgebung kleine, länglich-eiförmige Gebilde von hellroter Farbe, die in einer glashellen, an beiden Polen zugespitzten Hülle liegen, so hat man Jugendzustände eines Kratzwurmes (s. S. 87), des *Echinorhynchus polymorphus* BREMSER, vor sich.

13. Kursus.
Insekten.

Technische Vorbereitungen.

Zu diesem Kurse sind erforderlich eine Anzahl in Bäckereien leicht erhältlicher Küchenschaben (*Periplaneta orientalis* L.), die bis auf einige junge Männchen kurz vor Beginn des Kurses mit etwas Äther getötet werden, ferner etwas konserviertes Alkoholmaterial der gleichen Form, sowie Alkoholmaterial von Hummeln, Schmetterlingen und großen Mücken.

Gegen Ende des Kurses können noch im Wasser lebende Larven von Ephemeriden untersucht werden. Man erhält sie fast immer, wenn man Wasserpflanzen im Glase daraufhin absucht.

A. Allgemeine Übersicht.

Die Insekten sind trotz der Einförmigkeit ihrer Organisation die bei weitem artenreichste Tierklasse. Die wesentlichsten Eigentümlichkeiten ihres Körperbaues sind die folgenden. Der Körper besteht aus einer größeren Anzahl von Segmenten, die zu drei Körperabschnitten, Kopf, Brust und Hinterleib, zusammentreten. Am Kopfe stehen vier Paar Gliedmaßen. Das erste Paar sind die Antennen, darauf folgen Oberkiefer (Mandibeln) und erstes und zweites Paar Maxillen. Ein fünftes Paar, der Hypopharynx, der sich zwischen ersten und zweiten Maxillen einschiebt, ist fast stets stark rudimentär. Die Brust besteht aus drei Segmenten, dem Pro-, Meso- und Metathorax, von denen die beiden letzteren aus dorsalen Hautfalten entstandene Flügel tragen können. Im Hinterleibe schwankt die Zahl der Segmente zwischen 11 und 5. Bei manchen primitiven Insektenformen zeigen sich noch Spuren von Extremitätenanlagen an den Hinterleibssegmenten.

Der Chitinpanzer, welcher den Körper umgibt, bildet um den Kopf herum eine einheitliche Kapsel. Die drei Brustringe bestehen aus je vier Teilen; einem ventralen Sternum, einem dorsalen Notum und den seitlichen Pleurae, die unbeweglich miteinander verbunden sind. Dagegen sind die Segmente des Hinterleibes beweglicher, indem nur ein festes Bauchschild (Scutum) und Rückenschild (Tergum) vorhanden sind, die durch eine weiche Haut jederseits verbunden werden.

Von den Extremitäten sind die vordersten die Antennen (von denen bei den Tracheaten nur ein Paar existiert im Gegensatz zu den zwei Paar Antennen bei den Branchiaten). Sie stehen vorn auf der Stirn und werden vom Gehirn aus innerviert. Zu den Mundgliedmaßen ist nicht zu rechnen die Oberlippe, die nur eine abgegliederte unpaare Platte der Kopfkapsel ist. Die drei Mundgliedmaßenpaare sind sehr verschieden gestaltet, die zweiten Maxillen sind stets mehr oder weniger zu einem unpaaren Stücke, der Unterlippe, verschmolzen. Es lassen sich vier Hauptformen der Mundbildung unterscheiden: 1. beißende, 2. leckende, 3. stechende und 4. schlürfende Mundteile. Die beißenden Mundteile sind die ursprünglichsten. Die Oberkiefer sind einfache, starke, ungegliederte Kauplatten mit gezähntem Innenrande, stets ohne Taster. Der Unterkiefer (erste Maxille) besteht aus einem basalen Angelglied (Cardo) und einem darauf eingelenkten Stielglied (Stipes), welches eine innere und eine äußere Kaulade und nach außen davon je einen mehrgliedrigen Kiefertaster (Palpus maxillaris) trägt. Die Hinterkiefer (zweiten Maxillen) sind zu einem unpaaren Stücke verschmolzen: der Unterlippe. Diese besteht aus einem basalen Teil, dem Unterkinn (Submentum), dann dem Kinn (Mentum), mit den paarigen Innen- und Außenladen, auch Glossae und Paraglossae genannt, sowie den Lippentastern (Palpi labiales).

Derartige beißende Mundteile finden sich bei *Archipteren* und *Orthopteren,* modifiziert bei *Neuropteren* und *Coleopteren,* verkümmert bei *Apterygoten* und *Strepsipteren.*

An diese beißenden Mundteile schließen sich die leckenden Mundteile mancher *Hymenopteren* an. Die beiden Maxillenpaare verlängern sich bei diesen zu einer „Leckzunge", die inneren Laden der Unterlippe, die Glossae, verschmelzen zu einer langen Rinne, und auch die Teile der Unterkiefer sind lang ausgestreckt. Die Mandibeln dagegen bleiben unverändert und sind zum Beißen und Kauen geeignet.

Bei *Dipteren* und *Rhynchoten* finden sich stechende Mundwerkzeuge, bestehend aus zwei Paar dünnen Stechborsten: den Mandibeln und Maxillen. Dazu kommt noch die zu einem Rüssel umgewandelte Unterlippe, deren dorsaler Verschluß durch die Oberlippe bewirkt wird. In diesem Rüssel sind die Stechborsten enthalten. Bei manchen Dipteren finden sich erhebliche Modifikationen.

Am abweichendsten gestaltet sind die schlürfenden Mundteile der Schmetterlinge. Die Maxillen sind zu einem langen, meist spiralig aufgerollten Rüssel entwickelt. Dagegen sind alle anderen Mundteile mehr oder weniger verkümmert, mit Ausnahme der Palpi labiales.

Ziemlich gleichmäßig gebaut sind die drei Paar Gliedmaßen der Brust. Man unterscheidet an ihnen 1. das Hüftglied (Coxa), 2. den ganz kurzen Schenkelring (Trochanter), 3. den starken Oberschenkel (Femur), 4. das Schienbein (Tibia) und 5. den mehrgliederigen Fuß (Tarsus), dessen letztes Glied gewöhnlich ein Paar Krallen trägt.

Die zwei Paar Flügel am Meso- und Metathorax sind mit chitinigem Geäder versehen, in dessen Innerem Tracheen, Nerven- und Bluträume verlaufen. Sie sind ursprünglich dünne Hautduplikaturen. Die Vorderflügel können sich teilweise oder ganz in harte Flügeldecken umwandeln. Bei den Dipteren verwandeln sich die Hinterflügel in Sinnesorgane (Halteren). Die Flügel können sich auch ganz rückbilden.

Zur inneren Organisation übergehend betrachten wir zunächst den Darmkanal; dieser ist bei pflanzenfressenden Insekten ein langes, dünnes, bei fleischfressenden ein kurzes, weites Rohr. Vorn in der Mundhöhle münden ein oder zwei Paar Speicheldrüsen. Der Oesophagus erweitert sich hinten zu einem Kropf, auf den häufig ein Muskelmagen zur weiteren Zerkleinerung der Nahrung folgt. Der verdauende Darmabschnitt ist sehr kurz, hier und da mit Blindschläuchen versehen, aber stets ohne Leber, die allen Tracheaten fehlt. Im Beginn des Enddarmes münden die büschelförmigen Exkretionsorgane, die Vasa Malpighii. Nur der verdauende Darmteil gehört dem Entoderm an, so daß dieses also bei der Darmbildung gegenüber dem Ektoderm sehr zurücktritt.

Das Nervensystem ist das typische Strickleiternervensystem. Bei höher entwickelten Insekten ist das Gehirn sehr kompliziert gebaut. Die Ganglien, besonders die der letzten Abdominalsegmente, können verschmelzen.

Von Sinnesorganen finden sich die beiden großen Facettenaugen zu beiden Seiten des Kopfes, dazwischen können — meist drei — kleine, einfache Augen vorkommen.

Die Chitinhaare der Haut dienen als Tasthaare; an den Fühlern der Mundgliedmaßen sitzen einfache Geruchsorgane und im Munde Geschmacksorgane; Gehörorgane sind nur vereinzelt (z. B. bei Heuschrecken) nachgewiesen und sitzen oft als mit dünner Membran überzogene Tracheenblasen an den Beinen.

Die Tracheen öffnen sich in den seitlichen, segmental gelegenen Stigmen und umspinnen, sich immer mehr verästelnd, alle Organe, die dadurch direkt und ohne Vermittlung des Blutgefäßsystems mit Sauerstoff versehen werden. Das Blutgefäßsystem ist daher rudimentär. Luftreservoirs sind die bei guten Fliegern vorkommenden Tracheenblasen, Erweiterungen der Tracheen. Bei manchen im Wasser lebenden Larven erfolgt die Aufnahme des Sauerstoffs in das Tracheensystem nicht durch die Stigmen, sondern diese sind geschlossen, und der Sauerstoff tritt durch die Haut. Die Haut kann nun zu diesem Zwecke blatt- oder büschelartige Anhänge am Körper bilden, in welche die Tracheen eintreten: die Tracheenkiemen. Die Tracheen dienen sowohl zur Ausleitung kohlensäurehaltiger Luft, als zur Zuleitung der sauerstoffreichen.

Das Blutgefäßsystem beschränkt sich auf das dorsale Herz, welches in der Mittellinie des Hinterleibes in einem besonderen Teil der Leibeshöhle, dem Pericardialsinus, liegt. Es besitzt höchstens acht Kammern, acht Paar Spaltöffnungen, Ostien, und acht Paar Flügelmuskeln, welche es in seiner Lage halten. Nur bei einigen sehr primitiven Formen (z. B. *Periplaneta*) finden sich noch weitere Kammern, die in den Brustabschnitt reichen.

Die Insekten sind so gut wie immer getrenntgeschlechtlich. Die Geschlechtsorgane liegen ventral am Hinterleibe. Beim Männchen finden sich zwei Hoden und zwei Ausführgänge (Vasa deferentia), die sich zu einem Ductus ejaculatorius vereinigen. Beim Weibchen bestehen die Ovarien aus zwei büschelförmig angeordneten Schlauchgruppen; die beiden Eileiter vereinigen sich zu einer Scheide, neben der eine Begattungstasche liegen kann. Außerdem ist ein Receptaculum seminis zur Aufnahme der Spermatozoen vorhanden. Sowohl männliche wie weibliche Geschlechtsorgane besitzen stark entwickelte Anhangsdrüsen.

Bei manchen Insekten entwickeln sich auch die unbefruchteten Eier (Parthenogenesis).

Es werden unterschieden Insekten mit direkter Entwicklung, solche mit unvollkommener und solche mit vollkommener Metamorphose. Bei der direkten Entwicklung gleichen die Jungen im wesentlichen den Alten, bei der unvollkommenen Metamorphose besteht der Unterschied hauptsächlich darin, daß die Larven noch keine ausgebildeten Flügel haben, bei der vollkommenen Metamorphose ist die Larve sehr verschieden vom erwachsenen Tier, und es schiebt sich eine besondere Entwicklungsstufe, das Puppenstadium, ein, während dessen das meist in Ruhe verharrende Tier keine Nahrung zu sich nimmt.

Haben die Larven nur drei Paar (gegliederte) Brustextremitäten, und sind auch am Hinterleibe (ungegliederte) Extremitäten vorhanden, so nennt man sie Raupen; fehlen die Beine und der Kopf gänzlich, so sind es Maden.

B. Spezieller Kursus.

Periplaneta orientalis (L.).

Die äußere Körperform. Wie bei allen Insekten, so lassen sich auch bei *Periplaneta* drei Körperregionen unterscheiden: Kopf, Brust und Hinterleib. Betrachten wir das Tier von der Oberseite (s. Fig. 124 und 126), so erscheint der die beiden Antennen tragende Kopf durch eine tiefe Einschnürung abgesetzt. Der darauf folgende schildförmige Abschnitt ist nicht etwa die ganze Brust, sondern nur

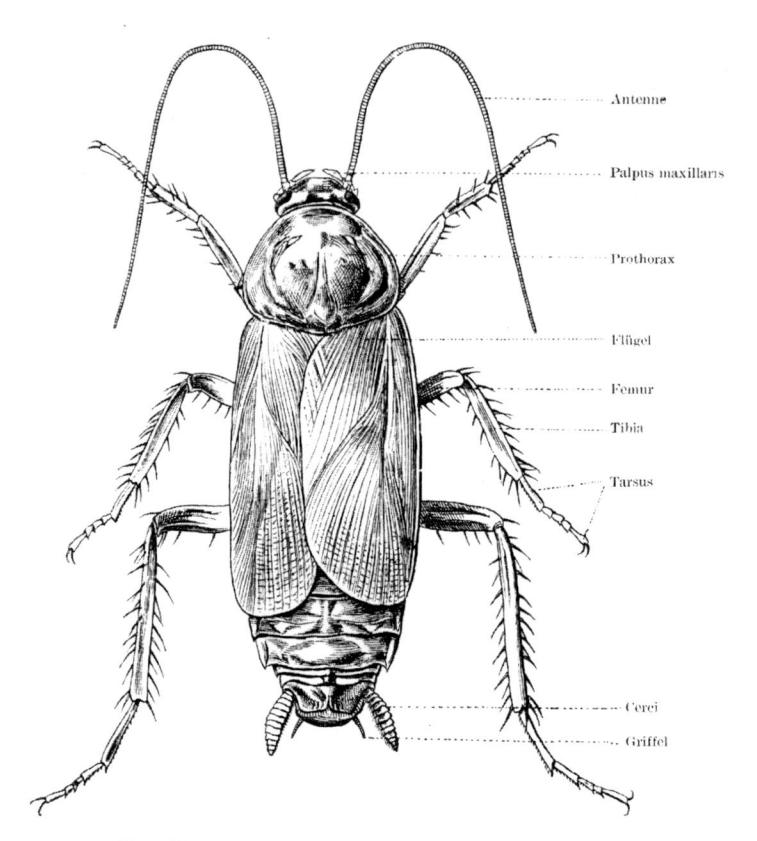

Fig. 124. *Periplaneta orientalis* ♂, Dorsalansicht. Orig.

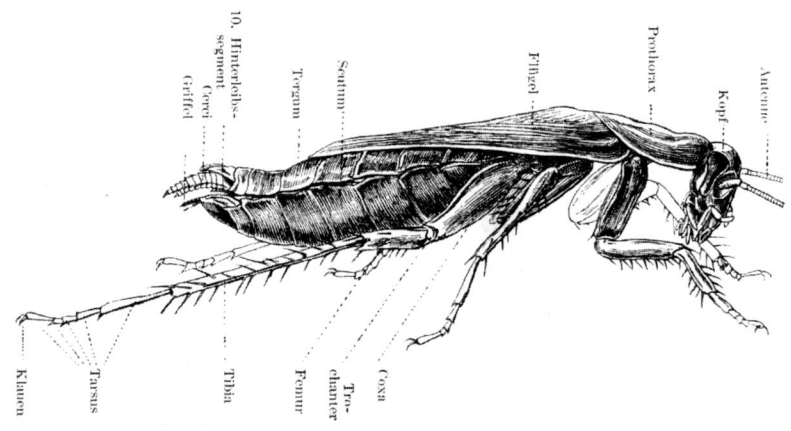

Fig. 125. *Periplaneta orientalis* ♂, von der Seite. Orig.

13. Kursus: Insekten.

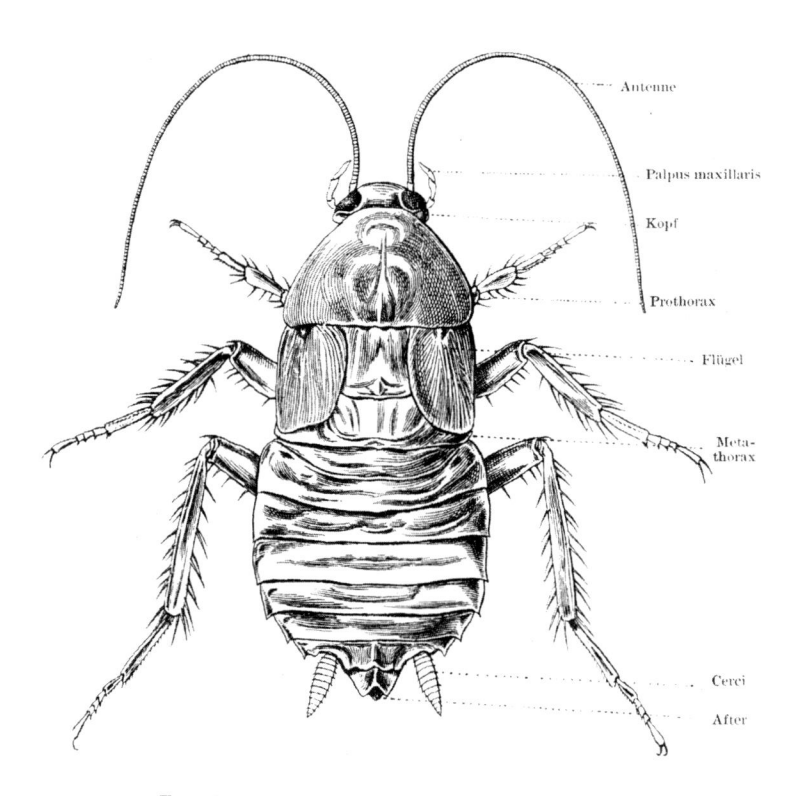

Fig. 126. *Periplaneta orientalis* ♀, Dorsalansicht. Orig.

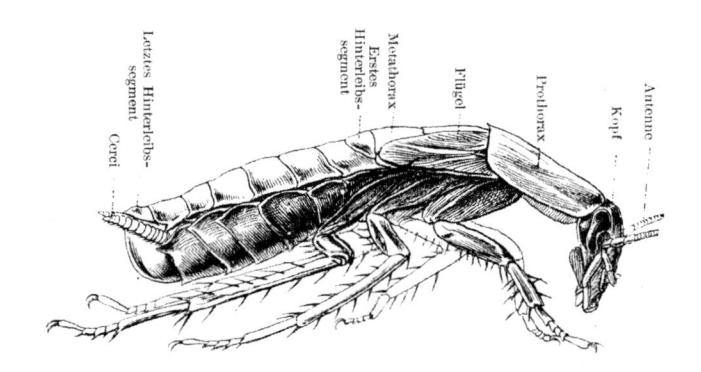

Fig. 127. *Periplaneta orientalis* ♀, von der Seite. Orig.

das erste Segment derselben, der **Prothorax**, die beiden folgenden Brustsegmente, **Meso-** und **Metathorax**; sind beim Männchen von den darauf inserierten Flügeln bedeckt und somit ist in der Dorsalansicht die Grenze zwischen Brust und Hinterleib nicht sichtbar. Beim nahezu flügellosen Weibchen ist die Trennung zwischen Brust und Hinterleib deutlicher, da die Hinterleibssegmente viel kürzer sind als die Brustsegmente. Die Zahl der Hinterleibssegmente beträgt 10. Das vorderste ist, vom Rücken gesehen, kleiner als die übrigen, ebenso sind achtes und neuntes Segment etwas versteckt gelagert, beim Weibchen mehr noch als beim Männchen. Am letzten Segment befinden sich dorsal zu beiden Seiten kurze, feingliederige Anhänge, die Cerci. während ventral beim Männchen noch die kürzeren und zarteren **Griffel** inserieren, die dem Weibchen fehlen.

Wir legen nun die Tiere auf den Rücken und betrachten sie von der Bauchseite. Der keilförmig ventralwärts vorspringende Kopf ist leicht beweglich und auf seiner Vorderseite, der **Stirnfläche**, schildförmig abgeplattet. Kurz vor dem Übergang in die dorsale **Hinterhauptsfläche** sind die beiden sehr langen, geringelten Antennen in je einer Grube inseriert. Dicht hinter ihnen liegen die beiden **Facettenaugen**. Zwei helle Flecke über der Insertion der Antennen, etwas nach innen zu gelegen, sind die „Fenster", Stellen mit verdünnter Chitindecke.

Die drei **Brustringe** sind dadurch charakterisiert, daß sie auf der Ventralseite die drei Beinpaare tragen. Brust- wie Bauchringe sind auch auf dem Bauche mit je einer Platte, dem **Scutum**, bedeckt, die mit der Rückenplatte, dem **Tergum**, durch seitliche Hautbrücken verbunden sind (Fig. 125).

Wir gehen nun zu einer Betrachtung der Gliedmaßen über und beginnen mit den **Mundteilen**.

Der Kopf wird abgeschnitten und mit der Stirnfläche nach oben auf den Objektträger gelegt. Dann wird die an der vorderen Spitze der Stirnfläche gelegene Oberlippe durch einen flachen Schnitt mit dem Skalpell abgetrennt, mit der Pinzette abgehoben und auf einen zweiten Objektträger gelegt. Die nachfolgende Präparation ist leichter. Mit der tief angesetzten Pinzette werden die beiden Mandibeln herausgehoben, ebenfalls auf den zweiten Objektträger gelegt und möglichst in die Lagebeziehung zur Oberlippe gebracht. Ganz ebenso verfahren wir mit den Maxillen und der Unterlippe.

Die **Oberlippe** stellt sich dar als eine einfache, abgerundete Platte, die auf dem freien Rande mit kurzen Borsten besetzt ist. Sie gehört nicht zu den Mundgliedmaßen, sondern ist nur ein von der Kopfkapsel abgegliedertes Stück derselben. Kräftig gebaut sind die kurzen, zangenartigen **Mandibeln**, die auf den einander zugewandten Innenflächen gezähnelt sind. Die **Maxillen** (eigentlich: ersten Maxillen) bestehen aus einem basalen **Angelglied, Cardo**, auf dem das **Haftglied** oder **Stielglied, Stipes**, sitzt. Auf dem Stipes lenken sich die beiden **Kauladen** ein, deren innere auf der Innenseite steife Borsten trägt. Außerdem ist dem Stipes nach außen zu ein mehrgliedriger, ansehnlicher **Kiefertaster, Palpus maxillaris**, eingefügt.

Die **Unterlippe** ist ein Produkt der beiden verwachsenen zweiten Maxillen. Die beiden verschmolzenen basalen Angelglieder bilden das **Unterkinn, Submentum**, während die verschmolzenen Haftglieder zum **Kinn, Mentum**, zusammentreten. Letzteres trägt jederseits die unverschmolzen gebliebenen kleinen Innenladen (Glossae) und Außenladen (Paraglossae) und nach außen die dreigliedrigen Taster (Palpi). Bei sorgfältiger Präparation findet man innen zwischen Unterkiefer und Unterlippe noch eine feine Platte, die Innenlippe (Hypopharynx), die bei den übrigen Insektenordnungen meist verkümmert ist.

Um den Bau der drei Paar Brustextremitäten kennen zu lernen, schneiden wir eine derselben an ihrer Insertion vorsichtig ab und bringen sie auf einen Objektträger.

Die Beine inserieren an der Stelle, wo die Pleura in das Sternum übergeht (s. Fig. 125). Das unterste Glied, das kurze, aber angeschwollene Hüftglied, Coxa, ist in eine schräg gestellte ovale Pfanne am Körper eingelenkt. Es folgt dann ein sehr kurzer Schenkelring, Trochanter, hierauf der Oberschenkel, Femur, der Unterschenkel, Tibia, und der fünfgliedrige Fuß, Tarsus. Das Endglied des Tarsus trägt zwei Klauen.

Endlich sind noch die Flügel zu betrachten, die nur beim Männchen gut entwickelt sind. Sie sitzen auf der Dorsalseite des zweiten und dritten Brustringes und stellen dünne Hautfalten dar, die durch ein verästeltes System von stärkeren Chitinleisten, in denen Tracheen, Bluträume und Nerven verlaufen, gestützt werden.

Wir gehen nunmehr zu der inneren Anatomie über. Es wird die gesamte Rückendecke abgehoben, indem mit der feinen Schere ein Schnitt rings um die Seiten des Tieres bis vorn zum Kopfe geführt wird. Dieser Schnitt muß oberhalb der Pleurae geführt werden, um die Tracheen nicht zu zerschneiden. Dann wird das Tier mit Nadeln im Becken festgesteckt, die Rückendecke von hinten her mit der Pinzette abgehoben und zur Seite gelegt (Fig. 129).

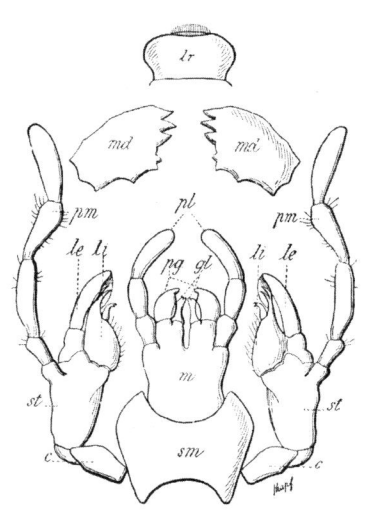

Fig. 128. Kauende Mundgliedmaßen der Schabe, *Periplaneta orientalis* (aus R. HERTWIG). *lr* Oberlippe; *md* Mandibeln; *c* Cardo; *st* Stipes; *le* und *li* Lobus externus und internus; *pm* Palpus maxillaris; *sm* Submentum; *m* Mentum; *gl* Glossae; *pg* Paraglossae; *pl* Palpus labialis.

Auf der aufgehobenen Decke wird das langgestreckte Herz sichtbar, welches daran mittels Muskulatur befestigt ist. Die Präparation desselben ist indessen schwierig, und man kann es sich leichter sichtbar machen, wenn man ein lebendes junges Männchen unter Aufheben der Flügeldecken vom Rücken her betrachtet. Das Herz liegt median als langer, vom ersten Brustsegmente nach hinten ziehender Schlauch. Auch die flügelförmigen Muskeln werden — ein Paar in jedem Segment — alsbald deutlich sichtbar. Auch die Kontraktionen des Herzens lassen sich beim lebenden jungen Tier durch die dünne Decke des Rückens hindurch leicht beobachten.

Wir nehmen unser aufgeschnittenes Exemplar wieder vor, legen den Darm etwas zur Seite und fixieren ihn im Wachsbecken durch eine seitlich davon eingeführte Stecknadel. Der ansehnliche Oesophagus erweitert sich allmählich in den keulenförmigen Kropf, auf diesen folgt ein kurzer Muskelmagen, an dessen Hinterende sich kräftige Blindschläuche befinden. Der kurze, allein vom Entoderm gelieferte verdauende Chylusdarm geht in den kompakteren Dickdarm über, an dessen Vorderende zahlreiche feine Fäden inserieren, die MALPIGHIschen Gefäße, welche als Exkretionsorgane fungieren. Der kurze Enddarm endigt mit dem After. Vorn am Darm liegen zwei Speicheldrüsen samt dahinter gelegenen blasenartigen Reser-

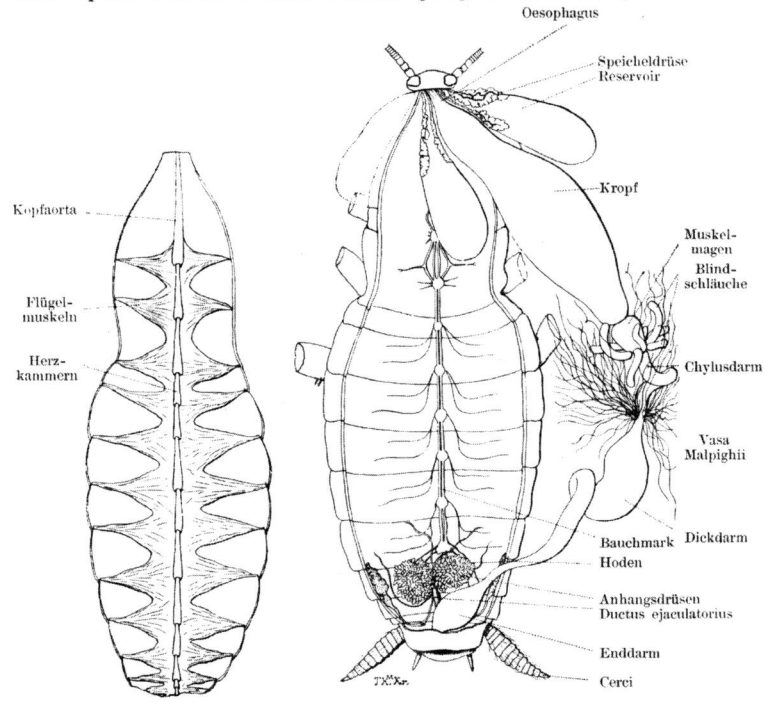

Fig. 129. Anatomie von *Periplaneta orientalis* ♂, links die Rückendecke mit Herz. Orig.

voirs. In der Brusthöhle findet sich eine stark entwickelte Muskulatur. Mit der Lupe läßt sich das in der ventralen Mittellinie gelegene Strickleiternervensystem verfolgen, welches in den drei Brustsegmenten und fünf ersten Hinterleibssegmenten zu Ganglien anschwillt, während im sechsten Hinterleibssegmente ein aus mehreren Ganglien verschmolzener größerer Komplex liegt. Vom Tracheensystem sind besonders deutlich zwei seitliche Längsstämme im Hinterleibe, welche zu beiden Seiten des Nervensystems verlaufen.

Legen wir ein Stückchen Trachee unter das Mikroskop, so sehen wir, daß ihre innere Oberfläche eine spiralig verlaufende Verdickung, den Spiralfaden, aufweist.

Drüsige Massen, die unter dem Enddarm liegen, sind Teile der Geschlechtsorgane, doch ist die Präparation ihrer einzelnen Teile bei der Kleinheit des Objektes für den Anfänger zu schwierig.

Hummel.

Um auch die anderen Formen der Mundgliedmaßen der Insekten kennen zu lernen, wählen wir ein großes Hymenopter. Als solches empfiehlt sich am meisten die Hummel (*Bombus*).

Den getöteten Hummeln wird der Kopf abgeschnitten, der auf einen Objektträger gelegt wird. Hat man in Alkohol konserviertes Material genommen, so bringt man die Köpfe zweckmäßigerweise auf kurze Zeit in kochendes Wasser, um sie aufzuweichen. Mit einem feinen Skalpell lassen sich dann die einzelnen Mundgliedmaßen abtrennen, die nunmehr bei schwacher Vergrößerung unter dem Mikroskope untersucht werden. Am leichtesten gelingt die Präparation, wenn man von der Unterlippe ausgeht.

Oberlippe und Mandibeln sind unverändert geblieben und letztere dienen, wie bei den Orthopteren, zum Kauen. Dagegen sind Maxillen wie Unterlippe stark umgeformt. An den Maxillen fallen auf die langgestreckten Stielglieder, auf denen ebenfalls langgestreckte Kauladen inserieren. Ein kleines, seitlich davon eingelenktes Gebilde ist der rudimentäre Palpus maxillaris. In der Unterlippe ist das Kinn besonders stark entwickelt, welches an seinem freien Ende median eine dicht mit kurzen Borsten besetzte Zunge trägt, die aus den zu einer Rinne verschmolzenen Innenladen der Hinterkiefer entstanden ist. Rechts und links davon liegen die beiden ebenso langen Palpi labiales, während die Außenladen ganz rudimentär sind und nur als kleine Höcker zwischen Lippentastern und Zunge hervortreten. Dieser ganze Apparat kann eingeschlagen und vorgestreckt werden und dient zum Aufsaugen von Honig aus den Blüten.

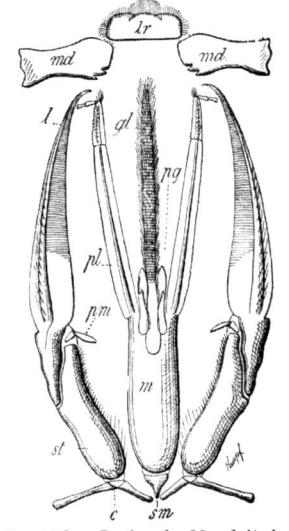

Fig. 130. Leckende Mundgliedmaßen der Hummel, *Bombus terrestris* (aus HERTWIG). Bezeichnungen wie in Fig. 128.

An der Hummel sind ferner noch die Hinterbeine genauer zu betrachten, die zum Zwecke des Einsammelns von Blütenstaub eigentümlich umgeformt sind.

Wir schneiden ein solches Hinterbein ab, legen es auf einen Objektträger und betrachten es mit der Lupe.

Schienbein und erstes Fußglied (Ferse) sind kolbig angeschwollen und dicht mit langen Borsten besetzt. An der Außenseite des mit zwei Endborsten versehenen Schienbeines findet sich eine lange, grubige Vertiefung ohne Borsten, das Körbchen, in dieses kommt der abgestrichene Blütenstaub hinein, der durch ein Sekret von Hautdrüsen zusammengeballt und von den neben den Gruben stehenden Borsten gehalten wird. Das Körbchen findet sich nur bei Weibchen und Arbeitern und fehlt den schlankeren kleineren Männchen.

Schmetterling.

Wir gehen nun zur Untersuchung der schlürfenden Mundwerkzeuge eines Schmetterlings über und wählen dazu möglichst große Formen von Tagschmetterlingen oder Schwärmern, gleichgültig welcher Art.

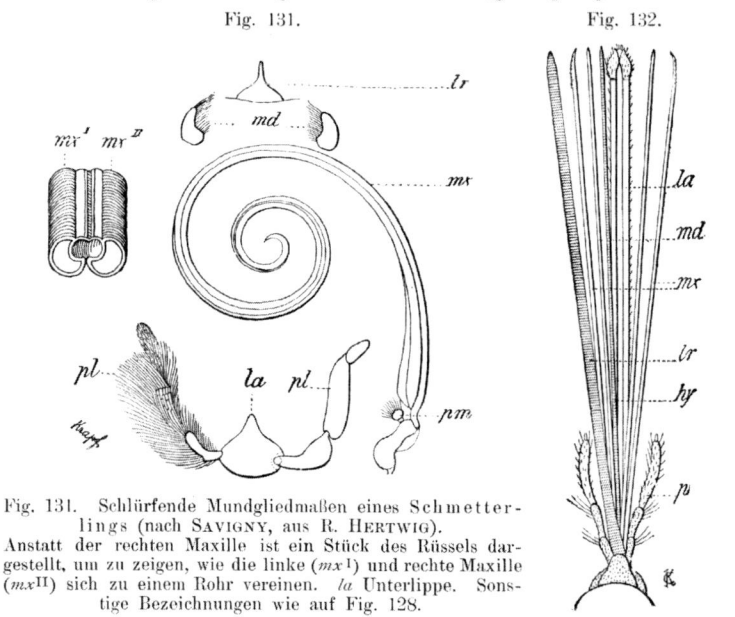

Fig. 131. Schlürfende Mundgliedmaßen eines Schmetterlings (nach SAVIGNY, aus R. HERTWIG). Anstatt der rechten Maxille ist ein Stück des Rüssels dargestellt, um zu zeigen, wie die linke (mx^{I}) und rechte Maxille (mx^{II}) sich zu einem Rohr vereinen. *la* Unterlippe. Sonstige Bezeichnungen wie auf Fig. 128.

Fig. 132. Stechende Mundgliedmaßen einer weiblichen Mücke *(Culex pipiens)*; die Rinne der Unterlippe durch Zurückklappen der Oberlippe geöffnet und die Stechborsten herausgenommen (nach MUHR, aus R. HERTWIG). *mx* Maxille; *la* Unterlippe; *hy* Hypopharynx. Sonstige Bezeichnungen wie auf Fig. 128.

Der Kopf wird abgeschnitten, auf den Objektträger gelegt und unter der Lupe betrachtet (s. Fig. 131).

Von den Mundwerkzeugen fallen ins Auge die beiden großen Lippentaster der reduzierten Unterlippe, sowie nach innen von diesen eine spiralig aufgerollte Röhre, der Rüssel. Der Rüssel wird gebildet durch die beiden fest aneinander gefügten Maxillen, speziell deren Kauladen, während die Palpi maxillares rudimentär sind. Die Mandibeln fehlen entweder gänzlich oder sind nur kleine Gebilde neben dem Rüssel; zwischen ihnen liegt die kleine Oberlippe.

Am Schmetterling lassen sich auch noch die Schuppen der Flügel untersuchen, welche ihnen die Farbe geben.

Am einfachsten ist es, ein Flügelstückchen abzuschneiden und auf dem Objektträger unter das Mikroskop zu bringen.

Wir sehen alsdann die Schüppchen dachziegelförmig in regelmäßiger Anordnung liegen. Jedes Schüppchen heftet sich an die Unterlage durch einen Stiel an. Der freie Rand der Schuppen ist meist gezackt. Am Rande des Flügels verändern die Schüppchen ihre Form und werden mehr und mehr zu haarförmigen Gebilden.

Mücke.

Endlich können wir auch noch die stechenden Mundteile der Mücken untersuchen.

Dazu wählen wir Weibchen möglichst großer Formen. Wir schneiden den Kopf ab und bringen ihn auf dem Objektträger unter schwache Vergrößerung.

Bei diesen bildet die Unterlippe eine lang ausgezogene Rinne, deren dorsalen Verschluß die ebenfalls lang ausgezogene Oberlippe bewirkt (s. Fig. 132). Im Innern dieser Röhre liegen vier Stechborsten, die umgewandelten Mandibeln und Maxillen. Eine fünfte Borste, die sich bei manchen Formen findet, besteht aus dem Hypopharynx, dem Rudimente eines sich zwischen erste und zweite Maxille einfügenden Kieferpaares.

Ephemeridenlarve.

Schließlich sind noch lebende Ephemeridenlarven zu betrachten.

Mit viel Wasser und einigen Wasserpflanzen werden die Tierchen auf den Objektträger gebracht und mit einem Deckgläschen bedeckt.

Die halb durchsichtigen Larven gestatten einen vorzüglichen Einblick in die innere Organisation, von der wir hier nur das Tracheensystem hervorheben wollen. Dasselbe ist sofort kenntlich durch seine dunkle Farbe. Zwei große Längsstämme ziehen von vorn nach hinten, regelmäßige Seitenzweige, die sich noch weiter verästeln, abgebend. Auf die drei Beinpaare folgen sieben Paare oder Doppelpaare ebenfalls segmental angeordneter blattartiger Anhänge, die in steter zitternder Bewegung sind, das sind die Tracheenkiemen. In jedes dieser Blätter tritt von dem Längsstamme der betreffenden Seite aus ein Seitenzweig des Tracheensystems hinein, der sich darin verästelt. Aus derartigen Tracheenkiemen sollen durch Funktionswechsel die Flügel der Insekten entstanden sein.

Anhang.

Arachnida, Spinnentiere.

Um die äußere Organisation der Spinnen kennen zu lernen, empfiehlt sich die Betrachtung unserer gemeinen Kreuzspinne, *Aranea (Epeira) diadema* L. Dieses zur Ordnung der Weberspinnen, *Araneae*, gehörende Tier ist im Sommer und Herbst leicht zu erbeuten.

Ihr radförmiges, senkrecht zwischen zwei Baumstämmen oder Zweigen ausgespanntes Netz, welches aus einem klebrigen, in einer Spirale gewundenen Faden und radienförmig vom Mittelpunkt ausstrahlenden Speichen besteht, findet sich in Gebüschen, an Waldrändern und zwischen altem Gemäuer. Die Weibchen halten sich meist im Mittelpunkte des Netzes, den Kopf nach unten gerichtet auf, während die selteneren, beträchtlich kleineren Männchen meist in der Nähe des Netzes im Gesträuch sitzen.

Das zum Kurse nötige Material wird, wenn es nicht möglich ist die genügende Anzahl frischer Tiere zu erhalten, im Herbste eingesammelt und in starkem Alkohol oder Formol konserviert.

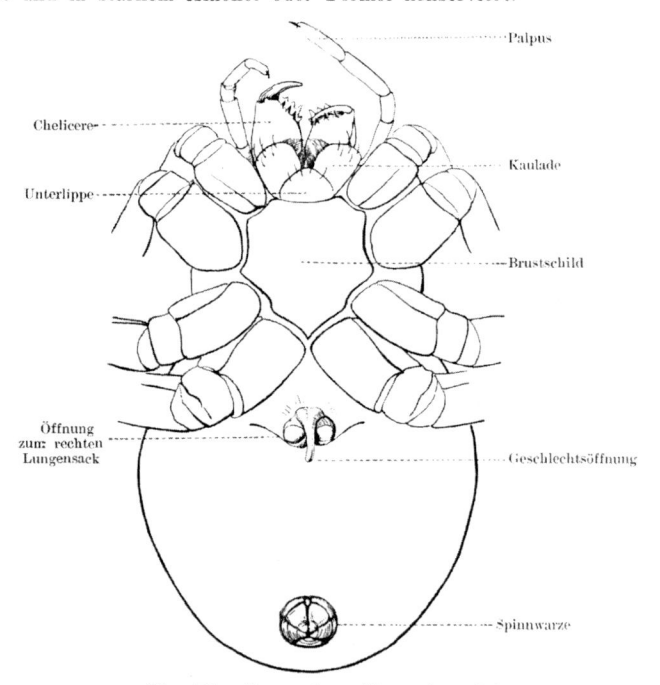

Fig. 133. Kreuzspinne, Unterseite. Orig.

Die Färbung der Tiere ist sehr verschieden, beim Weibchen schwankt sie von Hellgelb durch Rot und Braun bis fast zum Schwarz, während die Männchen von Hellbraun bis Dunkelbraun variieren. Ihren Namen hat diese Spinne von weißen Flecken auf dem Rücken des Hinterleibes, die zu einem mehr oder minder deutlichen Kreuz zusammentreten. Die Beine weisen eine hellere und dunklere Ringelung auf.

Der verschieden stark behaarte Körper zerfällt in zwei Abschnitte, ein Kopfbruststück (Cephalothorax) und einen Hinterleib (Abdomen), die durch einen dünnen Stiel miteinander zusammenhängen. Das aus Kopf und Brust verschmolzene Kopfbruststück ist von einer starken Chitinhülle umschlossen, im Gegensatz zu dem viel weicheren

Hinterleibe. Das Kopfbruststück ist von ungefähr eiförmigem Umriß, nach vorn zu sich etwas verjüngend und abgestumpft endigend, während der Hinterleib beim Weibchen haselnußförmig angeschwollen, beim Männchen mehr länglich ist. Den dorsalen Teil des Kopfbruststückes bildet das Rückenschild, das sich seitlich ventralwärts herabkrümmt. Vorn am Rückenschilde stehen die Augen zu 4 Paaren. Von diesen 8 Augen stehen 2 Paar nahe der Mittellinie in fast quadratischer Anordnung und je ein Paar am vorderen Seitenrande des Rückenschildes. Es sind also die Augen in zwei Querreihen angeordnet, indem 4 in der vorderen, 4 in der hinteren Querreihe liegen. Je ein vorderes und ein hinteres Auge bilden ein Paar. Die Augenstellung ist bei den einzelnen Spinnenarten verschieden und gilt als ein systematisch wichtiges Merkmal. Auf der ventralen Seite liegt das sehr viel kleinere, etwa wie ein Wappenschild aussehende Brustschild. Zwischen Rücken- und Brustschild sind die Extremitäten eingelenkt, 4 Paar zur Ortsbewegung bestimmte und 2 Paar davor gelegene Mundextremitäten.

Wir beginnen mit der Untersuchung der Mundextremitäten, indem wir das Tier auf die Rückenseite legen und unter der Lupe betrachten. Das erste Paar Mundgliedmaßen sind die Kieferfühler (Cheliceren). Sie bestehen aus zwei Teilen, einem basalen, sehr kräftig entwickelten Oberkiefer, und einem daran sitzenden, nach innen einschlagbaren klauenförmigen Endgliede. Zur Aufnahme der nadelspitzen, gekrümmten Klaue dient eine Furche des Oberkiefers, deren Ränder mit einigen spitzen Chitinzähnchen, außen vier, innen drei besetzt sind. In der Spitze der Klaue mündet der Ausführgang einer Giftdrüse aus. In der Ruhe sind die Klauen, wie die Klinge eines Taschenmessers in die Scheide, eingeschlagen.

Das zweite Paar Mundgliedmaßen sind die Kiefertaster (Maxillipalpen). Ihre Basalglieder sind zu Unterkiefer genannten Kauladen umgewandelt, die mit ihrem freien Ende den Mund überdecken. Ihre breit dreieckige Spitze ist frei von Haaren und von hellgelblicher Farbe, am vorderen Rande dagegen findet sich ein dichter, bürstenartiger Haarbesatz, der sich unmittelbar dem Munde auflegt. Die übrigen fünf Glieder bilden den beinartigen Palpus, der bei beiden Geschlechtern sehr verschieden ist. Beim Weibchen trägt das Endglied an der Spitze eine kleine Kralle, die mit Nebenzinken besetzt ist, beim Männchen ist das stark behaarte und meist dunkler gefärbte Endglied kolbenförmig verdickt und enthält einen birnförmigen Behälter mit Ausführgang. Zur Zeit der Geschlechtsreife wird dieser Behälter mit Spermatozoen gefüllt, die aus der am Hinterleib befindlichen Geschlechtsöffnung entstammen, und das Tasterende wird zum Begattungsapparat. Nach der Einbringung der Spermatozoen in die Geschlechtsöffnung des Weibchens muß sich das sehr viel schwächere Männchen eiligst zurückziehen, um nicht vom stärkeren Weibchen überfallen und gefressen zu werden.

Zwischen die beiden Unterkiefer schiebt sich von hinten her eine an dem Brustschilde eingelenkte unpaare Chitinplatte ein: die Unterlippe.

Die vier zur Fortbewegung dienenden Beinpaare (Fig. 135) haben ungefähr den gleichen Bau. Es lassen sich an ihnen 7 Glieder unterscheiden, nämlich Hüftglied, Schenkelring, Schenkel, Knie, Schiene, Fersenglied und Fußglied. Das Fußglied trägt an seinem Ende zwei bewegliche, kammförmig gezähnte Klauen (Fig. 134). Da diese Kammzähnchen sehr glatt sind und eng zusammentreten, vermag die Spinne mit Leichtigkeit in die Fäden ihres Netzes einzugreifen und darauf zu laufen, ohne sie zu zerreißen. Zwischen der Basis der beiden Fußklauen entspringt eine dritte, hakenförmige, etwas kleinere Klaue. Rechts und links von dieser kleineren „Vorklaue" stehen zwei oder drei bis vier gebogene und gesägte Borsten, und bilden, besonders an den Hinterbeinen, zusammen mit der Vorkralle ein Greiforgan, welches bei Herstellung des Netzes Verwendung findet. Die Hinterbeine sind fast ganz in den Dienst der Spinntätigkeit getreten.

Betrachten wir den Hinterleib von der Bauchseite, so sehen wir nahe dem Verbindungsstiele mit dem Kopfbruststück in der Mittellinie beim Weibchen die äußeren Geschlechtsteile (Epigyne), welche bei nahe verwandten Arten meist ganz verschieden geformt sind. Seitlich davon finden sich zwei etwas schräg verlaufende Schlitze, welche in die

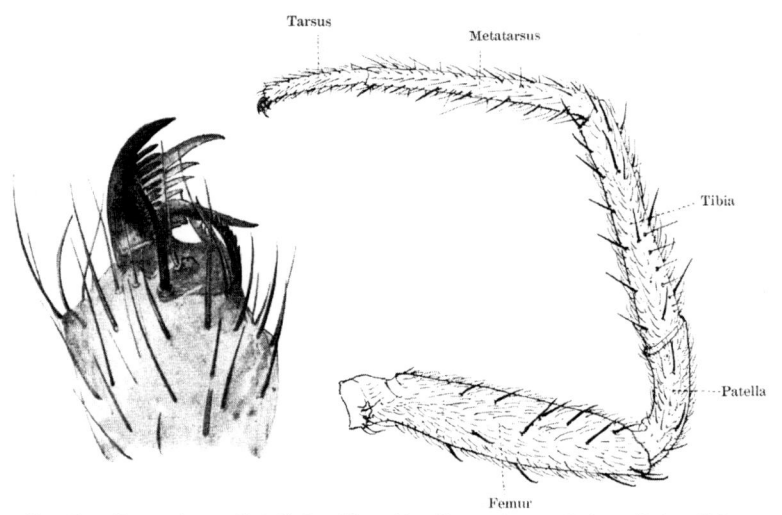

Fig. 134. Kreuzspinne. Fußglied mit Klauen des dritten linken Beines. Orig.

Fig. 135. Kreuzspinne. Drittes linkes Bein. Orig.

beiden „Lungensäcke" führen. Es sind das zwei Hohlräume, in welche jederseits eine aus etwa 50 Blättern gebildete „Lunge" hineinragt. Diese Atmungsorgane werden als abgeplattete und modifizierte Tracheenbüschel betrachtet; nach anderer Auffassung sollen sie den in das Körperinnere zurückgezogenen Kiemen eines marinen krebsähnlichen Tieres, des Limulus (s. S. 188), entsprechen.

Außer diesen eigentümlichen Atmungsorganen finden sich noch vier gerade, zarte Tracheenröhren, welche von einem vor den vorderen Spinnwarzen gelegenen und hier ausmündenden zentralen Hohlraume entspringen.

Der Spinnapparat (Fig. 133) ist am Hinterende des Hinterleibes auf dessen Ventralseite gelegen und besteht aus 6 warzenartigen Erhebungen, den Spinnwarzen, welche zu 3 Paaren symmetrisch zur Mittellinie liegen und als rudimentäre Extremitäten des Hinterleibes aufgefaßt werden. Von diesen Spinnwarzen ist das mittlere Paar kaum zu sehen, da es sehr klein ist, tiefer und der Mittellinie genäherter liegt und durch die vorderen verdeckt wird. Das freie abgestutzte Ende jeder Spinnwarze ist das Spinnfeld, auf dem sich zahlreiche, wie Haare aussehende, sehr feine Röhrchen erheben, die Spinnröhren. Aus jedem dieser Röhrchen ragt das Ende des Ausführungsganges einer Spinndrüse heraus. Diese Spinndrüsen erfüllen den Hinterleib und bedingen mit den Eiern zusammen seine bedeutende Anschwellung. Das aus den Spinnröhren heraustretende Sekret erstarrt sehr schnell und oft wird der so entstehende Faden mit anderen Fäden zusammen zu einem einzigen Faden verarbeitet, der trotz seiner außerordentlichen Dünne sehr fest ist.

Systematischer Überblick
für den vierzehnten Kursus.

VIII. Stamm.
Tunicata, Manteltiere.

Die Manteltiere haben ihren Namen von einer Hautausscheidung, welche sie wie ein Mantel umhüllt. In ihrem Bau und besonders in ihrer Entwicklung zeigen sie sich am nächsten mit den Wirbeltieren verwandt, und zwar in folgenden Punkten:
1. durch den Besitz einer Chorda dorsalis, des Vorläufers der Wirbelsäule, die indessen bei den meisten nur in der Entwicklung auftritt und später verschwindet;
2. die dorsale Lagerung des mindestens als Ganglion erhalten bleibenden Zentralnervensystems;
3. die Übernahme der Atmungsfunktion durch den Vorderdarm;
4. die ventrale Lage des Herzens.

Die Wandung des Vorderdarmes ist durchbrochen, und das vom Mund aufgenommene Wasser fließt durch die Spalten ab, meist erst in einen umhüllenden Raum, den Peribranchialraum, und von diesem nach außen. Die mitaufgenommenen Nahrungsbestandteile werden von einer ventralen flimmernden Rinne, dem Endostyl oder der Hypobranchialrinne, mit Schleim umhüllt und zum Oesophagus befördert.

Die Tunicaten sind Zwitter und sämtlich marin.

1. Ordnung: Copelatae.

Kleine pelagische Tiere mit Ruderschwanz, der von der Chorda dorsalis durchzogen ist. Im Rumpf der hufeisenförmige Darm mit einem Paar direkt nach außen mündender Kiemenspalten. Auch der After mündet direkt nach außen. *Appendicularia*.

2. Ordnung: Ascidiacea.

Festgewachsen (nur die Pyrosomae freilebend pelagisch). Mantel stark entwickelt, mit Ingestions- und Egestionsöffnung zur Ein- und Ausfuhr des Wassers. Nach innen vom Mantel je eine Schicht Längs- und Ringmuskelfasern. Den Kiemendarm umgibt der Peribranchialraum. Im hinteren Teil des Körpers finden sich in der mitunter abgegrenzten Leibeshöhle der Darm mit Magen, die Geschlechtsorgane und das Herz. Zwischen Ingestions- und Egestionsöffnung liegt das Ganglion. Larven mit Chorda dorsalis.

1. Unterordnung: Monascidiae.
Einzeltiere. *Styela*, *Ciona*.

2. Unterordnung: Synascidiae.
Viele Einzeltiere von gemeinsamem Cellulosemantel umhüllt. *Synoecum*, *Botryllus*.

3. Unterordnung: Pyrosomae.
Freischwimmende Kolonien von Walzenform, die Einzeltiere auf einem gemeinsamen Hohlraum, der Zentralkloake, senkrecht stehend. *Pyrosoma*.

3. Ordnung: Thaliacea.

Pelagisch. Gestalt tonnenförmig, die beiden Körperöffnungen an den beiden Körperenden. 6—8 reifenartige Muskelringe. Kiemendarm zu einem schmalen, schräg nach hinten laufenden Balken reduziert. Ventral liegt der Endostyl; die Eingeweide sind im hinteren Körperteile zu einem Knäuel zusammengeballt. Generationswechsel: das Einzeltier läßt auf ungeschlechtlichem Wege eine Kette hintereinander liegender, etwas abweichend gebauter Salpen hervorsprossen, aus deren befruchteten Eiern wieder Einzeltiere entstehen. *Salpa*, *Doliolum*.

14. Kursus.
Tunicata, Manteltiere.

Technische Vorbereitungen.

Von Ascidien werden Alkoholpräparate von *Styela plicata* und *Ciona intestinalis* gegeben, von letzterer Form außerdem noch mikroskopische Präparate sehr kleiner Exemplare. Um die *Styela* in möglichst ausgestrecktem Zustande zu erhalten, empfiehlt es sich, sie nach vorausgegangener Kokainbetäubung in Formol zu fixieren und später in Alkohol überzuführen. Von Salpen benutzt man Alkoholpräparate von *Salpa africana* zur Demonstration, sowie *Salpa democratica-mucronata*, letztere auch in mikroskopischen Präparaten, als Einzeltier wie als Kette.

I. Ascidien.
A. Allgemeine Übersicht.

Die Ascidien sind auf dem Boden des Meeres festsitzende Tiere, welche infolge dieser Lebensweise mancherlei Umbildungen ihres Körpers zeigen. Die Larven sind freischwimmend, mit Ruderschwanz versehen, in dessen Achse sich aus dem Entoderm durch Abschnürung eine Chorda entwickelt, ähnlich wie bei den Appendicularien. Die Chorda erstreckt sich bei diesen Larven ein Stück weit in den Rumpf, zwischen Darm und Nervenrohr, hinein. Darin dokumentiert sich eine große Ähnlichkeit mit frühen Entwicklungszuständen der Wirbeltiere, besonders des *Amphioxus*. Auch die Anlage des Nervensystems ist die gleiche wie bei den Wirbeltieren. Bei der Ascidienlarve finden wir ein in der dorsalen Mittellinie gelegenes Rohr, vorn zu einem Bläschen, dem Gehirn, angeschwollen. Dieses Nervenrohr entsteht, wie bei den Wirbeltieren, aus der Einfaltung einer dorsalen Rinne (Medullarrinne), deren Ränder verschmelzen, so daß ein Rohr (Medullarrohr) entsteht, das vorn eine Zeit lang offen ist (Neuroporus), hinten mit dem Urdarm kommuniziert (Canalis neurentericus).

Ferner öffnet sich bei jungen Ascidienlarven der vordere Teil des Darmes, der Kiemendarm, in ein paar seitlichen Kiemenspalten direkt nach außen, und die Leibeshöhle bildet sich wie bei Amphioxus aus seitlichen Ausstülpungen des Urdarmes.

Vergleichen wir damit die Organisation der erwachsenen, festsitzenden Ascidie, so sehen wir, daß große Veränderungen eingetreten sind.

Der ganze Ruderschwanz samt Chorda ist geschwunden. Der vordere Darmteil, der Kiemendarm, hat sich mächtig ausgedehnt und ist zum Kiemenkorb mit zahlreichen Spalten geworden. Um ihn herum ist ein aus zwei ektodermalen Hauteinstülpungen hervorgegangener Hohlraum entstanden, der Peribranchialraum, so daß sich die Kiemenspalten in diesen und nicht mehr direkt nach außen öffnen. In den hinteren und dorsalen Teil dieses Peribranchialraumes münden auch der Darm und die Geschlechtsorgane ein, und dieser Teil wird somit zur Kloake, die sich in der Egestionsöffnung nach außen öffnet.

Zum Schutze des Körpers hat sich ein meist mächtig entwickelter Mantel, Tunica externa, gebildet, der Cellulose in reichlichen Mengen enthält und dem Tiere oft ein unförmliches Aussehen verleiht. Auf ihn folgt nach innen die weiche, muskulöse Körperwand, Tunica interna. Durch die mächtige Entwicklung des Kiemendarmes ist der hintere, nutritorische Darmteil weit nach hinten gedrängt worden. Die mit dem Atemwasser in die Ingestionsöffnung geratenen Nahrungspartikel werden durch einen den Eingang zur Atemhöhle umfassenden Flimmerbogen zu einer ventralen Längsrinne, dem Endostyl, geführt, hier mit Schleim umhüllt und durch Flimmern zu dem weiter hinten liegenden Oesophagus des nutritorischen Darmes befördert, der sich zu einem Magen erweitert und dann als Enddarm in die Kloake öffnet. Hier am Magen, zwischen ihm und dem Endostyl, liegen auch Herz und Geschlechtsorgane.

Das bei den Ascidienlarven noch in Rückenmark und Gehirn differenzierte Nervensystem hat sich zu einem Ganglion reduziert, welches zwischen den einander genäherten Körperöffnungen liegt.

Viele Ascidien vermögen sich geschlechtlich und ungeschlechtlich fortzupflanzen und durch Knospung Kolonien zu bilden (Synascidien).

B. Spezieller Kursus.

1. *Styela plicata* (LES.).

Diese weit verbreitete Ascidie ist besonders im Mittelmeer sehr häufig und leicht zu beziehen. Sie eignet sich ganz vorzüglich zur makroskopischen Präparation, besonders weil auch sonst schwer zu demonstrierende Organe, wie die Geschlechtsdrüsen, sehr stark entwickelt sind.

Zunächst betrachten wir die äußere Körperform der unter Wasser ins Wachsbecken gelegten Ascidie. Das Tier stellt äußerlich einen länglich-rundlichen, einer Kartoffel nicht unähnlichen Knollen dar mit tief eingeschnittenen Längs- und Querfurchen. Die Farbe ist weißlichbräunlich, die Unterseite weist einen dunkleren Farbenton auf, und zeigt schon durch die an einer bestimmten Stelle sich findende Inkrustierung mit Muschelschalenstückchen usw., daß das Tier festsitzt. Bei älteren Exemplaren, welche bis 8 cm Größe erreichen können, findet sich an der Anheftestelle ein deutlich abgesetzter, rundlicher

Stiel, sowie eine Anzahl ebenfalls zur Befestigung dienender brauner Borsten. **Ingestions- und Egestionsöffnung** sind bei den ausgestreckt konservierten Exemplaren leicht zu bestimmen, bei kontrahierten Stücken orientiert man sich über die Lage der beiden Öffnungen, indem man das im Wasser liegende Tier herausnimmt und leicht drückt. In den meisten Fällen werden feine Strahlen aus den Öffnungen herausspritzen.

Die Orientierung ist deshalb wichtig, weil der durch das Tier zu führende Schnitt in einer Ebene zu gehen hat, welche die Ingestionsöffnung der Länge nach spaltet.

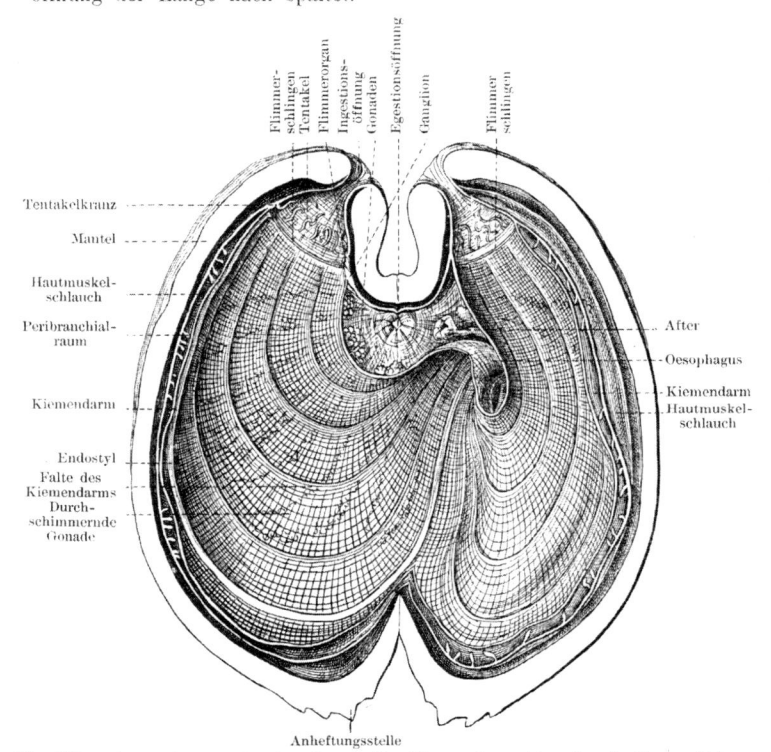

Fig. 136. Anatomie von *Styela plicata*. Der Kiemendarm ist aufgeschnitten. Orig.

Der Schnitt wird mit dem starken Skalpell ausgeführt. Man beginnt von der Ingestionsöffnung aus, führt das tief in das Tier eindringende Messer an der ventralen (der Egestionsöffnung abgewandten) Seite entlang und klappt dann die beiden auf der Dorsalseite noch zusammenhängenden Hälften auseinander. Mit einigen Nadeln, die durch den Mantel gesteckt werden, befestigt man das Präparat im Wachsbecken (Fig. 136).

Mit diesem Schnitte ist nicht nur der Mantel gespalten, sondern auch der Hautmuskelschlauch und der Kiemendarm, und im Präparat sieht man direkt in das Innere des Kiemendarmes hinein. Zunächst betrachten wir den festen Mantel, dessen unteres Ende etwas dicker ist als das obere. Auf dem Durchschnitt ist es weiß und knorpelartig. Der Kiemendarm füllt den Körper des Tieres in der ganzen Länge aus. Er ist jederseits in vier sehr prägnante, gekrümmte Falten gelegt, die vorn unter der Ingestionsöffnung beginnen und bis zu seinem Übergang in den eigentlichen Darm verlaufen. Es sind also im ganzen acht Falten vorhanden. Außer diesen Falten läuft eine wulstartige Verdickung von der Ingestionsöffnung in der Mittellinie ebenfalls zum Beginn des eigentlichen Darmes: der Endostyl (die Hypobranchialrinne). Unter Benutzung der Lupe sieht man, wie die Ingestionsöffnung vom Ende des Endostyls aus von einer Flimmerschlinge umfaßt wird.

Schon mit bloßem Auge sieht man das feine Gitterwerk des Kiemendarmes. Zwischen Kiemendarm und Hautmuskelschlauch liegt ein schmaler Raum, der Peribranchialraum, unterhalb der Egestionsöffnung Kloake genannt.

Unter der Ingestionsöffnung, nur einige Millimeter davon entfernt, liegt ein Kranz von 25—30 verschieden langen, einfachen, kleinen Tentakeln.

Der Darmtraktus befindet sich auf der linken Körperseite, dem Kiemendarme aufliegend, und man sieht ihn bereits an vorliegendem Präparate durchschimmern. Unweit der Egestionsöffnung, etwa in der Körpermitte, verengert sich der Kiemendarm sehr stark und geht in den eigentlichen Darm über.

Mit der Pinzette löst man vorsichtig den den verdauenden Darm bedeckenden Teil des Kiemendarmes los und erhält nun einen Einblick in die übrigen Eingeweide.

Der eigentliche Darm beginnt mit einer Speiseröhre von ansehnlicher Länge und erweitert sich dann zum Magen. Dieser ist deutlich abgesetzt und erscheint äußerlich längsgestreift, was aber von durchschimmernden inneren Längsleisten herrührt.

Wir machen uns diese sichtbar, indem wir den Magen der Länge nach aufschneiden.

Von den ca. 30 Lamellen erscheint eine besonders groß. Der auf den Magen folgende Darmteil zieht etwa bis zur Mitte des Körpers an der Bauchseite entlang.

Wir gehen nun zur mikroskopischen Untersuchung über.

Ein Stück des Kiemendarmes wird ausgeschnitten, in Glyzerin auf den Objektträger gelegt und mit einem Deckglas bedeckt.

Mit schwacher Vergrößerung sieht man ein quadratisch angeordnetes Maschenwerk, dessen Leisten stark vorspringen. Innerhalb jedes Rechteckes dieses Maschenwerkes findet sich ein feineres Maschenwerk, aus meist sechs in doppelter Reihe liegenden Spalten bestehend. Durch diese Spalten fließt das von der Ingestionsöffnung aufgenommene Atemwasser in den Peribranchialraum und dann durch die Egestionsöffnung nach außen.

Ein weiteres Präparat machen wir vom Mantel, indem wir mit einem scharfen Messer einen feinen Querschnitt anfertigen und unter Glyzerin auf dem Objektträger betrachten.

14. Kursus: Tunicata, Manteltiere. 221

Man erkennt alsdann schon mit schwacher Vergrößerung, daß der Mantel nicht etwa eine strukturlose Kutikularabscheidung ist, sondern reichlich bindegewebige, vom Ektoderm eingewanderte Zellen sowie Blutgefäße enthält, die in kolbenförmigen Anschwellungen endigen.

Der After liegt etwas höher als der Oesophagus, dicht unter der Egestionsöffnung. Der Rand des Afters ist wulstig verdickt und eingekerbt.

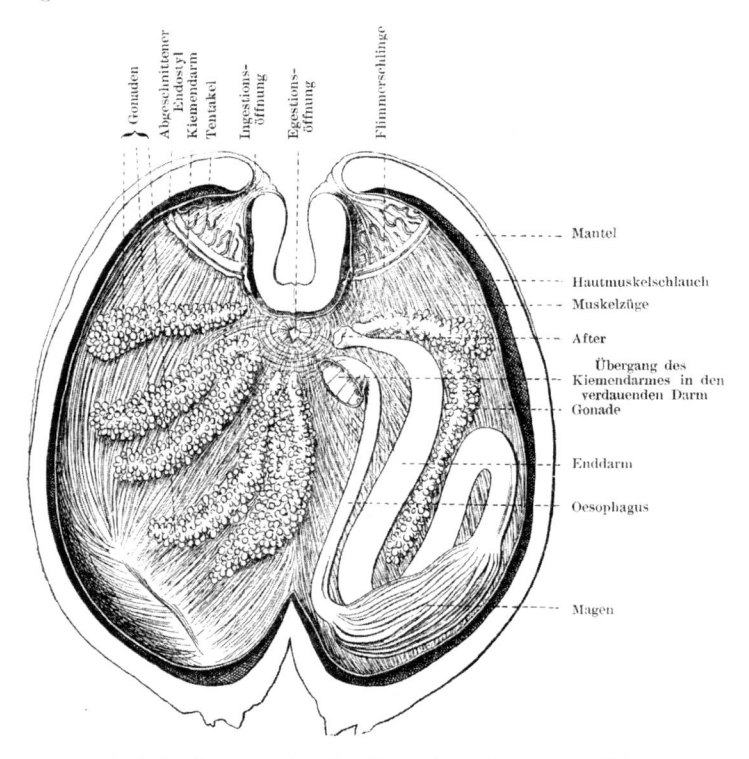

Fig. 137. *Styela plicata.* Der Kiemendarm ist entfernt. Orig.

Das Herz ist sehr schwer zu sehen: es liegt als durchsichtiger, muskulöser Schlauch auf der rechten Seite, mit seinem hinteren Ende dem Magen angeheftet.

Es wird alsdann auch der Kiemendarm der anderen Hälfte mit der Pinzette abgehoben (Fig. 137).

Nunmehr erscheinen die Geschlechtsorgane. Die Geschlechtsorgane sind schlauchförmige Wülste von gelblicher Farbe; auf der linken Seite liegen 2, auf der rechten 5—6, die in der Nähe der Egestionsöffnung beginnen und strahlenförmig divergieren. Zwischen Ingestions- und Egestionsöffnung befindet sich das Gehirn, ein ovaler Knoten, von dem Nerven ausstrahlen.

14. Kursus: Tunicata, Manteltiere.

Man fertigt einen zweiten Schnitt durch den Mantel an, bringt ihn aber nicht in Glyzerin, sondern in ein Uhrschälchen mit Jodjodkalium. Nach 15 Minuten nimmt man ihn heraus und bringt ihn auf den Objektträger in einen Tropfen konzentrierter Schwefelsäure.

Es tritt alsdann Blaufärbung ein, und diese Reaktion beweist, daß sich im Mantel reichlich Cellulose vorfindet.

Die innere Manteloberfläche glänzt perlmutterartig und läßt sich leicht mit der Pinzette abziehen. Unter dem Mikroskop erkennt man bei starker Vergrößerung eine annähernd homogene Grundmasse, welche von vielen langen Fibrillen durchsetzt ist.

Ein weiteres Präparat wird vom Hautmuskelschlauch angefertigt. Es läßt sich ohne weiteres ein Stück desselben loslösen, welches,

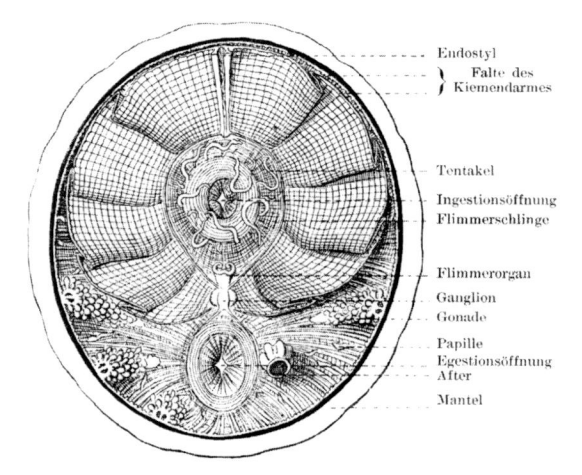

Fig. 138. Die beiden Körperöffnungen von *Styela* mit Umgebung, von innen gesehen. Orig.

unter das Mikroskop gebracht, bei schwacher Vergrößerung zwei regelmäßig angeordnete Muskelschichten zeigt, eine schwächere, äußere Ringmuskulatur und eine stärkere, innere Längsmuskulatur.

Nunmehr wenden wir uns zur Betrachtung des Gehirnganglions.

Wir schneiden an einem zweiten Exemplare dieses Organ, welches zwischen Ingestions- und Egestionsöffnung liegt, mit dem am Darm festhaftenden Hautmuskelschlauch ab, legen es auf einen Objektträger und betrachten es unter der Lupe oder schwächsten Vergrößerung des Mikroskopes (Fig. 138).

Es zeigt sich das Ganglion als längliches Gebilde, welches nach hinten zwei starke Nerven abgehen läßt. Weitere Nerven ziehen nach vorn. Unter dem Ganglion und mit ihm zusammenhängend liegt ein rundliches, drüsiges Gebilde, auf beiden Seiten vorragend, welches als „Hypophyse" bezeichnet wird. Endlich kann man noch vor dem Gehirn zwischen den nach vorn abgehenden Nerven ein zu einer Doppelspirale eingerolltes Gebilde sehen (Flimmerorgan), welches als Geruchs-

14. Kursus: Tunicata, Manteltiere. 223

organ (?) gedeutet wird und wahrscheinlich als Organ eines chemischen Sinnes wirkt.

2. *Ciona intestinalis* (L.).

Diese äußerst häufige Form eignet sich wegen ihrer großen Durchsichtigkeit ebenfalls recht gut zu Demonstrationen. Von möglichst kleinen (1,5 cm langen) Exemplaren werden mikroskopische Präparate gegeben, mit deren Untersuchung wir beginnen wollen.

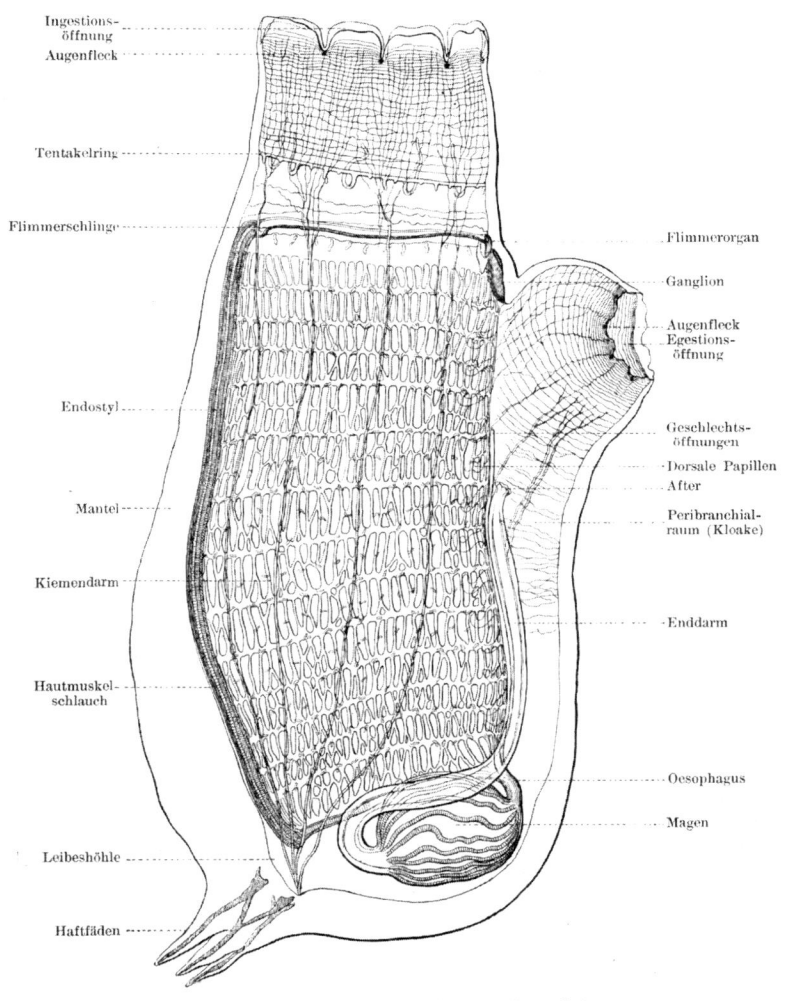

Fig. 139. *Ciona intestinalis*, junges Tier. Orig.

Wir wenden zunächst die schwächste Vergrößerung an (s. Fig. 139). Man sieht die langgestreckte, zylindrische Körperform; an dem einen

Körperende finden sich wurzelförmige, von Bindegewebe erfüllte Ausläufer der äußeren Hülle, die zum Anheften an der Unterlage dienen. Das freie Körperende ist in zwei röhrenartige Fortsätze, Siphonen, ausgezogen. Am Ende des mittleren, höheren (Buccalsipho) liegt die **Ingestionsöffnung**, am Ende des kleineren, seitlich davon gelegenen (Kloakalsipho) liegt die Öffnung des Peribranchialraumes, die **Egestionsöffnung**.

Rings um das ganze Tier sieht man einen feinen Saum, den Rand des Mantels. Die **Ingestionsöffnung** ist kreisrund und in acht Lappen ausgezogen. In den dadurch gebildeten Einkerbungen liegt am Grunde je ein als Augenfleck bezeichneter Pigmentfleck, und das gleiche Verhalten zeigt auch die Egestionsöffnung, nur mit dem Unterschiede, daß hier sechs Lappen und sechs Augenflecke auftreten.

Die Siphonen stellen sich als häutige Gebilde dar, in deren Wandung außen Ringmuskulatur eingebettet ist, während nach innen zu liegende Längsmuskeln weit nach abwärts ziehen. Kurz vor Beginn des Kiemendarmes sieht man im Buccalsipho eine ringförmige Verdickung, den **Tentakelring**, auf dem sich in regelmäßiger Anordnung eine Reihe von kurzen Tentakeln erhebt. Sie ragen im Leben weit in den Hohlraum des Sipho vor und bilden so eine Art Reuse, die größeren Körpern den Eintritt in die Kieme versperrt.

Wir kommen nunmehr zum Beginn des Kiemendarmes, dessen weite Öffnung von einer Flimmerschlinge umzogen wird. Der Kiemendarm stellt einen weiten Sack dar, welcher nur den hintersten Teil des Körperinnern frei läßt. Seine Wand ist aufgebaut aus einem Maschenwerk sich rechtwinklig kreuzender Leisten, an deren Kreuzungsstellen kurze Papillen ins Innere vorspringen. Die feinen, flimmernden, ovalen Kiemenspalten stehen in jedem Rechteck in zwei transversalen Doppelreihen. Durch diese fließt das von der Ingestionsöffnung aufgenommene Atemwasser in den Peribranchialraum, der nur unter der Egestionsöffnung als Kloake größere Ausdehnung gewinnt.

Auf der ventralen (der Egestionsöffnung gegenüberliegenden) Seite liegt der ansehnliche Endostyl, dessen Tätigkeit darin besteht, Schleim abzuscheiden und die darin eingehüllten Nahrungspartikel dem verdauenden Darme zuzuführen.

Zur Untersuchung der übrigen Organe werden größere Spiritusexemplare gegeben, welche im Wachsbecken aus dem Mantel herausgelöst und dann unter Wasser an einer Seite aufgeschnitten und ausgebreitet werden.

Der **Nahrungsdarm**, welcher sich an den Kiemendarm anschließt, beginnt mit einem kurzen, engen **Oesophagus**, erweitert sich zum ansehnlichen **Magen** und zieht als **Enddarm** auf derselben Seite nach oben, um etwa in der Körpermitte im After zu enden. Die Nahrungsreste werden aus der Kloake durch die Egestionsöffnung entfernt.

Nach innen vom Afterdarm ziehen die Geschlechtsgänge, Oviduct und Vas deferens, nach oben, ein gutes Stück höher als der After in der Kloake ausmündend. Diese Stelle ist auch am konservierten Tier noch an der roten Farbe kenntlich.

Die **Geschlechtsorgane** sind an den Präparaten der jungen Tiere noch nicht zu sehen, an den großen Präparaten findet sich das **Ovar** in der Schlinge zwischen Magen und Enddarm, während die **Hodenschläuche** dem Magen aufliegen.

Das Herz ist zwischen Magen und Endostyl als gekrümmter Schlauch ausgespannt. Beim lebenden Tier erfolgen seine Kontraktionen, wie bei den anderen Tunicaten auch, in wechselnder Richtung. Deutlicher sichtbar ist das Ganglion zwischen Ingestions- und Egestionsöffnung; es liegt der voluminösen Drüsenmasse, der „Hypophysis", dicht auf.

II. Salpen.
A. Allgemeine Übersicht.

Die pelagisch im Meere lebenden Salpen haben eine Körpergestalt, die am besten mit einem dickwandigen Fasse verglichen wird, dessen Böden von weiten Öffnungen durchbrochen sind. Die vordere Öffnung ist die Ingestionsöffnung, die hintere, in deren Nähe die Eingeweide zu einem Knäuel, dem Nucleus, vereinigt liegen, die Egestionsöffnung. Der Wasserstrom geht von vorn nach hinten, so daß die Tiere durch Rückstoß mit der Ingestionsöffnung voranschwimmen.

Die Körperwand der Salpen besteht aus dem cellulosereichen Mantel und dem darunter liegenden Hautmuskelschlauch. Die Muskeln sind quergestreifte Ringmuskeln und umgeben den Körper reifenartig als geschlossene oder als nicht geschlossene Ringe.

Der Körperhohlraum entspricht Kiemendarm + Peribranchialraum der Ascidien. Die Wandung des Kiemendarmes ist rückgebildet und zu einem schmalen Balken geworden, der von oben-vorn nach unten-hinten zieht. An diesem Kiemenbalken sitzen, in queren Leisten angeordnet, sehr starke Flimmerhaare.

Von dem dorsalen Ende der Kiemen gehen zwei seitliche Flimmerbögen aus, die das vordere Ende der Körperhöhle ringförmig umfassen.

Das Nervensystem ist ein unpaarer Ganglienknoten in der Mittellinie der Rückenfläche, von der Ingestionsöffnung etwa ein Drittel der Körperlänge entfernt. Von diesem Ganglion (Gehirn) strahlen Nerven nach allen Richtungen aus, innen am Mantel entlang ziehend.

Mit dem Gehirn in Zusammenhang stehend und aus ihm hervorgegangen ist der Ocellus, welcher besonderer lichtbrechender Teile entbehrt. Weiter nach vorn liegt eine tiefe, als Geruchsorgan gedeutete Grube, innen mit Flimmerhaaren ausgekleidet und mit dem Gehirn durch einen Nerven in Verbindung stehend.

Auf der Ventralseite liegt unter einer Furche, der Bauchfurche, der Endostyl, vorn mit den seitlichen Flimmerbögen in Zusammenhang, hinten blind endigend.

Der Darmkanal verläuft bei einigen gestreckt in der ventralen Mittellinie, bei den meisten ist er mit den übrigen Eingeweiden zu einem Knäuel, dem Nucleus, zusammengeballt. Der Darmkanal beginnt mit einer trichterförmigen Öffnung, die in einen kurzen Oesophagus führt. Dann folgt der weite Magen und ein einfacher Enddarm.

Das Herz ist ein kurzer, weiter Zylinder, am oberen Rande des Eingeweideknäuels gelegen und nach dem Endostyl zu ziehend. Es wird umgeben vom Herzbeutel. Weitere Gefäße fehlen oder es bildet sich ein netzförmig verzweigtes Lakunensystem aus. Der Kreislauf des Blutes wechselt, indem sich das Herz bald nach der einen, bald nach der anderen Richtung hin zusammenzieht.

Die **Geschlechtsorgane** finden sich nur bei einer besonderen Generation, den **Kettensalpen**, welche in vielen Individuen hintereinander zu einer Kette vereinigt leben. Die andere Generation, die aus **Einzeltieren** besteht, hat keine Geschlechtsorgane und erzeugt auf ungeschlechtlichem Wege am hinteren Ende einen **Knospenzapfen** (**Stolo prolifer**), aus dem nacheinander mehrere Ketten entstehen. Jede Person der Kette produziert nur ein Ei; in der Nähe des Darmkanales bildet sich später der keulenförmige Hode. Das befruchtete Ei wächst zum geschlechtslosen Einzeltier heran. Entdeckt wurde dieser merkwürdige Generationswechsel vom Dichter A. VON CHAMISSO (1819).

B. Spezieller Kursus.

1. *Salpa africana* (FORSK.).

In Alkohol konservierte Exemplare der Einzelpersonen werden in kleinen Standgläsern zur Demonstration verteilt. Die vorzüglich konservierten Präparate, wie sie z. B. die Neapler Station liefert, gestatten einen guten Einblick in die gesamte Organisation. Am besten werden

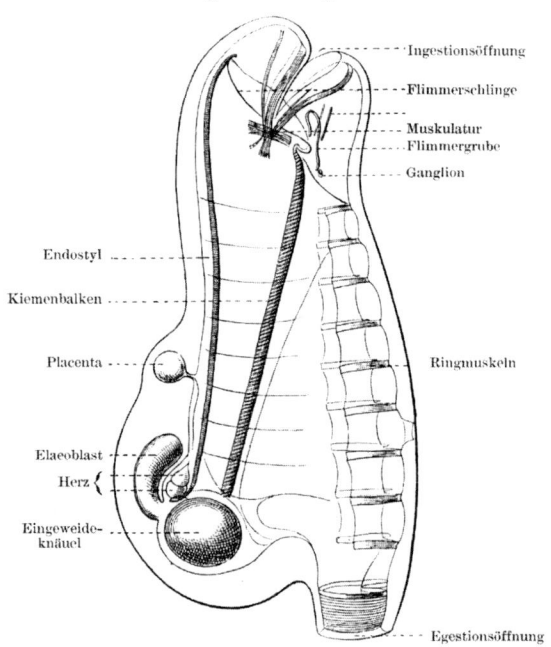

Fig. 140. *Salpa africana*, von der Seite gesehen. Orig.

die Präparate gegen das Licht gehalten. Zunächst betrachte man das Präparat von einer Seite. Man orientiere sich über **Ingestions- und Egestionsöffnung**; erstere ist mit einer ventralen Klappe versehen. Die **Ringmuskeln**, neun an der Zahl, umfassen nur die dorsale Körperhälfte. Im Innern sieht man deutlich den schräg durch den Körper ziehenden Kiemenbalken und auf der Bauchseite nicht minder deutlich die Bauchfurche mit dem Endostyl. Der Eingeweideknäuel ist ein kompaktes, rundliches Gebilde am hinteren Körperende, von dem aus ein hornförmig gebogener Blindsack nach oben abgeht, der sog. Elaeoblast (wahrscheinlich ein Depot von Nahrungsstoffen). Nach innen davon liegt das zarte Herz.

Oberhalb des Nucleus auf der Ventralseite liegt ein rundliches, kompaktes Gebilde, auf einem dünnen Stiel sitzend; dieses ist die sog. „Placenta", der Rest eines ernährenden Organes, welches die Mutter (Kettensalpe) mit dem aus dem Ei entstehenden Embryo verbunden hat.

Schwieriger läßt sich an diesen Präparaten das Ganglion mit dem kleinen Ocellus sowie die Flimmergrube sehen, die besser an mikroskopischen Präparaten demonstriert werden. Die geschlechtliche Kettenform dieser Salpe ist als *Salpa maxima* beschrieben.

2. *Salpa democratica-mucronata* (FORSK.).

Eine im Mittelmeer ungemein häufige Salpe ist die *Salpa demo-*

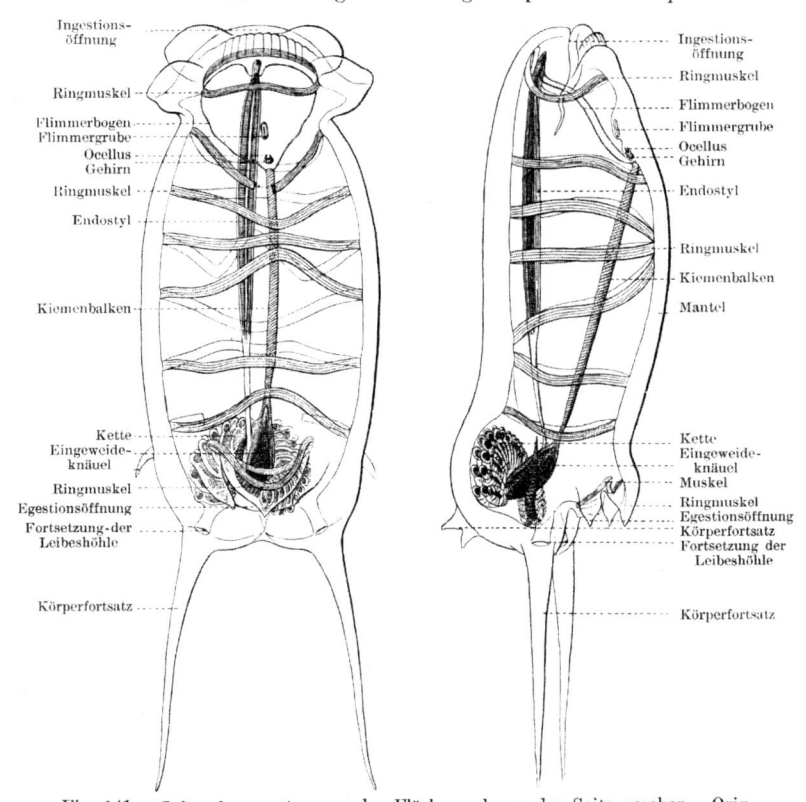

Fig. 141. *Salpa democratica*, von der Fläche und von der Seite gesehen. Orig.

cratica, deren geschlechtliches Kettentier als *Salpa mucronata* bezeichnet worden ist. (Daher der Doppelname der Form.)

228   14. Kursus: Tunicata, Manteltiere.

Die geschlechtslosen Einzeltiere werden entweder im Uhrschälchen zur Untersuchung unter der Lupe gegeben oder besser als gefärbte mikroskopische Präparate, die zunächst bei schwächster Vergrößerung betrachtet werden.

An der äußeren Körperform fällt auf, daß das Hinterende in drei Zipfel ausgezogen erscheint, einen mittleren, in welchen der Eingeweideknäuel hineinragt und zwei lange seitliche, in welche sich die Leibeshöhle schornsteinartig fortsetzt.

Die Orientierung ist sehr leicht. Der vom Eingeweideknäuel schräg aufwärts steigende Strang ist der Kiemenbalken, von dessen oberem Ende die zwei Flimmerbögen abgehen, welche den Eingang zur Körperhöhle umfassen. Der Endostyl entspringt von dem ventral gelegenen Punkte, wo sich die beiden Flimmerbögen wieder vereinigen,

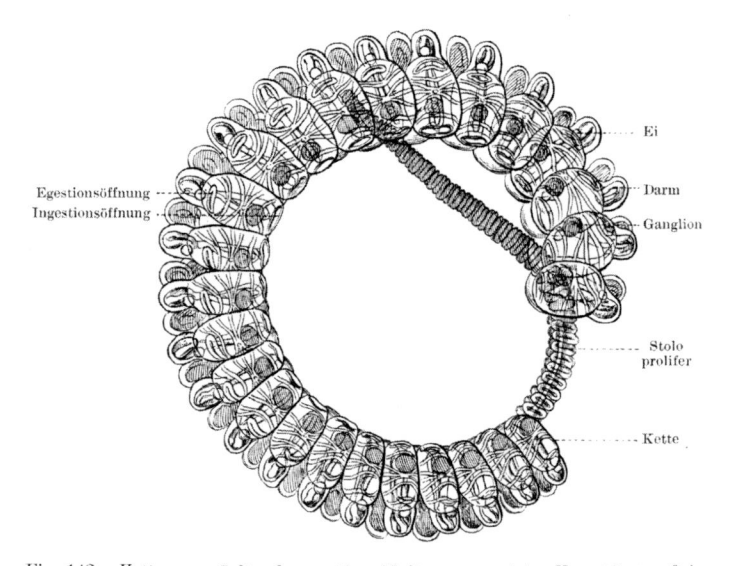

Fig. 142. Kette von *Salpa democratica (Salpa mucronata)*. Vergrößert. Orig.

ist vorn ziemlich breit und zieht in der ventralen Medianlinie etwa bis zur Mitte der Körperlänge. Zwischen der Gabel, welche die Flimmerbögen bei ihrem Abgang von der Kieme bilden, liegt das Gehirn und dicht darüber der Ocellus mit seinem hufeisenförmigen Pigmentbecher, in dessen Innerem sich bei starker Vergrößerung die Sehzellen wahrnehmen lassen. Außerdem kommen im Ganglion pigmentlose, durch Licht reizbare Zellen vor. Ein gutes Stück weiter nach vorn liegt die Flimmergrube und dicht neben dieser ein Tentakel.

Die Ringmuskulatur zeigt bei starker Vergrößerung sehr schön die Querstreifung und regelmäßig angeordnete Zellkerne.

Fast alle größeren Individuen besitzen nun um den Nucleus herum eine eigentümliche Spirale, die wir erkennen als zusammengesetzt aus einer Doppelreihe miteinander verbundener kleiner Salpen, die nach

14. Kursus: Tunicata, Manteltiere. 229

innen zu immer kleiner werden. Wir haben hier eine „Salpenkette" vor uns und lernen dabei, daß diese Kette in dem Einzeltier, wie wir gleich sehen werden, auf dem Wege der Knospung, also ungeschlechtlich, entsteht. Die Kette (Fig. 142) entsteht am Stolo prolifer, einer bei Embryonen bereits auftretenden, hakenförmigen Erhebung dicht hinter dem Endostylende an der linken Seite, die in spiraliger Krümmung in den Cellulosemantel des Einzeltieres hineinwächst, eine Ausbuchtung vor sich hertreibend. An seinem Ende entstehen wulstförmige Verdickungen, aus denen die Tiere der Kette hervorgehen, derart, daß die entwickeltsten sich am freien Ende befinden und immer weiter geschoben werden (ähnlich der Gliederbildung beim Bandwurm). Durch eine Öffnung des Mantels wird dann ein Teil der Kette abgestoßen, worauf die Neubildung wieder beginnt.

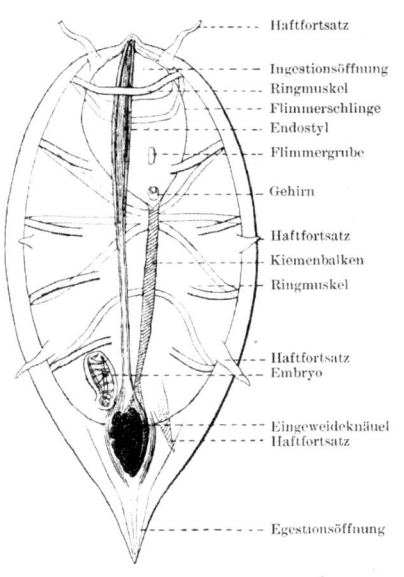

Fig. 143. *Salpa mucronata*. Orig.

Es werden mikroskopische Präparate von einzelnen Tieren der Kettenform gegeben (Fig. 143).

Neben vielen Ähnlichkeiten mit den Einzeltieren weisen die Tiere der Kettenform doch auch Verschiedenheiten im Bau auf, von denen wir hier nur die Existenz dreier Ocellen über dem Gehirn und das Vorhandensein eines ziemlichen ansehnlichen Eies neben dem Nucleus erwähnen wollen. Ferner sind auch die ektodermalen Haftforsätze aufzusuchen, mittels deren die Tiere zusammenhängen.

Systematischer Überblick

für den fünfzehnten bis zwanzigsten Kursus.

IX. Stamm.

Vertebrata, Wirbetiere.

Im Gegensatz zu den Wirbellosen haben die Wirbeltiere ein inneres oder Achsenskelett, das nur bei den niedersten Formen ungegliedert (Chorda dorsalis), bei allen anderen gegliedert ist. Es sind bilateral-symmetrische Tiere mit innerer, vom Mesoderm ausgehender Metamerie, die äußerlich fehlt. Der Körper zerfällt in drei Abschnitte, Kopf, Rumpf und Schwanz, zu denen bei den höheren noch ein vorderer Abschnitt des Rumpfes, der Hals, kommt.

Das Nervensystem liegt dorsal über dem Achsenskelett und wird als „Rückenmark" (im Gegensatz zum „Bauchmark" der Würmer und Arthropoden), sein vorderster Teil als „Gehirn" bezeichnet. Das Darmrohr mit ventralem Mund und After liegt ventral vom Achsenskelett, also auf der Bauchseite. Der vordere Teil des Darmes gibt den Atmungsorganen den Ursprung (bei den im Wasser lebenden Vertebraten: Kiemen, bei den landlebenden: Lungen).

An Gliedmaßen finden sich ein Paar vordere und ein Paar hintere. Bei den niedersten fehlen sie noch, bei einzelnen höheren Formen können sie wieder verloren gehen (z. B. Schlangen).

Das Blutgefäßsystem ist im Gegensatz zu dem vieler Wirbellosen stets geschlossen. Das Herz liegt vorn, ventral vom Darmkanal. Eine geräumige Leibeshöhle umgibt die Eingeweide. Bei allen höheren Formen sind ein Paar Nieren und ein Paar Keimdrüsen vorhanden, die neben oder im Enddarm ausmünden. Fortpflanzung nur geschlechtlich.

Die Haut der Wirbeltiere besteht aus zwei Schichten, der ektodermalen Oberhaut (Epidermis) und der mesodermalen Lederhaut (Corium). Die Epidermis ist ein mehrschichtiges, nur bei Amphioxus einschichtiges Epithel, dessen oberste Schicht beim Menschen kann (Stratum corneum). Die untere, weiche Schicht, das Rete Malpighii, liefert durch fortgesetzte Teilung sämtliche Epidermiszellen. Die Lederhaut besteht aus bindegewebigen Strängen und kann verknöchern (Hautskelett).

Die innere Metamerie des Wirbeltierkörpers kommt dadurch zustande, daß von beiden Seiten des Urdarms sich seitliche Divertikel abschnüren, die Coelomtaschen. Ihr Hohlraum ist die Leibeshöhle (Coelom), ihre Wandung ist das Mesoderm. Diese mesodermalen, aufeinander folgenden, gleichwertigen Abschnitte heißen Somiten. Jeder Somit sondert sich wieder in einen dorsalen Teil, aus dem die Muskulatur hervorgeht, das Myotom, und einen ventralen Teil, an dessen Wandung die Geschlechtszellen entstehen. Nach innen von den Myotomen bilden sich die mesodermalen Sklerotome aus, in metamer angeordneten Paaren, welche sich vereinigen und ringförmig die Chorda dorsalis und das darüber liegende Rückenmark umhüllen.

In ihnen entstehen paarige Wirbelspangen, und zwar dorsale und ventrale Bogen, die Neurapophysen und die Hämapophysen. Ursprünglich sind in jedem Metamer 2 Paar Neurapophysen angelegt, von denen das hintere Paar klein bleibt und zu den Intercalaria wird. Dorsale und ventrale Bogen werden vereinigt durch die Bildung der Wirbelkörper, welche die Chorda allmählich verdrängen. Die Wirbelkörper sind entweder amphicoel, wenn ihre Vorder- und Hinterfläche ausgehöhlt ist, oder procoel, wenn nur die Vorderfläche zu einer Gelenkgrube ausgehöhlt ist, in welcher die hintere abgerundete Fläche des vorausgehenden Wirbels eingelenkt ist, oder opisthocoel, wenn umgekehrt die Hinterfläche zur Gelenkgrube wird. Auch können die Wirbel durch Sattelgelenke (Vögel) oder Ligamenta intervertebralia (Säugetiere) miteinander gelenkig verbunden sein.

Die Neurapophysen umschließen, sich oben vereinigend, das Rückenmark; auf ihnen sitzen die oberen Dornfortsätze (Processus spinosi); die Hämapophysen sind dagegen weiter auseinander gespreizt, können sich aber im hinteren Körperabschnitt zur Bildung eines Caudalkanals vereinigen, dem untere Dornfortsätze aufsitzen. In der Rumpfregion kommt es zur Bildung von Rippen, entweder durch Abgliederung von den Hämapophysen (Hämalrippen der Teleostier, Ganoiden) oder durch Verknöcherung transversaler Bindegewebssepten (Lateralrippen der Selachier, Amphibien und Amnioten). Die Wirbelsäule ist ursprünglich knorpelig, und verknöchert bei den höheren Formen.

Die Bildung der Somiten findet auch in dem Teile des Körpers statt, welcher später zum Kopfe wird. Auch diese Kopfsomiten zerfallen in einen dorsalen und einen ventralen Teil. Aus der inneren Platte des ersteren entsteht u. a. der Schädel, während der ventrale Teil größtenteils zur Bildung der Schlundbögen verwendet wird. Auch der Schädel durchläuft wie die Wirbelsäule drei Stadien, ein häutiges, dann knorpeliges (Primordialcranium), zuletzt knöchernes (Cranium). Das Primordialcranium ist eine Knorpelkapsel, die zu den drei höheren Sinnesorganen, Geruchsorgan, Auge und Gehörorgan, in Beziehung tritt. Der knöcherne Schädel bildet sich dadurch aus, daß in dem Knorpel des Primordialschädels Knochenteile entstehen: die primären Schädelknochen, und daß zweitens sekundäre Schädelknochen oder Deckknochen hinzutreten, welche in der Haut entstehen und erst sekundär zu den primären Schädelknochen in Beziehung treten.

Primäre Knochen der Schädelkapsel sind:
1. die Hinterhauptbeine (Occipitalia), und zwar ein unpaares oberes (Supraoccipitale), welches sich später vielfach mit einem Deckknochen, dem Interparietale zur sog. Hinterhauptschuppe verbindet, zwei paarige seitliche (Exoccipitalia) und ein unteres (Basioccipitale);
2. die Keilbeine (Sphenoidea), an der Schädelbasis ein Basisphenoid, ein davor liegendes Praesphenoid und zu deren Seiten die paarigen Alisphenoide und Orbitosphenoide;
3. die fünf Ohrknochen (Otica);
4. die Siebbeine (Ethmoidea).

Sekundäre Knochen der Schädelkapsel sind:
1. die Schädeldachknochen: ein Paar Scheitelbeine (Parietalia), ein Paar Stirnbeine (Frontalia) und ein Paar Nasenbeine (Nasalia);
2. die Schläfenbeinknochen, und zwar Schuppenbein, Augenringknochen und Tränenbein;
3. das Parasphenoid, an der Schädelbasis der Fische und Amphibien.

Zu dem aus dem dorsalen Teile der Kopfsomiten gebildeten Schädel tritt ferner das aus deren ventralem Teile gebildete Visceralskelett der Schlundbogen, ursprünglich mindestens neun an der Zahl, welche den vordersten Teil des Darmes umfassen. Lassen wir die beiden vordersten unbedeutenden Paare der Lippenbogen beiseite, so ist das erste Paar der Kieferbogen. Dieser besteht jederseits aus einem oberen Stück, dem Palatoquadratum, und einem unteren, diesem eingelenkten, dem Mandibulare. Das zweite Paar ist der Zungenbeinbogen. Er zerfällt jederseits in zwei Stücke, das Hyomandibulare dorsal und das Hyoid ventral, und beide Bogenhälften werden durch ein unpaares Verbindungsstück, Basihyale, miteinander verbunden. Die übrigen Visceralbogen tragen die Kiemen; meist gehen die beiden letzten zugrunde, so daß nur fünf Bogen übrig bleiben.

Mit der Verknöcherung des Visceralskeletts treten jederseits folgende Deckknochen auf. Vor dem Kieferbogen die zahntragenden Zwischenkiefer (Praemaxillare) und Oberkiefer (Maxillare). Auf dem Kieferbogen, und zwar auf dem vorderen Teile des Palatoquadratums, der Palatinspange: Vomer, Palatinum und Pterygoid, zu denen noch das Jugale, das Squamosum und das Tympanicum kommen. Der hintere Teil des Palatoquadratums verknöchert als Quadratum. Das Mandibulare lenkt sich, im oberen Teile als Articulare verknöchernd, ein, und es treten noch eine Anzahl von Deckknochen zur Bildung des Unterkiefers hinzu.

Die Extremitäten sind mit dem Körper durch besondere Bogen verbunden. Die Vorderextremitäten (Brustflossen der Fische, Vorderbeine der Amphibien, Reptilien und Säugetiere, Flügel der Vögel) sind in den Schultergürtel eingelenkt. Der dorsal von der Einlenkungsstelle gelegene Teil des Schultergürtels ist das Schulterblatt (Scapula), der ventrale Teil spaltet sich in einem vorderen und einen hinteren Ast: Praecoracoid (mit einem späteren Deckknochen, Clavicula) und Coracoid. Die Coracoide beider Seiten treten an das unpaare ventrale Brustbein, Sternum, heran, ein Derivat der Rippen, während die Clavicula mit einem kranial vom Sternum liegenden Deckknochen, dem Episternum, in Verbindung tritt. Die Hinterextremitäten (Bauchflossen der Fische, Hinterbeine der Amphibien, Reptilien und Säugetiere, Beine der Vögel) sind durch den Beckengürtel mit dem Körper verbunden. Bei den landlebenden Wirbeltieren tritt der Beckengürtel mit einem oder mehreren Wirbeln, Sacralwirbeln, in Verbindung. Wie der Schultergürtel, so differenziert sich auch der Bogen des Beckengürtels in drei Stücke, das dorsale Darmbein (Ileum) und die ventralen: Schambein (Os pubis) und Sitzbein (Os ischii). Es entspricht also die Scapula dem Ileum, das Praecoracoid dem Os pubis und das Coracoid dem Os ischii.

Die Extremitäten bestehen bei den Fischen aus vielen strahlenförmig auslaufenden Reihen einzelner Skeletteile; bei allen anderen Wirbeltieren ist nur ein Hauptstrahl vorhanden, der an dem Ende mit wenigen Nebenstrahlen versehen ist.

Die Vorderextremität ist zusammengesetzt aus Oberarm (Humerus), den beiden Unterarmknochen, Radius und Ulna, hierauf einer Anzahl kleiner Knochen, der Handwurzel (Carpus) und den darauf aufsitzenden fünf Fingerstrahlen, die aus dem Metacarpus und den Phalangen bestehen.

Dementsprechend sehen wir an der Hinterextremität Oberschenkel (Femur), die beiden Unterschenkelknochen, Tibia und Fibula, die Fußwurzelknochen (Tarsus) und die mit den Metatarsalia beginnenden Zehenstrahlen.

Außer diesen paarigen Extremitäten existiert bei den niedersten Formen in den Körper in der Sagittalebene umgebender Hautsaum, der meist in drei Stücke zerfällt: Rückenflosse, Schwanzflosse und Afterflosse, die als unpaare Extremitäten bezeichnet werden.

Die Muskulatur entsteht größtenteils aus den Myotomen, jenen dorsalen Abschnitten der Somiten, und erfährt durch Verlagerungen und Differenzierungen, besonders indem sie zu den Gliedmaßen in Beziehung tritt, tiefgreifende Umbildungen. Im Gegensatz zu dem Hautmuskelschlauch bei Wirbellosen setzt sich die Wirbeltiermuskulatur an das innere Skelett an.

Das Zentralnervensystem liegt dorsal vom Achsenskelett, bei allen eine gegliederte Wirbelsäule besitzenden Formen eingeschlossen in dem von den oberen Wirbelknochen gebildeten Neuralkanal. Es enthält im Innern einen Kanal, den Zentralkanal, der dadurch entstanden ist, daß das Nervensystem sich aus dem dorsalen Ektoderm als eine längsverlaufende Rinne (Medullarrinne) bildet, die sich zum Rohre schließt. Die Höhlung der Rinne wird zum Zentralkanal. Um den Zentralkanal lagert sich die ganglienzellenreiche graue Substanz in Form eines liegenden Kreuzes (im Querschnitt); dazwischen liegt die Nervenfasern bestehende weiße Substanz. Aus dem Rückenmark treten zu jedem Muskelsegment ein Paar Nerven (Spinalnerven) mit dorsaler (sensibler) und ventraler (motorischer) Wurzel. Jede dorsale Wurzel kommt von einem Spinalganglion her. Der vordere Abschnitt des Zentralnervensystems, das Gehirn, ist, wie die Entwicklung zeigt, aus erst drei, dann fünf Hirnblasen entstanden, Ausbuchtungen des vorderen Abschnittes des Medullarrohres. Diese fünf Hirnblasen liefern 1. das Vorderhirn (Großhirnhemisphären), 2. das Zwischenhirn (Sehhügelregion), 3. das Mittelhirn (Vierhügelregion), 4. das Hinterhirn (Kleinhirn), 5. das Nachhirn (verlängertes Mark). Der Zentralkanal des Rückenmarkes setzt sich im Gehirn fort in die Ventrikel, von denen zwei paarige in den beiden Großhirnhemisphären, der dritte zwischen den Sehhügeln und der vierte, die „Rautengrube", im Hinterhirn und Nachhirn liegen. Das Lumen des dritten Hirnbläschens ist zu einem engen Verbindungskanal, dem Aquaeductus Sylvii, geworden. An den Großhirnhemisphären sondert sich je ein vorderer Teil als Riechlappen (Lobus olfactorius) ab, in den der Riechnerv vom Geruchsorgan eintritt. Am Zwischenhirn findet sich dorsal die Epiphyse, in deren Nähe sich bei manchen Wirbeltieren das unpaare dorsale Parietalorgan, von augenähnlicher Struktur, entwickelt. Ventral liegt die Hypophyse. Ferner gehen vom Zwischenhirn auf der ventralen Seite die sich kreuzenden, wie die Riechnerven als Hirnteile aufzufassenden Augennerven (N. optici) ab.

Die vom Gehirn entspringenden zwölf Kopfnerven sind, von vorn gerechnet, folgende: 1. N. olfactorius, 2. opticus, 3. oculomotorius, 4. trochlearis, 5. trigeminus, 6. abducens, 7. facialis, 8. acusticus, 9. glossopharyngeus, 10. vagus, 11. accessorius, 12. hypoglossus. Die drei bindegewebigen Hüllen, welche Gehirn wie Rückenmark umgeben, sind von außen nach innen: Dura mater,

Arachnoidea und Pia mater. Unter der Wirbelsäule liegen zwei mit Gehirn und Rückenmark in Verbindung stehende Nervenstränge, die mit ihren Ästen und Ganglien als sympathisches Nervensystem bezeichnet werden, welches die Eingeweide innerviert.

Die Sinnesorgane der Wirbeltiere sind niedere und höhere. Zu den niederen gehören die Organe des Hautsinnes, welche Druck-, Tast- und Temperaturreize übermitteln, sowie die Organe eines chemischen Sinnes. Solche zur chemischen Prüfung der Zusammensetzung des umgebenden Mediums dienenden Sinnesorgane finden sich in der Haut als Sinnesknospen, zweitens als die ähnlich gebauten, auf die Schleimhaut der Mundhöhle, insbesondere der Zunge beschränkten Geschmacksorgane, und drittens als die Geruchsorgane. Ob das Geruchsorgan durch Zusammentreten von Nervenendknospen entsteht, ist noch nicht ausgemacht. Mit Ausnahme der niedersten haben alle Wirbeltiere eine paarige Nase, die bei den landlebenden in den Dienst der Atmung tritt, indem sich jederseits eine Verbindung mit der Mundhöhle bildet: der Nasenrachengang. Höhere Sinnesorgane sind die des Gehörs und Gesichts. Die Augen der Wirbeltiere entstehen als seitliche Ausstülpungen des späteren Zwischenhirns, deren Vorderwand sich wiederum becherförmig einstülpt. Die Innenwand des Bechers ist die Netzhaut, Retina, die Außenwand das pigmentreiche Tapetum nigrum. In der Höhlung des Bechers liegt der dioptrische Apparat: die aus dem Körperepithel abgeschnürte Linse und dahinter der Glaskörper, der bei den höheren Wirbeltieren aus einwanderndem, mesodermalem Bindegewebe entsteht, ursprünglich aber als eine Ausscheidung der Retinazellen sich ausbildet. Zwei weitere Schichten umhüllen das Auge, die Aderhaut (Chorioidea), außen zur Iris werdend, und als äußerer Schutz die derbe Sclera, außen zur durchsichtigen Hornhaut (Cornea) umgebildet. Das Gehörorgan der Wirbeltiere, von dessen ursprünglicher Anlage ein Teil als statisches Organ abgesondert wird, bildet sich als Einstülpung der Haut, die zu einem geschlossenen Bläschen wird. Aus diesem Bläschen entsteht zuerst bei den Fischen das häutige Labyrinth, indem es sich in zwei Abschnitte einschnürt: Utriculus und Sacculus, ersterer mit drei halbkreisförmigen Kanälen, in den drei Richtungen des Raumes stehend, letzterer bei den höheren Formen mit einem spiraligen, sich einrollenden Blindsack, der Schnecke. Die umgebenden Kopfknochen bilden das knöcherne Labyrinth. Bei den höheren Wirbeltieren, von den Amphibien an, kommen schalleitende Apparate hinzu: das mit dem Rachen in Verbindung stehende Mittelohr, das umgewandelte Rudiment der ersten Kiemenspalte (Spritzloch der Haie), nach außen durch das Trommelfell geschlossen. Das Trommelfell überträgt die Schwingungen der Luft auf einen Knochen (Columella), der aus dem oberen Teil des zweiten Visceralbogens, dem Hyomandibulare, entsteht und durch eine Öffnung des knöchernen Labyrinths an das häutige Labyrinth führt. Bei den Säugetieren schieben sich noch zwei weitere Skeletteile, Amboß und Hammer, als Gehörknöchelchen ein, ersterer aus dem Quadratum, letzterer aus dem Articulare gebildet.

Wir kommen nunmehr zu den Eingeweiden, die ventral von der Wirbelsäule in der Leibeshöhle am Gekröse (Mesenterium) befestigt sind. Der Darmtractus beginnt mit der ektodermalen Mundhöhle, auf diese folgt die bereits entodermale Rachenhöhle (Pharynx), dann der engere Oesophagus, der zum Magen führt, hierauf das Darmrohr, welches im ventral liegenden After ausmündet. Drüsige Organe am Darme sind die Leber, meist mit Gallenblase, kurz hinter dem Magen in den Darm mündend, und das nicht immer vorhandene Pankreas. Außerdem finden sich in die Mundhöhle mündende Speicheldrüsen, sowie gelegentlich Drüsen am Enddarm.

In der Mundhöhle finden sich die Zähne. Die Zähne sind Integumentgebilde. Von den Zellen einer Cutispapille aus erfolgt die Bildung der festen Zahnsubstanz, des Dentins, während die darüber gelagerte Epidermis den Schmelz absondert. Der blutgefäß- und nervenreiche Rest der Cutispapille im Zahn dient zu dessen Ernährung und heißt Pulpa. Ursprünglich über die ganze Körperoberfläche verbreitet (Selachier), lokalisieren sich später die Zähne in der Mundhöhle und bilden sich an einer eingesenkten Epithelleiste, der Zahnleiste, nacheinander aus. Dadurch entstehen als Dentitionen bezeichnete zeitlich nach einander auftretende Zahnserien. Mit der höheren Ausbildung der einzelnen Zähne nimmt die Zahl der im Laufe des individuellen Lebens aufeinander folgenden Dentitionen ab.

Die Atmungsorgane sind bei den im Wasser lebenden Wirbeltieren Kiemen, bei den auf dem Lande lebenden Lungen. Beide stehen mit dem Darm in Beziehung, und zwar wird Kiemen wie Lungen der vordere Teil des Darmes (Pharynx) zum Kiemendarm, indem ihn Spalten durchbrechen, die in kurzen Kanälen nach außen führen. Zwischen je zwei Kiemenspalten liegen die stützenden Kiemenbogen, die Kiemen selbst sind blutgefäßreiche Blättchen in der Wand der Kiemenspalten. Bei einigen Formen treten auch aus Hautausstülpungen entstandene äußere Kiemen auf. Die Lungen entstehen aus einer sackartigen Ausstülpung am unteren Ende des Pharynx, die sich meist in zwei Säcke, die Lungensäcke, teilt, deren beide Äste Bronchien heißen, während das unpaare, in den Pharynx mündende Rohr die Luftröhre (Trachea) ist. Bei den Fischen entspricht der Lunge morphologisch die Schwimmblase, die als hydrostatischer Apparat fungiert.

Das Blutgefäßsystem ist vollkommen geschlossen. Vom ventralen Herzen aus geht bei den niedersten Wirbeltieren das venöse (d. h. sauerstoffarme) Blut in die nach vorn führende Kiemenarterie, die sich in eine Anzahl (ursprünglich sechs) nach rechts und links zu den Kiemen führender Äste (zuführende Arterienbogen) abspaltet. In den Kiemen lösen sich die Bogen in Kapillaren auf, das Blut wird durch Abgabe von Kohlensäure und Aufnahme frischen Sauerstoffs gereinigt und sammelt sich in den abführenden Kiemenvenen an, die sich von den beiden Seiten her zur Aorta descendens vereinigen. Von dem vordersten abführenden Arterienbogen gehen die den Kopf versorgenden Carotiden ab. Die Aorta führt das nunmehr arterielle (d. h. sauerstoffreiche) Blut nach hinten und verteilt es an die verschiedenen Organe, von wo es durch die wieder zum Herzen führenden Venen aufgenommen wird. Das Auftreten der Lungenatmung hat große Veränderungen des Blutkreislaufes im Gefolge. Durch Schwund der Kiemen fällt auch der Kiemenkreislauf weg, indem direkte Verbindungen zwischen den ursprünglich zuführenden und ableitenden Gefäßbogen in Funktion treten. Auch die Zahl der Bogen vermindert sich. Der erste wird zur Carotis, der zweite zum Aortenbogen, der dritte obliteriert, und der vierte und letzte wird zur Lungenarterie. Entweder bleiben beide Aortenbogen erhalten (Amphibien, Reptilien) oder nur der rechte (Vögel) oder linke (Säuger).

Der letzte Arterienbogen geht als Lungenarterie zur Lunge, von der die Lungenvene wieder das gereinigte Blut zurückführt. Es kommt dadurch zu einer Scheidung des ursprünglich aus einer Vorkammer und einer Kammer bestehenden Herzens, indem erst die Vorkammer, dann auch die Herzkammer durch Septen in eine rechte und eine linke Hälfte geteilt werden. Die rechte Hälfte bleibt venös, indem in die rechte Vorkammer die Körpervenen eintreten, während die rechte Herzkammer das venöse Blut durch die Lungenarterie der Lunge zuführt. Die linke Hälfte des Herzens ist arteriell, denn in die linke Vorkammer treten die mit arteriellem Blut gefüllten Lungenvenen; aus der linken Herzkammer geht die große Aorta hervor. Diese Trennung des Herzens in eine rechte venöse und linke arterielle Hälfte erfolgt bei den Wirbeltierklassen graduell.

Die Lymphgefäße sammeln die Gewebsflüssigkeit aus dem Körper, leiten sie den Venen zu und führen andererseits die vom Darme gelösten Stoffe (Chylus) in den Blutstrom über. Auch ergänzen sie den Vorrat an Leukocyten in der Blutbahn.

Die Exkretionsorgane sind die Nieren. Entwicklungsgeschichtlich sind drei Generationen von Nieren zu unterscheiden: 1. Vorniere, 2. Urniere, 3. bleibende Niere.

Die Vorniere bildet segmentale, mit Flimmertrichtern beginnende Kanälchen, die in den Vornierengang einmünden. Sie schwinden in der Entwicklung bald und machen der zweiten Nierengeneration, der Urniere, Platz; nur der Vornierengang bleibt als Urnierengang bestehen. Er teilt sich (mit Ausnahme bei den Knochenfischen) in zwei Gänge: den WOLFFschen Gang und den MÜLLERschen Gang. Beim männlichen Geschlecht tritt der vordere Teil der Urniere in Beziehung zum Hoden, indem von ihr auch die Geschlechtsprodukte ausgeführt werden, so daß also der WOLFFsche Gang als Harnsamenleiter fungiert. Der MÜLLERsche Gang ist beim männlichen Geschlecht rudimentär.

Beim weiblichen Geschlecht dagegen tritt die Urniere in keine Beziehung zur Geschlechtsdrüse. Der WOLFFsche Gang fungiert ausschließlich als Harnleiter, der MÜLLERsche Gang dagegen wird zum Eileiter. Die dritte Generation, die bleibende Niere, entwickelt sich bei den höheren Wirbeltieren (Reptilien, Vögel, Säugetiere) aus dem hinteren Abschnitt der Urniere und erhält einen aus dem hintersten Abschnitte des Urnierenganges hervorgehenden Ausführgang, den Harnleiter, Ureter, während der WOLFFsche Gang beim Männchen ausschließlich zum Samenleiter (Vas deferens), beim Weibchen rudimentär wird. Der vordere Teil der Urniere verwandelt sich in das sog. Nebenhoden, beim weiblichen Geschlecht in das Epovarium, ein rudimentäres Organ am Eierstock. Der WOLFFsche Gang wird also beim Weibchen, der MÜLLERsche Gang beim Männchen rudimentär.

Die beiden Eierstöcke liegen in der Leibeshöhle, die reifen Eier fallen in diese hinein und werden entweder durch einen Porus abdominalis direkt oder von den trichterförmigen, bewimperten Öffnungen der MÜLLERschen Gänge und durch diese nach außen geführt. Die beiden Hoden liegen ebenfalls in der Leibeshöhle, ihre Produkte gelangen durch die WOLFFschen Gänge nach außen. Die meisten Wirbeltiere bis herauf zu den niedersten Säugetieren sind eierlegend, andere gebären lebendige Junge, indem das Ei in den Leitungsorganen verbleibt und hier den Embryo entwickelt, oder es wird der Embryo von der Mutter ernährt durch eine abgesonderte Flüssigkeit, oder indem eine osmotische Blutverbindung (Placenta) zwischen Mutter und Embryo durch Eihülle und Eileiterwand gebildet wird.

Die Wirbeltiere werden eingeteilt in

1. **Acrania**
   1. Leptocardii.
2. **Craniota**
   A. **Anamnia**
   2. Cyclostoma.
   3. Pisces.
   4. Amphibia.
   B. **Amniota**
   5. Reptilia.
   6. Aves.
   7. Mammalia.

I. Klasse: Leptocardii.

Schädel und Wirbelsäule fehlen, ebenso die paarigen Extremitäten. Die Chorda dorsalis ist dauernd vorhanden. Der vordere Teil des Darmes ist Atmungsorgan: Kiemendarm; an seiner ventralen Mittellinie liegt die Hypobranchialrinne. Die zahlreichen Kiemenspalten öffnen sich nicht direkt nach außen, sondern in einen geräumigen, durch ektodermale Einstülpung von der ventralen Seite her entstandenen Raum, den Peribranchialraum, der die vom Urdarm stammende Leibeshöhle zum größten Teile verdrängt hat. In diesen Peribranchialraum münden von der Leibeshöhle her die Nephridien. Die Leber ist als ein rechts liegender seitlicher Blindsack ausgebildet. Die Geschlechtsprodukte entstehen in der Leibeshöhle in metamerer Anordnung.

Infolge teilweiser Rückbildung sind folgende Veränderungen eingetreten: Asymmetrie durch Verschiebung der rechten und linken Somitenhälften, Verlagerung des Afters, einseitige Ausbildung der Leber, Rückbildung der Sinnesorgane, Mangel eines Zentralherzens u. a. *Amphioxus.*

II. Klasse: Cyclostoma.

Eine Wirbelsäule fehlt, ebenso die paarigen Extremitäten. Die Chorda dorsalis ist dauernd vorhanden, es können zu ihr kleine, dorsale Knorpelspangen (Neuralbogen) hinzutreten. Der knorpelige Schädel ist ganz abweichend von dem der anderen Wirbeltiere gebaut. Kiefer fehlen, und die Mundöffnung ist zum Ansaugen kreisförmig eingerichtet. Die Nase ist unpaar und endigt entweder blind oder ist durch einen Gang mit dem Rachenraum verbunden. Die Kiemengänge sind zu eigentümlichen Taschen umgewandelt und meist 6—8 (bei einigen Arten bedeutend mehr) an der Zahl. Entweder öffnet sich jede Kiementasche in den Kiemendarm und nach außen, oder es münden die inneren oder die äußeren Öffnungen in einen Sammelgang. Ein Gehirn mit fünf Hirnblasen ist vorhanden; von den Sinnesorganen sind die Gehörorgane noch sehr niedrig organisiert und bestehen aus einem Hörbläschen mit einem oder zwei halbkreisförmigen Kanälen.

1. Ordnung: Myxinoides (Hyperotreta).

Nase mit einem den Gaumen durchbohrenden Gang. Entweder mit getrennten Kiemengängen (*Bdellostoma*), oder die ableitenden Kanäle in je einen gemeinsamen Gang mündend. Urniere mit getrennten segmentalen Urnierenkanälchen. *Myxine.*

2. Ordnung Petromyzontes (Hyperoartia).

Ohne innere Nasenöffnung. Chorda dorsalis mit Knorpelbogen. Gehirn und Sinnesorgane höher entwickelt. Die sieben Paar Kiemenbeutel münden außen getrennt ("Neunaugen"), ihre zuleitenden Kanäle sind aber innen durch je einen Kanal verbunden, der sich ventral in den Darm öffnet. Larvenform: *Ammocoetes*, die noch keinen Saugmund und noch unter der Haut verborgene Augen hat; aus ihr entwickelt sich im vierten Jahre das geschlechtsreife Tier: *Petromyzon*.

III. Klasse: Pisces, Fische.

Besitzen Wirbelsäule und Schädel mit Visceralskelett, ebenso paarige Gliedmaßen (Brust- und Bauchflossen). Atmung durch Kiemen, die entweder als bedeckte durch breite Hautbrücken voneinander getrennt sind oder als Kammkiemen ins Wasser ragen, durch eine verknöcherte Hautfalte, den Kiemendeckel, geschützt. Als hydrostatischer Apparat dient die Schwimmblase, die bei einigen in den Dienst der Atmung tritt. Das venöse Herz besteht stets aus Kammer und Vorkammer. Durch Verknöcherungen der Haut entstehen die Schuppen, und zwar Placoidschuppen: Knochenplatten mit aufgesetzten, aus Dentin gebildeten Zähnchen; Ganoidschuppen: rhombisch oder rund, mit einer dicken, perlmutterglänzenden Schicht (Ganoin) überzogen; Cycloidschuppen: kreisförmig, mit konzentrischen und radiären Streifen, wie die Ctenoidschuppen auch, deren Hinterende aber zackig abgestutzt ist. Die Nase ist paarig, die beiden Gruben enden blind, ohne in Beziehung zur Mundhöhle zu treten. Augen mit fast kugeliger Linse und eigentümlichem Einstellapparat am Glaskörper, der mit einem Muskel versehenen Campanula Halleri am Processus falciformis. Gehörorgan in Utriculus und Sacculus getrennt; ersterer mit drei Bogengängen, letzterer mit einer Aussackung: der Lagena. Besondere Hautsinnesorgane sind die Seitenorgane zur Wahrnehmung von Wasserströmungen.

1. Ordnung: Selachii.

Inneres Skelett nicht verknöchert; knorpeliges Primordialcranium ohne Deckknochen. Lateralrippen. Haut mit Placoidschuppen besetzt. Meist fünf Paar getrennte Kiemengänge, deren Schleimhautfalten die Kiemenblättchen bilden. Vor den Öffnungen derselben liegt bei vielen das Spritzloch, die rudimentäre erste Kiemenspalte, zwischen Kiefer- und Zungenbogen. Der Mund ist eine quere Spalte auf der Ventralseite, von einem Vorsprung des knorpeligen Schädels überdacht. Herzkammer mit einem vorderen muskulösen Herzabschnitt, dem Conus arteriosus; dagegen fehlt das angeschwollene untere Ende der vorn Herzen ausgehenden Arterie, der Bulbus arteriosus. Eine Schwimmblase fehlt. Der Darm hat eine Spiralklappe zur Vergrößerung seiner Oberfläche. Die Geschlechtsprodukte werden durch das Nierensystem nach außen geführt. Als Begattungsorgane fungieren Teile der Bauchflossen. Befruchtung und oft auch Entwicklung der Eier innerlich.

1. Unterordnung: **Squalidea**, Haie.

Langgestreckter Körper mit seitlichen Kiemenspalten. Kiefer mit zahlreichen Reihen von meist spitzen Zähnen. *Scyllium, Spinax*.

2. Unterordnung: **Rajidea**, Rochen.

Körper dorso-ventral abgeplattet. Kiemen und Nasenlöcher auf der ventralen Seite des Körpers. Zähne meist breite Mahlzähne. *Raja, Torpedo*.

3. Unterordnung: **Holocephala**.

Oberkiefer-Gaumenapparat mit dem Schädel unbeweglich verwachsen. Kiemenspalten unter seitlichem Deckel. Die Kiemen sind Kammkiemen. *Chimaera*.

2. Ordnung: **Ganoides**.

Inneres Skelett knorpelig oder verknöchert. Primordialschädel mit Deckknochen. Haut mit Ganoidschuppen oder mit Knochenplatten besetzt. Kammkiemen unter einem Kiemendeckel. Schwimmblase vorhanden. Herz mit Conus arteriosus. Darm mit Spiralklappe und Appendices pyloricae.

1. Unterordnung: **Chondrostei**, Knorpelganoiden.

Haifischähnlich durch heterocerke Schwanzflosse und ventrale Lage des Mundes unter vorragendem Rostrum. Im Knorpelschädel fehlen die Deckknochen der Oberkieferreihe.
a) Acipenseridae, Störe. Mit starker Hautpanzerung. *Acipenser.*
b) Spatulariidae, Löffelstöre. Mit nackter Haut und bezahntem Oberkiefer; langes Rostrum. *Spatularia.*

2. Unterordnung: **Euganoides**.

Ober- und Unterkiefer vorhanden. Rostrum fehlt. Ganoidschuppen.
a) Crossopterygii. Meist rhombische Ganoidschuppen. Kiemendeckel ohne Kiemenhautstrahlen. Brustflosse aus Hauptstrahl und fiederig ansitzenden Nebenstrahlen gebildet (Archipterygium). *Polypterus.*
b) Lepidostei. Kiemendeckel mit Kiemenstrahlen. *Lepidosteus.*
c) Amiacei. Echte Cycloidschuppen. Schädel wie bei den Teleostiern. Statt des rudimentär werdenden Conus arteriosus tritt der Bulbus arteriosus auf. *Amia.*

3. Ordnung: **Teleostei**, Knochenfische.

Stark verknöchertes Skelett. Primordialschädel fast ganz durch Deckknochen verdrängt. Amphicöle Wirbel. Hämalrippen. Haut mit dünnen Schuppen, seltener Knochentafeln besetzt. Echte Kammkiemen unter einem Kiemendeckel. Statt des Conus arteriosus tritt der Bulbus arteriosus auf. Darm ohne Spiralklappe, dafür häufig Appendices pyloricae. Schwimmblase ursprünglich stets vorhanden.

1. Unterordnung: **Physostomi**.

Schwimmblase mit Luftgang. Weiche Flossenstrahlen. Bauchflossen abdominal. Edelfische. *Leuciscus.*

2. Unterordnung: **Physoclisti**.

Schwimmblase ohne Luftgang.
a) Acanthopteri. Brustständige Bauchflossen. Flossenstrahlen zum Teil stachelig. *Perca.*
b) Anacanthini. Bauchflossen an der Kehle. Flossenstrahlen weich. *Gadus.*
c) Pharyngognathi. Die letzten rudimentären Kiemenbogen zu einem unpaaren Stück verwachsen. *Labrus.*

3. Unterordnung: **Plectognathi**.

Schwimmblase ohne Luftgang. Oberkiefer mit dem Schädel verwachsen. *Ostracion.*

4. Unterordnung: **Lophobranchii**.

Schwimmblase ohne Luftgang. Kieferapparat röhrenförmig. Knochenpanzer, büschelförmige Kiemen. *Hippocampus.*

4. Ordnung: **Dipneusta**.

Zeitweilig lungenatmend, aber von fischartiger Gestalt. Brustflossen ein- oder zweireihig gefiedert. Herz mit einer Kammer und zwei Vorkammern. Nasengruben durch Nasengänge mit der Mundhöhle verbunden. Schwimmblasen lungenartig umgebildet.

1. Unterordnung: **Monopneumones**.

Mit einem Lungensack. *Ceratodus.*

2. Unterordnung: **Dipneumones**.

Mit zwei Lungensäcken. *Lepidosiren, Protopterus.*

IV. Klasse: **Amphibia**, Lurche.

Kopf vom Rumpfe deutlich abgesetzt. Statt der paarigen Flossen treten fünfstrahlige Extremitäten auf, die bisweilen rückgebildet sein können. Im Schädel fehlen stets Basioccipitale und Supraoccipitale, die Gelenkverbindung mit der Wirbelsäule erfolgt durch die zwei Condyli occipitales der Exoccipitalia. Das Quadratum verschmilzt meist mit der Gehörkapsel und trägt den Unterkiefer. Dadurch verliert das Hyomandibulare seine ursprüngliche Aufgabe und soll zu dem Gehörknöchelchen, Columella, werden. Das Gehörorgan erhält einen schalleitenden Apparat, indem die zwischen Kiefer- und Zungenbogen gelegene ursprüngliche Kiemenöffnung (das Spritzloch der Selachier) sich zum Gehörgang ausbildet, dessen inneres Ende, die Tuba Eustachii, in den Rachen mündet, während das äußere durch ein Membran, das Trommelfell, verschlossen wird. Die Nasengruben sind durch Nasengänge (Choanen) mit der Mundhöhle verbunden. Atmung durch Kiemen oder Lungen, erstere entweder nur bei den Jugendstadien und dann durch Lungen ersetzt, oder beide dauernd nebeneinander. Die Atmung erfolgt durch Schlucken der Luft. Herz mit einer Herzkammer und zwei Vorkammern, die rechte venöses Blut aufnehmend, die linke, bei Lungenatmung, arterielles. Das Exkretionsorgan steht auf dem Stadium der Urniere; der vordere Abschnitt hat sich beim Männchen mit dem Hoden verbunden. Der Urnierengang spaltet sich jederseits in zwei Kanäle: der laterale MÜLLERsche Gang wird zum Eileiter, der mediale WOLFFsche Gang zum Harnleiter, beim Männchen zum Harnsamenleiter, während bei diesem der MÜLLERsche Gang rudimentär wird. Vor dem Darm liegt eine Harnblase, entstanden als vordere Aussackung der Kloakenwand. Mehr oder minder ausgeprägte Metamorphose.

1. Ordnung: Urodela, Schwanzlurche.

Mit nackter Haut, langgestrecktem Körper, wohl entwickeltem Schwanze und niedrigen Gliedmaßen. Trommelfell und Mittelohr fehlen. Die Larven besitzen drei äußere Kiemen jederseits.

1. Unterordnung: Perennibranchia.

Dauernd mit drei Paar äußeren Kiemenbüscheln, mit Ruderschwanz. *Proteus.*

2. Unterordnung: Cryptobranchia.

Die Kiemen werden rückgebildet, doch bleibt eine unter einem Kiemendeckel liegende Kiemenspalte offen. *Amphiuma, Cryptobranchus.*

3. Unterordnung: Caducibranchia, Salamandrinen.

Die Kiemen gehen gänzlich verloren; und die Kiemenhöhle schließt sich. Die Larven haben äußere Kiemen; dann treten beim erwachsenen Tiere die Lungen auf. *Triton, Salamandra.*

2. Ordnung: Anura, Frösche.

Mit nackter Haut, ohne Schwanz, Rumpf verkürzt. Die zwei Paar Gliedmaßen sind stark entwickelt, die größeren Hintergliedmaßen sind Spring- und Schwimmbeine. Trommelfell und Mittelohr vorhanden. Larven mit äußeren, später mit inneren Kiemen.

1. Unterordnung: Aglossa.

Mit rückgebildeter Zunge. *Pipa.*

2. Unterordnung: Phaneroglossa.

Mit freier, meist vorn angewachsener Zunge. Frösche, Laubfrösche, Kröten. *Rana, Hyla, Bufo.*

3. Ordnung: Gymnophiona, Blindwühlen.

Mit Schuppendecke der Haut. Ohne Gliedmaßen; schlangenähnlich. In der Jugend ein später schwindendes Kiemenloch, im Ei meist mit drei Paar großen Kiemenbüscheln. *Coecilia.*

V. Klasse: Reptilia, Kriechtiere.

Die Reptilien gehören wie die Vögel und Säugetiere zu den Amnioten, d. h. es bilden sich als embryonale Hüllen Amnion und Allantois aus, und die

System. Überblick: Vertebrata, Wirbeltiere.

dritte Nierengeneration tritt auf. Kiemenatmung fehlt durchaus. Die Haut ist meist mit Hornschuppen, auch Knochenplatten versehen. Im Schädel tritt das Os transversum auf, eine Verbindung zwischen der Reihe der Maxillarknochen und der der Palatinknochen. Wie bei den Amphibien, so artikuliert auch hier der Unterkiefer am Quadratum, das am Schädel festgewachsen oder beweglich ist. Der Schädel ist nur durch einen unpaaren Condylus occipitalis mit der Wirbelsäule verbunden. Das Herz teilt sich in eine arterielle und eine venöse Hälfte, indem auch die Herzkammer eine, allerdings meist noch unvollständige Scheidewand erhält, so daß das Herz zwei Vorkammern und zwei Kammern besitzt.

1. Ordnung: **Sauria**, Echsen.

Haut mit Hornschuppen. Quadratum beweglich am Schädel befestigt. Meist vier wohl entwickelte Extremitäten. Brustbein stets vorhanden. Meist bewegliche Augenlider. Trommelfell vorhanden. Quere Kloakenspalte. 1. *Geccones*, 2. *Crassilinguia*, 3. *Fissilinguia*, 4. *Brevilinguia*. 5. *Amphisbaenia*, 6. *Chamaeleontes*.

2. Ordnung: **Ophidia**, Schlangen.

Haut mit Hornschuppen. Quadratum beweglich. Ohne Extremitäten. Brustbein fehlt. Kieferapparat sehr dehnbar, da alle in Betracht kommenden Knochen am Schädel beweglich sind. Bildung von Giftzähnen durch rinnenförmige Einfaltung eines Hakenzahnes oder auch Verwachsung der Ränder desselben zu einem Kanale. Augenlider zu durchsichtiger Membran verschmolzen. Trommelfell fehlt. Quere Kloakenspalte. 1. *Angiostoma*, 2. *Peropoda*, 3. *Colubriformia*, 4. *Solenoglyphes*.

3. Ordnung: **Rhynchocephalia**.

Eidechsenähnlich, aber das Quadratum fest mit dem Schädel verwachsen. Doppelter Jochbogen. In das große Sternum sind Bauchrippen eingelenkt. Beckenknochen schmal und schlank; Wirbel amphicoel. *Sphenodon (Hatteria)*.

4. Ordnung: **Chelonia**, Schildkröten.

Körper in fester Skelettkapsel eingeschlossen, die von Hornplatten, Schildpatt, überzogen wird. Quadratum fest mit Schädel verwachsen. Zähne fehlen, statt ihrer Hornscheiden auf den Kiefern. Kloake eine Längsspalte. 1. *Dermochelya*, 2. *Diacostalia*, 3. *Cryptodira*, 4. *Pleurodira*.

5. Ordnung: **Crocodilia**, Krokodile.

Langgestreckter Körper, mit Knochentafeln gepanzert. Quadratum fest mit Schädel verwachsen. Sternum vorhanden. Ausbildung eines vollständigen knöchernen Gaumendaches. Kegelförmige Zähne in Alveolen. Herzkammern vollkommen getrennt, aber beider Blut mischt sich durch eine Kommunikation beider aufsteigenden Aortenbogen: Foramen Panizzae. Kloake eine Längsspalte. *Crocodilus*, *Alligator*, *Gavialis*.

IV. Klasse: **Aves**, Vögel.

Mit den Reptilien verwandt, beide Klassen häufig als Sauropsiden vereinigt. Haut mit Federn bedeckt, manche Teile auch mit Hornschildern. Die Feder ist homolog der Reptilienschuppe. In Anpassung an die fliegende Lebensweise sind die Vorderextremitäten in Flügel umgewandelt. Dem Brustbein sitzt ein medianer Kiel, die Carina, auf, zur Insertion der Flugmuskeln. Die Verbindung des Beckens mit der Wirbelsäule ist eine sehr kräftige, da mehrere Wirbel zu den zwei ursprünglichen Sacralwirbeln ein festes Knochendach für das Kreuz bilden. Ausbildung eines Gelenkes im Tarsus, Intertarsalgelenk, indem des proximale Tarsalstück mit der Tibia, das distale mit dem Metatarsus (Laufknochen) verschmilzt. Der Schädel besitzt wie der Reptilienschädel nur einen Condylus occipitalis. Die Knochen sind mit Lufträumen ausgefüllt, von denen die meisten mit den von der Lunge ausgehenden Lungensäcken in Zusammenhang stehen. Das Herz weist eine vollkommene Sonderung in zwei Vorkammern und zwei Kammern auf. Die linke Seite führt sauerstoffhaltiges, die rechte kohlensäurehaltiges Blut. Körpertemperatur sehr hoch, „Warmblüter".

I. Unterklasse und 1. Ordnung: **Ratitae**, Straußenvögel.

Mangel des Flugvermögens; gering pneumatische Knochen, keine Carina, starke Laufbeine. *Struthio, Casuarius, Apteryx.*

II. Unterklasse: **Carinatae.**

Mit Carina auf dem Brustbein.

2. Ordnung: **Rasores**, Hühnervögel.

Schnabel kurz, schwach gebogen. Flügel kurz, abgerundet, Sitz- und Gangfüße. Nestflüchter. Hühner.

3. Ordnung: **Columbinae**, Taubenvögel.

Spaltfüße, Nesthocker. Tauben.

4. Ordnung: **Natatores**, Schwimmvögel.

Schwimmfüße. Meist Nestflüchter Gänse, Enten, Schwäne, Möven, Alken, Pinguine. Eistaucher, Scharben.

5. Ordnung: **Grallatores**, Watvögel.

Watbeine. Teils Nesthocker, teils Nestflüchter. Störche, Kraniche, Wasserhühner, Trappen, Schnepfen.

6. Ordnung: **Raptatores**, Raubvögel.

Kräftiger Schnabel. Raubfüße. Nesthocker. Falken, Geier, Adler, Eulen.

7. Ordnung: **Passeres**, Sperlingsvögel.

Wandelfüße oder Spaltfüße. Nesthocker. Singvögel, Schreivögel.

8. Ordnung: **Scansores**, Klettervögel.

Kletterfüße. Nesthocker. Papageien, Kuckucke, Spechte.

VII. Klasse: **Mammalia**, Säugetiere.

Haut mit Haaren bedeckt. Die Haare werden entweder als homolog der Vogelfeder oder Reptilienschuppe oder als durch Funktionswechsel aus Hautsinnesorganen der Amphibien entstanden aufgefaßt. Auch Reste eines Schuppenkleides kommen hier und da vor. Ausbildung von Milchdrüsen, die bei den niedersten Formen auf einem Drüsenfeld ausmünden. Schädel mit zwei Gelenkhöckern; die drei Hörknöchelchen (Hammer, Amboß, Steigbügel) entstehen aus umgebildeten Teilen des Visceralskelettes. Sieben Halswirbel. Das Coracoid erreicht nur bei Monotremen noch das Sternum und wird bei den anderen zum Processus coracoideus des Schulterblattes. Bezahnung ursprünglich diphyodont, d. h. aus Milch- und Dauergebiß bestehend, sekundär oft monophyodont, indem die zweite Dentition nicht zur Entfaltung kommt. Zähne meist sehr spezialisiert (Heterodontie). Die gleichartige Zahnbildung (Homodontie) mancher Säugetiere (z. B. der Zahnwale) ist eine sekundäre Anpassung. Starke Entwicklung des Großhirns, welches sich bei den höheren Formen furcht. Vollständiges Diaphragma, welches Bauch- und Brusthöhle trennt. Herz mit vier Kammern, linke Hälfte arteriell. Der rechte Aortenbogen ist verloren gegangen. Beim weiblichen Geschlechtsapparat ist entweder, wie bei den Vögeln, die Scheide noch nicht differenziert (Monotremen) oder doppelt (Marsupialier) oder unpaar (Placentalier). Die Monotremen sind eierlegend, die Placentalier haben ein besonderes Ernährungsorgan für den Embryo, die Placenta, ausgebildet.

System. Überblick: Vertebrata, Wirbeltiere.

I. Unterklasse: **Monotremata**, Kloakentiere.

1. Ordnung: Monotremata.

Eierlegende Säugetiere, mit persistierender Kloake. Beutelknochen vorhanden. Schultergürtel mit entwickeltem Coracoid. Bezahnung rudimentär, ursprünglich wahrscheinlich multituberkular. *Echidna, Ornithorhynchus.*

II. Unterklasse: **Marsupialia**, Beuteltiere.

Lebendig gebärende Säugetiere, meist ohne Placenta, aber mit Beutel, in dem die früh geborenen Jungen sich weiter entwickeln. Beutelknochen vorhanden. Coracoid wird rudimentär. In der Bezahnung bleibt die erste Dentition bestehen, nur der dritte Prämolar kann gewechselt werden. Unterkiefer mit hakenartigem, nach innen vorspringendem Winkel.

1. Ordnung: Polyprotodontia.

Beuteltiere mit komplettem, karnivorem Gebiß. Zahlreiche Schneidezähne (oben je fünf oder vier, unten je vier, oder drei jederseits); Eckzähne groß, konisch; Backzähne spitzhöckerig. *Dasyurus, Didelphys.*

2. Ordnung: Diprotodontia.

Beuteltiere mit inkomplettem, meist herbivorem Gebiß. Von Schneidezähnen findet sich nur ein sehr großer in jeder Kieferhälfte; Eckzähne unten fehlend, oben klein; Backzähne mit Kaufläche, auf der zwei Paar Höcker oder zwei Querjoche stehen. *Phascolomys, Macropus, Phalanger.*

III. Unterklasse: **Placentalia**.

Lebendig gebärend; mit Placenta. Scheide unpaar. Beutelknochen fehlen. Schultergürtel ohne ausgebildetes Coracoid, auch die Clavicula kann fehlen. Die Placenta ist diffus oder besitzt besondere zottenreiche Stellen (Placenta cotyledonaria) oder ist gürtelförmig (Placenta zonara) oder scheibenförmig (Discoplacenta) oder befindet sich an einem Pole (Domoplacenta). Ein Teil der Uterusschleimhaut (die Decidua) kann sich bei der Geburt mit ablösen.

1. Ordnung: Manitheria.

Gebiß in Rückbildung. Rückenwirbel mit zwei Paar Gelenkflächen. Uterus zweiteilig. Vagina einfach. Placenta diffus oder zonar, ohne Decidua. *Manis, Orycteropus.*

2. Ordnung: Bradytheria.

Gebiß in Rückbildung. Rückenwirbel mit drei Paar Gelenkflächen. Uterus einfach. Vagina zweiteilig. Placenta scheibenförmig oder domförmig mit Decidua. *Bradypus, Myrmecophaga, Dasypus.*

3. Ordnung: Denticeta, Zahnwale.

Schnabelförmig verlängerte Kiefer, mit vielen gleichartigen Zähnen, der ersten Dentition angehörig, während die zweite nicht zum Durchbruch kommt. Vorderextremitäten zu Flossen umgebildet, Hinterextremitäten fehlend. Schwanz horizontal zur Schwanzflosse verbreitert. Nasenlöcher oben verschmolzen, Nasengänge mit weiten accessorischen Säcken. Haut ursprünglich mit Schuppenpanzer. Marin und in Flüssen. *Delphinus, Physeter.*

4. Ordnung: Rodentia, Nagetiere.

Ein immer wachsender, wurzelloser Schneidezahn in jeder Kieferhälfte; Eckzähne fehlen, Backzähne meist prismatisch, mit ebener Kaufläche. *Lepus, Sciurus, Castor, Mus, Hystrix.*

5. Ordnung: **Proboscidea.**

Mit plumpen fünfzehigen Füßen, Carpus serial angeordnet. Gebiß mit großen incisiven Stoßzähnen, ohne Eckzähne; Backzähne aus vielen durch Zement verbundenen Platten zusammengesetzt. Nase in einen Rüssel verlängert. *Elephas.*

6. Ordnung: **Hyracea,** Platthufer.

Vier- resp. dreizehige Sohlengänger mit serialem Carpus. Gebiß nagerähnlich, ohne Eckzähne. *Hyrax.*

7. Ordnung: **Perissodactyla,** Unpaarhufer.

Die Mittelzehe dominiert, die anderen bilden sich mehr oder weniger zurück. Vorwiegend Pflanzenfresser. Prämolaren von gleicher Größe wie die Molaren. *Tapirus, Rhinoceros, Equus.*

8. Ordnung: **Sirenia,** Sirenen.

Im Meere oder in Flüssen lebend. Rudimentäres Haarkleid. Vorderextremitäten zu Flossen umgewandelt; Hinterextremitäten fehlen. Schwanz zu einer horizontalen Flosse verbreitert. Vordere Zähne meist rudimentär. *Manatus, Halicore.*

9. Ordnung: **Artiodactyla,** Paarhufer.

Dritte und vierte Zehe dominieren, die anderen rudimentär. Metacarpalia (resp. Metatarsalia) der dritten und vierten Zehe verschmolzen (Canon). Prämolaren kleiner als Molaren.
a) Bunodontia (Schweineartige), mit Höckerzähnen, nicht wiederkauend.
b) Selenodontia (Wiederkäuer), mit halbmondförmigen Leisten der Backzähne. Magen in vier Abteilungen zerfallend.

10. Ordnung: **Mysticeta,** Bartenwale.

Zahnlose, stark verlängerte Kiefer. Nasengänge nicht verschmolzen, ohne accessorische Säcke. Haarkleid rudimentär. Am Gaumen zahlreiche, in zwei randständige Querreihen gestellte, hornige Barten. Durch Konvergenz den Denticeten sehr ähnlich. Marin. *Balaena, Balaenoptera.*

11. Ordnung: **Insectivora,** Insektenfresser.

Nagerähnlich; aber spitzhöckeriges komplettes Gebiß; fünfzehig. *Talpa, Sorex, Erinaceus.*

12. Ordnung: **Chiroptera,** Fledermäuse.

Dünne, fast haarlose Flughaut. 2—5te Finger sehr stark verlängert. Crista sterni (ähnlich den Vögeln). Gebiß insektivor. *Vespertilio, Pteropus.*

13. Ordnung: **Carnivora,** Raubtiere.

Schlüsselbein fehlt wie bei der Ungulatengruppe. Scharfe Krallen. Gebiß mit großen Eckzähnen und ungleichen Backzähnen, von denen einer jederseits oben und unten zum Reißzahn entwickelt ist. *Ursus, Mustela, Viverra, Felis, Hyaena, Canis.*

14. Ordnung: **Pinnipedia,** Robben.

Extremitäten zu breiten Ruderflossen umgewandelt. Prämolaren und Molaren gleichartiger. Marin. *Phoca, Otaria, Trichechus.*

15. Ordnung: **Prosimiae,** Halbaffen.

Extremitäten zum Klettern und Greifen, mit Krallen, teilweise auch mit Plattnägeln. Augenhöhle von Schläfengrube nur unvollständig abgeschlossen. Uterus bicornis. *Lemur.*

16. Ordnung: **Primates**, Herrentiere.
Extremitäten mit Plattnägeln (ausgenommen die Krallenaffen). Augenhöhle von Schläfengrube vollständig abgeschlossen. Uterus einfach, birnförmig.
a) Platyrrhinae, Affen der neuen Welt; mit breiter Nasenscheidewand und drei Prämolaren. *Cebus.*
b) Catarrhinae, Affen der alten Welt; mit schmaler Nasenscheidewand und zwei Prämolaren. *Gorilla, Homo.*

15. Kursus.
Amphioxus.

I. *Amphioxus lanceolatus* (PALL.).

Technische Vorbereitungen.

Zur Untersuchung werden konservierte Exemplare des *Amphioxus* gegeben und zwar sehe man darauf, nur große, geschlechtsreife Tiere zu verwenden, die sich schon äußerlich an den beiden dicken Gonadenreihen erkennen lassen. Es sei hier bemerkt, daß für unsere Zwecke das Material am günstigsten mit Formol zu konservieren ist. Die Tiere werden lebend in eine 3—5%ige Formollösung geworfen, in der sie bis zum gelegentlichen Gebrauch verbleiben können. Es werden dadurch die in Alkohol auftretenden Schrumpfungen vermieden, die äußere Körperform samt Flossensaum bleibt tadellos erhalten, die Mundcirren sind ausgestreckt und der Körper bleibt durchscheinend.

Ferner werden fertige mikroskopische Präparate verwandt. Von kleinen Exemplaren von *Amphioxus* lassen sich ganz vorzügliche mikroskopische Präparate herstellen durch folgende Methode. Die höchstens 2 cm langen Tiere werden in 5%igem Formol konserviert, dann wird das Formol durch Alkohol von 70% verdrängt, welcher mehrmals gewechselt wird und nunmehr wird eine Doppelfärbung angewandt, indem die Präparate auf zwei Tage in eine Mischung von 1 Teil Bleu de Lyon (1%ige wässerige Lösung) und 8—10 Teilen Boraxkarmin (nach GRENACHER) gelegt werden. Dann wäscht man anhaltend (mindestens zwei Tage) mit 70% Alkohol, dem ein Paar Tropfen Salzsäure zugefügt sind, aus, führt in Alcohol absolutus und Nelkenöl über und macht die Präparate in Kanadabalsam fertig.

Endlich werden auch noch Querschnittpräparate von *Amphioxus* gegeben.

A. Allgemeine Übersicht.

Die Gattung *Amphioxus* repräsentiert nebst ein paar nahe verwandten Gattungen die Klasse der Leptocardier, sowie den Kreis der Acranier. Die in unserem Kurse zu untersuchende Art ist der *A. lanceolatus*, eine besonders im Mittelmeer sehr häufige Form.

Das kleine, fischähnlich gebaute Tier weist in seiner Organisation die primitivsten Wirbeltiercharaktere auf, neben einigen anderen, die als Rückbildungen infolge der Lebensweise im Sande anzusehen sind. Schädel, Wirbelsäule und Gliedmaßen fehlen, und nur ein kontinuierlicher Flossensaum umgibt das Tier in der Medianebene. Der Aufbau des Körpers ist ein epithelialer, indem Stützsubstanzen fehlen. Die Haut ist noch ein einschichtiges Epithel wie bei den Wirbellosen, und der Embryo trägt sogar noch ein Wimperkleid. Das Skelett wird nur durch die zeitlebens persistierende Chorda dorsalis repräsentiert, einen festen, elastischen, vorn und hinten zugespitzten Stab in der Hauptachse, der aus einer dorsalen Falte des Urdarms entstanden ist. Umkleidet wird die Chorda durch eine aus den Membranen der Chordazellen entstandene hyaline Hülle, die innere Chordascheide, und die mesodermale äußere Chordascheide.

Über der Chorda liegt das Zentralnervensystem, das Rückenmark, welchem vorn das Gehirn fehlt. Das Rückenmark entsteht durch Einfaltung und dorsalen Verschluß der Medullarrinne, welche ursprünglich mit dem Urdarm durch den Canalis neurentericus verbunden ist und vorn sich im Neuroporus öffnet. Das Lumen des so entstandenen Medullarrohres bleibt als Zentralkanal erhalten und zeigt vorn eine bläschenförmige Erweiterung als letzten Rest eines Hirnes; bei Embryonen ist diese Anlage deutlicher.

In jedem Segmente gehen ein Paar dorsale und ein Paar ventrale Nerven ab, die ersteren teilen sich und innervieren als sensible Äste die Haut, wie als motorische die transversalen Muskeln, die ventralen Spinalnerven sind dagegen ausschließlich motorisch.

Von Sinnesorganen finden wir vorn am Nervenrohr einen bei jungen Tieren größeren Pigmentfleck, der ohne Grund als Rest eines Auges gedeutet wurde. Dagegen liegen primitiv gebaute Sehorgane im Rückenmark, ventral vom Zentralkanal, in dessen gesamter Längsausdehnung. Ferner findet sich eine mit cilientragenden Epithelzellen ausgekleidete Riechgrube, welche den sich schließenden Neuroporus umgibt, auch einzelne Hautsinneszellen sind vorhanden.

Die Muskulatur besteht aus Parietalmuskeln und Visceralmuskeln. Die Parietal- oder Seitenrumpfmuskeln bestehen aus zahlreichen (bei *A. lanceolatus* 62) metameren Portionen, Myomeren genannt, die durch aus der äußeren Chordascheide entspringende bindegewebige Platten, Myocommata, getrennt sind. Die Myomeren entstehen aus der dorsalen Portion des Mesoderms der Ursegmente, den Myotomen. Die ventralen Visceralmuskeln sind durch eine bindegewebige Raphe in eine rechte und eine linke Hälfte getrennt.

Der Darmkanal beginnt mit einer spaltförmigen, äußeren Öffnung, umgeben von zwölf Knorpelstückchen, auf denen je ein Cirrus (Buccalcirrus) steht, dann folgt der eigentliche Mund mit dem Velum, ebenfalls kleinere, nach hinten gerichtete Cirren abgebend, und dann der große Pharynx, der zum Kiemendarm umgebildet ist. Zwischen den schrägen Kiemenspalten liegen elastische chitinige Stäbe als Stützen. In der ventralen Mittellinie liegt die Hypobranchialrinne (Endostyl), während eine dorsal verlaufende Rinne des Kiemendarmes Hyperbranchialrinne heißt. Erstere scheidet Schleim ab, in den die Nahrung eingehüllt wird, in letzterer wird sie nach hinten befördert.

Der eigentliche Darm verläuft ohne Bildung eines gesonderten Magens gestreckt nach hinten, nach vorn gibt er einen gegen die rechte

Seite gedrückten Blindsack, die Leber, ab. Der After liegt nicht genau median, sondern etwas links von der Mittellinie.

Das Blutgefäßsystem besitzt kein Zentralherz, wohl aber kontraktile Gefäße, durch deren Tätigkeit das roter Blutkörperchen ent behrende Blut in Umlauf versetzt wird. Auf der ventralen Seite unter dem Kiemendarm liegt die Kiemenarterie, von der laterale Zweige an den Kiemenstäben aufwärts nach oben gehen, die mit kontraktilen Auftreibungen, den Bulbilli, beginnen. Es erfolgt nunmehr eine Teilung in drei Äste, die längs der Kiemenstäbe ziehen, hier durch das vorbeistreichende Atemwasser mit frischem Sauerstoff versehen werden und sich dorsal in eine rechte und linke Aorta ergießen. Hinter dem Pharynx erfolgt die Vereinigung beider Aorten zu einer nach hinten ziehenden unpaaren Aorta descendens, die Darm wie übrige Organe mit frischem Blut versorgt. Durch Venen wird es dann wieder gesammelt und in die unter dem Darm liegende Vena subintestinalis geführt, die es nach vorn zur Leber bringt; hier erfolgt eine kapillare Auflösung, dann Wiedervereinigung in eine dorsale Lebervene, die in die Kiemenarterie einmündet.

Die Leibeshöhle bildet sich bei der Larve in typischer Weise vom Urdarm aus, indem sich rechts und links vom Entoderm metamere Taschen (14 an Zahl) abschnüren, während die weiter hinten entstehenden durch direkte Sprossung aus den vorhergehenden abstammen. Der Hohlraum dieser Taschen ist das Cölom, ihre Wandung das Mesoderm. Rechte wie linke Taschen umwachsen den Darm ventral und sind im oberen Teil solid, im unteren hohl. Ein zwischen den dorsalen Teil (Myotom) des Mesoderms und Chorda + Nervenrohr sich einschiebender taschenartiger Divertikel (der bei allen höheren Wirbeltieren eine solide Wucherung darstellt) ist das Sclerotom, aus dem die äußere Chordascheide entsteht, welche bei den Cranioten durch Verknorpelung und Verknöcherung die Wirbelsäule liefert.

Die bei der Larve noch direkt nach außen gehenden Kiemenspalten werden beim erwachsenen Tier durch eine von der ventralen Seite ausgehende Einfaltung des Ektoderms überdeckt. Diese Einfaltung schafft einen großen Hohlraum, den Peribranchialraum, der an einer Stelle, dem Porus abdominalis oder dem Atrium, mit der Außenwelt in Verbindung bleibt; die beiden seitlichen, in der Mitte verwachsenden Hautfalten sind die Metapleuralfalten. Durch die Ausbildung des Peribranchialraumes wird die Leibeshöhle stark verdrängt und reduziert sich auf einen schmalen, dorsal und seitlich gelegenen Raum, sowie auf Reste in den Kiemen und unter der Hypobranchialrinne.

Zwischen dem dorsalen Raum der Leibeshöhle und dem vom Ektoderm ausgekleideten Peribranchialraum existieren nun Verbindungen durch die Nieren. Diese entsprechen der ersten Nierengeneration, der Pronephros oder Vorniere der Cranioten, und stellen Kanälchen dar, an deren Wandung sich die Kiemengefäße zu einem Knäuel (Glomus) zusammenballen.

Die Geschlechtsorgane werden durch zwei Reihen von segmental angeordneten ventralen Säckchen repräsentiert, die aber nicht im Peribranchialraum, sondern im Cölom liegen. Bei der Reife platzt die Cölomwand, und die Produkte ergießen sich in den Peribranchialraum, um durch den Porus abdominalis nach außen geführt zu werden.

B. Spezieller Kursus.

Wir legen ein konserviertes Exemplar des *Amphioxus* unter Wasser ins Wachsbecken und betrachten zunächst seine äußere Körperform. Das etwa 5 cm lange, etwas durchscheinende, gelblich-weiße Tierchen hat seinen Speziesnamen „*lanceolatus*" von der lanzettförmigen, an beiden Enden zugespitzten Gestalt. Der Körper ist beiderseits flach gedrückt, und wir können einen schmalen Rücken und eine breitere Bauchfläche unterscheiden. Schon mit bloßem Auge sieht man die Anordnung der auf der dorsalen Körperhälfte liegenden Muskulatur in regelmäßigen, dicht aufeinander folgenden Portionen, Muskelsegmente oder Myomeren genannt. Die sie trennenden Scheidewände, die Myocommata, schimmern durch die Haut als in einem nach vorn gerichteten Winkel zusammenstoßende Linien.

Sehr deutlich sind auch die Gonaden zu sehen, kleine viereckige Pakete, meist 26 Paare an der Zahl, die in regelmäßiger Anordnung jederseits am Bauche liegen; sie sind auf beiden Seiten derart gegeneinander verschoben, daß sie alternieren.

Über den ganzen Rücken verläuft ein zarter, bläulich schimmernder Flossensaum, der auch das Schwanzende umgibt und sich ein Stück auf der Ventralseite fortsetzt. Auf der Ventralseite ziehen vom Munde aus nach hinten zwei starke Hautfalten, die Metapleuralfalten (s. Fig. 144).

Das Tier wird nunmehr in der Rückenlage durch zwei Paar kreuzweise über ihm festgesteckte Nadeln fixiert.

Wir sehen jetzt drei Körperöffnungen. Vorn liegt der Mund, eine längsovale Öffnung, umstellt von einem Kranze ansehnlicher Cirren. Da, wo die Gonaden aufhören, findet sich die ziemlich weite, runde Öffnung des Peribranchialraumes, der Porus abdominalis, der nicht zu verwechseln ist mit der Öffnung des Darmes, dem After, welcher noch weiter hinten liegt. Die kleine Afteröffnung befindet sich nicht in der ventralen Medianlinie, sondern liegt asymmetrisch, meist links von ihr.

Die für die Systematik der Gattung wichtige Lagerung der beiden hinteren Körperöffnungen ist bei den einzelnen Arten verschieden, innerhalb derselben aber konstant. Sie wird je nach dem Segment, in welchem die Öffnungen liegen, durch eine einfache Formel ausgedrückt, der noch die Zahl der Schwanzsegmente hinzugefügt wird. So ist diese Formel bei unserem Tiere 33:48:60. Der Porus abdominalis liegt also im 33. Segment, der After im 48. und das Schwanzende im 60. Segment.

Die nun vorzunehmende Präparation besteht in folgendem: Der *Amphioxus* wird herausgenommen und mit den Fingern der linken Hand am Rücken gefaßt. Vom Munde ausgehend, wird mittels der feinen Schere ein Schnitt auf der ventralen Mittellinie zwischen beiden Gonadenreihen hindurch und bis zum After geführt. Dann stecken wir mit feinen Nadeln die beiden auseinanderzulegenden Hälften der Körperwand fest. Die Betrachtung wird unter der Lupe ausgeführt (Fig. 145).

Vom Munde ausgehend, kommen wir zu dem geräumigen vorderen Teil des Darmes, dem Kiemendarm, der nach hinten zu sich all-

15. Kursus: Amphioxus. 247

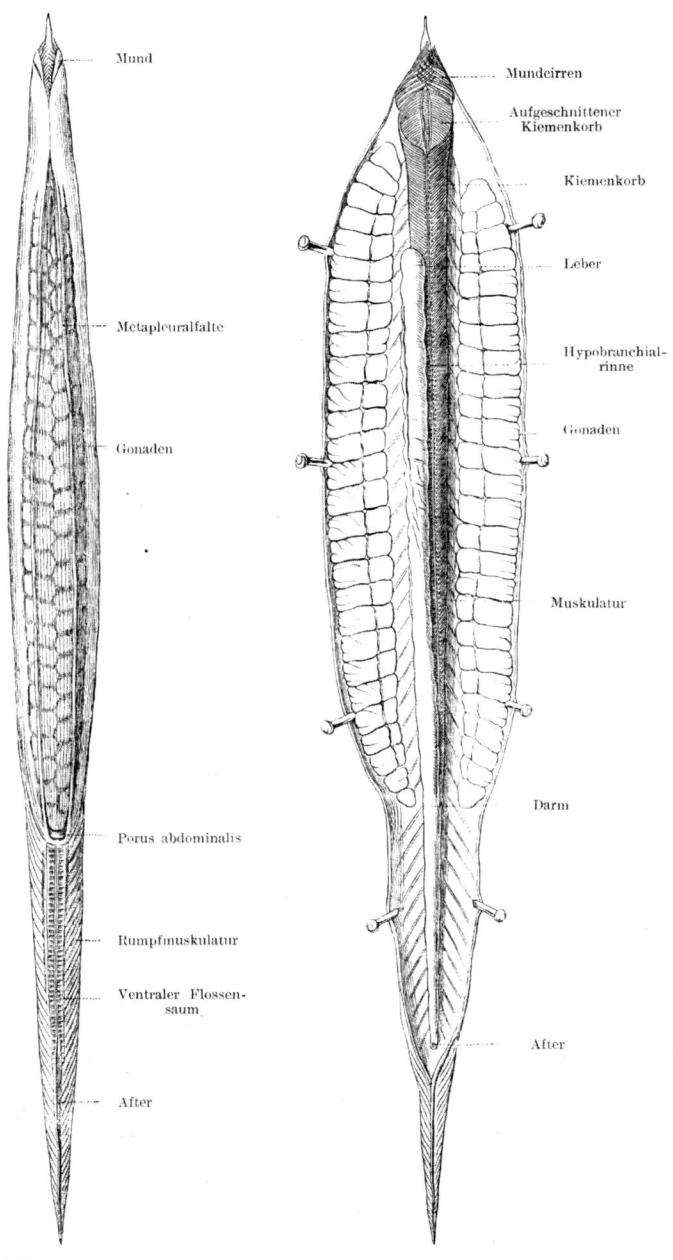

Fig. 144. *Amphioxus lanceolatus*, von der Bauchseite. Orig.

Fig. 145. *Amphioxus lanceolatus*, von der Bauchseite aus eröffnet. Orig.

mählich verjüngt. Sein Aufbau aus feinen, schräg verlaufenden, parallelen Spangen wird ohne weiteres sichtbar. In der uns zugekehrten, ventralen Mittellinie des Darmes verläuft durchschimmernd ein deutlicher Strang, die Hypobranchialrinne. Die Spangen des Kiemendarmes, die Kiemenstäbe, gehen beiderseits von dieser ventralen Mittellinie aus, schräg nach vorn verlaufend und sich dorsal umbiegend.

Auf der linken Seite des Präparates (also auf der rechten Seite des Tieres) liegt dem Darme ein langgestrecktes, grünlichgelbes Gebilde auf, welches vorn blind endigt, und hinten — da, wo der Kiemendarm aufhört, etwa in der Mitte des Tieres — in den Darm übergeht. Dieser hohle Schlauch ist die Leber. Da, wo die Leber einmündet, ist der auf den Kiemendarm folgende verdauende Darmteil ein klein wenig erweitert, dann setzt er sich als gradliniges Rohr nach hinten zum After fort. Schließlich sind noch die Geschlechtspakete zu betrachten. Sie liegen scheinbar mit Darm und Leber in der gleichen Körperhöhle, in Wirklichkeit sind sie aber von einer dünnen Haut, der Wand der eigentlichen Leibeshöhle, umkleidet.

Der Darm nebst Leber wird von der Unterlage abgelöst und entfernt.

Damit ist die Chorda dorsalis freigelegt worden, ein den Körper der Länge nach durchziehender Strang, der vorn und hinten zugespitzt ist.

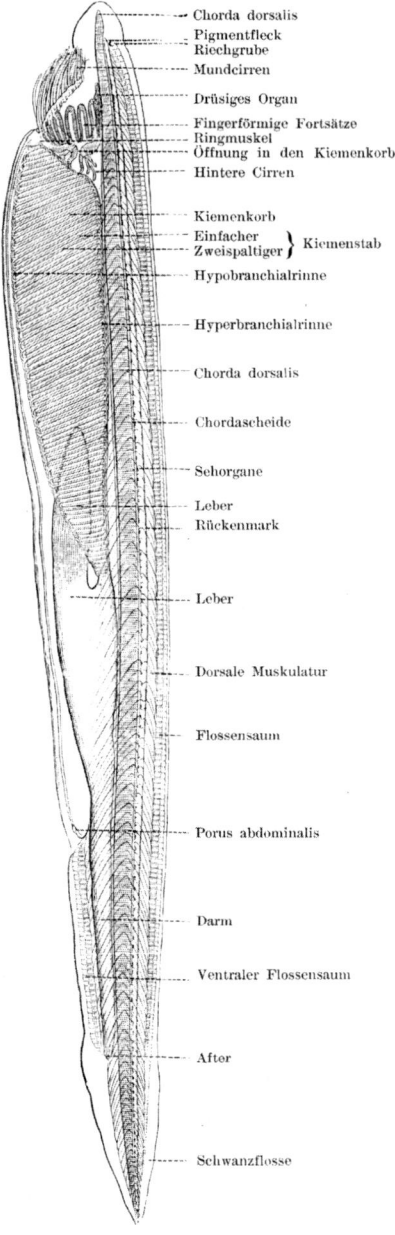

Fig. 146. *Amphioxus lanceolatus*, (junges Tier nach einem mikroskopischen Präparat gezeichnet). Orig.

15. Kursus: Amphioxus. 249

Wir schneiden nunmehr mit der Schere eine Hälfte des den Mund umgebenden Tentakelkranzes ab und bringen das Präparat in Glyzerin auf den Objektträger.

Unter dem Mikroskop sieht man, daß jeder Cirrus eine festere Achse besitzt, deren stark verbreiterte Basis mit der des folgenden Cirrus zusammenstößt, so daß ein vorn sich hufeisenförmig öffnender Ring gebildet wird. Ein starker, breiter Ringmuskel umzieht ihn. Die feste Achse eines jeden Cirrus ist umkleidet von Körperepithel. In gewissen Abständen treten Gruppen längerer Zylinderzellen büschelförmig heraus, sie werden als „Geschmackskegel" bezeichnet.

Wir gehen nunmehr zur Betrachtung des mikroskopischen Präparates von einem jungen Tier über und wenden zur ersten Orientierung die schwächste Vergrößerung an (s. Fig. 146).

Am meisten fällt der dunkler getönte Kiemendarm in die Augen, mit seiner nach hinten gerichteten, sich allmählich verjüngenden Fortsetzung, dem verdauenden Darm; darüber liegt die langgestreckte Chorda dorsalis und dorsal von dieser das Rückenmark, leicht kenntlich an der schwärzlichen, auf seiner ventralen Seite verlaufenden Pigmentierung. Über das Rückenmark hinweg ragt die dorsale Muskulatur. Zu äußerst liegt der Flossensaum. Mit stärkerer Vergrößerung betrachten wir die einzelnen Organsysteme und beginnen mit dem Darme. Der Mund mit dem ihn umstellenden Cirrenkranze ist leicht sichtbar. Den Bau der Cirren haben wir bereits kennen gelernt. Die geräumige Mundhöhle wird hinten begrenzt durch einen kräftigen Ringmuskel. Die von ihm umgebene Öffnung ist nach hinten von kleinen Tentakeln umstellt. Weit nach vorn in die Mundhöhle hinein ragen einige zarte, fingerförmige Fortsätze. Das Gerüst des Kiemenkorbes besteht aus zahlreichen parallelen, schräg nach vorn verlaufenden Stäben, durch deren Zwischenräume das vom Munde aus eingedrungene Wasser in den Peribranchialraum abläuft, um dann durch den Porus abdominalis nach außen zu gelangen. Eine am ventralen Rande verlaufende Verdickung ist die Hypobranchialrinne, eine zweite dorsal verlaufende die Hyper- oder Epibranchialrinne. Ein Teil des Kiemendarmes wird bedeckt von dem asymmetrisch liegenden Leberschlauche, der aus dem vordersten Teile des verdauenden Darmes entspringt. Der Enddarm verläuft gradlinig zum After.

Die über dem Darme liegende Chorda dorsalis ist ein zylindrischer, an beiden Enden zugespitzter Strang, vorn weit über den Mund vorragend, hinten bis in die Schwanzflosse gehend. Man unterscheidet zwei Schichten, eine innere, aus dünnen Scheibchen gebildete, die senkrecht zur Achse der Chorda stehen, und eine äußere Hülle, die Chordascheide. Ihre dorsale Wand bildet den Boden für das Nervenrohr. Vorn reicht das Rückenmark nicht so weit wie die Chorda, sondern endigt ein Stück vorher mit einer kleinen Anschwellung, dem Gehirn, dem vorn ein früher fälschlich als Auge gedeuteter Pigmentfleck aufliegt. Dorsal über dem Gehirn liegt eine kleine Hautgrube, die früher als Geruchsorgan gedeutet wurde. Zahlreiche Pigmentflecke, welche im ventralen Teile des Rückenmarks liegen, sind die „Pigmentbecher" der primitiven Sehorgane des Amphioxus.

Seiten und Rücken des Körpers werden von den Ringmuskeln bedeckt, die in einzelne Myomeren zerfallen. Die trennenden Zwischenwände, die Myocommata, stehen mit der Chordascheide in Verbindung. Viel schwächer entwickelt ist der Bauchmuskel, der sich vom Anfang des Kiemenkorbes bis zum Abdominalporus erstreckt, und hinten die Bauchwarze bildet, die als Atemmuskel fungiert, indem sie das Wasser im Peribranchialraum bewegt.

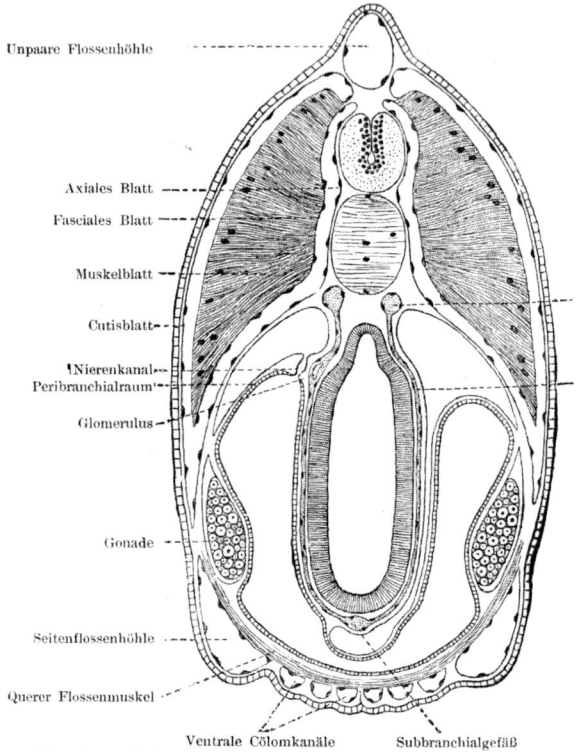

Fig. 147. Querschnitt durch die Kiemenregion des *Amphioxus* (nach BOVERI, aus K. C. SCHNEIDER).

Der Flossensaum zerfällt in seinem Innern in eine Reihe kleiner Kästchen, die auf den Rumpfmuskeln zu ruhen scheinen, aber in viel größerer Zahl als die Körpersegmente vorhanden sind. Ihre Wandungen stehen mit der Chordascheide im Zusammenhang, ihr Inneres ist ausgefüllt von einem gallertartigen, homogenen Gewebe, welches bei ganz jungen Tieren noch fehlt. Stellen wir das Mikroskop auf den Rand des Flossensaumes ein, so sehen wir das einschichtige Körperepithel.

Schließlich werden noch Querschnitte durch einen geschlechtsreifen Amphioxus gegeben.

Das Studium derselben bestätigt und erweitert die durch die Betrachtung der Präparate des ganzen Tieres erhaltenen Resultate.

16. Kursus.
Selachier und Teleostier.

Technische Vorbereitungen.

Von Haifischen werden in Alkohol oder Formol konservierte Exemplare der kleinen Form *Scyllium canicula* (Cuv.) gegeben, die von der zoologischen Station in Triest zu sehr billigem Preise bezogen werden können. Von Knochenfischen wählen wir die Plötze (*Leuciscus rutilus* L.) oder verwandte Weißfische. Diese werden mit Chloroform getötet und, frisch oder in einer $3^0/_0$igen Formollösung konserviert, im Wachsbecken unter Wasser untersucht.

A. Allgemeine Übersicht.

Die typische Fischgestalt ist spindelförmig, seitlich etwas zusammengedrückt, mit allmählichem Übergange der drei Körperregionen: Kopf, Rumpf und Schwanz.

Die Hautbedeckung besteht aus einer dünnen, schleimigen, unverhornten Epidermis und einer Lederhaut, welche Verknöcherungen enthält; z. B. die Hautzähnchen der Haie. Bei den Knochenfischen sind diese Verknöcherungen meist dünn und dachziegelförmig übereinander gelagert: Schuppen. Die paarigen Extremitäten treten auf als Brust- und Bauchflossen. Die anderen Flossen, wie Rückenflosse, Schwanzflosse und Afterflosse, sind nur abgegliederte Teile einer unpaaren, median verlaufenden Hautfalte. In allen Flossen finden sich als Stützen Strahlen, die, wenn sie gegliedert sind und sich an der Spitze spalten, Weichstrahlen heißen, im Gegensatz zu den spitzen, steifen, ungegliederten Hartstrahlen oder Stachelstrahlen. Die Strahlen können bei vielen Formen niedergelegt und aufgerichtet werden.

Das Skelett ist nur bei Selachiern und einem Teil der Ganoiden knorpelig, bei den Teleostiern dagegen mehr oder weniger verknöchert. Die Wirbel sind amphicöl, also bikonkav. An jedem Wirbel findet sich ein oberes und ein unteres Bogenpaar, ersteres (Neurapophysen) durch einen unpaaren Dornfortsatz geschlossen und das Rückenmark umfassend, letzteres (Hämapophysen) nur in der Schwanzregion geschlossen, am Rumpfe dagegen auseinanderweichend und jederseits aus zwei Teilen zusammengesetzt: Querfortsatz und Rippe (Hämalrippe). Die Rippen der Teleostier entsprechen nicht den Rippen der Selachier, Amphibien und Amnioten; diese sind durch Verknöcherung transversaler Muskelsepten entstanden (Lateralrippen). Bei manchen Ganoiden kommen beide Rippenarten gleichzeitig vor. Ein Brustbein fehlt allen Fischen.

Selten tritt die Wirbelsäule in die Schwanzflosse derartig ein, daß der obere und der untere Teil derselben gleich sind (Diphycerkie). Bei manchen Fischen biegt die Wirbelsäule schräg nach oben und tritt in den dorsalen Flügel der auch äußerlich asymmetrischen Schwanzflosse ein (Heterocerkie). Das umgebogene Ende der Wirbelsäule kann zu einem kurzen Stück verschmelzen, so bei den Knochenfischen, und dadurch eine scheinbare Diphycerkie erzeugen (Homocerkie).

Der knorpelige Urschädel, der bei den Selachiern noch dauernd existiert, ist bei den Teleostiern fast völlig von den zahlreichen Deckknochen verdrängt worden. Von primären Knochen finden sich die vier Occipitalia, das Alisphenoid, das Orbitosphenoid, die Otica und die drei Ethmoidea. Die Knochen der Schädelbasis sind hauptsächlich durch einen mächtigen Deckknochen, das Parasphenoid, vertreten, vor dem der ebenfalls unpaare Vomer liegt. Visceralbogen sind bis zu sieben vorhanden, von denen der vorderste, der Kieferbogen, in einen oberen und einen unteren Abschnitt zerfällt: Palatoquadratum und Mandibulare, die bei den Haien als Kauapparat gegeneinander wirken. Bei den Knochenfischen treten als Deckknochen der Oberkiefer und der Zwischenkiefer auf, welche das Palatoquadratum verdrängen und zu den Antagonisten des Mandibulare werden. Das Palatoquadratum wird zur Grundlage des knöchernen Gaumens. Wie schon bei manchen Haien, so schiebt sich bei den Knochenfischen der obere Teil des zweiten Visceralbogens, das Hyomandibulare, zwischen Quadratum und Schädel ein, und wird selbst zum Aufhängeapparat für den Kieferbogen. Die übrigen Kiemenbogen tragen die Kiemen, die bei den Knochenfischen (nebst einigen anderen) durch einen äußeren Opercularapparat verdeckt werden.

Die Extremitäten werden von den bogenförmigen Skelettstücken getragen, die mit der Wirbelsäule nicht im Zusammenhang stehen; bei Teleostiern und vielen Ganoiden ist der Schultergürtel durch eine Reihe von Knochen mit dem Schädel verbunden. Schulter- und Beckengürtel werden entweder als ursprüngliche Kiemenbogen betrachtet, oder es wird die Entstehung der paarigen Extremitäten aus seitlichen Hautfalten erklärt. Skelettelemente der freien Extremität sind die Flossenstrahlen, deren basale Teile allein, die Flossenstützen, knorpelig präformiert werden, während die oberen eigentlichen Flossenstrahlen bei den Selachiern aus Hornfäden bestehen. Bei den Teleostiern verknöchern beide Teile. Als Urform der Fischextremität nimmt man ein doppelt gefiedertes Blatt an, mit einer Stammreihe von Skelettstücken und Seitenreihen: das biseriale Archipterygium (*Ceratodus*). Durch Verschwinden der Seitenreihen einer Seite entsteht das uniseriale Archipterygium (Selachier). Der Bau der Extremität aller höheren Wirbeltiere wird aus der Grundform des Archipterygiums abgeleitet.

Die Muskulatur der Fische besteht im wesentlichen aus vier Längsmuskeln, die durch konisch zugespitzte, bindegewebige Scheidewände in tütenartig ineinander steckende schmale Partien (Myomeren) gesondert werden.

Das Gehirn ist charakterisiert durch seine langgestreckte Gestalt, die großen Lobi olfactorii und das wohl entwickelte Hinterhirn. Das Vorderhirn besteht aus den beiden am Boden der ersten beiden Ventrikel liegenden, Corpora striata genannten Ganglien; eine Hirnrinde fehlt noch, statt ihrer findet sich nur eine epitheliale Schicht.

Von den Sinnesorganen besteht die Nase aus zwei Gruben, deren Öffnung durch eine Hautbrücke in eine vordere und hintere zerlegt wird. In die vordere strömt das Wasser ein, durch die hintere wird es abgeleitet. Das Auge weist einen eigentümlichen Akkommodationsapparat auf, indem an der kugelige Linse ein den Glaskörper durchsetzender Fortsatz der Aderhaut, der Processus falciformis (bei Teleostiern), herantritt und zu der muskulösen Campanula Halleri anschwillt, deren

Tätigkeit die Einstellung der Linse regelt. Eigentümliche, nur den im Wasser lebenden niederen Wirbeltieren zukommende Sinnesorgane sind die Seitenorgane, die am Kopfe in mehreren gewundenen Linien, am Körper in je einer Längslinie, der Seitenlinie, liegen und die feineren Strömungen des Wassers wahrzunehmen vermögen. Nach neuerer Ansicht sollen aus diesen Seitenorganen, die auch bei Amphibien vorkommen, durch Funktionswechsel die Haare der Säugetiere entstanden sein.

Das Gehörorgan der Fische zeichnet sich aus durch die drei sehr ansehnlichen Bogengänge. Eine Schnecke ist noch nicht entwickelt, und es ist sehr fraglich, ob die Fische überhaupt hören können und das Organ nicht nur dem Gleichgewichtssinn dient.

Die Bezahnung kann sich fast auf alle Knochen der Mundhöhle und des Visceralskelettes erstrecken. Der Ersatz der Zähne ist unbegrenzt.

Der Darm besitzt entweder eine vorspringende, spiralförmig verlaufende Falte, die Spiralfalte (Selachier, Ganoiden), oder am vorderen Teile eine oft sehr große Anzahl von Blindsäcken, Appendices pyloricae (die meisten Knochenfische). Leber und Milz, oft auch Gallenblase und Pancreas sind vorhanden.

Die Atmungsorgane sind die Kiemen, entweder bedeckte oder Kammkiemen; bei ersteren sind die Kiemenspalten durch breite Hautbrücken getrennt, welche die einzelnen Kiemenblättchen verdecken, bei letzteren finden sich diese Hautbrücken nicht vor, dafür aber der sämtliche Kiemen überdeckende, eine verknöcherte Hautfalte darstellende Operkularapparat. Als hydrostatischer Apparat fungiert die (den Haien und einigen Knochenfischen fehlende) Schwimmblase, eine Ausstülpung des Darmes, die mit diesem durch einen (bei manchen Teleostiern rückgebildeten) Gang in Verbindung steht und der Lunge der höheren Wirbeltiere homolog ist. In der Schwimmblase findet sich nicht Luft, sondern es werden von umspinnenden Blutgefäßen Gase, hauptsächlich Sauerstoff, abgeschieden.

Das Herz liegt weit vorn, dicht unter den Kiemen; es ist in einen Herzbeutel eingehüllt und besteht aus Herzkammer und Vorkammer. Das venöse Körperblut sammelt sich in einen Sinus venosus und tritt durch die Vorkammer in die Herzkammer ein, welche es nach vorn in die Kiemen treibt, wo es wieder arteriell wird. Als Fortsetzung des Herzens findet sich der Conus arteriosus (*Selachier*), der rudimentär werden und dem untersten Abschnitt des Arterienstammes, dem angeschwollenen Bulbus arteriosus (*Teleostier*) Platz machen kann. Von dem unpaaren Arterienstamme aus gehen die zuführenden Kiemengefäße an die Kiemen ab und lösen sich in ihnen in ein Gefäßnetz auf. Abführende Kiemengefäße nehmen dann das arteriell gewordene Blut auf und vereinigen sich, nachdem sie die großen Kopfarterien (Carotiden) abgegeben haben, zu der nach hinten ziehenden Aorta descendens, welche die Organe mit frischem Blute versorgt. Die das venöse Blut zum Sinus venosus führenden Venen sind zwei vom Kopfe kommende Jugularvenen und zwei vom Körper kommende Cardinalvenen, die sich jederseits zu einem Gange, dem Ductus Cuvieri, vereinigen. Das Herz der Fische ist also rein venös.

Die Nieren (Urnieren) liegen als langgestreckte Organe dicht unter der Wirbelsäule, und ihre Ausführgänge, die Harnleiter, münden entweder in die Kloake (*Selachier, Dipneusten*) oder vereinigen sich hinter dem After zu einer häufig auf einer Papille stehenden Öffnung. Der hintere Teil der Harnleiter ist vielfach zu sogenannten „Harnblasen" erweitert, die aber der Harnblase der höheren Wirbeltiere, einer ventralen Kloakenausstülpung, nicht homolog sind.

Die meist paarigen Geschlechtsdrüsen entleeren ihre Produkte auf sehr verschiedene Weise. Bei den Teleostiern sind die Eierstöcke meist zwei hohle Schläuche, die in einer unpaaren Öffnung hinter dem After ausmünden, so daß die reifen Eier direkt nach außen gelangen, oder die Eierstöcke sind solid (Selachier), und die reifen Eier fallen in die Bauchhöhle und gelangen durch eine unpaare Öffnung, den Porus genitalis, nach außen. Die männlichen Geschlechtsprodukte der Teleostier gelangen von den Hoden in die beiden Samenleiter, die sich vereinigen und entweder gesondert hinter dem After und vor der Harnöffnung ausmünden oder sich mit der Harnöffnung vereinigen. Bei Selachiern und Ganoiden spaltet sich der aus dem embryonalen Vornierengang hervorgegangene Urnierengang der Länge nach in den medialen WOLFFschen und in den lateralen MÜLLERschen Gang. Der WOLFFsche Gang wird beim männlichen Geschlecht zum Harnsamenleiter, indem der vordere Abschnitt der Urniere, Nebenhoden genannt, sich mit dem Hoden in Verbindung setzt, während der MÜLLERsche Gang beim Männchen obliteriert. Beim Weibchen wird der MÜLLERsche Gang zum Ausführgang der Geschlechtsprodukte. In einem Abschnitte, der Uterus genannt wird, kann bei manchen Selachiern die Entwicklung des befruchteten Eies erfolgen. Der WOLFFsche Gang wird beim Weibchen zum Harnleiter.

B. Spezieller Kursus.

I. *Scyllium canicula* Cuv.

Wir betrachten zunächst die äußere Gestalt (s. Fig. 148). Der langgestreckte Körper ist in seinem vordersten Teile dorsoventral abgeplattet, nach hinten zu seitlich zusammengedrückt. Vorn bildet der

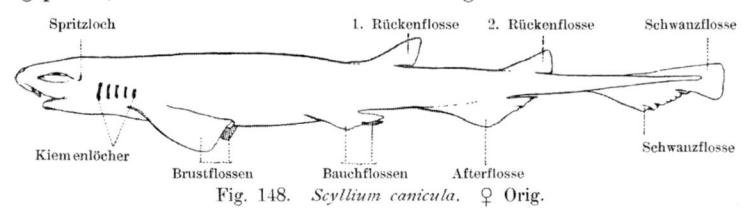

Fig. 148. *Scyllium canicula*. ♀ Orig.

Kopf ein breites, abgerundetes Rostrum. Hinten geht der Körper allmählich in den Schwanz über, der in stumpfem Winkel etwas nach oben gebogen ist. Von den paarigen Flossen, welche den Gliedmaßen der höheren Wirbeltiere entsprechen, liegen die großen, dreieckigen Brustflossen in horizontaler Lage dicht hinter dem Kopfe und sind weit voneinander getrennt, während die kleineren, etwa in der Mitte des Körpers gelegenen Bauchflossen in der ventralen Mittellinie zusammenrücken. Beide Geschlechter lassen sich dadurch schon äußerlich leicht voneinander unterscheiden, daß sich beim Männchen an den miteinander verwachsenen inneren Rändern der Bauchflossen zwei Abschnitte derselben abgesondert haben, die von länglich konischer Gestalt sind und als Begattungsorgane (Pterygopodien) fungieren (s. Fig. 149). Betrachten wir die dem Körper zugewandte Seite dieser Organe, so sehen wir dorsalwärts eine tiefe Rinne bis zur Spitze verlaufen, in welcher bei der Begattung der Samen entlang geleitet wird.

Außer den paarigen Flossen finden sich in der Mittellinie des Körpers auch unpaare vor, und zwar sind es zwei weit nach hinten liegende Rückenflossen, von denen die vordere die größte ist, dann die Schwanzflosse, welche den etwas aufwärts gebogenen Schwanzteil umgibt, und dorsal sehr niedrig, ventral bedeutend höher ist. Der ventrale Teil der Schwanzflosse ist durch eine Einkerbung in einen großen vorderen und einen kleineren hinteren, terminal gelegenen Lappen getrennt. Außerdem ist noch eine weitere unpaare Flosse, die Afterflosse vorhanden, die der Medianlinie der Bauchseite, in der Mitte zwischen Bauch- und Schwanzflosse, aufsitzt.

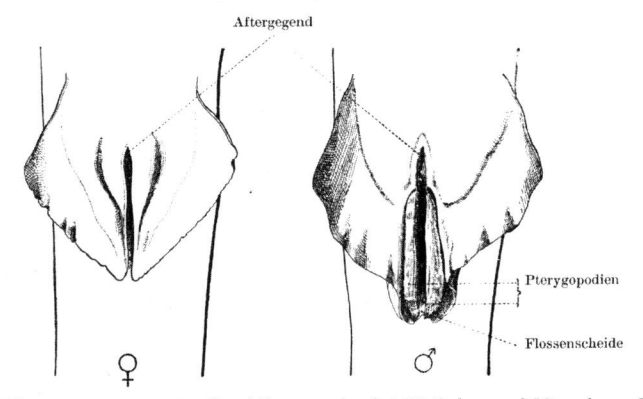

Fig. 149. *Scyllium canicula.* Bauchflossenregion bei Weibchen und Männchen. Orig.

Von Körperöffnungen betrachten wir zunächst den Mund (s. Fig. 150), der auf der Bauchseite, ein Stück von dem Ende des Rostrums entfernt liegt. Er stellt sich dar als ein querer, stark gebogener Spalt, dessen Eingang mit spitzen, zarten, aber doch deutlich sichtbaren Zähnen dicht besetzt ist. Der After ist ebenso wie die Öffnung des Urogenitalsystems zwischen den Bauchflossen gelegen. Vor dem Munde liegen als zwei tiefe, zu beiden Seiten herabziehende Spalten, die Nasenöffnungen, die in ihrer Mitte durch Hautklappen überdeckt sind. Hinter den langen schmalen Augenschlitzen befindet sich jederseits ein kleines rundliches Loch, das Spritzloch, welches als die vorderste, zwischen Kiefer- und Zungenbeinbogen verlaufende, rudimentär gewordene Kiemenspalte aufzufassen ist. Die funktionierenden Kiemenspalten liegen jederseits ein Stück dahinter als fünf vertikale Schlitze, welche den Vorderdarm mit der Außenwelt verbinden. Das durch den Mund einströmende Wasser wird durch diese Spalten wieder nach außen befördert, nachdem es seinen Sauerstoff an die im Inneren der Spalten gelagerten, von außen nicht sichtbaren Kiemen („verdeckte Kiemen") abgegeben hat.

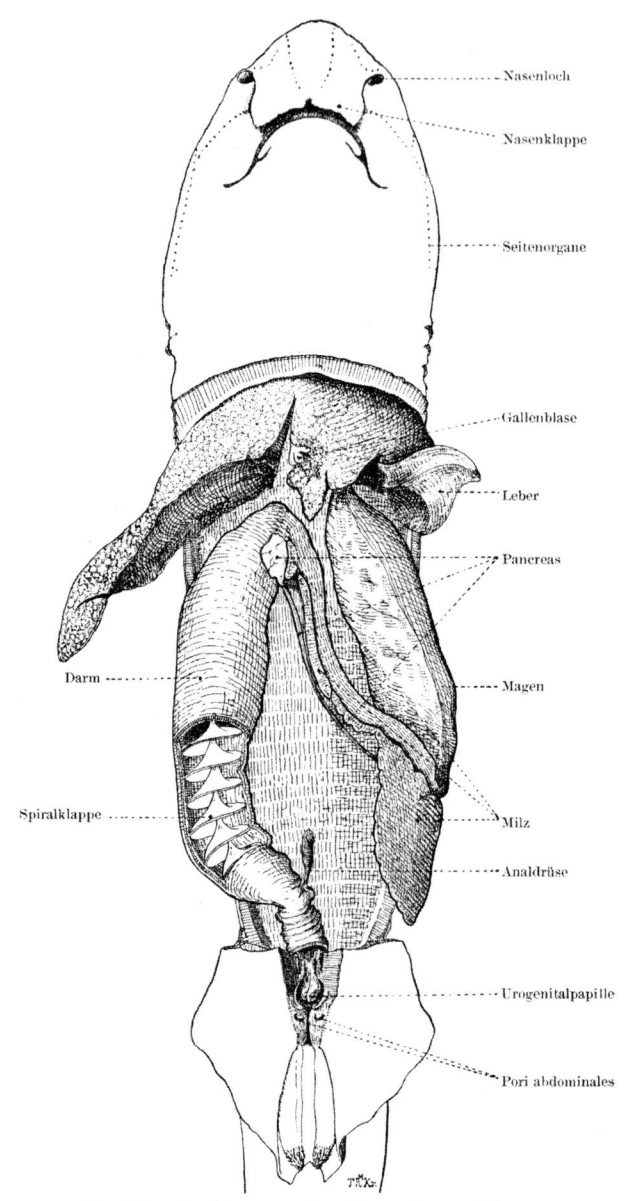

Fig. 150. *Scyllium canicula.* Darmtraktus. Orig.

Die Haut ist oben von rötlichgrauer Farbe und mit zahlreichen rundlichen, schwarzbraunen Flecken bedeckt, unten weiß. Sie faßt sich, besonders auf der Rückenseite, sehr rauh an. Das rührt von zahlreichen winzigen Hautverknöcherungen, den Plakoidschuppen her, die aus einer knöchernen Platte und darauf sitzenden feinen, dreispitzigen, nach hinten gerichteten Hautzähnchen bestehen.

Die Plakoidschuppen lassen sich gut zur Anschauung bringen, wenn man ein Stückchen Rückenhaut herausschneidet und in einem Reagenzglase mit Kalilauge kocht. Der Rückstand wird mit Wasser ausgewaschen und auf einem Objektträger unter Glyzerin untersucht. Doch genügt es auch schon, wenn man mit dem starken Messer der Haut entlang fährt und die so herausgerissenen Plakoidschuppen auf einen Objektträger bringt und mit schwacher Vergrößerung betrachtet.

Wir gehen nunmehr zum Studium der inneren Anatomie über.

Mit der großen Schere oder dem starken Messer wird in der ventralen Mittellinie ein Schnitt geführt von der Höhe des Bauchflossenbis zu der des Brustflossenansatzes. Dann macht man von den beiden Endpunkten dieses Längsschnittes vier transversale Schnitte, zwei vor dem Bauchflossenansatz, zwei vor dem Brustflossenansatz. Die dadurch entstehenden beiden Klappen der Körperwand werden dann durch zwei weitere seitliche Längsschnitte abgetragen.

Es liegen nunmehr die Baucheingeweide frei. Das ganz vorn befindliche umfangreiche Organ, welches auf gelbbraunem Grunde schwarz marmoriert ist, und nach hinten zu zwei seitliche Lappen entsendet, ist die Leber. Heben wir die in der Mittellinie gelegene Portion des linken Leberlappens etwas in die Höhe, so wird die Gallenblase sichtbar und mit ihr die im einzelnen schwierig zu verfolgenden Gallengänge, die in den Anfangsteil des Darmes einmünden. Das große, die Bauchhöhle fast in ihrer ganzen Länge durchziehende Gebilde ist der Magen. Er besteht aus zwei „U"förmig miteinander verbundenen Schenkeln, von denen der linke (im Präparat und der Abbildung also der rechte) die Fortsetzung des Oesophagus ist und als weiter Sack erscheint, während der aufsteigende rechte Schenkel ein enges Lumen hat. An seinem vorderen Ende geht er in den Darm über, der als ziemlich weites Rohr auf der rechten Seite geradlinig nach hinten verläuft. Dem hinteren Ende der sackförmigen linken Magenabteilung sitzt die Milz breit auf, ein braunroter, nach hinten spitz zulaufender Körper, der mit einem schmalen Fortsatz dem aufsteigenden Schenkel des Magens folgt. Zwischen letzterem und dem Darm liegt als schmales Band das Pancreas.

Schneidet man aus der Darmwand ein größeres Fenster aus und wäscht das Darmlumen gut aus, so wird eine in engen spiraligen Windungen verlaufende Schleimhautfalte, die Spiralklappe, sichtbar, die eine Vergrößerung der resorbierenden Darmoberfläche bewirkt.

Ein kleiner dickwandiger Anhang an der dorsalen Seite des Enddarmes ist die Analdrüse.

Es wird nunmehr der Darmtractus samt Leber oben und unten abgeschnitten und vorsichtig von seiner Anheftung abgetrennt. Man achte darauf, daß die Leber dicht an ihrem Ligament abgeschnitten wird.

Dadurch wird das Urogenitalsystem sichtbar (s. Fig. 151). Haben wir ein **Weibchen** vor uns, so fällt zunächst ein auf der rechten

Seite, aber nahe der Mittellinie liegender gelbweißer Körper auf, der durch ein dorsales Mesenterium fixiert ist. Größere und kleinere rundliche Eier, die in ihm liegen, lassen ihn als das **Ovarium** erkennen.

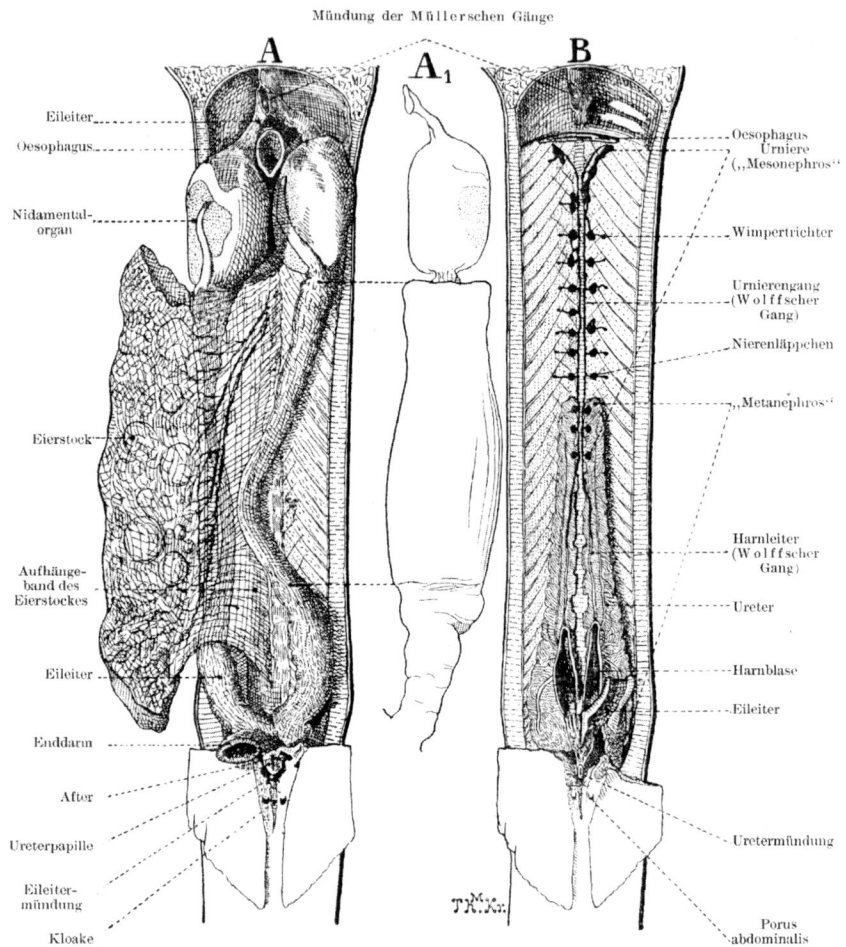

Fig. 151. Geschlechtsorgane (A), reifes Ei im Eileiter (A_1) und Exkretionssystem (B) eines Weibchens von *Scyllium canicula*. Orig.

Bei vorliegender Art, wie bei der Gattung *Scyllium* überhaupt, ist es unpaar, fast bei allen anderen Selachiern dagegen paarig.

Das Ovarium wird von seinem Aufhängeband abgeschnitten und herausgehoben.

Dadurch werden die beiden sehr stark entwickelten **Eileiter** (MÜLLERschen Gänge) gut sichtbar als zwei in Abschnitte geteilte Röhren, die sich oben und unten vereinigen. Oben vereinigen sie sich in einem Bogen, in dessen Mitte sich eine unpaare Öffnung entdecken läßt, durch welche die reifen Eier aus der Leibeshöhle, in die sie aus dem Ovarium hineingeraten sind, in die Eileiter eintreten. Etwas weiter nach hinten erweitert sich jeder der beiden Gänge zu einem rundlichen Körper, dem Nidamentalorgan, das in wesentlichen aus zwei Gruppen von Drüsen besteht. Die vordere weiße Partie ist die Eiweißdrüse, die hintere rötliche die Schalendrüse, deren drüsige Wandungen eine hornige Eischale absondern. Es folgt darauf ein langer, sehr erweiterungsfähiger Abschnitt, in dem gelegentlich ein reifes Ei liegt. Heben wir ein solches Ei heraus, so sehen wir an jeder der vier Ecken, in welche die Schale ausgezogen ist, einen hornigen, spiralig zusammengedrehten Faden, der nach der Eiablage zur Befestigung des Eies an irgend eine Unterlage zu dienen hat. Schneidet man eine Eischale vorsichtig auf, so sieht man den Embryo darin liegen. Nach hinten zu vereinigen sich die beiden MÜLLERschen Gänge zu einem gemeinsamen Ausführungsgang, der in der dorsalen Wand der Kloake mit weiter Öffnung mündet.

Unter den Eileitern liegen fast in der ganzen Länge der Bauchhöhle, dorsal vom Peritoneum, die Nieren als lange, schmale, bräunliche Körper. Ihr vorderer Abschnitt zeigt noch embryonalen Bau, und besteht aus segmental angeordneten, durch Wimpertrichter mit der Bauchhöhle verbundenen Nierenläppchen, ihr hinterer Teil dagegen ist breit und kompakter. Oben auf den Nieren liegen zwei dünne Kanäle, die WOLFFschen Gänge, die beim weiblichen Geschlecht als Harnleiter fungieren. Hinten erweitern sie sich zu zwei sogenannten „Harnblasen" und vereinigen sich zu einer gemeinsamen Ausmündung in der Kloake. Der hintere Abschnitt der Niere wird als „Metanephros", der vordere als „Mesonephros" bezeichnet, wobei zu beachten ist, daß es sich nur um einen Ausdruck der Lagebeziehungen und nicht um eine Homologisierung mit den Nieren der Amnioten handelt.

Der Metanephros hat jederseits einen eigenen Ausführgang, den „Ureter" (nicht zu homologisieren mit dem Ureter der Amnioten), der mit mehreren Öffnungen in die Harnblase einmündet.

Beim **Männchen** finden sich folgende Verhältnisse des Urogenitalsystems. Die Hoden sind zwei weißliche, lange Körper, die vorn verschmolzen sind und durch ein zartes dorsales Aufhängeband in ihrer Lage gehalten werden. Ihre sehr zarten Ausführgänge (Vasa efferentia) treten in den vorderen Abschnitt der Niere, den „Mesonephros", auch „WOLFFscher Körper" genannt, ein, der die Geschlechtsprodukte in die beim Männchen ausschließlich als Samenleiter dienenden WOLFFschen Gänge weiter leitet. Jeder WOLFFsche Gang erweitert sich hinten zu der Vesicula seminalis, neben der nach außen und ventralwärts ein Blindsack liegt. Der hintere Teil der Niere („Metanephros") entsendet Ausführgänge, die sich im Ureter vereinigen. Der Harn gelangt in einen vom hintersten Teil des neben der Vesicula seminalis gelegenen Blindsackes gebildeten Abschnitt, den Urogenitalsinus, deren jeder hinten mit dem der Gegenseite verschmilzt. Die Ausmündung erfolgt in der Kloake auf einer Urogenitalpapille.

Wir gehen nunmehr zur Anatomie der Brusteingeweide über.

Es wird auf der ventralen Seite eine Schicht der Körperwand nach der anderen durch vorsichtig geführte Flächenschnitte abgetragen. Das Herz wird durch Aufschneiden und Abtragen des mittleren Teiles des Brustgürtels, sodann durch vorsichtiges Öffnen des das Herz umgebenden verknorpelten Herzbeutels freigelegt.

An dem nunmehr vor uns liegenden Herzen fällt zunächst ein median liegender dickwandiger Abschnitt auf, der sich nach vorn in ein großes Blutgefäß fortsetzt; es ist die Herzkammer. Sie verlängert sich in einen innen mit Reihen von Klappen versehenen Conus arteriosus, der einen Teil des Herzens selbst darstellt. Unter der

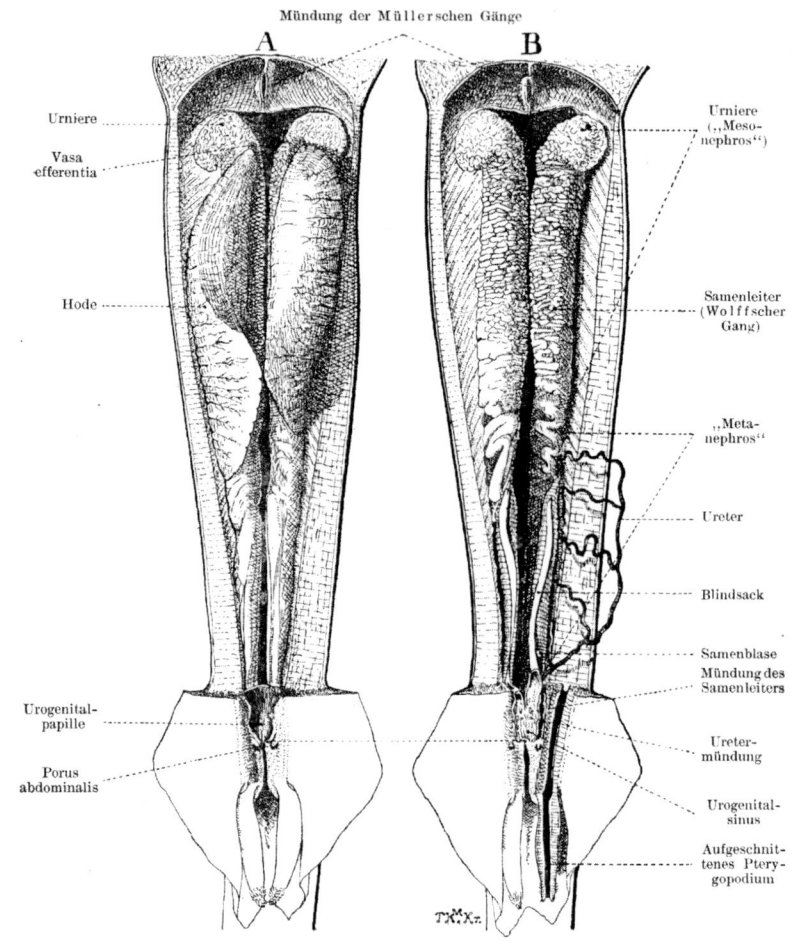

Fig. 152. Geschlechtsorgane (A) und Exkretionssystem (B) eines Männchens von *Scyllium canicula*. Orig.

Herzkammer liegt die große, dreieckig geformte Vorkammer, die jederseits unter der Herzkammer vorragt. Heben wir diese Teile vorsichtig in die Höhe, so sehen wir darunter einen dünnwandigen großen Sack liegen, den Sinus venosus, welcher das venöse Körperblut sowie das Blut aus einer Lebervene empfängt und durch eine mediane Öffnung an die Vorkammer abgibt. Wenn man das große, vom Herzen abgehende Blutgefäß, die Aorta ascendens, weiter nach vorn verfolgt und die seitlich abgehenden Äste herauspräpariert, sieht man, daß diese Äste zu den Kiemen verlaufen. Das aus dem Körper stammende venöse Blut gelangt ins Herz und von diesem durch die aufsteigende Aorta und deren Äste, die Kiemenarterien, in die Kiemen, wo es durch Abgabe von Kohlensäure und Zufuhr frischen Sauerstoffs gereinigt wird. Das frische, sauerstoffreiche Blut wird aus den Kiemen durch abführende Gefäße, die Kiemenvenen, dem dorsal liegenden Hauptgefäßstamm, der Aorta descendens zugeführt, die den Körper versorgt.

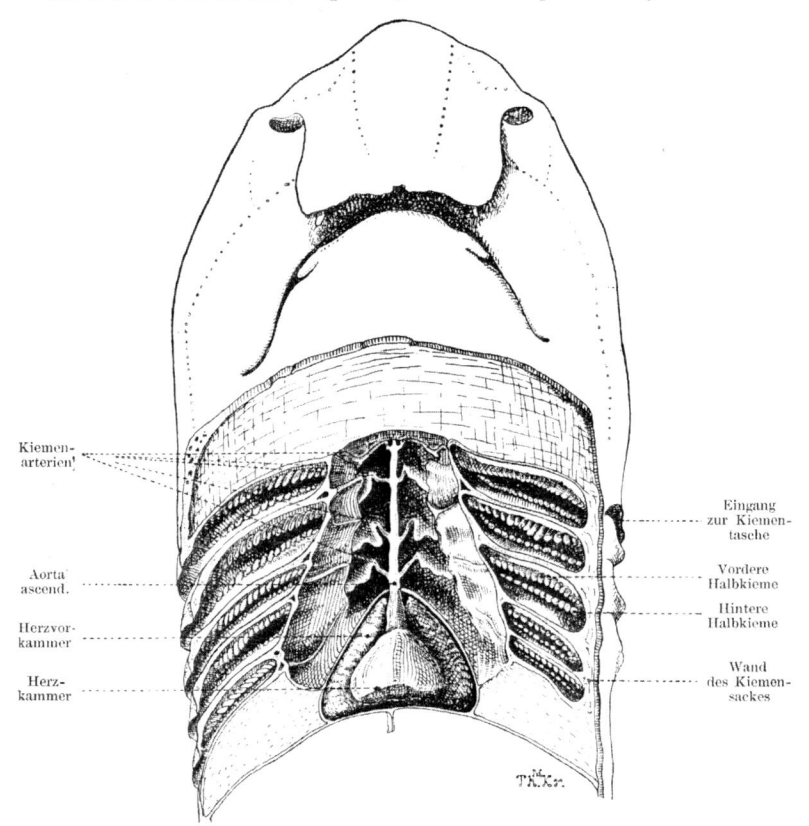

Fig. 153. *Scyllium canicula.* Herz und Kiemen. Orig.

Durch die schichtenweise Abtragung der ventralen Körperwand sind auch die Kiemen freigelegt. Man sieht die vom Vorderdarm nach außen ziehenden fünf Kiemenspalten, deren äußere Öffnungen wir schon bei der Betrachtung der äußeren Körperform konstatiert haben. In diesen Spalten liegen an den Wandungen weiche, stark mit Blutgefäßen erfüllte Schleimhautfalten: die Kiemen. Das durch den Mund einströmende Wasser streicht an den Kiemen vorbei, durch die Kiemenlöcher nach außen, und gibt auf diesem Wege den Sauerstoff der im Wasser enthaltenen Luft an das die Kiemen füllende Blut ab. Die vorderste Kiemenspalte, das Spritzloch, enthält keine Kieme, wie man sich leicht durch Aufschneiden der Spalte überzeugen kann, sondern nur einige als Kiemenrudimente zu deutende schmale Falten. An ihrer Basis sitzen die Kiemen knorpeligen Spangen, den Kiemenbögen auf.

Ein Querschnitt durch die hintere Körperregion, etwa in der Höhe der vorderen Rückenflosse, zeigt uns zunächst die Anordnung der Rumpfmuskulatur.

Die Muskulatur erscheint angeordnet in konzentrischen Ringen, die dadurch entstehen, daß die Myotome tütenartig ineinander gesteckt sind. Ferner wird die knorpelige Wirbelsäule sichtbar, welche einen gallertigen Rest der Chorda dorsalis einschließt. Die dorsal vom Wirbelkörper ausgehenden Neuralbogen umfassen das Rückenmark. Ein senkrecht den Neuralbogen aufsitzender Knorpelstrahl dient zur Stütze der Rückenflosse. Die beiden ventralen Hämalbogen umfassen zwei quer durchschnittene Blutgefäße. Das obere, als quergerichteter Spalt erscheinende, ist die Schwanzarterie, die hintere Fortsetzung der Aorta descendens. Das darunter liegende, von mehr dreieckigem Querschnitt ist die Schwanzvene. Einen genaueren Einblick in den Aufbau der Wirbelsäule erhält man, wenn man sie mit dem starken Messer ein Stück weit in der Längsrichtung spaltet.

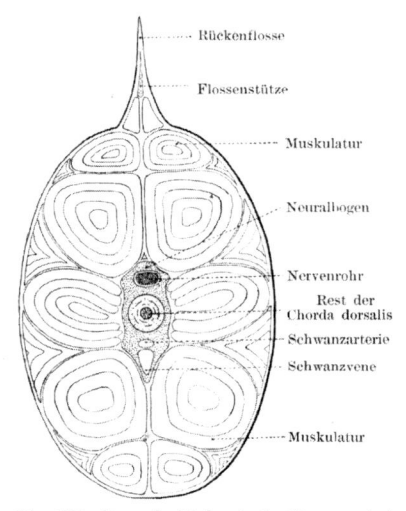

Fig. 154. Querschnitt durch *Scyllium canicula*, in der Gegend der vorderen Rückenflosse. Orig.

Schließlich sind noch das Gehirn und die Sinnesorgane zu untersuchen.

Die Haut der Dorsalseite des Kopfes wird vorsichtig abgezogen und dann durch flache Schnitte mit dem Skalpell die Schädelhöhle eröffnet. Es wird das Gehirn sichtbar, das durch behutsame Präparation gänzlich freigelegt wird.

An der Hand der nebenstehenden Abbildung (s. Fig. 155) lassen sich die einzelnen Abteilungen des Gehirns feststellen. Beginnen wir von vorn, so sehen wir seitlich die mächtig entwickelten Lobi olfactorii, von denen die Riechnerven an die beiden Geruchsorgane herantreten. Zwischen ihnen liegt das Vorderhirn, dessen beide Hemisphären unvollkommen voneinander getrennt und ziemlich klein sind. Der sich daran schließende Hirnabschnitt ist das verdeckte Zwischenhirn, von dem die Lobi optici ausgehen, dann folgt das Mittelhirn, hierauf das große, ovale Kleinhirn und schließlich das ins Rückenmark übergehende Nachhirn, zwischen dem als tiefe Grube ein Ventrikel sichtbar wird.

Von den Sinnesorganen betrachten wir zunächst das Geruchsorgan. Es stellt sich dar als ein jederseits vorn am Kopfe liegender großer Sack, der im Innern zahlreiche Schleimhautfalten aufweist.

Um das Auge zu studieren, nehmen wir es aus der Augenhöhle heraus.

Es wird zunächst rings um das Auge ein Hautschnitt geführt, der zwischen Spritzloch und Auge hindurch und im übrigen in etwa 1 cm

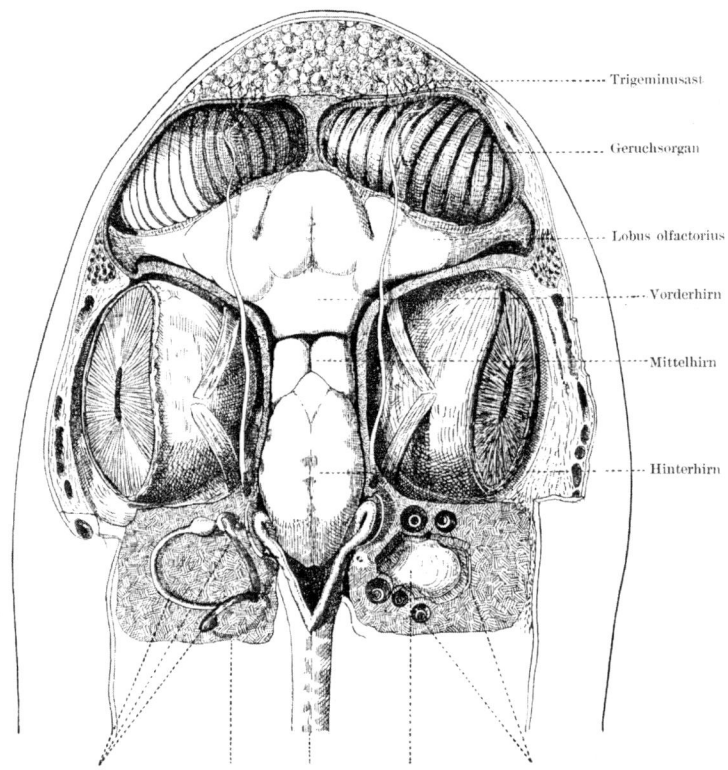

Fig. 155. Gehirn und Sinnesorgane eines jungen *Scyllium canicula*. Orig.

Abstand vom Lidrande zu erfolgen hat. Von diesem Schnitt aus wird die Haut nach dem Auge zu abpräpariert, bis wir hinter die Lider und in die Augenhöhle kommen. Mit der kleinen Schere gelangen wir hinter den Bulbus und durchschneiden die Augenmuskeln und den Sehnerven. Nunmehr läßt sich das Auge aus seiner Höhle herausnehmen. Mit Scherenschnitten werden die Lider vom Augenbulbus abgetrennt.

Es lassen sich zunächst die sechs Augenmuskeln wahrnehmen, vier gerade und zwei schiefe, dann die Sclera, die sich nach vorn in die Cornea fortsetzt. Auf der Cornea liegt die dünne, sich leicht ablösende Conjunctiva, und durch sie hindurch sieht man die Iris mit spaltförmiger, horizontal gerichteter Pupille. Auch den herantretenden Sehnerven können wir feststellen.

Um das Innere des Auges zu studieren, teilen wir es durch einen Schnitt (entweder mit dem Skalpell oder der Schere), der vertikal dicht neben der Augenachse geführt werden muß, in zwei ungleiche Hälften. Wir sehen jetzt die kugelige, sehr große Linse, dahinter den Glaskörper, die weißliche Retina, die beim lebenden Tier mit einem glänzenden Tapetum bedeckte schwarze Chorioidea, welche nach vorn zu in das Corpus ciliare und darauf in die Iris übergeht, sowie die knorpelige Sclera, und die quer durchschnittene Cornea. Die Linse ist durch die vom Corpus ciliare zum Linsenäquator ziehende Zonula Zinnii befestigt. Ventral befindet sich am inneren Rande des Corpus ciliare eine Papille desselben, welche den stark von Pigment verdeckten Linsenmuskel trägt, die sogenannte „Campanula Halleri". Ein Processus falciformis, wie er bei den Teleostiern vorkommt, ist nicht vorhanden.

Am schwierigsten zu präparieren sind die Gehörorgane. Man kann sich damit begnügen, durch vorsichtig geführte Flächenschnitte die verhältnismäßig großen Bogengänge des Utriculus, insbesondere den horizontalen, zur Anschauung zu bringen.

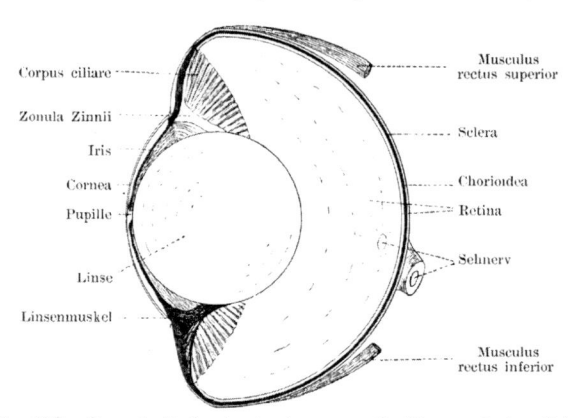

Fig. 156. Querschnitt durch ein Auge von *Scyllium canicula*. Orig.

II. *Leuciscus rutilus* (L.).

Äußere Körperform. Der meist gegen 20 cm lange Fisch besitzt einen seitlich zusammengedrückten Körper, dessen Farbe auf dem Rücken blaugrünlich, auf den Seiten und dem Bauche silberig ist. Von den paarigen Extremitäten liegen die Brustflossen weit vorn, dicht hinter dem Kopf, die Bauchflossen etwa in der Mitte der Körperlänge, näher zusammenstehend als die Brustflossen.

Von unpaaren Flossen steht auf dem Rücken die Rückenflosse, mit ihrem Vorderende etwa in der Mitte der Rückenlinie beginnend, hinten findet sich die Schwanzflosse und ventral die dicht hinter dem After beginnende Afterflosse.

Sämtliche Flossen sind mehr oder weniger rot gefärbt; in Rücken- und Schwanzflosse wird die rote Färbung meist durch eine schwarze Pigmentierung verdeckt.

Der ganze Körper ist mit Schuppen bedeckt, nur der Kopf ist frei davon. Die dachziegelförmig übereinanderliegenden Schuppen stehen in Reihen, und sind nach hinten sanft abgerundet. Auf der Mitte jeder Seite verläuft von vorn nach hinten eine deutliche Linie, die Seitenlinie, in welcher sich gewisse Sinnesorgane, die Seitenorgane, befinden. Oberhalb dieser Seitenlinie liegen 7—8 Längsreihen von Schuppen, entlang der Seitenlinie 40—44 Querreihen und unter der Seitenlinie 3—4 Längsreihen. Man drückt das in folgender Formel aus:

7—8 | 40—44 | 3—4.

Diese Schuppen bilden übrigens nicht die äußere Hautbedeckung, sondern liegen unter einer sehr zarten schleimigen Schicht: der Epidermis. Hebt man eine Schuppe vorsichtig mit der Pinzette hoch, so kann man sich leicht davon überzeugen.

Am spitz zulaufenden Kopfe sehen wir eine kleine, fast wagerechte Mundspalte, darüber zwei ansehnliche tiefe Gruben, die Nasengruben, deren jede durch eine annähernd senkrechte Scheidewand in zwei Nasenlöcher geschieden ist. Seitlich liegen die großen, runden, flachen Augen. Hinten befinden sich zu beiden Seiten des Kopfes zwei halbmondförmige Platten, die Kiemendeckel. Sie verdecken eine Spalte, und wenn wir einen Kiemendeckel etwas hochheben, so sehen wir darunter die Kiemen liegen. Schon äußerlich bemerken wir, daß die Kiemendeckel zusammengesetzt sind aus mehreren Platten, welche für die Systematik der Fische von Wichtigkeit sind.

Auf der Bauchseite sehen wir jederseits drei Spangen liegen, die Kiemenstrahlen, welche die sich an die Kiemendeckel anschließende Kiemenhaut stützen.

Ein Charakter von systematischer Wichtigkeit ist schließlich noch die Zahl der Flossenstrahlen in jeder Flosse. Diese Flossenstrahlen sind einfach gegliederte oder verzweigte, von denen die ersteren stets vor den letzteren stehen. Man schreibt das in Formeln so, daß die Zahl der einfach gegliederten Flossenstrahlen von der der verzweigten durch einen senkrechten Strich getrennt wird. So gelten für unsere Art folgende Formeln:

R 3 | 9—11; Br 1 | 15; B 1—2 | 8; A 3 | 9—11; S 19.

Unmittelbar vor der Afterflosse liegen drei Öffnungen, der After und, auf einer Papille, Geschlechtsöffnung und Harnleitermündung.

Der Fisch wird nunmehr in das Wachsbecken unter Wasser gelegt. Mit der Schere schneiden wir, vom After beginnend, den Leib bis zu den Kiemenstrahlen auf, führen dann einen zweiten Scherenschnitt vom After auf der linken Seite schräg nach vorn bis zur dorsalen Begrenzung der Leibeshöhle, die etwa in der Höhe der Seitenlinie liegt, und einen gleichen Scherenschnitt hinter dem Kiemendeckel schräg nach hinten. Die dadurch entstandene Klappe wird alsdann durch einen Scherenschnitt, der der Seitenlinie entlang geführt wird, abgetrennt. Es ist empfehlenswert gleich ein vollständiges Präparat vom Fische anzufertigen. Zu diesem Zwecke legen wir die Wirbelsäule und die Dornfortsätze durch Abtragung der dorsalen Muskulatur frei. Dann gehen wir zur Präparation des Kopfes über. Der Schnitt auf der Medianen der Ventralseite wird nach vorn bis zur Unterkieferspitze weitergeführt, und ebenso ein nicht zu tiefer Schnitt, der nur eben den Knochen durchtrennt, auf der Medianen der Dorsalseite bis zur Oberkieferspitze. Vorsichtig wird alsdann die ganze Seitenwand des Kopfes abgehoben.

Das Resultat dieser Präparation ist auf Fig. 157 dargestellt. Wir orientieren uns zunächst über die Lagerung der einzelnen Organe. Das große gaserfüllte Organ, welches den dorsalen Teil der Leibeshöhle einnimmt, ist die Schwimmblase. Wir sehen, daß sie in einen vorderen kleineren und einen hinteren größeren Abschnitt zerfällt, die beide zusammenhängen. Dorsalwärts von der Schwimmblase liegen dicht unter dem Rücken die langgestreckten Nieren, deren vorderstes Stück als „Kopfniere" bezeichnet wird; ventralwärts von ihr zieht ein breites, flaches Band von vorn nach hinten: die Gonade. Die im Ovarium liegenden Eier zeichnen sich durch sehr deutliche Keimbläschen aus. Ventralwärts davon liegt vorn, in eine Schlinge eingekrümmt, der Darm, in seinem vorderen Teile umgeben von drei Leberlappen, von denen der größte sich auf der Ventralseite des Darmes entlang zieht. Zwischen der Darmschlinge und dem vorderen Teil der Schwimmblase, in der Nähe des ersten Leberlappens liegt die Milz. Diese Baucheingeweide werden nach vorn zu eingeschlossen von der senkrecht aufsteigenden Wand des Peritoneums. Davor liegt ventral das Herz, hinten oder mehr seitlich überdeckt von dem großen Sinus venosus; es besteht aus einer Vorkammer und einer Kammer, welche nach vorn den großen Bulbus arteriosus entsendet, aus dem die vier Paar Kiemenarterien an die Kiemen herantreten.

Die deutlich sichtbaren Kiemen liegen in ihrem oberen hinteren Teile einer Muskelmasse auf, welche die Schlundknochen überdeckt. In der Mundspalte sehen wir eine Erhebung des Mundhöhlenbodens, die sogenannte „Zunge". Dorsal von den Kiemen und vom großen runden Auge haben wir die geräumige langgestreckte Schädelhöhle geöffnet, in welcher das Gehirn sichtbar wird. Ein langer, nach vorn ziehender Nervenstrang ist der Riechnerv. Die einzelnen Abschnitte des Gehirns lassen sich leicht feststellen.

Durch einen Flächenschnitt öffnen wir ein Auge und finden darin eine ansehnliche Linse, die in Anpassung an das Sehen im Wasser Kugelform besitzt.

Wir legen nunmehr die Eingeweide vorsichtig auseinander. Der Darm wird mit der Pinzette bei der vorderen Schlinge erfaßt und unter Abpräparieren des zarten Aufhängebandes herausgelegt, ohne ihn abzuschneiden. Dann werden die Gonaden abpräpariert, und hierauf wird die Schwimmblase vom hinteren freien Ende aus herausgehoben.

Das Vorderende der Schwimmblase ist von einer starken häutigen Kapsel umgeben. Wir sehen nunmehr auch den Gang, welcher die Schwimmblase mit dem Oesophagus verbindet. Dieser Gang tritt in die hintere Hälfte der Schwimmblase, dicht hinter der Einschnürung ein.

Vom Darm sehen wir den aus dem Muskelkegel hinter den Kiemen hervortretenden Oesophagus in den geräumigeren, gestreckten Magen übergehen. Dann bleibt der Darm bis zum After ungefähr gleich weit. Auch die drei Leberlappen sind jetzt deutlicher sichtbar; unter dem oberen liegt die etwas dunkler gefärbte Milz, unter dem rechten die ihre Umgebung gelb färbende Gallenblase.

Auf und zwischen den Eingeweiden befindet sich eine gelblichweiße Masse mit vielen sehr kleinen, stark glänzenden Fettröpfchen, die auch in der Umgebung des Gehirns vorkommt.

16. Kursus: Selachier und Teleostier. 267

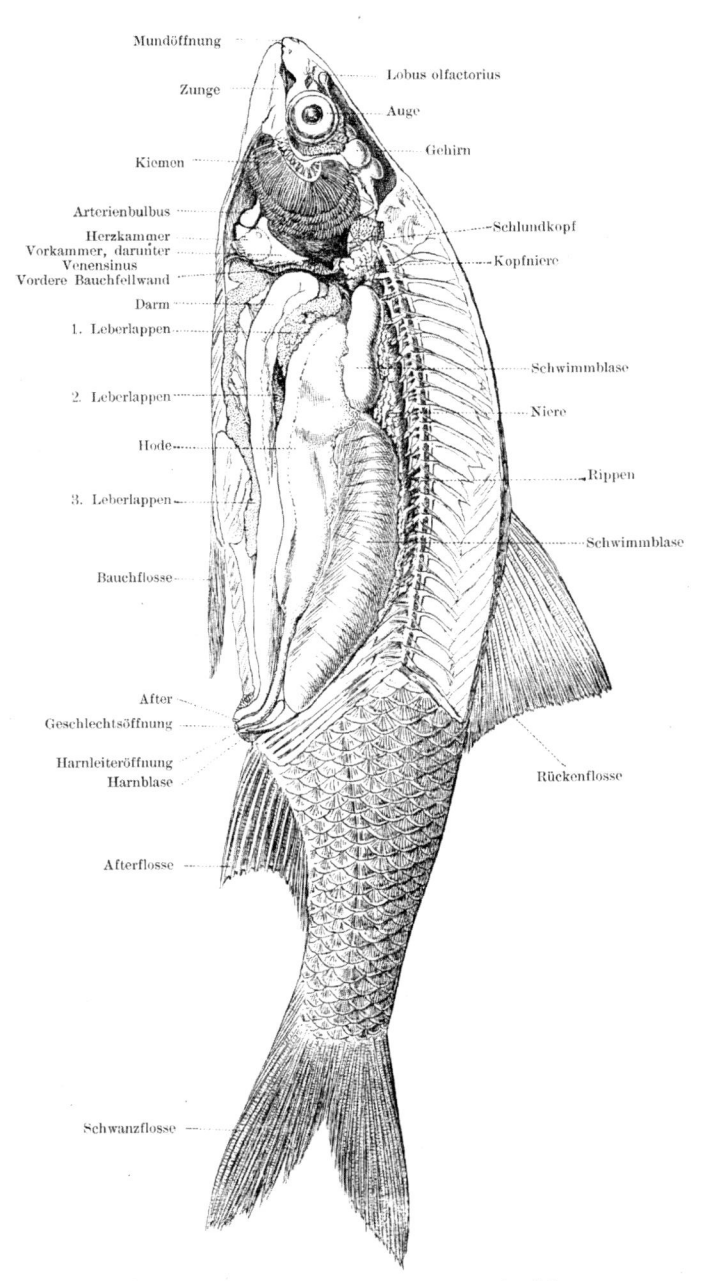

Fig. 157. Anatomie von *Leuciscus rutilus* ♂. Orig.

Die Gonaden, auf unserer Abbildung Fig. 157 die Hoden, verengern sich nach hinten zu etwas und münden gemeinsam dicht hinter dem After.

Durch die Wegnahme der Schwimmblase haben wir die **Nieren** freigelegt, die als zwei langgestreckte Organe dicht unter der Wirbelsäule verlaufen. Die von ihnen ausgehenden Harnleiter weisen seitliche Ausstülpungen, die sog. **Harnblasen**, auf und münden dicht hinter den Mündungen der Geschlechtsgänge auf der gemeinsamen **Papilla urogenitalis**.

Mit den Fingern nehmen wir einen der unteren Schlundknochen heraus und reinigen ihn von der ansitzenden Muskulatur.

Diese **unteren Schlundknochen** sind nichts anderes als das fünfte Paar der Kiemenbogen, welche aber keine Kieme tragen, sondern mit Zähnen besetzt sind, deren Anordnung für die Systematik von Wichtigkeit ist.

Die vier vorderen Kiemenbogen tragen an ihrem äußeren konvexen Rande die Kiemen. Dorsalwärts treten sie an die paarigen **oberen Schlundknochen**, die zum vierten Kiemenbogenpaar gehören, heran.

Mit dem starken Messer schneiden wir den Fisch hinter der Leibeshöhle quer durch, und betrachten den erhaltenen Querschnitt genauer.

Zunächst fällt ins Auge die mächtige Muskulatur, aus einzelnen Portionen bestehend, deren jede konzentrische Schichtung zeigt. Dorsale und ventrale Rumpfmuskulatur sind deutlich geschieden. Die konzentrische Streifung kommt dadurch zustande, daß der Querschnitt mehrere ineinander steckende Muskelkegel getroffen hat. Diese Muskelkegel sind die tütenartig ineinander steckenden Myomeren, die durch die Myocommata voneinander getrennt sind.

In der Mitte des Schnittes liegt die Wirbelsäule, die man mit Messer und Nadeln herauspräparieren kann. Der weiße Strang, welcher von den oberen Bogen umfaßt wird, ist das Rückenmark. Von der Vereinigung der Neuralbogen gehen die oberen Dornfortsätze aus. Die unteren oder Hämalbogen umschließen einen Kanal, den Caudalkanal, in welchem wir zwei Gefäße, eine Arterie und eine Vene, verlaufen sehen. Auch der Vereinigung der Hämalbogen sitzen untere Dornfortsätze auf.

Es wird nunmehr eine **Schuppe** von ihrer Unterlage entfernt und unter dem Mikroskop bei schwacher Vergrößerung betrachtet.

Eine solche Schuppe erweist sich als eine rundliche Platte, die am hinteren freien Rande etwas gezähnelt ist. Vom Zentrum strahlen eine Anzahl Furchen radial aus, besonders nach vorn und nach hinten. Außerdem findet sich eine konzentrische Streifung zahlreicher, dem Schuppenrande parallel laufender Leisten. Auf dem nicht von der vorhergehenden Schuppe bedeckten Teil finden sich sternförmig verästelte Pigmentzellen, sowie zahlreiche, in den Regenbogenfarben schillernde, aus Guanin bestehende Kristalle.

17. Kursus.
Amphibien.

Technische Vorbereitungen.

Eine Anzahl Exemplare des überall häufigen braunen Grasfrosches werden gesammelt und kurz vor Beginn des Kursus in einem verschlossenen Glasgefäß mit etwas Chloroform getötet.

A. Allgemeine Übersicht.

Ihre Organisation weist die Amphibien hauptsächlich auf das Leben am Lande hin. An Stelle der vielstrahligen Fischflossen ist das fünfstrahlige Gangbein getreten, und die Kiemenatmung macht der Lungenatmung Platz. Eine besonders scharf ausgeprägte Organisation besitzt die Ordnung der Anuren oder Batrachier, zu denen der in diesem Kurse zu behandelnde Grasfrosch gehört. Während die Urodelen, zu denen die Molche gehören, noch einen langgestreckten Körper mit langem Schwanze besitzen, ist bei den Batrachiern der Körperbau gedrungen, und ein Schwanz fehlt vollkommen.

Wir beschränken uns in dieser „allgemeinen Übersicht" auf den Bau der Anuren, speziell der Frösche.

Die Haut der Frösche ist nackt und mit schleimabsondernden Drüsen versehen, welche sie schlüpfrig machen. Ein Hautskelett, welches den ausgestorbenen Panzerlurchen noch zukam, und welches sich bei der noch jetzt lebenden Ordnung der Coecilien in Form von Schuppen erhalten hat, fehlt den Fröschen.

Von dem inneren Skelett des Frosches betrachten wir zunächst den Schädel. Es bleibt an ihm ein beträchtlicher Teil des ursprünglichen Primordialcraniums erhalten.

Wir sehen demgemäß von knorpeligen Schädelteilen die Nasenkapsel, den Alisphenoidknorpel, die Gehörkapsel, mit der das Quadratum, der hintere Abschnitt des Palatoquadratum, verschmolzen ist, während der vordere Abschnitt desselben, die Palatinspange, weit nach vorn bis zur Nasenkapsel reicht, und ferner findet sich auch an den Stellen noch Knorpel, wo sonst das Basioccipitale und Supraoccipitale liegen, so daß diese beiden Knochen hier fehlen.

Von primären Knochen findet sich vorn ein unpaarer Knochenring, das Sphenethmoid, während bei Urodelen Orbito- und Alisphenoide vorkommen können, ferner in der Ohrgegend ein Knochen, das Prooticum, und im Hinterhaupt die beiden Exoccipitalia, mit je einem Condylus occipitalis.

Deckknochen sind, von vorn angefangen, die Nasalia, die mit den Scheitelbeinen verwachsenen Stirnbeine, Frontoparietalia, sowie auf der Basalseite das große Parasphenoid.

Hierzu kommt nun noch das Visceralskelett. Auf dem Quadratknorpel, welchem der Unterkiefer eingelenkt ist, liegt das Squamosum; die Palatinspange trägt drei Belegknochen jederseits: Vomer, Palatinum und Pterygoid, und davor die Kieferreihe mit Prämaxillare und Maxillare. Vom Maxillare zieht zum Quadratum als Verbindung das Jochbein, Jugale.

Die Wirbel sind bei den Batrachiern vorn ausgehöhlt: procöl, während sie bei den Urodelen opisthocöl und bei den niedersten Formen derselben, den Perennibranchiaten, wie bei den Coecilien vorn und hinten ausgehöhlt, amphicöl, sind. In den Beckengürtel ist ein Wirbel, der Sacralwirbel, mit einbezogen. Bei den Batrachiern folgt auf diesen ein langer, säbelförmiger Knochen, das Os coccygis, welches die Schwanzwirbelsäule repräsentiert.

Den Batrachiern fehlen die Rippen, die bei den Urodelen vorhanden sind. Der Schultergürtel besteht aus einer gebogenen Platte jederseits, dem Schulterblatt, das mit dem Brustbein durch das Präcoracoid (auf dem als Deckknochen sich die Clavicula bildet) und das Coracoid verbunden ist. Das Brustbein besteht aus dem vorderen Episternum und dem hinteren Sternum, beide an ihren freien Enden mit verbreiterten Knorpelplatten und auch durch Knorpelmasse von einander getrennt. Die Vorderextremität ist gegliedert in Oberarm (Humerus), Unterarm (Radius und Ulna). Handwurzel (Carpus) und die Fingerstrahlen, stets nur vier an der Zahl.

Der Beckengürtel wird zusammengesetzt aus dem dorsalen langen Darmbein (Ileum) und dem ventralen, noch einheitlichen Scham-Sitzbein (Ischiopubis). An den langen Hintergliedmaßen finden sich fünf Zehen.

Das Gehirn ist langgestreckt, die fünf Hirnteile sind deutlich unterscheidbar, das Vorderhirn ist ziemlich groß, das Hinterhirn dagegen nur eine quer vor der Rautengrube gelagerte Lamelle. Von den Sinnesorganen hat besonders das Gehörorgan eine Umwandlung durch Ausbildung eines schalleitenden Apparates erlitten. Das Spritzloch der Selachier wird zu einem Gange, der als Tuba Eustachii in den Rachen ausmündet, während sein anderes Ende sich zur Paukenhöhle erweitert, die nach außen durch das Trommelfell abgeschlossen wird. Ein Knochen, die Columella, die aus dem Hyomandibulare entstanden sein soll, setzt sich einerseits an das Trommelfell, andererseits an eine Öffnung des häutigen Labyrinthes, das Foramen ovale, an und übermittelt die das Trommelfell treffenden Schwingungen der Luft.

Die Amphibien haben sowohl Kiemen wie Lungen, sind also „Doppelatmer", entweder das ganze Leben hindurch (Perennibranchiaten), oder es funktionieren in der Entwicklung zuerst die Kiemen, später die Lungen. Auch diese können verschwinden, und die Atmung wird dann ausschließlich von der Haut oder dem Pharynx übernommen. Die Kiemen sind äußere Anhänge, die bei den Batrachierlarven bald durch „innere Kiemen" ersetzt werden, die aber nicht denen der Fische homolog, sondern aus dem ventralen Teil der äußeren Kiemen entstanden sind und von einer Hautfalte, dem Operculum, überdeckt werden. Die Lungen sind zwei sackförmige Organe, deren Ausführgang, die kurze Luftröhre, bei den Batrachiern Stimmbänder erhält. Die Laute können noch verstärkt werden durch Ausstülpungen des Mundhöhlenbodens, die Schallblasen, welche als Resonatoren wirken. Die Atmung erfolgt durch Einschlucken der Luft.

Entsprechend der Doppelatmung ist auch der Blutkreislauf komplizierter. Während bei den Fischen das Herz aus einer Kammer und einer Vorkammer besteht, ist bei den Amphibien eine Trennung der Vorkammer in zwei eingetreten, eine linke und eine rechte. Die linke

Vorkammer empfängt das Blut von den Lungen (sobald diese funktionieren), führt also arterielles Blut, die rechte nimmt das venöse Blut der Körpervenen auf. Aus dem aus der Herzkammer entspringenden Arterienstamm zweigen sich ursprünglich jederseits vier Arterienbogen ab, von denen die drei vorderen bei den Larven zu den Kiemen gehen. Hier wird das Blut gereinigt und sammelt sich in den abführenden Kiemenvenen an, welche in die beiden Aortenbogen übergehen, die sich zur Aorta descendens vereinigen. Der letzte, vierte Arterienbogen gibt jederseits einen Ast an die Lunge ab, die Lungenarterien. Sobald bei der Metamorphose die Kiemen schwinden, geht natürlich auch der Kapillarkreislauf in ihnen verloren, und das Blut strömt nunmehr durch eine bereits bei den Larven vorhandene zweite, direkte Schließung in die abführenden Gefäße. Der erste Arterienbogen wird jederseits zur Carotis, welche den Kopf versorgt, die zweiten Bogen vereinigen sich zur Aorta descendens und heißen Aortenbogen, die dritten werden mehr oder minder rudimentär, und die vierten sind die Lungenarterien, von denen bei den Anuren ein starker Ast als Arteria cutanea zur Haut geht, in welcher eine intensive Blutzirkulation und Atmung stattfindet.

Die Sonderung der beiden Blutarten ist zwar sehr unvollkommen, doch ist durch Klappen im Truncus arteriosus dafür gesorgt, daß das arterielle, von der linken Vorkammer in die Herzkammer eintretende Lungenblut in die beiden ersten Arterienbogen geht, während das von den Körpervenen durch die rechte Vorkammer dem Herzen zugeführte Blut in den vierten Bogen (Arteria pulmonalis) eintritt.

Der Darmtractus. Die Zähne der Batrachier sind sehr klein und können sich außer auf den Kiemen auch noch an Knochen der Mundhöhlendecke, so dem Vomer, finden. Die Zunge ist meist vorn festgeheftet und kann dann vorgeschnellt werden. Die kurze, weite Speiseröhre führt in einen schräg gestellten Magen, von dem aus das Duodenum allmählich in den Dünndarm übergeht. Der Enddarm ist weiter und mündet in die Kloake ein. Leber, Gallenblase und Pancreas sind bei den Fröschen vorhanden.

Das Urogenitalsystem zeigt noch einfache Verhältnisse. Die Nieren sind Urnieren. Beim Männchen tritt der vordere Teil der Urniere mit dem Hoden in Verbindung, während der hintere Teil Harn absondert. Es existiert demnach für männliche Geschlechtszellen und den Harn ein gemeinsamer Gang, der Harnsamenleiter. Der Harnsamenleiter entsteht durch Spaltung des ursprünglichen Urinierenganges in zwei Längskanäle, den MÜLLERschen Gang und den WOLFFschen Gang. Ersterer wird beim Männchen rudimentär, und der WOLFFsche Gang wird zum Harnsamenleiter. Beim Weibchen fehlt die Beziehung der Niere zur Gonade. Aus dem traubigen Eierstock gelangen die Eier in den mit weiter Öffnung versehenen Eileiter, welcher von dem MÜLLERschen Gang gebildet wird, während der WOLFFsche Gang beim Weibchen zum Harnleiter wird.

Die Harnblase ist eine ventrale Ausstülpung der Kloakenwand und unterscheidet sich also dadurch sehr wesentlich von der Harnblase der Fische, die nur eine Erweiterung des Harnleiters darstellt.

Die Eier werden meist als „Laich" ins Wasser abgelegt, vereint zu Schnüren oder Klumpen. Die kugelige Gallerthülle, welche jedes Ei umgibt, wirkt wesentlich als Schutz gegen Gefressenwerden wie

Eintrocknen und das in jedem Ei enthaltene schwarze Pigment zur besseren Aufnahme der Sonnenwärme.

Die Metamorphose erfolgt bei den Fröschen in der Weise, daß die aus dem Ei entstandenen Kaulquappen, welche ursprünglich drei Kiemenbüschel und einen langen Ruderschwanz besitzen, erstere durch innere Kiemen ersetzen. Dann sprossen die paarigen Extremitäten hervor und die Lungen legen sich an. Mit dem Übergang zum Landleben gehen dann auch Ruderschwanz und innere Kiemen verloren, und die Kaulquappe bildet sich zum fertigen Frosch aus.

In Deutschland kommen vier Arten Frösche vor, ein grüner: der Wasserfrosch (*Rana esculenta* L.) und drei braune. Einer davon hat einen gefleckten Bauch, der Grasfrosch (*Rana muta* Laur.), von den beiden anderen mit ungeflecktem Bauch, dem Moorfrosch (*Rana arvalis* NILSS.), und dem seltenen Springfrosch (*Rana agilis* THOM.) zeichnet sich der letztere durch sehr lange Hinterbeine aus.

B. Spezieller Kursus.

Rana muta Laur. (*R. temporaria* auct.) der braune Grasfrosch.

Wir legen den Frosch ins Wachsbecken unter Wasser und betrachten seine äußere Körperform.

Die Färbung ist bei den einzelnen Individuen recht verschiedenartig; besonders die Oberseite wechselt von hellen Farben bis zu dunklem Braun, während die Bauchseite gelblich und leicht gefleckt ist. Ein großer dunkler Fleck findet sich jederseits hinter dem mit goldglänzender Iris versehenen Auge. Weniger distinkte Flecke bedecken den ganzen Rücken wie die Extremitäten, auf den Hinterbeinen sich zu queren Bändern ordnend. An der Seite finden sich Wärzchen und Hautdrüsen.

Die Haut ist schlüpfrig und läßt sich überall in Falten hochheben. Dieses lose Aufliegen rührt davon her, daß sich unter ihr große, mit Lymphe gefüllte Hohlräume, die sogenannten Lymphsäcke, ausdehnen.

Ein solcher Lymphsack läßt sich leicht demonstrieren, wenn man einem Frosche die Rückenhaut mit einem Scherenschnitte öffnet.

Diesen Rückenlymphsack durchziehen Hautnerven, und an der Innenseite der Haut breiten sich eine Hautarterie und eine Hautvene aus. Am Hinterende des Rückenlymphsackes liegen zu beiden Seiten des Steißbeines zwei kontraktile Lymphherzen; zwei andere finden sich zu beiden Seiten der Wirbelsäule.

Der verhältnismäßig kurze, gedrungene Rumpf ist weich, da er nicht von Rippen gestützt wird, und geht nach vorn in den dreieckig zugespitzten Kopf über. Ein Schwanz fehlt vollkommen und tritt nur in der Entwicklung des Frosches auf. Die beiden Vorderextremitäten sind kurz, und die Hand ist stark nach vorn gewendet, ähnlich wie bei den Säugetieren. Sehr viel größer sind die Hinterextremitäten, die zum Springen und Schwimmen verwandt werden. Dementsprechend ist auch ihre Muskulatur stark entwickelt, und die Zehen sind durch eine Schwimmhaut verbunden.

Der Mund ist eine große Spalte; öffnen wir dieselbe, so erblicken wir die auf dem Unterkiefer liegende und in ihm ganz weit vorn angewachsene fleischige, zweizipfelige Zunge, welche zum Erfassen der Beute herausgeschleudert wird. Der Schleim in der Mundhöhle wird von Drüsen am Gaumen abgesondert, beim Vorschnellen der Zunge von diesem abgestreift und dient zum Festkleben der aus Insekten bestehenden Beute. Fassen wir mit dem Finger in den Mund hinein, so fühlen wir an den Oberkieferrändern zahlreiche Zähnchen, während der Unterkiefer zahnlos ist. Außerdem finden sich in der Mundhöhle noch Zähnchen an den Pflugscharbeinen; zu beiden Seiten liegen zwei Öffnungen: die Choanen. Vorn an der Schnauzenspitze liegen die beiden kleinen, durch Klappen verschließbaren Nasenöffnungen. Die großen, rundlichen Augen können von einem unteren durchscheinenden Augenlid, der Nickhaut, überzogen werden, während das kleine obere Augenlid festgewachsen ist. Hinter dem Auge liegt eine kreisrunde Membran, das Trommelfell, welches den Eingang in das Gehörorgan verschließt.

Die Kloakenöffnung liegt am Hinterende des Rumpfes, etwas auf die dorsale Seite gerückt.

Schon aus der Betrachtung der äußeren Körperform läßt sich erkennen, ob wir ein Männchen oder ein Weibchen vor uns haben. Finden sich nämlich am Daumen der Vorderextremität schwielige Verdickungen, so haben wir ein Männchen vor uns. Diese Daumenschwielen, welche besonders zur Zeit der Brunst deutlich hervortreten, werden bei der Umklammerung des Weibchens zum Festhalten benutzt.

Wir schreiten nunmehr zur Sektion. Man schneidet die Bauchdecke von der Symphyse bis zum Kinn auf, führt seitliche Schnitte durch die Haut des oberen Teiles der Extremitäten und steckt die Hautlappen mit Nadeln im Wachsbecken fest. Eine andere sehr leichte und schnelle Methode der Abhäutung ist folgende. Zunächst wird mit der Schere ein Schnitt rings um den Hals, einige Millimeter hinter dem Trommelfell, gemacht, was sehr leicht geht, wenn man mit der Pinzette in der anderen Hand die Haut hochhebt, und dann wird der ganze Körper abgehäutet. Man kann das durch eine einfache Prozedur zustande bringen, indem man den Kopf mit einer Hand faßt, die Rückenhaut mit der anderen mit einem Tuche ergreift und nunmehr mit einem kurzen Ruck die gesamte Haut abzieht. Man hüte sich davor, daß die in den Lymphsäcken enthaltene Flüssigkeit in die Augen spritzt.

Wir haben damit ein Präparat hergestellt, an dem sich die Muskulatur sehr schön überschauen läßt. Wir wollen uns folgende größere Muskeln merken. Betrachten wir die Ventralseite des Rumpfes, so sehen wir die Brustregion bedeckt mit starken Muskeln; es sind das, von vorn angefangen, der M. sternoradialis, dann der M. pectoralis in zwei Portionen, während eine dritte Portion desselben von der Insertionsstelle am Oberarm schräg nach unten zum Bauche zieht. Der Bauch wird überzogen von dem großen M. rectus abdominis, leicht kenntlich durch fünf zackige Inscriptiones tendineae. Der Rücken ist von einer Fascie, der Fascia dorsalis, bedeckt, unter welcher die Rückenmuskeln durchschimmern. Zu beiden Seiten der Mittellinie des Rückens liegen der M. longissimus dorsi, sich ans Hinterhaupt ansetzend, und seitlich von diesem, um die Seiten herumgehend, der M. obliquus externus. Die wohl ausgebildete Muskulatur der Extremitäten ist hier nicht zu behandeln.

274   17. Kursus: Amphibien.

(Näheres findet man in ECKER-WIEDERSHEIM-GAUPP, Anatomie des Frosches. Braunschweig 1896—1904).

Wir stecken nunmehr den Frosch mit durch die Extremitäten geführten Nadeln im Wachsbecken fest, präparieren die Muskeln der Brust ab und legen damit den Schultergürtel frei.

In der Medianlinie liegt vorn das Episternum, das durch ein knorpeliges Zwischenstück mit dem eigentlichen, knöchernen Sternum verbunden ist; an dieses schließt sich eine breite, knorpelige Endplatte, der Schwertfortsatz (Processus xiphoideus) an. Zu beiden Seiten setzen sich an das Brustbein je zwei kleine Knochen an, von denen der vordere das Präcoracoid, der hintere das Coracoid darstellt, und die jederseits an das Schulterblatt herangehen (s. Fig. 158).

Die Weiterpräparation erfolgt in der Weise, daß der Schultergürtel beiderseits nahe dem Oberarm durchschnitten und vorsichtig, um das Herz nicht zu verletzen, entfernt wird. Dann schneidet man mit einem Medianschnitt die Haut der Kehlgegend in der Mittellinie bis vorn hin auf und entfernt sie samt darunterliegender Muskulatur. Hierauf wird die das Herz überziehende feine Haut: der Herzbeutel, aufgeschnitten und entfernt, und endlich wird ein Schnitt in der Medianlinie des Bauches bis zum Schambein hin geführt und die auf die Seite gelegte Körperwand mit Nadeln festgesteckt (s. Fig. 159).

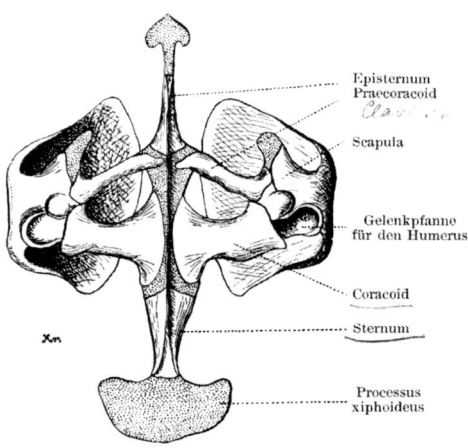

Fig. 158. Brustbein und Schultergürtel des Grasfrosches. Orig.

(Labels: Episternum, Praecoracoid, Scapula, Gelenkpfanne für den Humerus, Coracoid, Sternum, Processus xiphoideus)

In der Kehlregion haben wir durch unsere Präparation eine zarte, aber große Knorpelplatte freigelegt: den Zungenbeinkörper oder die Copula. Vorn setzen sich zu beiden Seiten an die Copula zwei dünne, gekrümmte Knorpelspangen an, die oberen Zungenbeinbogen oder Hyoidbogen, während zwei andere, von hinten abgehende Knorpelspangen, die unteren Zungenbeinbogen oder Branchialbogen sind. Nach hinten von der Copula liegt in der Medianlinie der Kehlkopf; zu beiden Seiten des Hinterendes der Copula liegen kleine traubige Drüsen, als Schilddrüse, Thyreoidea bezeichnet. Vorn schimmert die Zunge durch; schneiden wir die darüber liegende Haut ab, so sehen wir sie als stumpf-zweizipfeliges Organ vorn angewachsen. Beim Männchen liegen seitlich von der Zunge zwei als Aussackungen der Mundschleimhaut entstandene Schallblasen, die als Resonatoren fungieren und beim Männchen des Wasserfrosches nach außen hin vorschwellen können.

Das Herz ist ein konischer Körper, dessen im Präparat schräg nach links caudalwärts gerichteter, spitz zulaufender Teil die Herzkammer

17. Kursus: Amphibien. 275

darstellt, die schon durch ihre hellere Farbe von den beiden davor liegenden dunkelblauroten Vorkammern unterschieden wird. Von der Herzkammer geht der Truncus arteriosus aus, der sich in zwei starke Arme verzweigt, deren jeder sich wieder in zwei Äste gabelt. Wenn wir das Herz etwas in die Höhe heben, so sehen wir auf der dorsalen Seite den Sinus venosus liegen, in welchen zwei Blutgefäße von vorn,

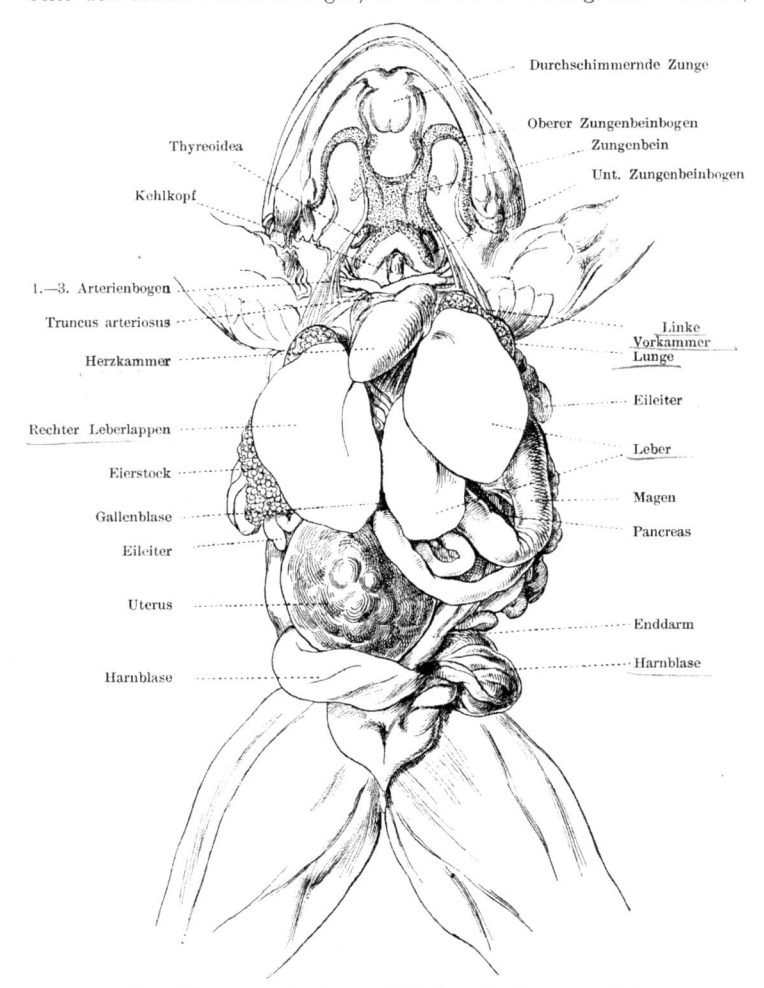

Fig. 159. Anatomie eines weiblichen Grasfrosches. Orig.

ein drittes großes von hinten einmünden. Zu beiden Seiten des Herzens liegen die ansehnlichen Leberlappen, unter deren medianer Verbindung die dunkelgrüne Gallenblase liegt. Oberhalb der Leberlappen, mehr im Innern verborgen, finden sich die beiden dünnwandigen Lungensäcke, die in den dicht hinter der Zunge gelegenen Kehlkopf einmünden. Die Lungen fungieren außer als Atmungsorgane auch noch als hydrostatische Apparate beim Schwimmen. Der im Präparate rechte (also eigentlich der linke) Leberlappen ist größer als der andere und besteht aus zwei Teilen, einem mehr seitlich gelegenen und einem zum Teil von ersterem überdeckten medianen. Schlagen wir diesen großen Leberlappen etwas nach innen, so erblicken wir darunter den ansehnlichen links gelegenen Magen (s. Fig. 160), der von dem sehr ausdehnungsfähigen Oesophagus durch eine seichte Einschnürung abgesetzt ist. Die Fortsetzung des Darmtractus, das Duodenum, biegt wieder nach der Medianlinie zu ein. In ihm liegen quergerichtete halbmondförmige Falten, die den Nahrungsbrei stauen können. Legen wir die Leberlappen nach vorn um, so erblicken wir zwischen ihnen eine rundlich-ovale, dunkelgrüne Blase, die Gallenblase. Aus den beiden großen

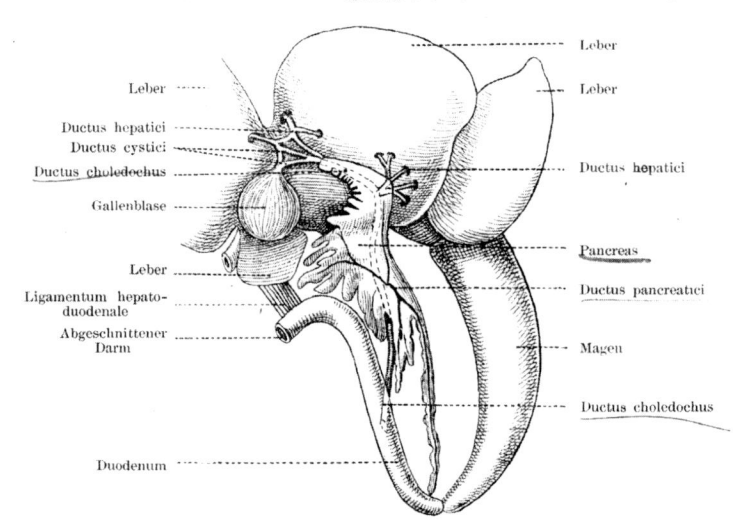

Fig. 160. Pancreas und Gallenblase des Frosches (nach ECKER).

Leberlappen entspringen je drei bis vier kurze Lebergänge, Ductus hepatici, welche mit den aus der Gallenblase austretenden Ausführungsgängen, den Ductus cystici, zur Bildung eines gemeinsamen Ganges, des Ductus choledochus, zusammentreten. Der Ductus choledochus tritt in das Duodenum ein, im oberen Teil seines Verlaufes umgeben von einem dünnen, gelbbraunen, unregelmäßig gelappten Drüsengebilde, dem Pancreas. Der Ausführgang des Pancreas, der Ductus wirsungianus, mündet in den Ductus choledochus ein, der also bei seiner Einmündung in das Duodenum die Sekrete der Leber, der Gallenblase und des Pancreas aufgenommen hat.

Ein rosa bis rotbraun gefärbter rundlicher Körper unter dem Duodenum, den man sich leicht sichtbar machen kann, wenn man den Darm etwas umlegt, ist die Milz. Der Dünndarm macht mehrere Windungen und geht dann in den stärkeren Enddarm (Dickdarm) über, der, sich allmälich verjüngend, in die Kloake eintritt. Über dieser liegt die große Harnblase, die aus zwei großen, zarthäutigen, an der Basis zusammenhängenden Lappen besteht und als eine Ausstülpung der ventralen Kloakenwand zu betrachten ist.

Wir führen eine mit Wasser gefüllte Pipette in die Kloake und spritzen deren Inhalt ein; die Harnblase schwillt alsdann auf und wird dadurch im ganzen Umfange deutlicher sichtbar (Fig. 159).

Fig. 159 zeigt uns den Situs viscerum eines **weiblichen Tieres**. Wir können an einem solchen die Geschlechtsorgane zum Teil ohne weitere Präparation betrachten. Die von der Leber größtenteils bedeckten Ovarien liegen zu beiden Seiten der Medianlinie als dunkel pigmentierte Organe. Mächtig entwickelt sind die in viele Windungen gelegten darmähnlichen Eileiter, deren unterer sackartig erweiterter Abschnitt, der sog. „Uterus", die dunklen Eier deutlich durchschimmern läßt.

Um diese Organe besser sehen zu können, heben wir den Darm mit seinen Anhängen, Leber usw., ab. Wir schneiden den Darm oben und unten ab, und sehen bei vorsichtigem Abheben, daß er durch ein dorsales Mesenterium aufgehangen ist, welches mit der Schere durchschnitten werden muß.

Nunmehr liegen die weiblichen Geschlechtsorgane vor unseren Augen (Fig. 161). Zu beiden Seiten der Mittellinie liegen die beiden Ovarien, zur Brunstzeit (im Frühjahr) mächtig entwickelt. Durch innere Kammerung erscheinen sie gelappt, und die pigmentierten reifenden Eier schimmern durch die Wandung hindurch. Zwischen beiden Ovarien treten dunkelgelbe, fingerförmige Läppchen hervor, die in ihrer Gesamtheit den „Fettkörper" darstellen. Sie sind dem Vorderrande der Ovarien angewachsen und stellen Reservestoffe dar, die kurz vor der Brunstperiode verbraucht werden.

Die Eileiter öffnen sich dicht an der lateralen Wand der Lungen in trichterförmigen Ostien. Im Frühjahr sind die Eileiter sehr ansehnlich und quellen beim Aufschneiden der Bauchhöhle sogleich heraus. Der als „Uterus" bezeichnete untere Abschnitt der Eileiter ist bei geschlechtsreifen Exemplaren sehr stark angeschwollen und läßt durch seine dünne, häutige Wand die dunkel pigmentierten Eier hindurchschimmern. In den Wandungen der Ovidukte wird von Drüsen die Gallerthülle abgeschieden, welche jedes Ei umgibt.

Gelegentlich findet man auch in der Leibeshöhle einzelne Eier, aber noch ohne Gallerthülle; sie gelangen dorthin durch Platzen der Wand einer Kammer des Ovariums und werden von den Mündungen der Eileiter aufgenommen. Die Eileiter münden auf je einer Papille in der Kloake.

Wir entfernen nunmehr auch die Geschlechtsorgane. Die Ovarien sind mittels dorsaler Mesenterien aufgehangen, welche durchschnitten werden müssen.

Es werden die Nieren sichtbar, längliche, zu beiden Seiten der Wirbelsäule gelagerte, flache Organe von rotbrauner Farbe. Seichte Einschnitte bewirken eine oberflächliche Lappung. Ein auf der Ventralseite jeder Niere liegender schmaler goldgelber Körper ist die Nebenniere. An der Außenseite der Nieren verläuft jederseits der Harnleiter als weißlicher Strang. Beide Harnleiter münden in die Kloake ein.

Wir gehen nun dazu über, auch bei einem männlichen Exemplare die Geschlechtsorgane zu präparieren, indem wir in gleicher Weise die darüber lagernden Organe, den Darm mit seinen Anhängen, entfernen.

Die **männlichen Geschlechtsorgane** (Fig. 162) bestehen aus einem Paar gelblicher **Hoden**, welche symmetrisch zu beiden Seiten der Wirbelsäule liegen und dorsalwärts mit Bändern (Mesorchien) befestigt sind. Ihre Form ist rundlich-oval. Vorn ist ihnen jederseits der **Fettkörper** angewachsen, der aus größeren oder kleineren dunkelgelben Drüsenbüscheln besteht. Schneiden wir ein Mesorchium in der Mittellinie auf, so sehen wir in ihm feine weißliche Kanäle verlaufen, welche vom Hoden aus in den oberen Teil der Niere eintreten. Das

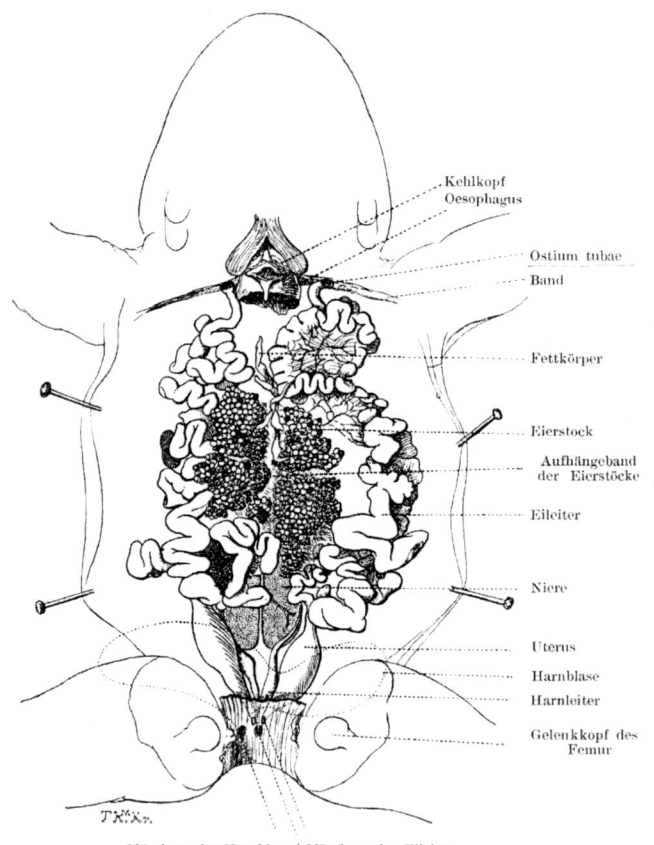

Fig. 161. Die weiblichen Geschlechtsorgane eines Grasfrosches. Die Kloake ist aufgeschnitten. Orig.

sind die Ausführgänge der Hoden, die **Vasa efferentia**. Ein an dem medialen Nierenrande verlaufender Längskanal nimmt die Vasa efferentia auf und gibt seinerseits zahlreiche Kanälchen in die Niere ab. Die Ausführung des Samens wie des Harns besorgt der jederseits am lateralen Nierenrande zur Kloake verlaufende Urnierengang, der also hier zum **Harnsamenleiter** wird.

17. Kursus: Amphibien. 279

Am unteren Ende jedes Urnierenganges findet sich eine sackartige Erweiterung: die Vesicula seminalis. Die Ausmündung erfolgt in die Kloake.

Mit der starken Schere wird jetzt das Becken durchschnitten und dadurch die Kloake sichtbar gemacht, die seitlich von der Mittellinie aufgespalten wird.

Beim Männchen liegt dorsal die gemeinsame Mündung der beiden Harnsamenleiter, in der ventralen Kloakenwand die Öffnung der Harnblase, während wir beim Weibchen außer dieser dorsal die unpaare Mündung der Ovidukte und dahinter die paarigen Harnleiteröffnungen erblicken.

Wir entfernen die Nieren und erblicken jetzt die Wirbelsäule, auf der ein großes Blutgefäß nach hinten zieht; vorn teilt es sich in zwei Äste. Diese beiden Äste entspringen als Aortenbogen jederseits vom Truncus arteriosus, biegen nach hinten um und bilden die Radix aortae.

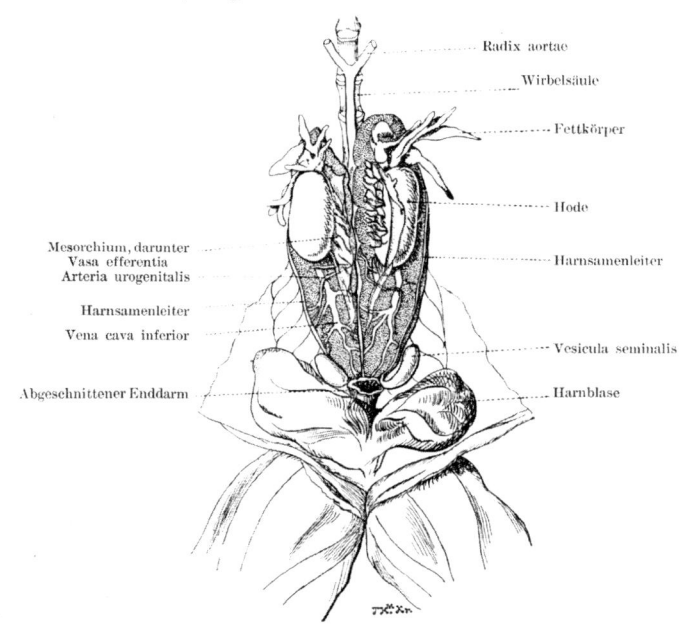

Fig. 162. Die männlichen Geschlechtsorgane eines Grasfrosches. Orig.

Der linke Aortenbogen kommuniziert mit dem rechten nur durch eine kleine Öffnung und geht dann zum Darm ab. Der rechtsseitige Aortenbogen bildet die median verlaufende Körperaorta, die sich weiter unten in zwei in die Hinterbeine ziehende Äste gabelt (Arteriae iliacae communes).

Die weitere Untersuchung des Blutgefäßsystems beginnen wir mit dem Herzen. Den aus der Herzkammer tretenden Truncus arteriosus sehen wir jederseits sich in zwei Stämme teilen, deren jeder drei Äste abgibt. Der oberste Ast, der erste Arterienbogen, ist die zum

Kopfe ziehende Arteria carotis, der zweite Arterienbogen ist der Aortenbogen, der letzte Arterienbogen geht als Arteria pulmonalis zur Lunge und gibt vorher noch einen starken Ast, die Arteria cutanea, zur Haut ab. Vom Venensystem können wir uns den großen Venensinus sichtbar machen, wenn wir das Herz nach vorn umschlagen. Drei Venen treten in diesen Sinus ein, die Vena cava inferior von hinten und die beiden Venae cavae superiores, welche das venöse Körperblut dem Herzen zuführen. Aus dem Sinus venosus tritt es in die rechte Vorkammer. Die linke Vorkammer empfängt die zu einem Stamm vereinigten Lungenvenen, welche das in den Lungen arteriell gewordene Blut zum Herzen bringen. In der Herzkammer vereinigt sich also das venöse Blut der Körpervenen mit dem arteriellen Blut der Lungenvenen, so daß der Körper durch die Arterienbogen gemischtes Blut empfängt.

Nach Entfernung der [Nieren sieht man zu beiden Seiten der Wirbelsäule symmetrisch gelagerte weiße Konkretionen, die Kalksäcke,

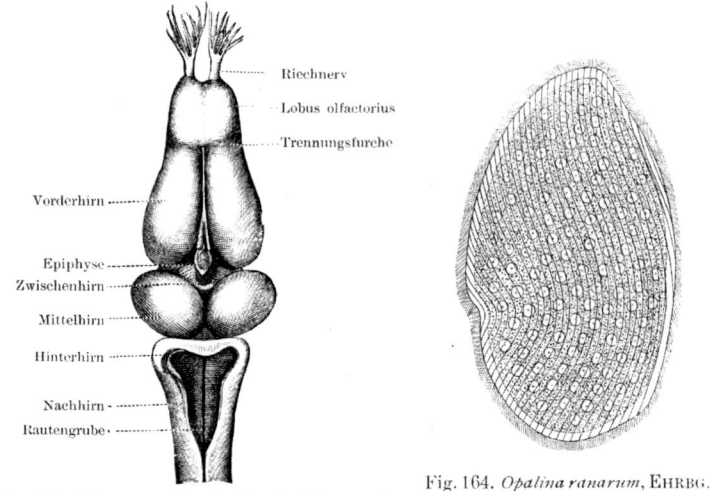

Fig. 163. Hirn vom Frosch (aus R. HERTWIG).

Fig. 164. *Opalina ranarum*, EHRBG. (nach ZELLER).

welche zum Ductus endolymphaticus des Gehörlabyrinthes Beziehungen haben.

Ferner sind nunmehr auch die Spinalnerven, zehn jederseits, deutlich zu verfolgen; die ersten drei treten zum Plexus brachialis zusammen, die letzten sind besonders starke Stränge, die jederseits nach hinten ziehen und hier den Plexus ischio-coccygeus bilden, dessen stärkster Ast als Nervus ischiadicus in die Hinterextremität hineinzieht. Jeder Spinalnerv wird durch die Vereinigung zweier aus dem Rückenmark entspringender Wurzeln gebildet, einer ventralen mit motorischen Nervenfasern und einer dorsalen mit sensiblen. Letztere weist kurz vor der Vereinigung eine Anschwellung: das Spinalganglion auf.

Um auch das Gehirn zur Anschauung zu bringen, muß man die Schädeldecke abheben. Das geschieht am besten durch einen flachen Schnitt mit der starken Schere und vorsichtiges Abheben des Schädeldaches.

Am Gehirn sehen wir folgende Abschnitte (Fig. 163). Vorn liegt das paarige Vorderhirn, nach vorn zu durch eine flache Depression von den großen Lobi olfactorii getrennt. Die hinteren Ränder der Großhirnhemisphären begrenzen den darauf folgenden kleineren Hirnabschnitt, das Zwischenhirn, dem ein rundlicher Körper, die Epiphyse, aufsitzt. Es folgt darauf der dritte Hirnabschnitt, das paarige Mittelhirn, der breiteste Abschnitt des Gehirns überhaupt, den Vierhügeln des menschlichen Gehirns entsprechend. Der vierte Abschnitt, das Hinterhirn (Kleinhirn), ist nur eine quer liegende Platte, welche die Rautengrube des fünften Abschnittes, des Nachhirns, begrenzt.

Wir schneiden nun vorsichtig von hinten nach vorn zu die vom Gehirn ausgehenden Nerven ab, nehmen es heraus und legen es in ein Uhrschälchen, um auch seine Ventralseite zu betrachten.

Vom Lobus olfactorius gehen jederseits die Nervi olfactorii mit zwei Wurzeln nach vorn. Auf der Ventralseite des Zwischenhirns sehen wir vorn die Kreuzung der Augennerven (Chiasma nerv. optic.). Darunter findet sich ein nach hinten gerichteter Lappen, das Tuber cinereum, mit der mittels des Infundibulums daran hängenden Hypophysis. Die letztere bedeckt die Ventralfläche des Mittelhirns. Auf die sichtbar werdenden Hirnnerven soll hier nicht weiter eingegangen werden.

Der Enddarm wird abgeschnitten und sein Inhalt in ein Uhrschälchen ausgequetscht.

Schon mit bloßem Auge sieht man ein Gewimmel von kleinen weißlichen Körperchen zwischen den grünen Nahrungsresten. Bringen wir einen Tropfen der Flüssigkeit auf den Objektträger, so sehen wir schon bei schwacher Mikroskopvergrößerung zahlreiche Infusorien herumschwimmen: die *Opalina ranarum* (Fig. 164). Ihr bis 0,8 mm langer Körper ist stark abgeplattet, von annähernd ovalem Umriß, mit einer stärker ausgebauchten Seite und hinten etwas abgerundeter als vorn. Mit stärkerer Vergrößerung sehen wir eine deutliche Längsstreifung, die von Muskelfibrillen herrührt. Zahlreiche scheibenförmige Körperchen sind die Kerne dieser vielkernigen Form. Durch Zusatz von etwas verdünnter Essigsäure werden sie noch viel deutlicher, als sie schon im Leben ist. Mund, After und kontraktile Vakuole fehlen, ebenso die Nahrungsvakuolen, da *Opalina* nur flüssige Nahrung aufnimmt. Man rechnet die Opalinen zu den Holotricha, und zwar stellen sie primitive Formen dieser Ordnung dar, welche durch eine Art von Generationswechsel möglicherweise einen Übergang von den Ciliophoren zu den Plasmodroma vermitteln. Sie gelangen in den Mastdarm des Frosches, indem sie als eingekapselte junge Tiere bereits von den Kaulquappen aufgenommen werden. Ursprünglich haben die jungen Tiere nur einen Kern, der durch fortgesetzte Teilung in eine größere Anzahl zerfällt.

Will sich der Praktikant ohne Aufwand von Zeit und Mühe ein Dauerpräparat von *Opalina* machen, so verfahre er folgendermaßen: Ein Tröpfchen der die Infusorien enthaltenden Flüssigkeit wird auf einem Objektträger ausgebreitet und dieser ein paarmal über die Flamme gezogen, so daß die Flüssigkeit eintrocknet. Die leidlich gut fixierten Opalinen kleben nunmehr am Objektträger fest und werden mit einem

Tropfen Hämatoxylinlösung übergossen. Nach einiger Zeit spült man das Hämatoxylin mit destilliertem Wasser ab und kann nun entweder Glyzerin zufügen und das Deckglas auf das Präparat decken oder dieses nach einander mit 40-, 70-, 94%igem und absolutem Alkohol behandeln, mit Nelkenöl aufhellen und in Kanadabalsam einschließen.

Außerdem sind aus dem Darme des Frosches noch zwei weitere Ciliaten zu erwähnen, das häufigere *Balantidium entozoon* und der seltene *Nyctotherus cordiformis*, beide zu den Heterotrichen gehörig.

Einen anderen Parasiten trifft man gelegentlich in der Harnblase an, einen Trematoden: *Polystomum integerrimum* RUD. Auf den Objektträger unter schwache Vergrößerung gebracht, zeigt das ziemlich lebhafte Tierchen folgenden Bau. Der etwas quergerunzelte, ovale Körper ist platt und trägt hinten einen rundlichen, ebenfalls platten Anhang, die Schwanzscheibe, auf deren Bauchfläche sich jederseits drei große Saugnäpfe befinden. Außer diesen finden sich noch andere Anheftungsorgane in Gestalt von Häkchen, von denen die vier hintersten besonders deutlich sind.

Ein weiterer Parasit findet sich in der Lunge. Zerzupft man ein Stück der Lunge auf dem Objektträger, so werden gelegentlich kleine, schlanke Würmchen von 3—4 mm Länge zum Vorschein kommen, die lebhafte schlängelnde Bewegungen ausführen. Diese Form ist das zu den Nematoden gehörige *Rhabdonema nigrovenosum* RUD. (s. S. 87). Das Tier ist ein Zwitter, und die Jungen verlassen den Frosch durch den Darmkanal, um freilebend zu einer zweiten, viel kleineren Generation (*Rhabditis*) zu werden, die getrenntgeschlechtlich ist und einen anderen Bau hat. Wir haben hier also eine Form der Heterogonie vor uns.

18. Kursus.
Reptilien.

Technische Vorbereitungen.

Diesem Kurse legen wir als Objekt die gemeinste unserer Eidechsen, die *Lacerta agilis* L., zugrunde. Die Tiere werden kurz vor dem Kurse in einem Glase mit etwas Chloroform getötet. Die Untersuchung geschieht im Wachsbecken.

A. Allgemeine Übersicht.

Die Reptilien sind Amnioten und unterscheiden sich schon dadurch scharf von den zu den Anamnia gehörigen Amphibien, mit denen sie im älteren System vereinigt wurden.

Zur Charakteristik der Amnioten, zu denen außer den Reptilien auch noch die Vögel und Säugetiere zählen, gehört der Besitz eines „Amnion". Das Amnion stellt eine schützende, mit Flüssigkeit gefüllte, embryonale Hülle dar. Dazu kommt noch die Allantois, eine Verlängerung der Harnblase des Embryos, welche zahlreiche Blutgefäße enthält und der Respiration dient. Ferner tritt bei den Amnioten die Urniere samt Ausführgängen nur noch embryonal auf und wird durch die dritte Nierengeneration, die bleibende Niere, ersetzt.

Kiemen finden sich weder bei Erwachsenen noch bei Embryonen vor.

Der Körper der Reptilien ist im allgemeinen langgestreckt, der Kopf ziemlich deutlich vom Rumpfe durch einen Hals abgesetzt, der Schwanz vielfach drehrund, und die Gliedmaßen sind verhältnismäßig klein.

Auch bei den Reptilien kommen wie bei den Anamnia Verknöcherungen der Lederhaut vor, die bei den Krokodilen und Schildkröten zu einem festen Knochenpanzer werden können. Als eine Neuerwerbung durch Anpassung an das Leben in der atmosphärischen Luft ist die Verhornung der Epidermis anzusehen, welche sich in der Bildung der Hornschuppen äußert. Vielfach finden sich Horn- und Knochenschuppen gleichzeitig vor, bei anderen Reptilien sind aber die letzteren verloren gegangen, und es bleiben nur die Hornschuppen übrig. Durch Häutung können diese im Zusammenhang abgestreift und durch neue ersetzt werden. Hautdrüsen fehlen den Reptilien.

Das Skelett ist meist stark verknöchert. Nur die ältesten Formen *(Rhynchocephalen)* haben noch die ursprünglichen, amphicölen Wirbel, die meisten dagegen procöle. Die Wirbelkörper sind meist durch Gelenke miteinander verbunden. Vielfach tritt eine Sonderung der Wirbelsäule ein, und wir unterscheiden: Hals-, Brust-, Lenden-, Kreuz- und Schwanzwirbel; doch geht diese Sonderung bei Schlangen und vielen Eidechsen wieder verloren. An sämtlichen Wirbeln, mit Ausnahme der Schwanzwirbel, können Rippen vorkommen.

Der erste Halswirbel, der Atlas, stellt nur einen Knochenring dar, sein Wirbelkörper ist mit dem des zweiten Wirbels, des Epistropheus, verwachsen und bildet den Zahnfortsatz, um den sich der Schädel samt Atlas zu drehen vermag.

Der Schädel besitzt nur einen Condylus occipitalis, der sich in einer Gelenkfläche des Atlas bewegt und die Nickbewegungen ermöglicht. Auch der Schädel ist meist stark verknöchert, und das noch bei den Amphibien ziemlich ausgedehnt persistierende Knorpelcranium wird fast völlig verdrängt. Das Parasphenoid der Amphibien und Fische, jener großen Deckknochen an der Basalseite des Schädels, ist verschwunden. Das Quadratbein ist bei Crocodiliern, Rhynchocephalen und Cheloniern fest mit dem Schädel verbunden wie bei den Amphibien, bei den übrigen Reptilien beweglich. Vor dem Quadratbein liegt die Palatinreihe: Pterygoid, Palatinum und Vomer (der unpaar sein kann), nach außen und parallel zu ihr die aus Maxillare und Prämaxillare bestehende Kieferreihe. Beide Reihen sind hinten, zwischen Maxillare und Pterygoid, durch einen den Reptilien ausschließlich eigentümlichen, nur den Schildkröten fehlenden Knochen, das Os transversum, verbunden.

Der Schultergürtel ist dem der Amphibien ähnlich; er fehlt den Schlangen vollkommen. Ein Brustbein fehlt den Schildkröten und Schlangen. Das Becken wird von drei Knochen, dem Ileum, Pubis und Ischium, gebildet; die beiden letzteren verbinden sich durch eine doppelte Symphyse. Das Ileum verbindet sich mit den Querfortsätzen der Sacralwirbel (meist zwei an der Zahl). Auch das Becken fehlt den Schlangen meist völlig.

Die freien Extremitäten sind kurze Gehfüße; sie können bei den Schlangen und schlangenähnlichen Eidechsen völlig verloren gehen.

An der hinteren Extremität ist das Sprunggelenk in den Tarsus hinein verlegt (Intertarsalgelenk), so daß die proximale Reihe der Tarsalia mit dem unteren Ende des Unterschenkels, die distale Reihe mit den Metatarsalia fest verbunden ist.

Das Gehirn ist meist klein, doch erreichen, bei den Crocodiliern besonders, Vorderhirn wie Kleinhirn eine höhere Stufe der Ausbildung.

Die Nasenhöhlen weisen jederseits eine vorspringende Falte, die Nasenmuschel, auf, und die Choanen münden meist vorn in der Mundhöhle; nur bei den Krokodilen münden sie weit hinten, von dem aus Pterygoid, Palatinum und Maxillare gebildeten harten Gaumen verdeckt. Am Auge finden sich bei Eidechsen und Schildkröten vorn in der Sclera ein aus Knochenplatten gebildeter Scleroticalring, der den Schlangen und Krokodilen fehlt. Die beiden Augenlider sind bei den Schlangen und einigen Eidechsen zu einer durchsichtigen Platte verwachsen. Eine Nickhaut findet sich ebenfalls meist vor.

Sehr merkwürdig ist bei manchen Eidechsen das Vorkommen eines dritten, unpaaren Auges, des Scheitelauges, das mit der Epiphyse in Verbindung steht. Es findet sich auch dementsprechend eine Öffnung der verschmolzenen Parietalia, das Foramen parietale, vor.

Die Bezahnung fehlt nur den Schildkröten und wird hier durch Hornscheiden auf den Kiefern ersetzt. Die Reptilienzähne sind meist konisch und entweder den Knochen aufgewachsen oder in Alveolen eingesenkt (Krokodile). Bei Schlangen und Eidechsen finden sie sich außer auf den Kiefern oft auch noch am Palatinum und Pterygoid. Bei den Giftschlangen sind gewisse große Oberkieferzähne eingefaltet, oder die Rinne hat sich völlig zu einem Kanal geschlossen; in sie ergießt sich das Sekret von Giftdrüsen. Die Zunge ist kurz und plump bei Schildkröten und Krokodilen, lang und zweispaltig bei den Eidechsen und Schlangen. Die Speiseröhre ist besonders bei den Schlangen sehr erweiterungsfähig.

Bei den Krokodilen ist der etwas schräg gestellte Magen besonders stark entwickelt.

Die Atmung geschieht ausschließlich durch Lungen. Der vordere Teil der oft langen Luftröhre ist zu einem Kehlkopf umgewandelt, der bei den Krokodilen wie einigen Eidechsen Stimmbänder besitzt. Meist gabelt sich die Luftröhre in zwei kurze Bronchien, die in die beiden Lungensäcke eintreten. Diese sind in verschieden hohem Maße in Fächer abgeteilt. Bei den Schlangen ist nur eine Lunge, die rechte, entwickelt, während die linke rudimentär ist. Die Atmung geschieht durch Bewegungen der Rippen, bei den Schildkröten durch Kontraktionen eines muskulösen Diaphragmas in der Leibeshöhle.

Mit der ausschließlichen Lungenatmung ist auch die Trennung der beiden Herzhälften in eine linke, arterielle und rechte, venöse vollständiger geworden, indem auch die Herzkammer eine, allerdings noch unvollständige Scheidewand erhält. Nur bei den Krokodilen sind auch die Herzkammern völlig geschieden, doch kommt es auch bei ihnen noch zu einer teilweisen Mischung des arteriellen und venösen Blutes, indem die beiden von den Herzkammern abgehenden Aortenbogen miteinander durch das Foramen Panizzae kommunizieren.

Ein anderer wesentlicher Unterschied gegenüber den Fischen und Amphibien findet sich darin, daß der vom Herzen abgehende Arterienstamm nicht einheitlich ist, sondern infolge des Fehlens des rudimentär gewordenen Conus arteriosus und des Auftretens innerer Scheidewände in drei direkt vom Herzen entspringende Gefäße zerfällt. Eines dieser Gefäße tritt von der linken Herzkammer aus, die beiden anderen von der rechten. Das von der linken Herzkammer entspringende Gefäß gibt vorn einen sich gabelnden Stamm, die Carotiden, an den Kopf ab und vereinigt sich dann mit dem entsprechenden Gefäß, welches von der rechten Herzkammer kommt, zur Aorta. Das dritte Gefäß, welches ebenfalls von der rechten Herzkammer entspringt, teilt sich in die beiden Lungenarterien.

Vergleichen wir die vorliegenden Verhältnisse mit den bei Fischen und Amphibien gefundenen, so stellen die Carotiden das erste Paar Arterienbogen dar, die beiden Aortenbogen das zweite Paar und die Lungenarterien das vierte Paar, da bereits bei den Amphibien das dritte Paar verschwindet.

Wir verfolgen nunmehr den Kreislauf des Blutes etwas näher. Der rechte, etwas größere Vorhof empfängt das Blut aus den Körpervenen und gibt es an die rechte Herzkammer ab, von wo es durch die Lungenarterien den Lungen zugeführt wird.

Außerdem aber entspringt aus der rechten Kammer der linke Aortenbogen, welcher also venöses Blut führt. Aus den Lungen wird das arterielle Blut durch die in den linken Vorhof mündenden Lungenvenen dem Herzen zugeführt und tritt in das große Gefäß, welches den Carotiden und dem rechten Aortenbogen den Ursprung gibt. Die Carotiden führen demnach rein arterielles Blut, der Kopf wird also mit rein arteriellem Blute versorgt. Von den beiden zur Aorta zusammentretenden Aortenbogen führt nur der eine (rechte) arterielles Blut, der andere dagegen venöses, so daß also, auch abgesehen vom Foramen Panizzae, das Blut der Aorta gemischt sein muß. So ist es also bei den Reptilien noch nicht zu einer völligen Scheidung des arteriellen und venösen Blutkreislaufes gekommen. Die Bluttemperatur der Reptilien ist noch abhängig von der Temperatur der Umgebung; sie gehören zusammen mit Fischen und Amphibien zu den „Kaltblütern", im Gegensatze zu den „warmblütigen" Vögeln und Säugetieren.

Nur bei Embryonen findet sich die Urniere mit dem Urnierengang; sie wird ersetzt durch die dritte Nierengeneration, die bleibende Niere mit dem Ureter. Die Urniere wandelt sich beim Männchen zum Nebenhoden um, der mit dem Hoden in Verbindung tritt, während der Urnierengang (WOLFFsche Gang) zum Samenleiter wird und in die Kloake einmündet. Beim Weibchen fehlt der Zusammenhang der Gonaden mit der Urniere, die als rudimentärer „Nebeneierstock" erscheint.

Als Eileiter fungieren die mit einem weiten Ostium beginnenden MÜLLERschen Gänge, die getrennt in die Kloake einmünden. Eine Ausstülpung der ventralen Kloakenwand stellt die Harnblase dar, welche Schlangen und Krokodilen fehlt.

Die Begattungsorgane sind bei Eidechsen und Schlangen paarige vorstülpbare Hohlschläuche, bei Krokodilen und Schildkröten dagegen unpaare solide Körper; auf ihnen entlang läuft in einer spiraligen oder längsverlaufenden Rinne der Samen.

Meist legen die Reptilien Eier; nur einige Schlangen und Eidechsen gebären lebendige Junge, indem die befruchteten Eier in den Eileitern zurück behalten werden. Ursprünglich sind die Reptilien Landtiere; die aquatile Lebensweise, welche viele von ihnen führen, ist später angenommen worden.

B. Spezieller Kursus.

Lacerta agilis L., die Zauneidechse.

Die äußere Körperform unserer Eidechse weicht nicht wesentlich von der eines Salamanders ab. Der spitz zulaufende dreieckige Kopf ist mit dem Rumpfe durch einen wenig distinkten Halsabschnitt verbunden. Der Schwanz ist fast drehrund und länger als der ganze übrige Körper. Von den kurzen Extremitäten sind die hinteren ein wenig größer und wie die Vorderextremitäten mit fünf Zehen versehen; die Enden der Zehen tragen feine Hakenkrallen.

Die Haut ist mit Hornschuppen bedeckt, die am Kopfe zu größeren Schildern werden und eine streng gesetzmäßige, für die Systematik wichtige Lage einnehmen (s. Fig. 165). Die Grundfarbe des Rückens ist graubraun oder grün, der Schwanz ist stets braun, und ebenso findet sich auf der Medianlinie des Rückens ein brauner Streifen. An den Seiten des Rumpfes ziehen Längsreihen weißer, dunkel um-

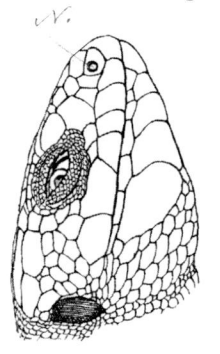

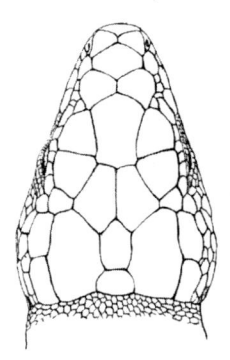

Fig. 165. Kopf von *Lacerta agilis*, von der Seite und von oben. Orig.

ränderter Flecken (Augenflecken). Die Bauchseite ist gelblich oder grünlich mit vielen kleinen schwarzen Flecken, die nach den Seiten zu größer werden.

Der Mund ist eine lange, fest verschließbare Spalte. Vorn am Oberkiefer finden sich zwei rundliche Öffnungen: die Nasenlöcher.

Hinter den Augen findet sich jederseits in einer Vertiefung das schwarze Trommelfell. Die Kloakenöffnung stellt eine Querspalte dar, weshalb auch die Eidechsen zusammen mit den Schlangen und Rhynchocephalen als Plagiotremen den anderen, mit einer Längsspalte versehenen Reptilienordnungen gegenübergestellt werden.

Zwischen Männchen und Weibchen finden sich folgende äußere Unterschiede. Die Farbe der Männchen ist an Seite und Bauch grün, der Weibchen dagegen an den Seiten bräunlich, am Bauche weißlich. Auch sind die Weibchen schlanker, jedoch im Frühling dickbauchiger.

Über die Anordnung der Schilder des Kopfes orientieren die beiden beigefügten Abbildungen (s. Fig. 165). Die Halsgegend wird ventral nach hinten abgeschlossen durch eine Reihe krausenartig vortretender größerer Hornschuppen, die als Halsband bezeichnet werden.

18. Kursus: Reptilien. 287

Ein größeres Schild liegt auch vor der Kloakenöffnung: das After-schild. Auf dem Schwanze sind die Schilder gekielt und wirtelförmig angeordnet.

Bei vielen Exemplaren ist der Schwanz in seinem hinteren Teile stummelförmig und scharf von dem vorderen Teile abgesetzt. In diesen Fällen handelt es sich um eine Regeneration des leicht zerbrechlichen Schwanzes.

An den Hinterextremitäten finden sich auf der Unterseite des Oberschenkels eine Anzahl größerer Schilder, aus denen gelbe Pfröpfe ragen: die Schenkelporen, die beim Männchen viel stärker entwickelt sind als beim Weibchen.

Wir öffnen den Mund und erblicken auf dem Boden der Mundhöhle die schwärzliche, vorn in zwei Spitzen auslaufende Zunge. An ihrem hinteren, eingebuchteten Rande liegt der Kehlkopf.

Auf dem Mundhöhlendache springt ein von der Nasenscheidewand gebildeter Knopf vor, zu dessen beiden Seiten die Schlitze der Nasengaumengänge liegen. Ober- wie Unterkiefer sind mit Zähnen besetzt, die auf niedrigen Knochensockeln seitlich an den Kieferrändern in einer Reihe stehen (pleurodontes Gebiß). Weitere, den Flügelbeinen aufsitzende Zähnchen sind an unserem Präparate nicht zu sehen, da sie zu tief in der Schleimhaut verborgen sind.

Die Eröffnung der Leibeshöhle geschieht in folgender Weise. Dicht neben der Medianlinie des Bauches wird ein Scherenschnitt von dem Analschild an nach vorn geführt. Dieser Schnitt muß ganz oberflächlich geschehen, damit das darunter liegende schwarze Bauchfell nicht verletzt wird. Über den Brustkorb hinweg wird der Schnitt bis zum Unterkieferwinkel geführt. Die zur Seite geklappte Haut wird mit Nadeln festgesteckt. Dann schneidet man mit einem zweiten Medianschnitt das Bauchfell von hinten her auf, durchtrennt den Brustkorb, indem man die Rippen an ihren Ansätzen an das Brustbein abschneidet, durchschneidet das Brustbein selbst und präpariert rechts und links den Schultergürtel vollkommen ab, um Herz und Lungen freizulegen. Ebenso wird auch das Becken durchschnitten und abgetragen (Fig. 166).

Wir betrachten zunächst die Eingeweide der Brusthöhle. Das Herz liegt in der ventralen Mittellinie unterhalb des Brustbeines und ist von einem dünnwandigen Herzbeutel umgeben. Es lassen sich drei Abteilungen des Herzens unterscheiden, von denen die beiden vorderen die Vorkammern sind. Die Herzkammer läuft spitzkonisch zu.

Zwischen beiden Vorkammern, teilweise durch sie verdeckt, zieht der von der Herzkammer entspringende Truncus arteriosus nach vorn. Wir machen ihn deutlicher sichtbar, indem wir den Herzbeutel vorsichtig abtragen.

Zunächst ist zu bemerken, daß die scheinbar einheitliche Herzkammer durch eine unvollkommene Scheidewand in zwei Ventrikel zerlegt wird. Der bei Fischen und Amphibien einheitliche Arterienstamm ist hier durch Scheidewände in drei einzelne Gefäße zerlegt. Der aus dem linken Ventrikel stammende rechte Arterienstamm entsendet nach vorn die beiden gemeinschaftlichen Carotiden zur Versorgung des Kopfes und der Vordergliedmaßen und biegt dann als rechter Aortenbogen nach hinten um, sich mit dem aus dem rechten Ventrikel kommenden linken Arterienstamm, dem linken Aortenbogen, zur Aorta descendens vereinigend. Die vom rechten Ven-

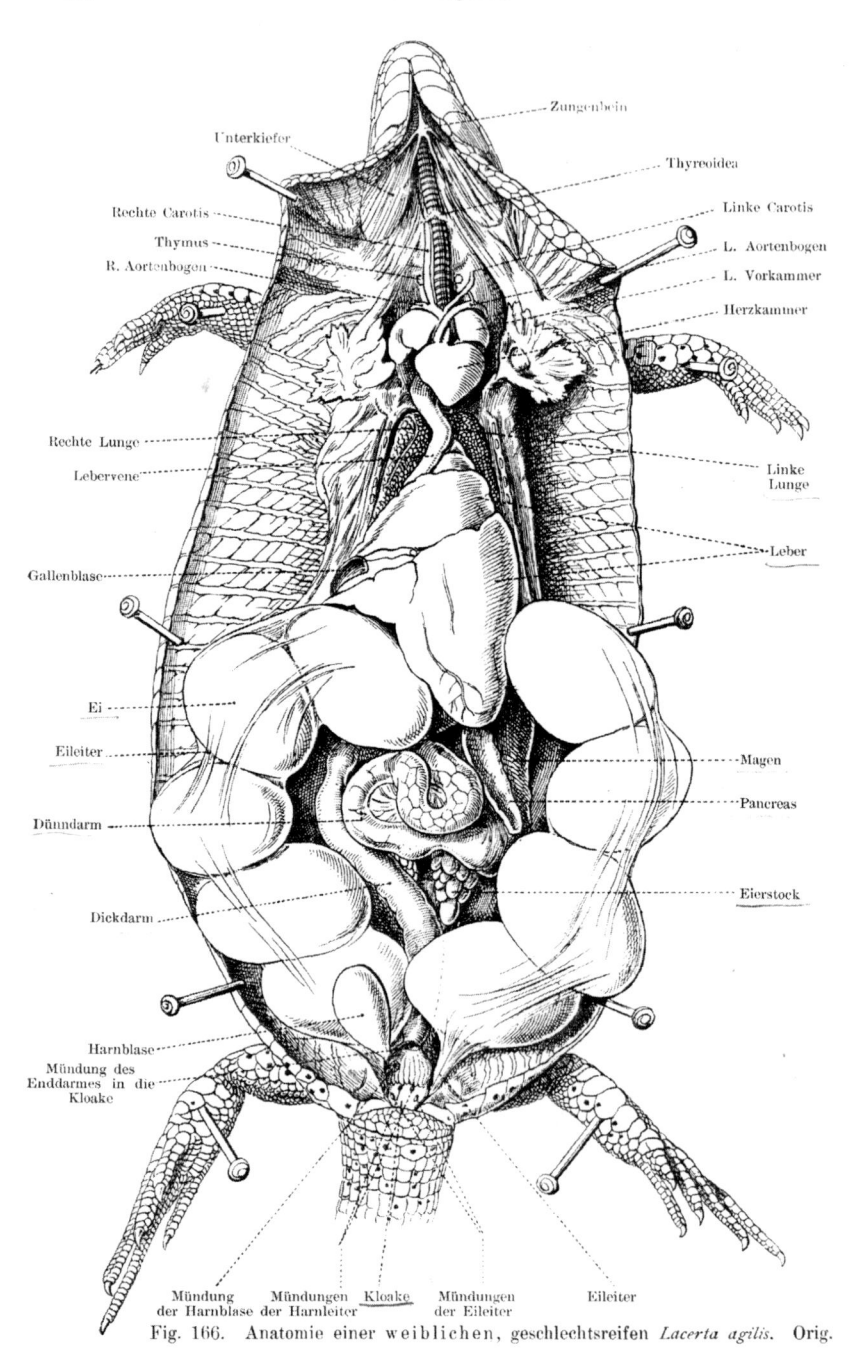

Fig. 166. Anatomie einer weiblichen, geschlechtsreifen *Lacerta agilis*. Orig.

trikel entspringende Lungenarterie liegt auf der Dorsalseite des Herzens und ist in unserem Präparate nicht sichtbar. Von Venen imponiert die große, aus dem vorderen Leberlappen austretende Lebervene, die zusammen mit anderen Venen einen großen, auf der dorsalen Fläche der Vorkammern liegenden Sinus bildet. Dieser venöse Sinus öffnet sich mit einer Spalte in die rechte Vorkammer.

Hinter dem Herzen liegen die beiden Lungensäcke von langgestreckter Gestalt. Von dem großen Hohlraum des Inneren gehen zahlreiche kurze Ausstülpungen aus, die wiederum mit noch kleineren besetzt sind. Man sieht diesen Bau durch die Wandung der Lunge hindurchschimmern. Zwei kurze Bronchien führen in die Trachea, welche aus einer großen Anzahl unvollständiger Knorpelringe besteht und geradlinig nach vorn zieht, um sich hinter der Mundhöhle durch den Kehlkopf zu öffnen.

Zu beiden Seiten der Trachea, etwas oberhalb des Herzens, finden sich zwei kleine Drüsen, die Thymus, während die Thyreoidea ein Stück weiter kopfwärts der Trachea aufliegt. Weiter vorn liegt das Zungenbein, aus einem unpaaren Mittelstück und drei jederseits davon ausgehenden Bogen bestehend.

Vom Darmtractus sehen wir den von der Trachea überlagerten Pharynx, von trichterförmiger Gestalt. Er geht in den langen, geraden Oesophagus über, der in den spindelförmigen Magen einmündet. Der Magen tritt zwischen den beiden Lungen hervor, zieht auf der linken Seite nach hinten und krümmt sich nach der Medianen zu ein. Hier liegt eine breite, flache Drüse von heller Farbe: das Pancreas. Die ansehnliche Leber ist schon an ihrer rotbraunen Farbe leicht kenntlich; vorn schiebt sie sich zwischen die Lungen ein, hinten ist sie zweizipfelig und umfaßt die birnenförmige Gallenblase, welche das von den Gallengängen aus der Leber zu ihr hingeleitete Sekret aufnimmt und durch den innerhalb des Pancreas verlaufenden Ductus choledochus ausführt.

Der Dünndarm macht mehrere Windungen und geht dann in den wurstförmigen Dickdarm über, der in die Kloake ausmündet.

Vom Urogenitalsystem fallen bei uns vorliegenden trächtigen Weibchen zunächst die großen Eier auf, welche zu beiden Seiten des Bauches in zwei Reihen angeordnet sind. Schauen wir genauer zu, so finden wir sie in zwei langgestreckten, dünnwandigen Schläuchen liegen, den beiden Eileitern. Aus der Tiefe leuchten zwei zitronengelbe Drüsen von ovaler Gestalt hervor, in denen kleinere Eier verschiedener Größe durchschimmern, die beiden Eierstöcke.

Wir machen uns diese Verhältnisse deutlicher sichtbar, indem wir die Eileiter aufschneiden, die großen Eier daraus entfernen, die Kloake der Länge nach aufspalten und den Enddarm etwa $^1/_2$ cm vor seiner Ausmündung abschneiden und zur Seite legen.

Es zeigt sich, daß die Eierstöcke in keiner direkten Beziehung zu den Eileitern stehen. An der Innenseite der Eierstöcke zieht sich jederseits ein länglicher Körper von goldgelber Farbe entlang, welcher Nebenniere genannt wird. Die reifen Eier gelangen in die Leibeshöhle, werden von den langen, schlitzförmigen Trichtern der Eileiter aufgenommen und hier mit festen Schalen versehen. Die Ausmündung der Eileiter in die Kloake erfolgt auf deren dorsaler Seite in zwei Öffnungen (s. Fig. 166).

An unserem Präparate sind auch die Nieren sichtbar, welche als zwei langgestreckte hellrote Körper zu beiden Seiten der Mittellinie in der Kreuzbeingegend liegen. Die von den Nieren ausgehenden kurzen Harnleiter öffnen sich direkt in zwei feinen Öffnungen in die Kloake. Noch ist die Harnblase zu erwähnen, welche als zarthäutiger Sack in die ventrale Kloakenwand einmündet und einen Rest der embryonalen Allantois darstellt.

Beim Männchen liegen die Verhältnisse des Urogenitalsystems folgendermaßen (s. Fig. 167).

Die Hoden liegen an der gleichen Stelle wie die Ovarien als zwei kleine, eiförmige, weiße Gebilde, die durch eine Mesenterialfalte befestigt sind. Daneben findet sich am äußeren Rande der gleiche

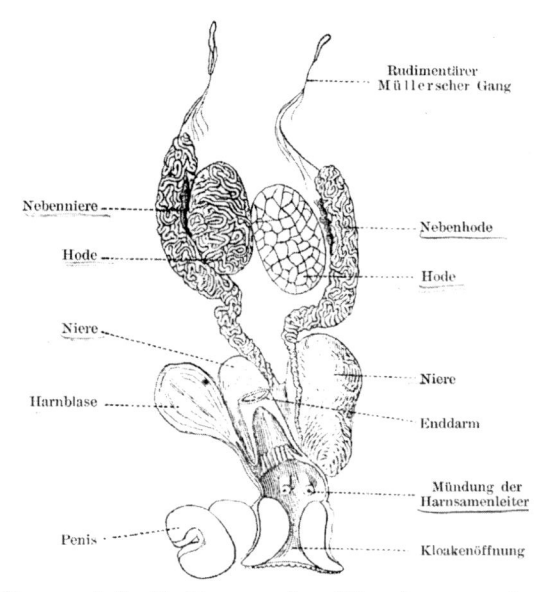

Fig. 167. Harn- und Geschlechtsorgane eines Männchens von *Lacerta agilis* (nach LEYDIG).

goldgelbe Körper wie bei dem Weibchen wieder, den wir als Nebenniere bezeichnet haben, und dicht daneben liegen jederseits die großen durchscheinenden, aus verschlungenen Kanälchen bestehenden Nebenhoden („Urnieren"), deren Ausführgänge, die Samenleiter (die ursprünglichen „WOLFFschen Gänge"), in die dorsale Wand der Kloake ausmünden, nachdem sie sich kurz vor der Ausmündung mit den beiden Harnleitern vereinigt haben.

Beim Männchen finden sich zwei Begattungsorgane, welche in der Ruhelage als hohle Schläuche in der Schwanzwurzel liegen, und nach außen vorgestülpt werden können.

Um das Gehirn freizulegen, durchschneiden wir im Nacken die Muskulatur und tragen von diesem Schnitte aus die Schädeldecke ab.

Das in der Schädelhöhle freiliegende Gehirn zeigt gegenüber dem der Amphibien eine Weiterentwicklung, indem die Großhirnhemisphären das Mittelhirn teilweise überdecken. Die beiden Großhirnhemisphären verlängern sich vorn in die Lobi olfactorii. Das Zwischenhirn ist vom Großhirn überdeckt und trägt auf seiner Dorsalseite die Epiphyse, die von dem rudimentären Scheitelauge getrennt ist, während sie bei *Hatteria* mit ihm in Verbindung steht. Das Mittelhirn ist durch eine Längsfurche in die beiden Corpora bigemina gespalten. Das Kleinhirn begrenzt mit seinem Hinterrande die Rautengrube. Das Nachhirn geht allmählich in das Rückenmark über.

19. Kursus.
Vögel.

Technische Vorbereitungen.

Am bequemsten lassen sich von größeren Vögeln Tauben beschaffen. Diese werden vor Beginn des Kursus in einem zugedeckten Gefäße mit Chloroform getötet und im Wachsbecken untersucht.

A. Allgemeine Übersicht.

In ihrer inneren Organisation den Reptilien in vielen Punkten ähnlich und daher mit ihnen auch zur Gruppe der Sauropsiden vereinigt, zeigen die Vögel doch besonders durch die Anpassung an das Fliegen so große und einheitliche Umformungen, daß sie als eigene Klasse der Wirbeltiere aufzufassen sind. Fast alle Organsysteme sind von der Flugbewegung beeinflußt worden, am intensivsten Skelett und Integument. Nur wenige Stellen der Hautdecke der Vögel weisen noch einen an die Reptilien erinnernden Bau auf, so die Füße, welche meist mit Hornschildern oder Horntafeln bedeckt sind, die den Hornschuppen der Reptilien gleichen. Ferner ist auch der Schnabel von einer harten Hornscheide umzogen, der gesamte übrige Körper aber von Federn bedeckt. Die Federn sind komplizierte gebaute Horngebilde, welche in sackförmigen Vertiefungen der Haut sitzen. Man kann zwei Hauptformen der Feder unterscheiden, die Deck- oder Konturfeder und die Flaumfeder oder Dune. An der Deckfeder sehen wir folgende Teile: die Achse der Feder bildet der Kiel, eine Hornröhre, die aus zwei Teilen, der proximalen, in die Haut eingesenkten Spule und dem die Seitenäste tragenden Schafte, besteht. Schaft und Äste zusammen bilden die Fahne. Die Äste sind biserial angeordnet, selbst wieder gefiedert, und die sekundären Strahlen greifen mit Randhäkchen fest ineinander, so daß bei aller Leichtigkeit eine große Festigkeit der Fahne erzielt wird. Häufig findet sich an dem Übergang des Schaftes in die Spule ein zweiter kleiner Schaft, der Afterschaft, mit der weniger ausgebildeten Nebenfahne. Die Dunen sind weicher, ihr Schaft ist oft rudimentär, und die langen Äste mit ihren, der Randhäkchen entbehrenden, sekundären Strahlen entspringen dann nebeneinander von der Spule. Die Nebenfahne der Dunen ist oft stärker als die Hauptfahne. Durch Verkümmerung der Fahne können die haar- oder borstenförmigen Fadenfedern entstehen.

Es entsteht nun die Frage, als was diese komplizierten Horngebilde aufzufassen sind. Die Entwicklungsgeschichte zeigt, daß die Federn den Reptilienschuppen homolog sind. Die erste Anlage der Feder ist wie die der Reptilienschuppe eine Cutispapille, nur wächst bei der Feder der hornige, von der Epidermis gebildete Überzug zu einem langen Fortsatz aus. Erst später senkt sich die Federanlage in die Haut ein. Nach vollendeter Entwicklung schrumpft die gefäßreiche Cutispapille ein und bildet die in der Spule liegende „Federseele".

Die Dunen treten als Jugendkleid auf und werden später von den Deckfedern überdeckt. Die Deckfedern stehen in bestimmten Bezirken, den Federfluren, welche durch die federlosen oder nur Dunen tragenden Raine abgegrenzt sind. Ihre vollkommenste Ausbildung weisen die Deckfedern in den Schwungfedern der Flügel und Steuerfedern des Schwanzes auf. Die Schwungfedern sitzen dem vorderen Teil der Vorderextremität in einer Reihe auf; die des Unterarmes heißen Armschwingen, die der Hand sind die Handschwingen. Gesondert von letzteren findet sich am ersten Finger ein kleiner Federkomplex, der Eckflügel (Alula).

Am Oberarm sitzende Deckfedern bilden den Schulterfittich, welcher zusammen mit anderen, kürzeren, dachziegelförmig übereinanderliegenden Deckfedern die Schwungfedern an der Basis überdeckt.

Alljährlich im Herbst werden die Federn gewechselt: Herbstmauser; manchmal tritt auch eine „Frühlingsmauser" ein. Bei einer Anzahl Arten tragen die Männchen zur Fortpflanzungszeit ein farbenprächtigeres „Hochzeitskleid".

Von Hautdrüsen findet sich nur die große zweilappige Bürzeldrüse oberhalb des Schwanzes, deren Sekret zum Einölen des Gefieders dient.

Die Wirbelsäule zeigt die bereits bei den Reptilien unterschiedenen Regionen. Besonders lang ist der sehr bewegliche Hals mit einer oft großen Zahl von Wirbeln. Die Brustwirbel sind fester miteinander verbunden, und diese Region ist starrer und kürzer. Außer den zwei ursprünglichen Sacralwirbeln treten auch noch davor und dahinter gelegene Wirbel durch Verschmelzung in die Bildung des großen festen Kreuzbeines ein, und nur einige Schwanzwirbel bleiben frei beweglich, während die hintersten zur Bildung eines senkrecht nach oben stehenden Knochens: Pygostyl, verwachsen, der die Steuerfedern trägt. Die Wirbel der Vögel sind in der Regel durch „Sattelgelenke" mit einander verbunden.

Der Vogelschädel zeigt im wesentlichen den Aufbau des Reptilienschädels; er weicht von ihm besonders ab durch die starke Vergrößerung der Gehirnhöhle, wie durch das Fehlen des Os transversum. Auch die Vögel besitzen nur einen Condylus occipitalis; das Quadratbein ist sehr beweglich. Stark entwickelt sind die Zwischenkiefer auf Kosten der klein bleibenden Oberkiefer. Der Oberschnabel wird von oben nach unten zu beweglich. Die meisten Knochen des Schädels sind pneumatisch und ihre Lufträume stehen mit Nasenhöhle und Gehörgang in Zusammenhang. Auch die übrigen Teile des Vogelskeletts sind mehr oder minder pneumatisch, indem mit den Lungen zusammenhängende Luftsäcke in sie hineintreten.

Die Halswirbel tragen kurze Rippen, die bei den erwachsenen Vögeln mit den Wirbeln verschmelzen; von den Brustwirbeln zum Brustbein gehen größere Rippen, die aus zwei in Intercostalgelenken gegeneinander beweglichen Stücken bestehen. Eine besondere Festigkeit erlangt der Brustkorb, indem vom Hinterrande jedes oberen Rippenstückes sich ein Fortsatz, Processus uncinatus, über die folgende Rippe legt.

Das Brustbein der Vögel ist sehr groß und breit und bei allen fliegenden Formen in der Medianlinie mit einem vorspringenden Kamm, der Carina, versehen, an die sich die Flugmuskeln anheften.

Der Schultergürtel ist sehr fest gebaut. Vom säbelförmigen Schulterblatt geht vorn das lange Coracoid zum Vorderrand des Brustbeines, während die beiden (nur den Straußenvögeln und einigen anderen Formen fehlenden) Schlüsselbeine zum Gabelknochen, der Furcula, verschmolzen und mit dem Brustbeinkamm durch ein Band verbunden sind.

Die Vorderextremität der Vögel ist zum Flügel umgewandelt und am langen Vorderarm die Ulna stärker als der Radius ausgebildet. Das Handskelett ist sehr rückgebildet, im Carpus finden sich nur zwei kleine Carpalknochen; vierter und fünfter Metacarpus sind geschwunden, und von den anderen ist der zweite am längsten. Auch die Phalangenzahl reduziert sich. Der Daumen trägt mitunter eine Kralle.

Der Beckengürtel ist ebenfalls stark ausgebildet, da beim Gehen die ganze Last des Körpers auf den hinteren Extremitäten ruht. An das große dachförmige Kreuzbein setzen sich die langen, damit verwachsenen Darmbeine an, und die ventralen Beckenknochen, Scham- und Sitzbein, treten nicht ventral zusammen (Ausnahme: Strauß), so daß das Becken median offen ist.

Der Oberschenkel ist kurz, am langen Unterschenkel ist die Tibia viel stärker entwickelt als die Fibula. Das untere Ende der Tibia ist mit den proximalen Tarsalia verwachsen, während die distalen Tarsalia mit den Metatarsalien zu einem langen Knochen, dem Laufknochen, zusammentreten. Es bildet sich also mitten im Tarsus das Laufgelenk (Intertarsalgelenk) aus. An das Vorderende des Laufes setzen sich die Zehen an, von denen die fünfte stets fehlt.

Am Nervensystem ist zu beachten, daß — entsprechend der höheren Intelligenz der Vögel — das Gehirn hoch ausgebildet ist. Das Vorderhirn weist große Hemisphären auf, und am Hinterhirn ist der mittlere Teil, der sog. „Wurm", stark ausgebildet.

Wie bei den Reptilien, so findet sich auch bei den Vögeln nur eine echte Nasenmuschel vor, zu der noch zwei weitere Falten treten können. Das hoch entwickelte Auge ist dem der Reptilien ähnlich, trägt vorn einen Scleroticalring, und in den Glaskörper ragt von hinten her ein starker Fortsatz, Pecten, ein. Zu den beiden Augenlidern tritt noch vom inneren Augenwinkel her die Nickhaut. Das Trommelfell des Hörorganes liegt am Grunde eines kurzen äußeren Gehörganges; wie bei den Reptilien, so findet sich auch bei den Vögeln ein Gehörknochen — die Columella.

Sämtlichen lebenden Vögeln fehlen die Zähne, während ausgestorbene Formen („Zahnvögel") sie noch besaßen. Die Hornzähne am Schnabelrande einiger Vögel (z. B. Säger) sind Epidermisgebilde. Die Zunge ist meist schmal und hart. Bei den meisten Vögeln erweitert sich der Oesophagus zu einem Kropf, der als Reservoir für die aufgenommene Nahrung dient. Am Magen unterscheiden wir Vormagen oder Drüsenmagen und Muskelmagen, der bei

Körnerfressern zu einem Kaumagen wird, indem sich in ihm ein horniger Überzug ausbildet. Leber und Pancreas sind vorhanden und münden in das Duodenum ein. Am Übergange des Dünndarmes in den Enddarm finden sich zwei Blinddärme. An der Hinterwand der Kloake mündet eine Drüse unbekannter Funktion: die Bursa Fabricii.

Die Luftröhre ist gewöhnlich lang und mit zwei Kehlköpfen versehen, von denen der obere, der Larynx, keine Stimmbänder besitzt; die Töne werden von dem unteren, dem Syrinx, erzeugt, der an der Übergangsstelle der Trachea in die beiden Bronchien gelegen ist. Die schwammigen Lungen liegen der dorsalen Wand der Leibeshöhle an, und von ihnen gehen fünf Paar umfangreiche Ausstülpungen, die Luftsäcke, aus, welche sich in der Leibeshöhle, im Skelett und unter der Haut hinziehen. Der Bau der Vogellunge ist noch komplizierter, als der der Säugetierlunge. Jeder der beiden Bronchien tritt in eine Erweiterung das „Vestibulum" ein, von dem aus ein geradliniger Kanal, der „Mesobronchus", durch die Lunge zieht, um in den abdominalen Luftsack einzumünden. An Vestibulum und Mesobronchus sitzen fiedrig angeordnete vorwiegend an der Oberfläche der Lunge verlaufende Seitenäste, die in rechtem Winkel zahlreiche feine Kanäle, die häufig anastomosierenden „Lungenpfeifen" abgeben. Die von diesen wiederum in rechtem Winkel abgegebenen Queräste, die Bronchioli, lösen sich in zahlreiche sehr enge, vielfach verzweigte und anastomosierende Röhrchen auf, die zusammen mit den dazwischen liegenden feinsten Blutkapillaren, als schwammige Wandung der Lungenpfeifen das respirierende Lungenparenchym bilden.

Das Blutgefäßsystem der Vögel ist dem der Reptilien durchaus ähnlich, weist aber einen bedeutungsvollen Fortschritt dadurch auf, daß die beiden Herzkammern vollkommen voneinander geschieden sind. Der venöse Blutkreislauf ist also von dem arteriellen vollkommen getrennt. Die Vögel besitzen im Gegensatz zu den wechselwarmen Reptilien eine hohe Eigenwärme des Blutes. Ein weiterer Unterschied gegenüber den Reptilien findet sich darin, daß der linke Aortenbogen verloren gegangen ist und nur der rechte die Aorta bildet. (Bei den Säugetieren ist umgekehrt der rechte verloren gegangen und der linke allein vorhanden.)

Auch der Urogenitalapparat der Vögel schließt sich eng an den der Reptilien an.

Die Nieren sind meist dreilappige Gebilde dicht neben der Wirbelsäule; ihre Ausführgänge münden getrennt in die Kloake; eine Harnblase fehlt den Vögeln.

Der rechte Eierstock ist meist völlig geschwunden, und nur der linke funktioniert, und ebenso ist von den als Eileiter fungierenden MÜLLERschen Gängen nur der linke entwickelt. Der Eileiter nimmt mit seinem weiten Ostium die großen dotterreichen Eier auf, und hier im Eileiter werden sie auch befruchtet. Langsam herabrückend wird das Ei mit einem von Drüsen der Eileiterwand sezernierten Stoffe, dem „Eiweiß", dann mit einer dünnen Schalenhaut versehen und gelangt alsdann in den unteren erweiterten Abschnitt des Eileiters, der als „Uterus" bezeichnet wird. Hier erhält das Ei die äußere Kalkschale.

Die Hoden sind beide entwickelt und liegen vor den Nieren. Die Samenleiter münden getrennt in die Kloake. Bei manchen

Formen ist ein spongiöser Penis an der Vorderwand der Kloake vorhanden, der in einer Rinne den Samen überleitet.

Alle Vögel legen Eier, zu deren Entwicklung Wärme nötig ist, die meist durch Bebrüten erzeugt wird.

B. Spezieller Kursus.

Die Haustaube, *Columba domestica* (L.).

Wir betrachten zuerst die äußere Körperform. Der eiförmige Körper ist mit Federn bedeckt. Die zu Flügeln umgewandelten Vorderextremitäten tragen gleichfalls Federn, während die Hinterextremitäten nur in ihrem oberen Teile befiedert sind, in ihrem unteren dagegen einige quer gestellte Hornschilder besitzen und hinten netzförmig gefeldert sind. Am Kopfe, der durch einen schlanken Hals mit dem Rumpfe verbunden ist, sehen wir vorn den von zwei hornigen Kiefern gebildeten Schnabel, mit Ober- und Unterschnabel. Ersterer überragt mit der Spitze den letzteren ein wenig. Zu beiden Seiten des Oberschnabels finden sich zwei Spalten, die Nasenlöcher. Die Basis des Oberschnabels ist bedeckt von einer weichen, gekörnelten, wulstig vorgewölbten Haut, der Wachshaut. Die runden Augen sind von einem nackten Hautringe umgeben. Um die große Pupille zieht sich eine zinnoberrote Iris. Im inneren (vorderen) Augenwinkel findet sich die Nickhaut, welche über die Oberfläche des Auges hinweg gezogen werden kann. Hinter dem Auge liegt eine unbefiederte Membran, das Trommelfell.

An den Beinen sehen wir drei nach vorn gerichtete Vorderzehen und eine in gleicher Höhe wie die Vorderzehen eingelenkte nach hinten gerichtete Hinterzehe. Die Zehen sind niemals durch dazwischen ausgespannte Hautlappen verbunden, und der Fuß wird daher als „Spaltfuß" bezeichnet. Am Ende jeder Zehe findet sich auf ihrer Dorsalseite ein kurzer, hakenförmig gebogener Nagel.

Die Federn sind von zweierlei Art. Die Oberfläche bedecken die größeren steiferen Konturfedern, während die gekräuselten, kleinen, weichen Flaumfedern darunter liegen. Die Konturfedern der Flügel und des Schwanzes sind besonders groß. Erstere heißen Schwungfedern, letztere Steuerfedern. Breiten wir einen Flügel aus, so lassen sich schon äußerlich folgende Abschnitte unterscheiden: Zehn lange Federn, die Handschwingen, sind an der Hand befestigt. Es folgen dann etwa 11—15 Armschwingen, die am Unterarm sitzen, und nach innen von diesen der kleinere Schulterfittich. Dachziegelartig liegen den Schwungfedern kleinere Konturfedern auf, die als Deckfedern bezeichnet werden. Eine kleine, abgesonderte Portion, die dem rudimentären Daumen aufsitzt, ist der Eckflügel.

Am Schwanze sind 12—16 Steuerfedern vorhanden.

Wir rupfen eine Feder aus und betrachten sie genauer.

Es lassen sich an ihr zwei Teile unterscheiden, ein Achsenteil und die seitlich daran ansitzenden Äste. Der Achsenteil zerfällt in einen unteren Abschnitt, die Spule (Calamus), welche in eine Hauteinstülpung eingesenkt ist, und den Schaft (Rhachis). Die seitlichen Äste tragen wieder Nebenäste, die mittels feiner Häkchen zusammenhaften.

19. Kursus: Vögel.

Es wird eine spitz ausgezogene Glasröhre in den Kehlkopf eingeführt und Luft hineingeblasen, wodurch die Luftsäcke gefüllt werden, dann wird die Taube gerupft, indem ihr die Federn in der Längsrichtung der Federstellung mit kurzem Ruck ausgerissen werden.

Wir sehen nunmehr, daß die Deckfedern in regelmäßiger Anordnung der Haut inserieren, in sog. „Fluren" (Pterylae), zwischen denen sich federlose Stellen, die „Raine" (Apteria) hinziehen.

Es wird nun die Taube in das Wachsbecken mit der Bauchseite nach oben, unter Wasser gelegt und mittels starker Nadeln, die durch Flügel, Beine und Schnabel gesteckt werden, befestigt.

Mit dem Skalpell schneiden wir die Haut in der Medianlinie dicht neben dem Kamme des Brustbeins auf und führen den medianen Schnitt, sowohl nach hinten bis zur Kloake, als auch nach vorn, den Hals entlang bis zum Schnabel. Dann wird die Haut seitlich abpräpariert und mit Nadeln festgesteckt.

Von den Muskeln dominiert der fast die ganze Brust bedeckende **Musculus pectoralis major**, von dreieckiger Gestalt. Vorn zweigt sich ein kleines schmales Muskelbündel in die Haut ab, der **Hautbrustmuskel**.

Wir schneiden den großen Brustmuskel jederseits von der Carina durch und heben ihn ab. Ebenso wird das gesamte Brustbein in folgender Weise abgehoben: es wird eine Schere am hinteren Rande eingeführt und vorsichtig ein Schnitt bis zu den Rippen geführt. Die Rippen selber werden in den Sternocostalgelenken, die man leicht fühlen kann, durchschnitten; dann schneidet man jederseits bis zum Schultergürtel und löst hier das Brustbein aus den Gelenken heraus. Alsdann läßt es sich unter stetem Abpräparieren von der Unterseite abheben. Das Abdomen öffnen wir durch einen einfachen bis zur Kloake geführten Medianschnitt.

Von den Brusteingeweiden imponiert besonders das große Herz, welches in der Mittellinie liegt und eine konische Form besitzt.

Mit der Schere entfernen wir das Perikard.

Ein dünner, gelber Fettbelag trennt die beiden dickwandigen Herzkammern von den beiden dünnwandigen Vorkammern. Aus der linken Herzkammer treten drei an der Wurzel zusammenstoßende Gefäße heraus, die rechte und die linke Kopfarmarterie und die nach hinten umbiegende Aorta. Die beiden Kopfarmarterien teilen sich wieder, indem sie nach oben die den Kopf versorgende A. carotis abgeben; der andere Ast, die A. subclavia, setzt sich, nachdem sie einen Zweig in die Brustmuskeln abgegeben hat, in die A. axillaris und A. brachialis fort. Drei große Venenstämme bringen das venöse Körperblut in die rechte Vorkammer zurück.

Vom Lungenkreislauf sehen wir die beiden am vorderen Ende der rechten Herzkammer entspringenden, direkt zu den Lungen tretenden Lungenarterien, während die beiden Lungenvenen sich im Herzbeutel zu einem in die linke Vorkammer mündenden Stamm vereinigen (s. Fig. 168).

Unter dem Herzen, dicht hinter dem dünnen, rudimentären Zwerchfell, liegt die braune Leber, die in einem größeren rechten und einen kleineren linken Lappen zerfällt. In ihrem oberen Teile bildet sie die Unterlage für das Herz. Der rechte Leberlappen zeigt auf der Dorsalseite tiefe Rinnen, die von Eindrücken des Dünndarmes herrühren;

19. Kursus: Vögel. 297

unter dem linken Lappen liegt z. T. der Muskelmagen. Eine Gallenblase fehlt. Klappen wir den rechten Leberlappen nach oben um,
so sehen wir die beiden von ihm ausgehenden Gallengänge, von denen

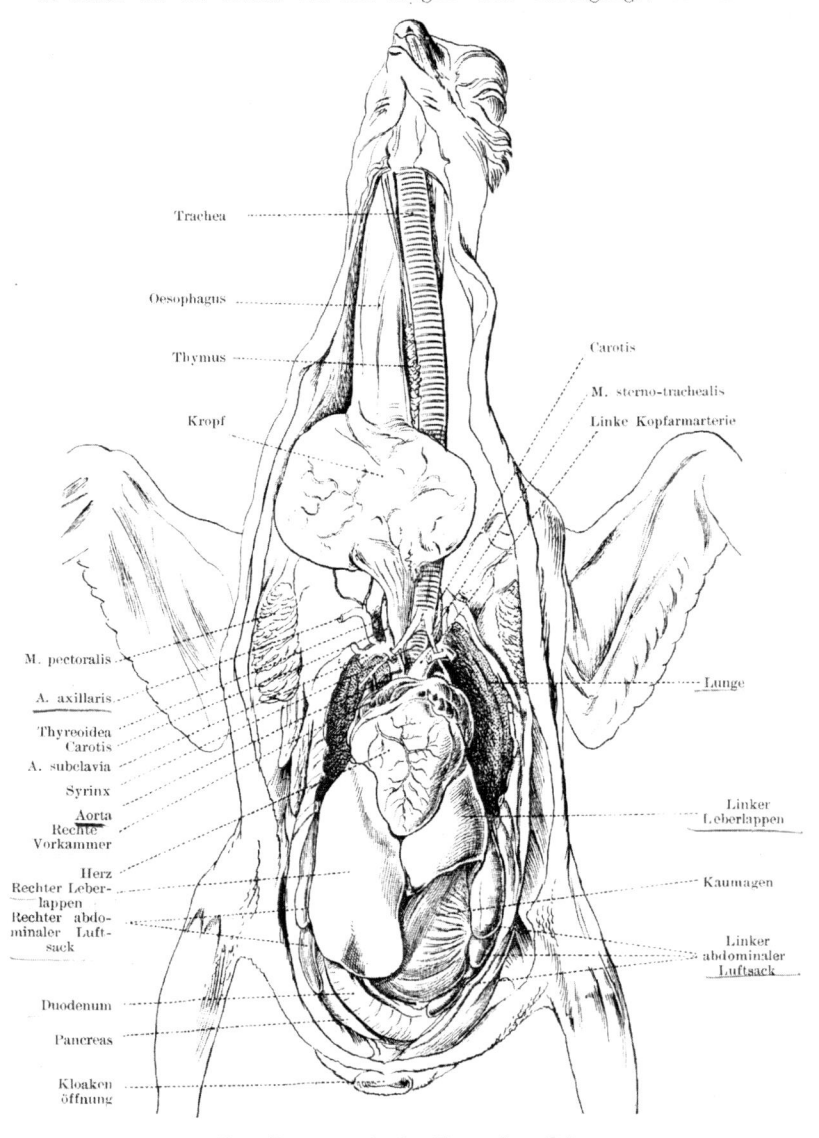

Fig. 168. Anatomie der Haustaube. Orig.

der eine in den aufsteigenden, der andere in den absteigenden Ast des
Duodenums mündet. Zwischen diesen beiden Ästen liegt das weißrote

Pancreas, von dem zwei Ausführgänge sich in den aufsteigenden Ast des Duodenums, unweit der Einmündung des einen Gallengangs begeben, ein dritter weiter oben ins Duodenum einmündet (Fig. 169). Wir schneiden nunmehr die Leber ab und nehmen sie heraus. Dadurch wird der Darmtractus deutlicher sichtbar. Wir fangen bei dessen Untersuchung vom Schnabel aus an, indem wir die Mundwinkel ein Stück weit aufschneiden. In der langen und weiten Mundhöhle liegt die schmale hornige Zunge, die nach hinten zu zwei seitliche, eine Drüse (die Hinterzungendrüse) umfassende Ausläufer bildet. Ein langer schmaler, von kurzen Papillen begrenzter Schlitz am Gaumen stellt die hintere Nasenöffnung (Choane) dar. Da-

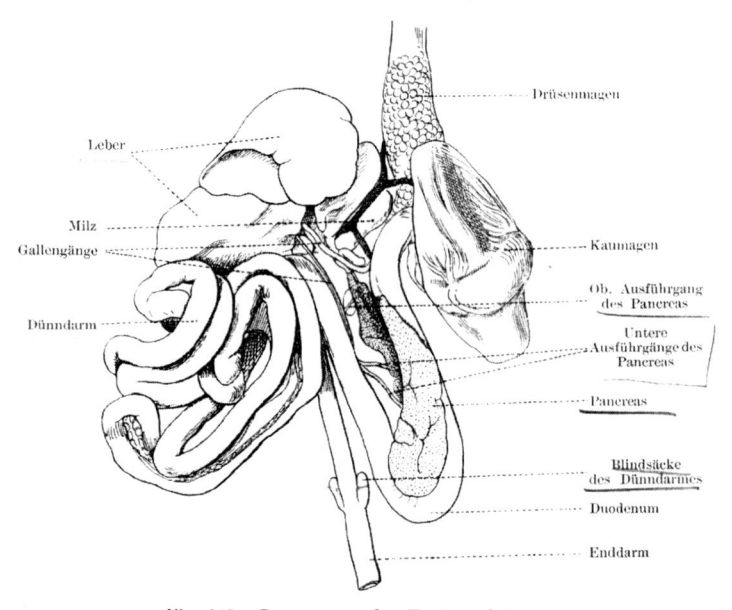

Fig. 169. Darmtractus der Taube. Orig.

hinter finden sich die Öffnungen der Eustachischen Röhren. Ganz hinten liegt die von dicken Lippen umstellte Stimmritze.

Der trichterförmige Schlund erweitert sich zu einem großen häutigen Sack, dem Kropf, von dem aus der Schlund zum Drüsenmagen zieht. Vom Kropf ist zu merken, daß bei den Tauben während der Brutzeit bei Männchen wie Weibchen krümelige, käsige Massen in ihm entstehen, mit welchen die Jungen geatzt werden. Der Drüsenmagen oder Vormagen ist sehr dickwandig und sondert aus zahlreichen Drüsen ein Sekret ab; seinem Hinterrande ist die kleine, abgeplattete Milz angeheftet. Auf ihn folgt der Muskelmagen, der außerordentlich fest ist und einen Sehnenüberzug aufweist. Von der dorsalen Fläche des Muskelmagens entspringt das Duodenum, welches eine das Pancreas umfassende Schlinge bildet; dann folgt der Dünndarm in zahlreichen Falten, an dessen Ende sich zwei kurze seitliche Blindsäcke finden. Das Rectum mündet in die weite Kloake ein,

die sich in einer quer gelagerten, von einem Ringmuskel umfaßten Spalte öffnet (s. Fig. 170).
Die Untersuchung des Respirationssystems beginnt mit dem oberen Kehlkopf, der sich durch eine Längsspalte in die Nasenhöhle öffnet. Er bildet, durch Knorpelringe gestützt, eine feste Kapsel. Die von ihm abgehende Luftröhre ist ebenfalls von zahlreichen Knorpelringen umgeben und erweitert sich am hinteren Ende zu dem unteren Kehlkopf oder Syrinx, in welchem allein die Töne erzeugt werden. Zwei kleine Muskeln, welche sich an die Trachea inserieren (s. Fig. 168),

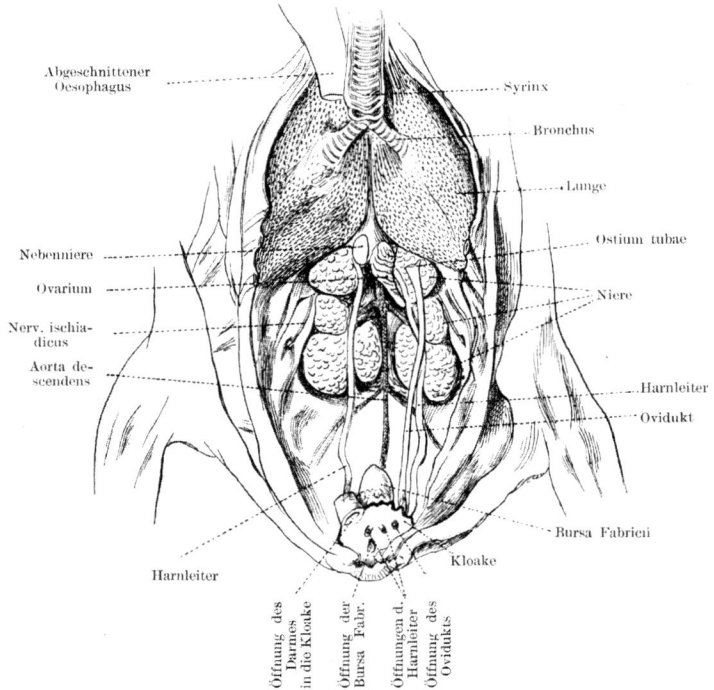

Fig. 170. Weiblicher Urogenitalapparat einer jungen Taube. Orig.

sind die M. sterno-tracheales. Die beiden kurzen Bronchien, in welche sich die Luftröhre gabelt, treten in die Lungen ein. Die Lungen sind unansehnliche Gebilde, etwa von Gestalt dreiseitiger Pyramiden. Von ihnen gehen die Luftsäcke aus, welche wir schon vor Beginn unserer Untersuchung durch Aufblasen sichtbar gemacht haben. Diese Luftsäcke wirken wie Blasebälge, indem sie gleichzeitig mit den Lungen durch Heben und Senken des Brustkorbes ausgedehnt und verkleinert werden. Beim Fliegen sind diese Respirationsbewegungen nicht nötig, da durch die Tätigkeit der Flügel allein eine derartig wechsende Kompression und Ausdehnung von Luftsäcken bewirkt wird. Durch diese Blasebalgbewegungen wird durch die Lungen ein ganz erhebliches Quantum von Luft getrieben, dessen Sauerstoff beim Durchstreichen ausgenutzt werden kann. Die Bauverhältnisse der Vogellunge sind sehr viel komplizierter als die der Säugetierlunge (s. pag. 294).

Von Drüsen am Halse bemerkt man die Thymus als langes, schmales, gewundenes Band und dahinter, dicht an der Luftröhre, die rotbraune Thyreoidea, jederseits zwischen der Carotis und Subclavia gelegen.

Die Nieren sind ansehnliche Körper, die hinter den Lungen beginnen und jederseits in drei Portionen zerfallen. Sie werden von dem Bauchfell überzogen und liegen also außerhalb der Bauchhöhle. Die Harnleiter entspringen auf der ventralen Fläche und münden in die Kloake ein. Vor den Nieren liegen die rundlichen, gelblichen Nebennieren.

Betrachten wir zunächst die Geschlechtsorgane eines Männchens, so fallen die großen, wurstförmigen Hoden besonders ins Auge, von

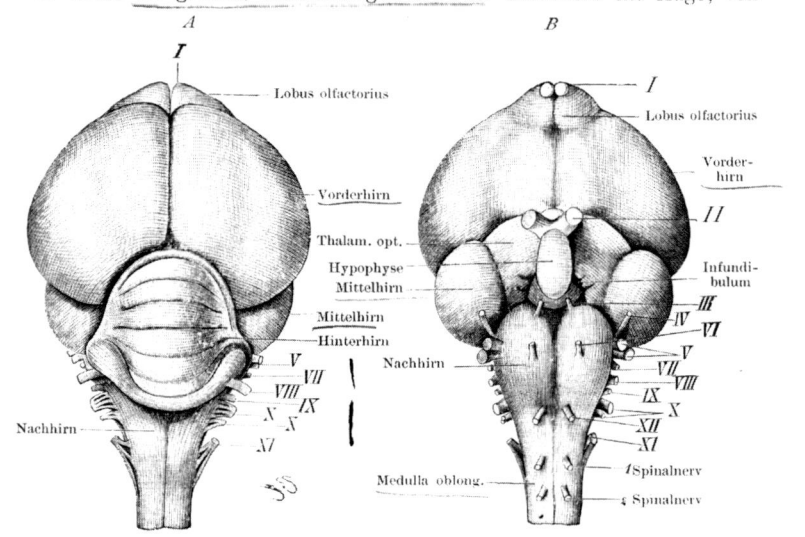

Fig. 171. Gehirn der Haustaube (nach WIEDERSHEIM). *A* dorsale, *B* ventrale Ansicht.

denen der rechte etwas kleiner ist. Ihre Ausführungsgänge, die Vasa deferentia, verlaufen neben den Harnleitern und münden ebenfalls in die Kloake ein.

Beim Weibchen ist nur der linke Eierstock vorhanden, da der rechte fast völlig verkümmert; er stellt ein traubiges Gebilde dar. Der Eileiter haftet der Körperwand an und beginnt mit einem weiten, trichterförmigen Ostium; er hat einen geschlängelten Verlauf, erweitert sich im unteren Abschnitt zum Uterus und mündet seitwärts vom linken Ureter in die Kloake. Bei jungen Tieren (s. Fig. 170) ist diese Differenzierung noch nicht ausgeprägt.

Es bleibt uns nun noch die Untersuchung der Kloake übrig.

Die ventrale Kloakenwand wird durch einen Scherenschnitt geöffnet.

Man erblickt alsdann die seitlichen Mündungen der Harnleiter, beim Männchen die auf Papillen sitzenden Mündungen der Samenleiter, beim Weibchen links die Mündung des Eileiters (s. Fig. 170).

In die Kloake mündet auch eine eigentümliche Drüse, die Bursa Fabricii, ein.

Wir gehen nunmehr zur Präparation des Gehirnes über. Der Schädel wird am Hinterhaupt mit einer starken Schere geöffnet und Stück für Stück abgetragen. Dann löst man das Gehirn auf der Dorsalseite los, von hinten nach vorn präparierend und die abgehenden Nerven möglichst weit von ihrem Ursprunge abschneidend.

Es lassen sich zunächst die fünf Hauptteile des Gehirns feststellen (Fig. 171). Die beiden Hemisphären des Vorderhirnes bilden zusammen eine herzförmige Figur, vorn ist ihnen jederseits ein kleiner Lobus olfactorius vorgelagert. Vom Zwischenhirn sehen wir nur am hinteren Rande des Vorderhirnes median die kleine Epiphyse liegen, seitlich treten die Sehhügel des Mittelhirnes zutage. Das Hinterhirn (Kleinhirn) weist eine mächtige Entwicklung des quergefalteten Mittelstückes auf, welches dorsal die Rautengrube des Nachhirnes völlig bedeckt; ventral erscheint dieses als eine durch eine mediane Längsfurche geteilte Masse, die vom Rückenmark durch eine Querfurche abgegrenzt ist.

Über die Hirnnerven orientieren die vorstehenden Abbildungen.

20. Kursus.
Säugetiere.

Technische Vorbereitungen.

Wir benutzen zum Studium der Säugetiere als Beispiel das Kaninchen, und zwar nehmen wir dazu ein erwachsenes Exemplar, welches in einem großen Gefäß durch Chloroform getötet wird. Dann wird es auf einem Sezierbrett auf den Rücken gelegt, und seine ausgebreiteten Glieder werden mit Bindfaden an seitlich am Brett angebrachten Schrauben befestigt.

A. Allgemeine Übersicht.

Die Säugetiere sind die am höchsten entwickelten Wirbeltiere. Ihr Name besagt, daß sie ihre Jungen vermittels Milchdrüsen säugen. Da aber die niedersten Formen (Monotremen) keine Zitzen besitzen und daher das Säugen unterbleibt, wäre es richtiger, sie nach einem allgemeineren, nur ihnen zukommenden Charakter als „Haartiere" zu bezeichnen.

Die Haut der Säugetiere ist nämlich durch den Besitz eines Haarkleides ausgezeichnet; wo dieses fehlt, ist es nur rudimentär geworden.

Die Haare werden aufgefaßt als entweder den Schuppen der Reptilien und den Federn der Vögel homolog, oder als durch Funktionswechsel aus den Hautsinnesorganen niederer Wirbeltiere entstanden. Der Bau eines Haares ist folgender. Es besteht aus einem elastischen, zylindrischen Haarfaden, dem Schaft, und einem in die Haut eingesenkten Teile, der

Haarwurzel. Das Haar wird umkleidet von einer Schicht langgestreckter, verhornter Epithelzellen, dem Oberhäutchen, unter dem die Rindensubstanz und zu innerst die Marksubstanz liegt. In den unteren, zwiebelförmig angeschwollenen Teil der Haarwurzel tritt von unten her eine blutgefäßführende Cutispapille, die ringsherum umhüllt wird von einer Hauteinsenkung, dem Haarbalg. Der epitheliale Teil desselben bildet die innere und die äußere Wurzelscheide, die von dem bindegewebigen Teile umhüllt werden. An den Haarbalg herantretende, glatte Muskeln (Arrectores pili), welche von der Cutisoberfläche kommen, vermögen das Haar aufzurichten. Ferner münden in den Haarbalg Talgdrüsen von traubigem Bau ein.

Die Haare stehen in Haarfluren und treten auf als feinere Wollhaare und stärkere Grannenhaare. Letztere können sich zu Borsten und Stacheln umwandeln. Durch starke Innervation zeichnen sich die vorn am Kopfe, besonders an der Oberlippe stehenden Tasthaare (Vibrissae) aus. Als weitere Hautbedeckung finden sich bei manchen Säugetieren Hornschuppen, denen der Reptilien entsprechend, und auch Hautknochen kommen, besonders stark entwickelt bei fossilen Formen, hier und da vor. Horngebilde sind die Krallen, Hufe und Nägel. In der Haut finden sich tubulöse Schweißdrüsen und alveoläre Talgdrüsen, letztere fast stets in Verbindung mit den Haarbälgen. Besonders spezialisierte Hautdrüsen sind die Milchdrüsen, welche die Milch zur Ernährung der Jungen absondern. Sie leiten sich von denselben indifferenten Drüsengebilden der Haut her wie die Schweißdrüsen und haben frühzeitig eine divergente Entwicklung eingeschlagen. Die Mammarorgane können wir uns folgendermaßen entstanden denken. Die Säugetiervorfahren hatten zur Bebrütung der Eier Brütorgane, ähnlich wie die Vögel. Diese paarigen Brütorgane wandelten sich in Drüsenfelder um, auf welchen die Milchdrüsen ausmündeten. Indem die Brütorgane die Ausbreitung der Hautmuskulatur verhinderten, entstand ein muskelfreies medianes Bauchhautfeld, das unter dem Einfluß des Brütens als nachgiebigere Stelle sich einsenkte und zu einem Lagerplatz für das Ei: den Beutel, wurde. Die Zitzen entstanden als Hauterhebungen, welche die Ausführgänge der Milchdrüsen aufnahmen.

Der Schädel ist wie der der Amphibien durch einen doppelten Condylus occipitalis mit der Wirbelsäule verbunden. Die Weiterbildung des Schädels ist in mehrfacher Hinsicht erfolgt. So sind Hirn- und Gesichtsschädel fester verbunden, und ersterer erlangt mehr und mehr das Übergewicht über den letzteren. Durch Verschmelzung verschiedener Knochen — des Petrosum (entstanden aus drei Otica), des Squamosum und des Tympanicum — ist das Schläfenbein (Temporale) entstanden, welches nunmehr die Paukenhöhle umschließt. In dieser liegen die zu den Gehörknöchelchen umgebildeten oberen Teile der beiden Visceralbögen. Das Quadratum ist zum Amboß (Incus) geworden, der Steigbügel (Stapes) soll der Columella entsprechen und aus dem Hyomandibulare entstanden sein, und als drittes Gehörknöchelchen fungiert das Gelenkstück des Unterkiefers der niederen Wirbeltiere, das Articulare, welches sich in den Hammer (Malleus) verwandelt hat. Das ehemalige Unterkiefergelenk zwischen Quadratum und Articulare ist also zum Amboß-Hammergelenk geworden, und der Säugetierunterkiefer, der aus einem den MECKELschen Knorpel ersetzenden Deckknochen, dem Dentale, besteht, bildet ein neues Gelenk mit dem Squamosum des Schläfenbeines. Ein weiterer Charakter des Säugetierschädels ist das Zurücktreten der Knochen der Palatinreihe: Vomer, Palatinum, Pterygoid, gegenüber den davor liegenden Maxillarknochen: Maxillare und Intermaxillare.

Die Wirbel der Wirbelsäule sind in fünf Regionen: Hals-, Brust-, Lenden-, Kreuzbein- und Schwanzwirbel unterschieden. Die Zahl der Halswirbel beträgt sieben (mit einigen Ausnahmen). Die Brustwirbel haben starke Dornfortsätze und tragen die Rippen, die sich meist mit zwei Köpfen, Tuberculum und Capitulum, inserieren. Ins Kreuzbein treten ursprünglich zwei Wirbel ein, ihre Zahl erhöht sich aber durch weitere Verschmelzungen mit Lenden- oder Schwanzwirbeln. Am Schultergürtel ist das Coracoid nur bei den Monotremen ein selbständiger, zum Brustbein reichender Knochen; es wird bei den anderen Säugern rudimentär und erscheint als Processus coracoideus des Schulterblattes.

Die Clavicula kann sekundär schwinden (Ungulaten, Denticeten, Sirenen, Mysticeten, Carnivoren usw.).

Die drei Knochen des Beckengürtels verwachsen frühzeitig jederseits zu einem einheitlichen Hüftknochen, und die Schambeine jeder Seite treten zu einer Symphyse zusammen.

Zur Stütze des Beutels finden sich bei Monotremen und Marsupialiern die beiden stabförmigen Beutelknochen, die man auf die Epipubes der Reptilien zurückführt; den Placentaliern fehlen sie.

Das Gehirn der niederen Formen schließt sich an das der Reptilien an, bei den höheren Formen kommt es zu einer starken Ausbildung der Großhirnhemisphären, welche alle übrigen Gehirnteile mehr oder minder verdecken. Es bildet sich ferner eine Verbindung beider Hemisphären durch den Balken (Corpus callosum), und der graue Hirnmantel legt sich bei den höheren Formen in Falten, die gesetzmäßig gelagert sind. Im Kleinhirn entwickeln sich die Seitenteile zu den ansehnlichen Kleinhirnhemisphären; unter dem Kleinhirn liegt der Pons Varoli als starkes Kommissurensystem. Durch die starke Entwicklung einzelner Hirnteile ist eine dreifache Knickung der Hirnachse: Nackenbeuge, Brückenbeuge und Scheitelbeuge eingetreten.

Von Sinnesorganen finden sich in der Haut die Tastkörperchen, auf der Zunge dienen verschiedene Papillen von blatt- oder becherförmiger Gestalt als Geschmacksorgane. Am Auge sind oberes und unteres Augenlid ausgebildet. Die Nickhaut ist rudimentär geworden. Dreierlei Drüsen stehen mit dem Auge in Verbindung: die MEIBOMschen, die HARDERsche und die Tränendrüse.

Am Gehörorgan ist die Schnecke hoch ausgebildet; ein äußeres Ohr ist meist vorhanden. Das Geruchsorgan erhält eine äußere Nase. Die untere Muschel, das Maxilloturbinale, ist meist stark verästelt (Raubtiere) oder eingerollt (Ungulaten). Die Riechschleimhaut breitet sich auf den Riechwülsten (Ethmoturbinale) aus. Vielfach steht die Nase mit Hohlräumen im Stirnbein, Oberkiefer und Keilbein in Verbindung.

Das Gebiß der Säugetiere ist meist heterodont, d. h. die Form der Zähne ist verschieden (Schneidezähne, Eckzähne, Backzähne); wo ein homodontes Gebiß auftritt (z. B. Denticeten), ist es als sekundäre Rückbildung aus einem heterodonten aufzufassen. Ferner sind die Säugetiere diphyodont, d. h. es treten zwei Reihen von Zähnen auf, von denen die spätere (Dauergebiß) die erste (Milchgebiß) ersetzt. Die im Milchgebiß vorhandenen, als Prämolaren bezeichneten Backzähne werden ebenfalls gewechselt, und dahinter treten außerdem neue Backzähne, die Molaren auf, die trotz ihres späteren Erscheinen im wesentlichen der Milchzahnserie oder ersten Dentition angehören und keine Nachfolger haben, da das embryonale Material für diese mit zur Bildung der Backzähne verwandt worden ist. An die zahlreicheren Zahnreihen der niederen Wirbeltiere erinnern die Spuren zweier weiterer Dentitionen, von denen die eine, die prälacteale, vor dem Milchgebiß auftritt, die andere hinter dem Dauergebiß. Die Bezahnung der einzelnen Säugetiere ist ihrer Lebensweise aufs genaueste angepaßt; die Zahl der Zähne ist bei den älteren Säugetieren größer als bei den jüngeren Gruppen; die Mehrzahl der Placentalier hat ursprünglich 44 Zähne aufzuweisen.

Die Mundöffnung wird von Hautfalten, den Lippen, begrenzt; auf dem Boden der Mundhöhle liegt die muskulöse Zunge; nach hinten wird die Mundhöhle abgegrenzt durch das Gaumensegel, von dessen Mitte bei den Primaten das Zäpfchen (Uvula) herabhängt. Von Speicheldrüsen, die ihr Sekret in die Mundhöhle ergießen, sind zu nennen: Ohrspeicheldrüse (Glandula parotis), Unterkieferdrüse (Glandula submaxillaris) und Unterzungendrüse (Glandula sublingualis). Am Übergang der Schlundhöhle liegen die beiden Mandeln (Tonsillen). Die Schlundhöhle (Pharynx) geht in die Speiseröhre (Oesophagus) über, welche das Zwerchfell durchsetzt und in den Magen eintritt. Am Magen unterscheidet man einen Cardia- und einen Pylorusteil. Komplizierter ist der Magen der Wiederkäuer, der aus vier Abteilungen besteht, von denen die zwei ersten Pansen und Netzmagen heißen. Aus letzterem steigt die Nahrung wieder zur Mundhöhle und gelangt, nachdem sie wiedergekaut worden ist, zum zweiten Male in den Magen, nunmehr in dessen dritte und vierte Abteilung: Blättermagen und Labmagen, von denen der erstere fehlen kann.

Am Darm unterscheiden wir Dünndarm und Dickdarm, an der Übergangsstelle beider den Blinddarm, welcher bei den Pflanzenfressern besonders groß ist. In den oberen Abschnitt des Dünndarmes münden die Ausführgänge von Leber und Pancreas.

Die Leibeshöhle der Säugetiere wird durch eine transversale muskulöse Scheidewand, das Zwerchfell (Diaphragma), vollkommen in Brusthöhle und Bauchhöhle geschieden. In der Brusthöhle liegen außer Herz und Oesophagus auch die Atmungsorgane, oral mit dem Kehlkopf beginnend: seine Öffnung, die Stimmritze, ist durch den vorspringenden Kehldeckel (Epiglottis) verschließbar (beim Herabgleiten von Nahrung in den Oesophagus). Die Trachea gabelt sich in die beiden Bronchien, die sich innerhalb der Lunge strauchartig verzweigen und dann Queräste abgeben, die sich wiederum dichotomisch in die letzten Enden des luftleitenden Bronchialbaumes, die Bronchioli, teilen. An die glattwandigen Bronchioli setzen sich die respirierenden Hohlräume der Lunge an, in Gestalt baumartig verzweigter Kanalsysteme, der Alveolarbäumchen, deren Wand aus zahlreichen kleinen, kugelig-polyedrischen Nischen, den Lungenalveolen, besteht. Die Atmung erfolgt im wesentlichen durch Kontraktion des in die Brusthöhle vorgewölbten Zwerchfelles; dadurch wird die Brusthöhle ein größerer Raum, die Lungen dehnen sich nunmehr aus, und es strömt frische Luft in sie hinein (Inspiration), beim Erschlaffen des Zwerchfelles wird der Brusthöhlenraum wieder verkleinert, es ziehen sich die elastischen Lungen zusammen, und die Luft entweicht (Exspiration).

Das Herz besteht aus zwei Kammern und zwei Vorkammern. Das aus dem Körper zurückströmende Blut tritt durch eine vordere und eine hintere Hohlvene in die rechte Vorkammer und durch diese in die rechte Herzkammer ein, von wo es durch die Lungenarterie in die Lungen gelangt. Von hier kehrt es gereinigt durch die Lungenvenen zur linken Vorkammer, aus dieser zur linken Herzkammer zurück und durchläuft den großen Körperkreislauf, indem es durch den von der linken Herzkammer entspringenden linken Aortenbogen in die Körperaorta eintritt. In diesen Körperkreislauf schiebt sich der Pfortaderkreislauf ein. Die roten Blutzellen der Säugetiere zeichnen sich durch den Verlust ihrer Kerne aus. Die Säugetiere sind wie die Vögel Warmblüter mit konstanter Körpertemperatur.

Das Urogenitalsystem schließt sich bei den niedersten Formen an das der Reptilien an, entwickelt sich aber innerhalb der Säugetierklasse bedeutend weiter. Die älteste Gruppe, die der eierlegenden Monotremen, besitzt noch eine Kloake, die bei den meisten Marsupialiern und allen Placentaliern verloren geht, indem der sich ausbildende „Damm" (Perineum) den Urogenitalsinus vom Enddarm trennt. Ein der vorderen Wand des Urogenitalsinus eingelagerter schwellbarer Körper, der Geschlechtshöcker, wird beim männlichen Geschlecht zum Penis, der außer bei den Monotremen vom Sinus urogenitalis durchsetzt wird. Die Hoden verlagern sich meist aus der Bauchhöhle, indem sie in peritoneale Bruchsäcke eintreten (Descensus testiculorum); sie können bei manchen nach der Geschlechtstätigkeit zurücktreten, bei anderen nicht. Die Samenleiter (WOLFFschen Gänge) münden in den Sinus urogenitalis, dessen Aussackung die Harnblase darstellt, in welche die beiden Ausführgänge der bleibenden Niere, die Ureteren, eintreten.

Beim weiblichen Geschlecht bleiben die beiden in Eileiter und Uterus zerfallenden MÜLLERschen Gänge entweder getrennt (Monotremen), oder es tritt jederseits ein dritter Abschnitt der MÜLLERschen Gänge, die Vagina, auf, und es beginnt eine teilweise Verschmelzung der beiden Gänge (Marsupialier), oder die Verschmelzung schreitet vorwärts, so daß Vagina wie Sinus urogenitalis ein einheitlicher Kanal werden (Placentalier), während die beiden Uteri noch getrennt sein können (Uterus duplex), oder teilweise verschmolzen (Uterus bicornis), oder vollständig verschmolzen sind (Uterus simplex).

Nur die Monotremen sind eierlegend, bei den Beutlern verweilen die Embryonen nur kurze Zeit im Uterus und werden sehr klein geboren, um ihre Weiterentwicklung im Beutel durchzumachen; bei den Placentaliern aber kommt es durch Bildung von Zotten von seiten des Chorion und der Allantois, welche sich in die Schleimhaut des Uterus einlagern, zur Placenta, dem Ernährungsorgan für den Embryo, und die Jungen bleiben länger im Körper der Mutter und kommen verhältnismäßig vollkommen zur Welt.

Die Mehrzahl der Säugetiere ist terrestrisch, einige führen eine grabende Lebensweise unter der Erde, eine größere Zahl aus verschiedenen Gruppen hat sich dem Wasserleben in verschieden hohem Grade angepaßt, andere sind Flattertiere.

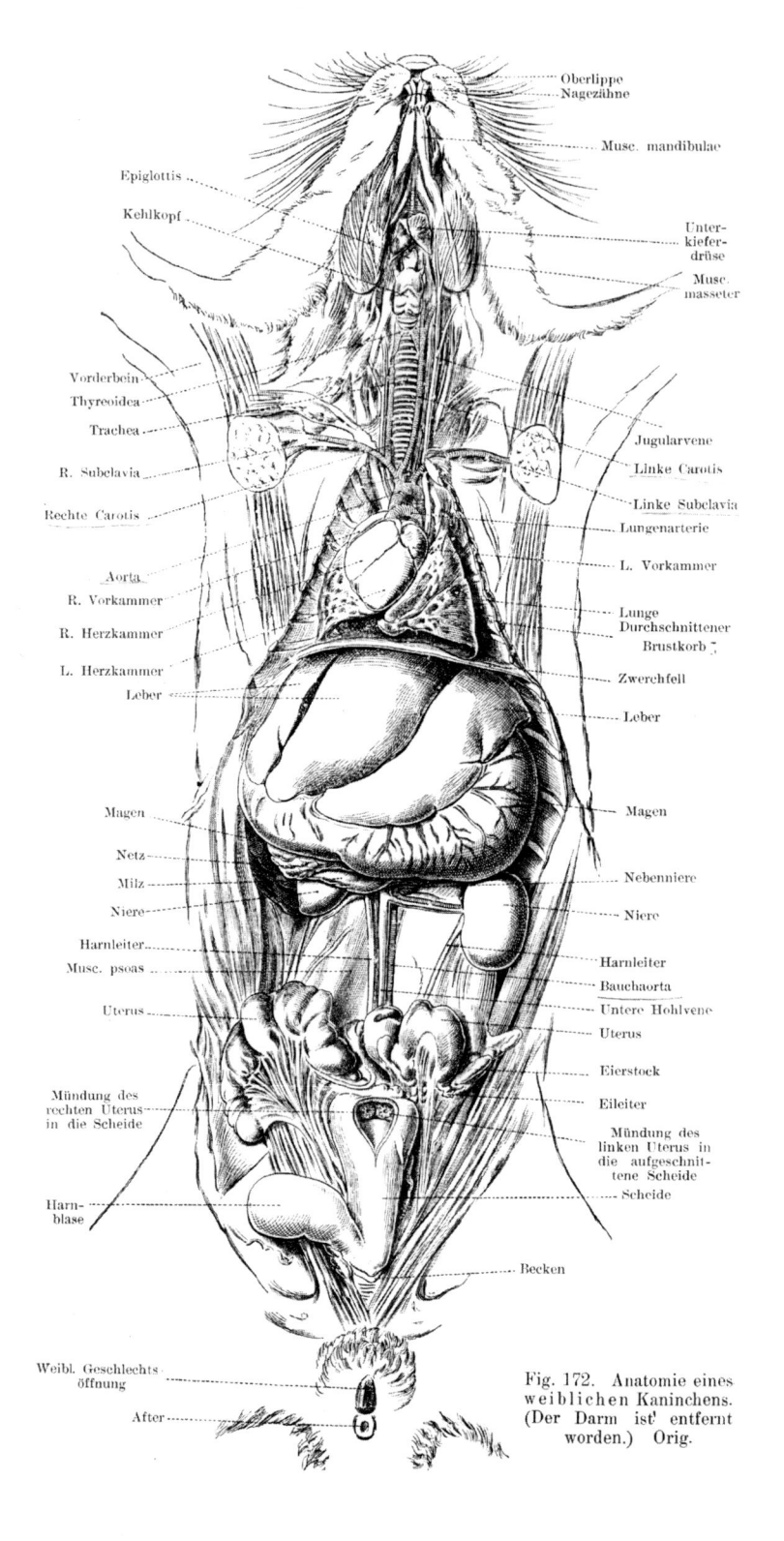

Fig. 172. Anatomie eines weiblichen Kaninchens. (Der Darm ist entfernt worden.) Orig.

B. Spezieller Kursus.

Das Kaninchen, *Lepus cuniculus* (L.).

Es wird zunächst die äußere Körperform betrachtet. Der gesamte Körper ist mit Haaren bedeckt, die von zweierlei Art sind: feine, wollige Unterhaare und steifere, längere Grannenhaare. An der Oberlippe finden sich zu beiden Seiten kräftige, lange Schnurrhaare. Wir sehen, daß das Kaninchen, welches ein Halbsohlengänger ist, an der Vorderextremität fünf Finger besitzt, die sämtlich mit Nägeln versehen sind, die Hinterextremitäten dagegen haben nur vier Zehen.

Am Kopfe sehen wir die gespaltene Oberlippe, sowie die oberen, gerieften und unteren, glatten, meißelförmigen Nagezähne. Hinter den oberen steht ein zweites Paar Schneidezähne, die Stiftzähne heißen. Zwischen den Nagezähnen und den Mundwinkeln schlagen sich die Oberlippenränder nach innen um, ein für die Nagetiere charakteristisches Merkmal. Hinten liegt der After und kurz davor die Urogenitalöffnung. Beim Weibchen finden sich rechts und links von der Bauchlinie die Zitzen.

Wir beginnen mit der Sektion, nachdem wir mit einem nassen Schwamme die Haare auf der ventralen Mittellinie angefeuchtet und rechts und links zur Seite gelegt haben. Zunächst wird ein medianer Hautschnitt gemacht, der vom Becken bis zum Kinn führt und den Nabel auf der linken Seite umgeht. Dann wird die Haut rechts und links von der Unterlage mittels eines Skalpellstieles abgedrängt.

Haben wir ein Weibchen vor uns, so sehen wir unter der Haut die drei bis fünf Paar mächtigen, flach ausgebreiteten Milchdrüsen liegen.

Es wird nunmehr in der Mitte des Bauches die Bauchdecke mittels Pinzette etwas hochgehoben und mit der Schere angeschnitten. Dann führt man einen Medianschnitt längs der weißen, sehnigen Linea alba nach aufwärts und abwärts, um die Bauchhöhle zu öffnen. Um ein Anschneiden der darunter liegenden Organe zu vermeiden, erscheint es zweckmäßig, mit den Fingern der anderen Hand die Bauchdecke vor der Schnittführung hochzuheben. Hinten schneiden wir bis zur Schambeinsymphyse auf, vorn bis zum unteren Rande des Sternums. Die nunmehr frei daliegenden Baucheingeweide machen wir uns deutlicher sichtbar, indem wir vom unteren Rande des Sternums aus zwei weitere seitliche Schnitte längs der Rippenenden führen (Fig. 172).

Die Baucheingeweide liegen nunmehr in ihrer natürlichen Lagerung vor uns.

Die obere Begrenzung der Bauchhöhle bildet eine sich konisch einwölbende, starke, muskulöse Membran, das Zwerchfell, welches die Bauchhöhle von der Brusthöhle vollkommen scheidet. Den Hohlraum, welcher dorsal vom Zwerchfell und kaudal vom Brustbein liegt, füllt ein ansehnliches, braunrotes, in mehrere Lappen zerfallendes Organ aus, die Leber. Heben wir den rechten oberen Leberlappen vorsichtig hoch, so sehen wir darunter die Gallenblase liegen. Mit ihrem unteren Rande bedeckt die Leber zum Teil den Magen. Der Magen ist ein weiter, quergelegter Sack, mit kleinerer vorderer und größerer hinterer Krümmung. An seinem hinteren Rande heftet sich eine Bauchfellduplikatur an, die meist sehr fettreich ist und sich verschieden weit über die Darmschlingen erstreckt, das Netz (Omentum).

Im Präparate meist etwas rechts vom Magen (also eigentlich links), liegt die Milz als langgestrecktes braunrotes Organ. Unterhalb des Magens befindet sich der sehr lange, in vielen Windungen sich kreuzende Dünndarm, teilweise überlagert von dem mächtigen, graugrünen Blinddarm, während der Dickdarm in seinem oberen Teile leicht kenntlich ist durch seine zahlreichen Einkerbungen, zwischen denen Aussackungen, die Haustra, liegen.

Schließlich ist noch die Harnblase sichtbar, die, wenn sie prall gefüllt ist, eine bedeutende Größe erreicht.

Um einen genaueren Einblick in den Bau der Baucheingeweide zu erhalten, heben wir den Darm vorsichtig heraus, indem wir vom Mastdarm aus beginnen und die ihn befestigenden Mesenterien durchschneiden. Dann wird der Darmkanal am Mastdarm wie am Duodenum mit einem Faden unterbunden, um ein Ausfließen des Darminhaltes zu verhindern, abgeschnitten und auf einen Teller gelegt.

Folgen wir nochmals, am Duodenum beginnend, dem Darmverlauf, so sehen wir das Duodenum eine bogenförmige Schlinge bilden, in deren Mesenterium eine glatte traubige Drüse, das Pancreas, liegt. Die Ausführgänge der einzelnen Läppchen sammeln sich in einem Gange, dem Ductus pancreaticus (auch D. wirsungianus genannt), der in den aufsteigenden Schenkel der Duodenalschlinge einmündet. Seine Mündung liegt weit ab von der Mündung des gemeinsamen Gallenganges, welcher unweit des Austrittes des Duodenums aus dem Magen in das Duodenum eintritt.

Der Blinddarm, der sich nach vorn bis zum Magen hinzieht, ist von ganz enormer Größe und endigt hinten in einem fleischigen dünneren, rötlich gefärbten Anhange, dem Wurmfortsatz.

Der durch muskulöse Querfasern stark eingeschnürte Dickdarm geht allmählich in den Enddarm über.

Durch Wegnahme des Darmes haben wir das Urogenitalsystem freigelegt, zu dessen kurzer Betrachtung wir nunmehr übergehen wollen. Die Nieren sind zwei bohnenförmige Körper von dunkelblauroter Farbe. Ihre Oberfläche ist glatt und von einer Hülle, der Nierenkapsel, umgeben. Beide Nieren sind etwas asymmetrisch gelagert, indem die linke mehr schwanzwärts und seitwärts links liegt als die rechte, welche in ihrem oberen Teile von einem Leberlappen überdeckt wird.

Der Harnleiter entspringt jederseits vom inneren Rande der Niere, da, wo sie eine seichte Einbuchtung (Hilus) bildet, und beginnt mit einer trichterförmigen Erweiterung, dem Nierenbecken.

Wir machen uns diese Verhältnisse klar, indem wir eine Niere von ihrer Unterlage abpräparieren und die Nierenkapsel abziehen.

Der Harnleiter verläuft jederseits auf dem Psoasmuskel zur Harnblase, in welche er einmündet.

Die Harnblase gibt beim **Weibchen** eine kurze Harnröhre ab, die in den Scheidenvorhof eintritt, während beim Männchen der Blasenhals in den Urogenitalkanal einmündet.

Noch sind die Nebennieren zu erwähnen, die als gelbe, rundliche Körper nach innen zu vom oberen Nierenrande liegen. Die rechte unmittelbar am oberen Nierenrande, die linke weiter davon entfernt, der Mittellinie nahe.

An unserem weiblichen Exemplare finden wir die Ovarien als zwei abgeplattete, eiförmige Körper dem Psoasmuskel aufliegend und durch ein breites Band festgeheftet. An der Oberfläche des reifen Ovariums sieht man die GRAAFschen Follikel als Bläschen vorspringen. Der Eileiter beginnt mit einem weiten, mit dem festheftenden Band (Ligamentum latum) verbundenen Trichter und tritt jederseits in etwas geschlängeltem Verlaufe in den Uterus, welcher zweiteilig ist. Die beiden ansehnlichen Hörner des Uterus münden getrennt in die Vagina ein.

Es läßt sich das leicht sichtbar machen, wenn wir mit der Schere die vordere Wand des oberen Teiles der Vagina aufschneiden.

Es zeigen sich alsdann zwei vorragende, krausenförmig gefaltete Papillen, auf denen die beiden Uteri ausmünden (s. Fig. 172).

Die Vagina verläuft als weites Rohr caudalwärts, in ihrem hinteren Teile in den Scheidenvorhof (Sinus urogenitalis) eintretend. An der Grenze der eigentlichen Scheide und des Vorhofes mündet die Harnröhre ein. In den Endabschnitt der Scheide münden zwei Paar Drüsen, die den COWPERschen und den Präputialdrüsen des Männchens entsprechen.

Es wird nunmehr die Scheide der Länge nach aufgespalten.

Während die Schleimhaut der Scheide in Längsfalten gelegt ist, ist der durch etwas vorspringende Querfalten getrennte Vorhof glatt. Die weibliche Geschlechtsöffnung ist eine weite Spalte mit einer festen, ziemlich großen Clitoris, die fast ebenso lang ist wie der Penis des Männchens, weshalb bei lebenden Tieren die Unterscheidung der Geschlechter nicht immer ganz leicht ist.

Wir gehen nunmehr zur Untersuchung eines **männlichen Tieres** über.

Die Hoden liegen bei jungen männlichen Tieren an der dorsalen Wand der Bauchhöhle und wandern vor der Geschlechtsreife durch den Leistenkanal in den Hodensack, der durch ein Paar muskulöse Ausstülpungen der Bauchwand gebildet wird. Schneiden wir den Hodensack auf, so sehen wir in ihm die Hoden als langgestreckte, abgerundete Körper liegen. Da der Leistenkanal offen bleibt, so ist die Möglichkeit vorhanden, daß die Hoden einem Strang — dem Gubernaculum Hunteri — entlang in die Bauchhöhle zurücktreten, was aber unter normalen Verhältnissen beim Kaninchen nicht eintritt.

Am dorsalen Rande jedes Hodens liegt der Nebenhode (Epididymis), aus dem WOLFFschen Körper (Urniere) entstanden, dessen Kanälchen zu den Vasa efferentia werden. Vorn schwillt der Körper des Nebenhodens zum Caput epididymidis an, nach hinten bildet sich die stark verschlungene Cauda epididymidis, von welcher der Samenleiter (Vas deferens) abgeht. Die beiden Samenleiter verlaufen nach vorn, durch den Leistenring in die Bauchhöhle eintretend, überbrücken die beiden Ureteren und treten von der dorsalen Seite her am Blasengrund in den Urogenitalkanal ein.

Wir lösen nunmehr mit der Schere die Hoden von ihrer Unterlage los und klappen sie nach vorn. Darauf entfernen wir die der ventralen Seite des Beckens aufliegende Muskulatur, legen die Schambeinsymphyse frei und kneifen mit einer Knochenzange die Scham- und Sitzbeine jederseits von der Schambeinsymphyse durch. Dann heben wir den abgetrennten medianen Beckenteil heraus, indem wir sorgfältig die beiden Corpora cavernosa penis von der Hinterfläche des Sitzbeins lostrennen. Um alle dorsal vom Urogenitalkanal gelegenen Teile sehen zu können, durchschneiden wir die Bänder, welche den Canalis urogenitalis, sowie das Rectum gemeinsam umhüllen, und ziehen Urogenitalkanal samt Blase zur Seite.

Es liegt nunmehr der Urogenitalkanal frei vor uns, und wir sehen ihn dorsal von der Symphyse in den Penis eintreten. Nach vorn setzt er sich in den Hals der Harnblase fort. Die beiden Samenleiter verlaufen auf der dorsalen Seite der Blase, zwischen dieser und einem medianen Sack, der früher als Uterus masculinus (Vesicula prostatica) bezeichnet wurde, jetzt aber als zweizipfelige Samenleiterblase aufgefaßt wird, und münden getrennt, ventral von der vorderen Wand dieser Blase.

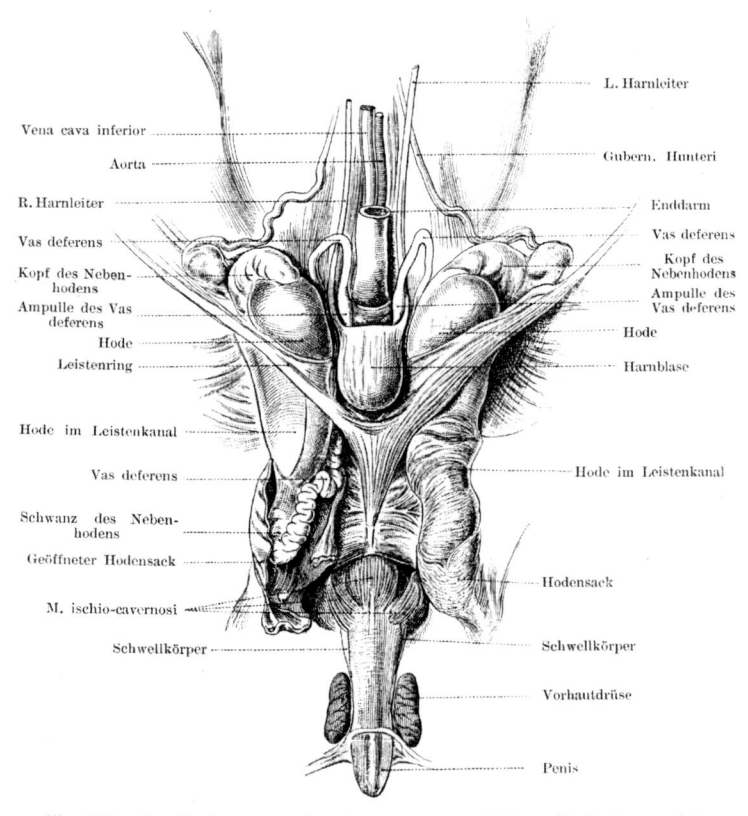

Fig. 173. Geschlechtsorgane eines jüngeren männlichen Kaninchens. Orig.

Die klein bleibende Prostata mündet an der Colliculus seminalis genannten Stelle, an welcher auch die beiden Samenleiter und die Samenleiterblase eintreten. In ihrer Nähe liegen seitlich am Urogenitalkanal noch als dünnwandige Schläuche auftretende Drüsen.

Will man die Ausmündungsstellen der Vasa deferentia und der Samenleiterblase zur Anschauung bringen, so schneide man den Urogenitalkanal von der ventralen Seite her auf.

An der Stelle, an welcher der Urogenitalkanal in den Penis eintritt, liegen die beiden COWPERschen Drüsen.

Der Penis ist ein langgestrecktes, vorn zugespitztes Gebilde. Er wird seiner ganzen Länge nach vom Urogenitalkanal durchbohrt. Seine dorsale Wand ist sehr gefäßreich und wird gebildet vom Corpus spongiosum, welches sich nach vorn zuspitzt ohne eine eigentliche Eichel zu bilden, während sich an seiner ventralen Wand zwei Schwellkörper (Corpora cavernosa) vorfinden. Eine lose, den freien Teil des Penis umgebende Hautfalte ist das Praeputium. Auch Präputialdrüsen sind vorhanden. Zwischen Vorhaut und Mastdarm finden sich außerdem noch andere Drüsen, die Anal- und Inguinaldrüsen.

Nachdem wir so die Anatomie der Baucheingeweide beendet haben, gehen wir zu der der Brusteingeweide über.

Wir öffnen die Brusthöhle, indem wir das Zwerchfell unter dem hinteren Rande des Brustbeins aufschneiden und mit der starken Schere rechts und links vom Brustbein einen Schnitt nach vorn führen, dabei die Rippen zerschneidend. Am vorderen Ende wird dann das Brustbein abgeschnitten und abgehoben. Hierauf gehen wir weiter kopfwärts und spalten die Halsmuskeln auf, um die Trachea freizulegen.

Es zeigt sich nunmehr folgende Lagerung der Organe. Die Lunge liegt frei in der Brusthöhle, der linke Lungenflügel ist zweilappig, der rechte ist in drei Lappen zerfallen, von denen der untere nochmals geteilt ist. Das Zwerchfell, welches Brust- und Bauchhöhle trennt, ist dünn und besitzt eine ausgedehnte, sehnige Mittelscheibe (Centrum tendineum). Etwas ventral von der Mitte des Centrum tendineum liegt die Durchtrittsstelle der Vena cava inferior, dorsal von dieser tritt der Oesophagus hindurch und dicht vor der Wirbelsäule die große Körperaorta. Links und dorsal von der Aorta findet sich der Ductus thoracicus, ein dünnwandiges, die Brusthöhle durchziehendes Rohr, welches in das Gebiet der linken vorderen Vena cava einmündet, und durch Aufnahme von Lymphgefäßen das Lymphgefäßsystem mit dem Venensystem in Verbindung setzt.

Die beiden hellroten Lungenflügel umschließen das mediane, mit der Spitze nach rechts weisende Herz, über dem sich Reste der bei jungen Tieren größeren Thymus nebst Fettablagerungen befinden. Umgeben wird das Herz selbst vom Herzbeutel, einem dünnwandigen Sacke.

Der Herzbeutel wird vorsichtig abpräpariert und dadurch das Herz samt den abgehenden Gefäßen freigelegt.

Die Gestalt des Herzens ist kegelförmig. Aus der linken Herzkammer entspringt die Körperaorta, die sich nach links wendet und an der Wirbelsäule als Aorta descendens nach hinten verläuft. An der vorderen Krümmung entspringen von der Aorta zwei große Arterien, der Truncus anonymus und die Subclavia sinistra. Der Truncus anonymus teilt sich weiter in die beiden gemeinsamen, längs der Trachea zum Kopfe ziehenden Carotiden und in die Subclavia dextra. Beide Subclavien treten in die Vorderextremitäten ein. Von der rechten Herzkammer geht die Lungenarterie ab, die sich an der Stelle, wo die Bronchien von der Trachea abzweigen, in zwei Äste für die beiden Lungenflügel spaltet. Aus der Lunge zurück wird das arterielle Blut durch zwei Lungenvenen der linken Vorkammer des Herzens zugeführt. Die Körpervenen verlaufen im allgemeinen neben den Arterien und vereinigen sich zu drei großen Hohlvenen, die in die rechte Vorkammer einmünden.

Die <u>Trachea</u> ist ein langes, durch dorsal nicht geschlossene Knorpelringe gestütztes Rohr, welches sich in der Brusthöhle in die beiden zu den Lungen gehenden <u>Bronchien</u> teilt. Vorn geht die Trachea in den Kehlkopf hinein, der ventral und seitlich die Cartilago thyreoidea erkennen läßt, während caudal davon die ringförmige Cartilago cricoidea liegt.

Wir spalten nunmehr Trachea samt Kehlkopf durch einen ventralen Längsschnitt.

Vorn am Kehlkopf sehen wir alsdann ventral und an beiden Seiten eine große Knorpelplatte liegen, die Epiglottis, welche wie ein Deckel über die Mündung des Kehlkopfes gezogen werden kann.

Ferner bemerken wir, daß die Cartilago cricoidea auf der dorsalen Seite stark erweitert ist, und daß ihr die beiden Arytaenoid-Knorpel aufsitzen. Zwischen Fortsätzen dieser beiden und der Cartilago thyreoidea spannen sich die beiden Stimmbänder aus.

In die dorsale Rinne der Trachea eingebettet liegt der Oesophagus, welcher sich wie der Kehlkopf im hinteren Rachenraume öffnet.

Vor dem Kehlkopf finden sich zwei Speicheldrüsen, die Unterkieferdrüsen (Gl. submaxillares), und gleich davor die beiden Unterzungendrüsen (Gl. sublinguales), während unterhalb des Kehlkopfes der Trachea die rotbraune, zweilappige <u>Schilddrüse (Gl. thyreoidea)</u> aufliegt.

Wir gehen nunmehr zur Untersuchung des Kopfes über und betrachten zunächst Mundhöhle und Rachenhöhle, die wir uns sichtbar machen, indem wir vom Mundwinkel aus die Backe jederseits durchschneiden.

Von außen wird die Mundhöhle begrenzt durch die Lippen, die nichts anderes als Hautfalten sind. Zur Seite liegen die Wangen, die auf der Innenseite einen Streifen behaarter Haut tragen. Die Mundhöhle stellt ein hinten sich erweiterndes Gewölbe dar, dessen Dach von einer dicken, in Querfalten gelegten Schleimhaut überzogen wird. Vorn stehen im Ober- wie Unterkiefer je zwei meißelförmige Schneidezähne, von denen die oberen eine mittlere Längsfurche aufweisen. Die Vorderseite der Nagezähne ist mit Schmelz überzogen, der, wie bei der Hasenfamilie überhaupt, auch auf der Rückseite in einer dünnen Schicht vorhanden ist. Bei den übrigen Nagern fehlt er hier, und das ist der Grund, weshalb diese immerwachsenden Zähne (welche also bleibend eine offene Pulpahöhle haben) sich fortwährend abschleifen, dadurch die gleiche Größe behalten und stets scharf bleiben. Hinter den oberen Schneidezähnen liegen zwei kleinere rundliche Schneidezähne, die nur der Hasenfamilie eigentümlich sind. Sie entsprechen den dritten Incisiven, die großen Nagezähne den zweiten, während die ersten verloren gegangen sind.

<u>Ein weiter</u> Zwischenraum trennt die Schneidezähne von den Backzähnen, von denen sich oben sechs, unten fünf befinden. Ihre Kronen sind durch eindringende Schmelzlamellen quergefaltet. Dicht hinter den kleinen Schneidezähnen des Oberkiefers liegen zwei feine Längsspalten, die Nasengaumengänge, welche die Mundhöhle mit der Nasenhöhle verbinden.

Mit der Lupe können wir auf der Oberfläche und den Seiten der fleischigen Zunge verschieden geformte Papillen unterscheiden. Im vorderen Teile und besonders an der Spitze der Zunge dichter stehend finden sich kleine weiße Tastpapillen auf ihr; seitlich von den letzten

Molaren liegen zwei ovale Papillae foliatae, während weiter hinten zwei kleinere Papillae circumvallatae vorkommen. Diese Geschmackspapillen werden vom N. glossopharyngeus innerviert.

Auf die Mundhöhle folgt die oben vom weichen Gaumen begrenzte Rachenhöhle. Der weiche Gaumen endet hinten im Gaumensegel, welches zwei seitliche Gaumenpfeiler entsendet. Hier liegen die beiden deutlich sichtbaren Tonsillen, die lymphatische Apparate darstellen.

Von Speicheldrüsen haben wir bereits die Gl. sublinguales und submaxillares kennen gelernt. Exartikulieren wir auf einer Seite den Unterkiefer und präparieren die Muskulatur ab, so finden wir zwei weitere Speicheldrüsen. Vorn und unter dem Augapfel liegt jederseits die Gl. infraorbitalis und hinter der Gelenkfläche des Unterkiefers die Gl. parotis, deren Ausführungsgang, der Ductus stenonianus, sich vorn in die Backenschleimhaut öffnet.

Schließlich gehen wir zur Untersuchung des Gehirnes über, und präparieren es folgendermaßen aus der Schädelhöhle heraus.

Der Kopf wird mit dem starken Messer vom Rumpfe abgeschnitten und Haut und Muskulatur vom Schädel abpräpariert. Am schnellsten kommt man zum Ziele, wenn man einen Medianschnitt von der Nase zum Hinterhauptsloch und einen zweiten, senkrecht darauf stehenden Schnitt führt und die vier Zipfel abpräpariert. Ist die Schädelkapsel freigelegt, so wird sie mit der Laubsäge rings herum aufgesägt. Man geht dabei vom Hinterhauptsloche aus und führt jederseits den Sägeschnitt nach vorn, dicht über dem Auge hinweg. Beide Schnitte werden vorn durch einen transversalen Sägeschnitt verbunden, und dann versucht man, unter Einführung des starken Messers in die Schnittrinne das abgesägte Schädeldach abzuheben. Beim Sägen wie beim Abheben ist große Vorsicht nötig, um nicht ins Innere der Schädelkapsel einzustechen und das Gehirn zu verletzen.

Ist die Schädelkapsel aufgehoben, so liegt das Gehirn, in seine Häute eingehüllt, frei da. Wir schneiden nun vorsichtig die Dura mater auf und ziehen sie soweit als möglich mit der Pinzette zur Seite. Die Weiterpräparation erfolgt vom Hinterhauptsloche aus. Mit einer Knochenzange erweitern wir die Öffnung zu beiden Seiten des hinteren Hirnabschnittes und führen vorsichtig den Stiel des Skalpells unter die Basis der Medulla oblongata. Die austretenden Nervenäste werden mit einer feinen Schere oder einem dünnen Skalpell möglichst entfernt von ihrem Ursprung durchtrennt. Größere Schwierigkeiten bildet die Gegend der Schädelbasis, welche als Sella turcica die Hypophyse aufnimmt. Vor allem hat man hier Zerrungen zu vermeiden. Sind erst die Augennerven durchschnitten, so kann man vorsichtig das Gehirn herausklappen und nach dem Abschneiden der Geruchsnerven in ein Gefäß mit schwachem Alkohol gleiten lassen. Eine wohl zu beachtende Regel ist die, niemals das Gehirn selbst mit Fingernägeln oder Instrumenten zu berühren.

Sogleich nach beendeter Herausnahme sind die Hirnhäute, auch die Pia mater, völlig zu entfernen.

Wir beginnen mit der Betrachtung der Oberseite des Gehirnes. Das Vorderhirn ist stark entwickelt, die beiden Großhirnhemisphären sind aber noch glatt und zeigen noch nicht die für alle höheren Säugetiere charakteristischen Furchen und Windungen. Vorn geben sie die beiden ansehnlichen Riechlappen ab, aus denen die beiden Riechnerven austreten, hinten überdecken sie das Zwischenhirn fast völlig.

Vom teilweise ebenfalls überdeckten Mittelhirn sieht man die Vierhügelregion und die dem vorderen Paare der Vierhügel aufliegende Zirbeldrüse, welche zum Zwischenhirn gehört. Das Hinterhirn (Kleinhirn) ist deutlich in drei Abschnitte geteilt, einen mittleren, unpaaren, den Wurm, mit acht Querfalten und die beiden Kleinhirnhemisphären. Es schließt sich weiter nach hinten das schmale Nachhirn (Medulla oblongata) mit der Rautengrube an. Von der Basalseite aus sieht man folgendes. Die beiden Großhirnhemisphären zeigen hier Andeutungen einer Furchung, von denen eine als SYLVIsche Spalte bezeichnet werden kann. Zwischen beiden Großhirnhemisphären liegt als rundlicher Körper die Hypophyse, aus einem vorderen und hinteren Lappen bestehend. Vermittels des Hirntrichters (Infundibulum) sitzt sie der eiförmigen Anschwellung des grauen Höckers (Tuber cinereum) auf. Vor der Hypophyse sieht man die Kreuzung der Sehnerven.

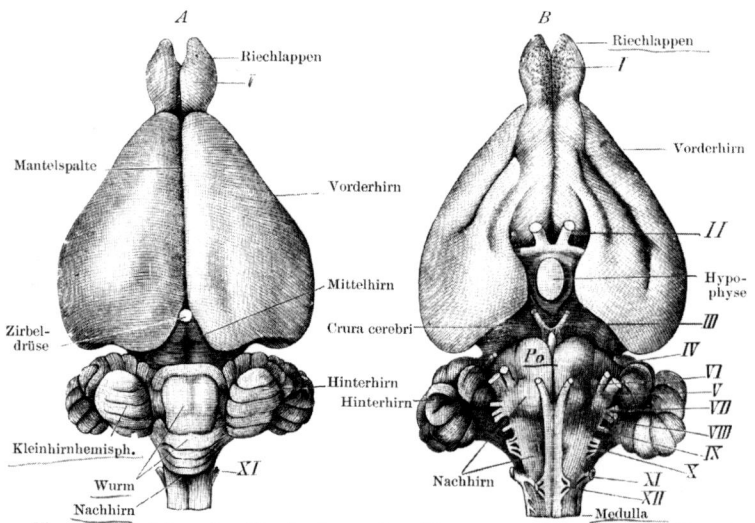

Fig. 174. Gehirn des Kaninchens (aus WIEDERSHEIM). *A* von der Oberseite, *B* von der Unterseite.

Vom Mittelhirn erblicken wir die beiden Hirnschenkel (Crura cerebri), welche den Vierhügeln aufliegen. Das Kleinhirn weist auf der Basalseite eine mächtige, quere Kommissur zwischen beiden Kleinhirnhemisphären auf, die Brücke (Pons), welche das Nachhirn umschlingt. In der Medianlinie wird sie von einer Längsfurche durchzogen. Das Nachhirn verschmälert sich nach hinten zu, um in das Rückenmark überzugehen. Es zeigt auf der Basalseite eine Längsrinne, an deren beiden Seiten Anschwellungen liegen.

Schließlich sind noch die zwölf Hirnnerven unter Zuhilfenahme der Abbildung Fig. 174 *B* aufzusuchen. Die zwölf Hirnnerven, von denen die beiden ersten Teile des Gehirnes selbst sind, sind folgende: 1. N. olfactorius, 2. opticus, 3. oculomotorius, 4. trochlearis, 5. trigeminus, 6. abducens, 7. facialis, 8. acusticus, 9. glossopharyngeus, 10. vagus, 11. accessorius Willisii, 12. hypoglossus.

Register.

Abdomen 193.
Acanthometra 22.
Acephalocyste 84.
Achromatin 6.
Achsenstrahl 21.
Achsenzylinder 10.
Acranier 243.
Actinosphaerium 20.
Actinula 48.
Adambulacralplatten 127.
Adradien 59.
Aestheten 150.
Afterfeder 291.
Afterfeld 120.
Alcyonium digitatum 66.
Allantois 282.
Alula 292.
Alveolarbäumchen 304.
Amboß 302.
Ambulacralfurche 119.
Ambulacralplatte 122.
Ambulacralsystem 119.
Ammoniten 172.
Amnion 282.
Amöben 17.
Amöboide Bewegung 6.
Amphibien 269.
Amphidisken 39.
Amphineuren 147.
Amphioxus 243.
Ampullen 120.
Ampullenkanal 127.
Analcirren 117.
Analdrüse 257.
Anemonia sulcata 69.
Angelglied 206.
Anneliden 102.
Anodonta 165.
Antennendrüse 190, 199.
Anthomeduse 56.
Anthozoa 63.
Aorta abdominalis 171.
Aorta cephalica 171.
Aorta descendens 234.
Apex 154.
Appendices pyloricae 253.
Apteria 296.
Aquaeductus Sylvii 232.

Arachnida 211.
Arachnoidea 233.
Aranea diadema 211.
Arcella 19.
Archipterygium 237, 252.
Armschwinge 292.
Arrectores pili 302.
Arthropoda, Systemat. Überblick 182.
Articulamentum 149.
Articulare 231.
Arytaenoid-Knorpel 312.
Ascaris megalocephala 98.
Ascidien 217.
Ascontypus 34.
Aspidochiroten 139.
Asterias rubens I. 123.
Asteroidea 122.
Atax 168.
Atlas 283.
Atrium 245.
Aurelia aurita 60.
Aurikeln 136.
Avicularien 87.
Axialorgan 126.

Badeschwamm 41.
Balantidium entozoon 282.
Basalia 132.
Basihyale 231.
Basis 154.
Bauchcirren 109.
Bauchsaugnapf 75.
Bauchwarze 250.
Beutelknochen 303.
Bindegewebe 8.
Birgus latro 189.
Bivium 121.
Blättermagen 304.
Blasenwurm 78.
Blastula 154.
Bojanussche Organe 144, 162.
Bombus 209.
Borstenwürmer 109.
Bothriocephaliden 80.
Bothryoide Gefäße 108.
Branchialsipho 144, 161.

Branchiobdella astaci 200.
Branchiopoden 190.
Bronchioli 294.
Brückenbeuge 303.
Bryozoen 89.
Buccalcirrus 244.
Buccalsipho 224.
Bucephalus 168.
Bürzeldrüse 292.
Bulbilli 245.
Bursae 120.
Bursa Fabricii 294.

Calamus 295.
Campanula Halleri 252, 264.
Campanularia flexuosa 52.
Campanulariiden 57.
Canalis neurentericus 217, 244.
Cannostomen 62.
Capitulum 303.
Cardia 304.
Cardo 201.
Carina 293.
Carotiden 234, 287.
Carpus 232.
Carterius stepanowi 39.
Cartilago cricoidea 312.
Cartilago thyreoidea 312.
Caryophyllaeiden 80.
Cathammalplatten 54.
Centrosoma 5.
Centrum tendineum 311.
Cephalothorax 189, 212.
Cercarien 76.
Cerci 206.
Cerebralcirren 117.
Cerebralganglien 75.
Cestoden 78.
Chaetognathen 93.
Chaetopoden 109.
Chelicteren 187, 213.
Chiasma nerv. optic. 281.
Chiastoneurie 143, 153.
Chiton 148.
Chitonen 146.
Chlorogogenzellen 111.
Choane 298.

Chorda dorsalis 216, 244, 248.
Chorioidea 233, 264.
Chromatin 6.
Chromosomen 7.
Chylus 234.
Ciliaten 24.
Cinclides 64.
Ciona intestinalis 223.
Cirren 89.
Cladoceren 190.
Clava squamata 51.
Clavicula 232.
Clitellum 111.
Clitoris 309.
Cnidocil 45.
Codoniidae 56.
Coelenterata, Systematischer Überblick 29.
Cölom 86.
Coenenchym 65.
Colliculus seminalis 310.
Collozoum inerme 23.
Columba domestica 295.
Columella 154, 270.
Condylus occipitalis 283.
Conjunctiva 263.
Conus arteriosus 253, 260.
Coracoid 232.
Cordylophora lacustris 50.
Corium 230.
Cornea 233, 263.
Corpora cavernosa 311.
Corpus callosum 303.
Corpus ciliare 264.
Corpus spongiosum 311.
Coxa 202.
COWPERsche Drüse 310.
Cristatella mucedo 91.
Crura cerebri 314.
Crustacea 188.
Ctenoidschuppe 236.
Ctenophorae 70.
Cuticula 7.
Cuticularskelett 65.
Cycloidschuppe 236.
Cyste 16.
Cystid 90.
Cytopharynx 26.

Damm 305.
Daphnide 190.
Darmdivertikel 124.
Daumenschwielen 273.
Deckepithel 7.
Deckfeder 291.
Deckgläschen, Reinigen 4.
Dendriten 9.
Dentin 9, 233.
Dentition 233, 303.
Depressores infundibuli 173.
Dermalporen 36.
Descensus testiculorum 305.
Deutomerit 23.
Diaphragma 92, 304.

Dibranchiata 168.
Difflugia 19.
Diphycerkie 251.
Diplogaster longicauda 101.
Discomedusen 60.
Discoplacenta 241.
Dissepiment 88, 113.
Distomum hepaticum 76.
Distomum lanceolatum 76.
Domoplacenta 241.
Dotterstock 73.
Drüse 7.
Drüse, grüne 199.
Drüse, HARDERsche 303.
Drüsenepithel 7.
Ductus choledochus 276.
Ductus Cuvieri 253.
Ductus cystici 276.
Ductus hepatici 276.
Ductus stenonianus 313.
Ductus thoracicus 311.
Ductus wirsungianus 276.
Dune 291.
Duodenum 276.
Dura mater 232.

Echinodermata 122.
Echinodermata, Systemat. Überblick 119.
Echinoidea 130.
Echinokokken 84.
Echinorhynchus polymorphus 200.
Echinus esculentus 131.
Eckflügel 292.
Ectoprocten 90.
Eingeweidesack 142.
Einleitung 1.
Eiweißdrüse 80.
Ektoderm 29.
Ektoplasma 15.
Elaeoblast 227.
Elytren 80, 110.
Embryo, sechshakiger 78.
Endopodit 182, 189.
Endostyl 216, 218, 224.
Entoconcha mirabilis 141.
Entoderm 29.
Entodermlamellen 54.
Entomostraken 190.
Entoplasma 15.
Entoprocten 90.
Ephemeridenlarve 211.
Ephippium 193.
Ephydatia 39.
Ephyra 60.
Epibranchialrinne 249.
Epididymis 309.
Epiglottis 304.
Epimerit 23.
Epigyne 214.
Epiphragma 154.
Epiphyse 232, 281.
Epipodit 182, 189.
Episternum 232.

Epistom 92.
Epistropheus 283.
Epithelgewebe 7.
Epithelmuskelzelle 46.
Ethmoidea 231.
Ethmoturbinale 303.
Euglena 17.
Euplectella 41.
Eustachische Röhre 298.
Exkretionsporus 99.
Exopodit 182, 189.
Extracapsulum 22.
Exumbrella 54.

Facettenauge 182, 189.
Fahne 291.
Fascia dorsalis 273.
Faserknorpel 8.
Feder 291.
Federfluren 292.
Federraine 292.
Ferse 209.
Fibula 232.
Fierasfer acus 141.
Finne 78.
Flagellaten 17.
Flaumfeder 291.
Flimmerbewegung 6.
Flimmerbögen 225.
Flimmerepithel 7.
Flimmerorgan 222.
Flußkrebs 193.
Flußmuschel 162.
Foramen ovale 270.
Foramen Panizzae 284.
Foramen parietale 284.
Foraminiferen 19.
Frontalia 231.
Frosch 272.
Fühlercirren 118.
Füßchenkanal 127.
Funiculus 87, 91.
Furcula 293.
Furchungsprozeß 29.
Fußblatt 42, 64.

Gabelstücke 135.
Gallertgewebe 8.
Ganglienzelle 9.
Ganoidschuppe 236.
Gasterostomum fimbriatum 168.
Gastralfilament 60.
Gastraltaschen 59.
Gastralwülste 59.
Gastrogenitalmembran 60.
Gastrovaskularhöhle 69.
Gastrovaskularsystem 29.
Gastrula 29.
Gefäße, bothryoide 108.
Geißelbewegung 6.
Geißelepithel 7.
Geißelkammer 34.
Gelatinelösung zur Verlangsamung der Bewegung mikroskopischer Tiere 17.

Gemmulae 39.
Genitalplatten 130.
Geodia 41.
Geschmackskegel 249.
Gewebe 5, 7.
Glandula infraorbitalis 313.
Glandula parotis 304, 313.
Glandula sublingualis 304, 312.
Glandula submaxillaris 304, 312.
Glochidium 167.
Glomus 245.
Glossae 201, 207.
Gnathobdelliden 103.
Gonophoren 43.
Gonothek 50.
GRAAFsche Follikel 309.
Grannenhaar 302.
Grasfrosch 272.
Gregarine 116.
Gregarina blattarum 23.
Greifhaken 93.
Griffel 206.
Großhirnhemisphären 232.
Grüne Drüse 199.
Grundlamellen 9.
Gubernaculum Hunteri 309.

Haare 301.
Haarbalg 302.
Haarflur 302.
Hämalbogen 260.
Hämalrippen 231, 251.
Hämapophysen 230, 251.
Haftglied 206.
Haftscheibe 75.
Halteren 202.
Hammer 302.
Handschwinge 292.
HARDERsche Drüse 303.
Hartstrahlen 251.
Hauptdarm 54.
Haustaube 295.
Hautmuskelschlauch 73.
HAVERSischen Kanäle 9.
HAVERSischen Lamellen 9.
Hectocotylus 171.
Heliozoen 20.
Helix pomatia 155.
Heterocerkie 251.
Heterodontie 240.
Hilfsmittel 1.
Hinterhirn 232, 281.
Hinterzungendrüse 298.
Hirnnerven 314.
Hirudineen 102.
Hirudo medicinalis 103.
Hörbläschen 171.
Hörgrübchen 193.
Holothuria tubulosa 139.
Holothurioidea 137.
Homocerkie 252.
Homodontie 240.
Hornschwamm 41.

Hüftglied 202.
Humerus 232.
Hummel 209.
Hyalinknorpel 8.
Hyalonema 41.
Hydra 43.
Hydrant 48.
Hydroidpolypen 41.
Hydromeduse 53, 54.
Hydrorhiza 51.
Hydrotheken 52.
Hyoid 231.
Hyomandibulare 231.
Hyperbranchialrinne 244.
Hypobranchialrinne 216, 220, 244.
Hypodermis 99.
Hypopharynx 201, 207, 211.
Hypophyse 222, 232, 281.

Ileum 232.
Incus 302.
Inframarginalplatten 129.
Infundibulum 281.
Inguinaldrüse 311.
Inscriptiones tendineae 273.
Insekten 200.
Instrumentenkasten 1.
Integripalliaten 161.
Interambulacra 120, 132.
Intercalaria 230.
Intercellularsubstanz 8.
Intercostalgelenk 292.
Internodien 59.
Intertarsalgelenk 284, 293.
Investibulum 294.
Iris 264.

Kalkdrüsen 302.
Kalkkörperchen 82.
Kalkring 121, 141.
Kaninchen 307.
Kauladen 206.
KEBERsche Organe 165.
Kehldeckel 304.
Kelch 42.
Keratin 34.
Kern 6.
Kernkörperchen 6.
Kernmembran 6.
Kernsaft 6.
Kernteilung 7.
Kerona pediculus 28, 47.
Kieferfühler 213.
Kiefertaster 206, 213.
Kiel 291.
Kiemenbalken 228.
Kiemenbäume 138, 139.
Kiemenbläschen 129.
Kiemendarm 220, 233.
Kiemendeckel 236.
Kiemensäckchen 191.
Kiemenstäbe 248.
Kinn 206.

Kleinhirn 232, 281.
Kloakalhöhle 164.
Kloakalsipho 144, 161, 224.
Kloakenrohr 38.
Knochengewebe 8.
Knochenzelle 9.
Knopf 49.
Knorpelgewebe 8.
Knospung 16.
Körbchen 209.
Kometenform 123.
Konjugation 16.
Kontraktile Vakuolen 16.
Konturfeder 291.
Kopfnerven 232.
Kopulation 16.
Korallentiere 63.
Kranzdarm 59.
Krebsaugen 198.
Krebstiere 188.
Kreuzspinne 211.
Kristallkegel 192.
Kristallstiel 161.
Kubisches Epithel 7.

Labmagen 304.
Labyrinth 233.
Lacerta agilis 286.
Lateralrippen 231, 251.
Laterne des Aristoteles 130, 135.
Laufknochen 293.
LAURERscher Kanal 76.
Leberhörnchen 192.
Leberschläuche 123.
Leckzunge 201.
Lemnisken 87.
Lepus cuniculus 307.
Leptocardier 243.
Leptomeduse 57.
Leuciscus rutilus 264.
Leucontypus 34.
Liebespfeilsack 155, 159.
Ligamenta intervertebralia 231.
Ligamentum latum 309.
Liguliden 80.
Linin 6.
Linse 264.
Liriope eurybia 58.
Literatur über mikroskop. Technik 5.
Lobi olfactorii 223, 281.
Lophophor 90.
Lumbricus herculeus 110.
Lungenalveolen 304.
Lungensäcke 214.
Lymphgefäße 234.
Lymphherzen 272.
Lymphzelle 111.

Madreporenplatte 119.
Malleus 302.
Mammarorgan 302.

Mandel 304.
Mandibulare 231.
Magenzähne 198.
Mantel 142.
Mantelfalte 154.
Mantelhöhle 142.
Mantelsaum 160.
Manteltiere 217.
Marginalia 122.
Marginaltaschen 59.
Markschicht 20, 82.
Markstränge 147.
Mauerblatt 42, 64.
Maxillare 231.
Maxillipalpen 187, 213.
Maxilloturbinale 303.
Medullarrinne 217, 232.
Medullarrohr 217.
Meduse 43, 53.
Medusoide Gonophoren 43.
Mentum 201.
MEIBOMsche Drüse 303.
Mesenterialfilament 64.
Mesenterium 94, 233.
Mesobronchus 294.
Mesoderm 29.
Mesodermwulst 49.
Mesoektoderm 33.
Mesothorax 201.
Metacarpus 232.
Metapleuralfalten 245, 246.
Metatarsalia 232.
Metathorax 201.
Metazoa 29.
Milchdrüsen 302.
Mikroskop 1.
Mikrosomen 5.
Miracidium 76.
Mitose 7.
Mittelhirn 232.
Molaren 304.
Mollusca, Systemat. Überblick 142.
Monactinelliden 38.
Monocystis tenax 24, 116.
Mücke 211.
MÜLLERscher Gang 234, 254.
MÜLLERsches, Gesetz 23.
Mundrohr 54.
Mundscheibe 64.
Mundsegel 164.
Muscheln 160.
Musculus longissimus dorsi 273.
Musculus obliquus externus 273.
Musculus pectoralis 273.
Musculus pectoralis major 296.
Musculus rectus abdominis 273.
Musculus sternoradialis 273.
Muskelfahne 66.
Muskelgewebe 9.
Myelin 10.
Myocommata 244, 250.

Myomeren 244.
Myoneme 16.
Myotom 230, 244.
Myxospongien 34.

Nachhirn 232, 281.
Nackenbeuge 303.
Nackenfurche 193.
Nahrungsvakuolen 16.
Nasalia 231.
Nauplius 182, 190.
Naupliusauge 189.
Nausithoë punctata 62.
Navicula 116.
NEEDHAMsche Tasche 171.
Nebenauge 192.
Nebenfahne 291.
Nebenhode 309.
Nematoden 96.
Nephridium 88, 103.
Nephrostom 113, 156.
Nereis pelagica 117.
Netz 307.
Netzmagen 304.
Nervengewebe 9.
Nervus ischiadicus 280.
Neuralbogen 260.
Neurapophysen 230, 251.
Neurilemm 10.
Neuron 9.
Neuroporus 217, 244.
Nesselkapsel 45.
Nesselzelle 45.
Nierensack 167.
Nierenspritze 156.
Nidamentaldrüse 172, 175.
Nidamentalorgan 259.
Notum 201.
Nuclein 6.
Nucleus 6.
Nucleolus 6.
Nyctotherus cordiformis 282.

Obelia geniculata 57.
Objektträger, Reinigen 4.
Occipitalia 231.
Ocellarplatten 130.
Ocellus 225.
Odontoblasten 9.
Ohrspeicheldrüse 304.
Oligochäten 110.
Omentum 307.
Oncosphaera 78.
Ootyp 78.
Opalina ranarum 28, 281.
Operculum 154.
Opisthobranchier 154.
Organellen 15.
Orthoneurie 143, 153.
Oscarella lobularis 36.
Os coccygis 270.
Osculum 33.
Os ischii 232.
Osphradien 142.
Os pubis 232.

Osseïn 8.
Osteoblasten 8.
Os transversum 283.
Otica 231.

Palatinum 231.
Palatoquadratum 231.
Palpus labialis 201.
Palpus maxillaris 201.
Pancreas 170.
Pansen 304.
Papillae circumvallatae 313.
Papillae foliatae 313.
Papilla urogenitalis 268.
Paraglossae 201.
Paramaecienfalle 14.
Paramaecienzucht 14.
Paramaecium aurelia 24.
Paramoeba eilhardi 18.
Paranuclein 6.
Parapodien 109, 118.
Parasphenoid 231.
Paraxondrüse 123, 126.
Parietalia 231.
Parietalorgan 232.
Paxillen 122.
Pecten 293.
Pedalganglien 142, 147.
Pedalstränge 147.
Pedes spurii 195.
Pedicellarien 122.
Pellicula 25.
Peribranchialraum 216, 245.
Pericard 142, 147.
Pericardialdrüse 178.
Pericardialsinus 203.
Perichondrium 8.
Periderm 48.
Perineum 305.
Periplaneta orientalis 203.
Periproct 120, 130.
Peristom 130.
Peristomialcirren 118.
Peritoneum 116.
Perlen 161.
Perlmutterschicht 161.
Perradien 59.
Pflasterepithel 7.
Pfortaderkreislauf 305.
Phacellen 62.
Phagocytäre Organe 97.
Phyllopoden 190.
Pia mater 233.
Pigmentbecher 249.
Pigmentzellen 8.
Pilidium 86.
Pinnulae 120.
Placenta 241, 227, 305.
Plakoidschuppen 236, 257.
Plastogamie 16.
Plathelminthes 73.
Platodes 73.
Plattenepithel 7.
Plattwürmer 73.
Pleurae 201.

Pleuralganglien 147.
Pleurobrachia pileus 70.
Pleurovisceralstränge 147.
Plexus brachialis 280.
Plexus ischio-coccygeus 280.
Polische Blase 123.
Polplatten 71.
Polychäten 110.
Polypid 90.
Polystomum integerrimum 282.
Pons Varoli 303.
Porifera 33.
Porus abdominalis 245.
Porus genitalis 254.
Postabdomen 187.
Potamobius astacus 193.
Praecoracoid 232.
Praemaxillare 231.
Praemolar 304.
Praeputium 311.
Praerhipidoglossum 146.
Primordialcranium 231.
Prismenschicht 161.
Processus coracoideus 303.
Processus falciformis 252.
Processus spinosi 231.
Processus uncinatus 293.
Processus xiphoideus 274.
Proglottiden 79.
Propodium 143.
Prosobranchier 154.
Prosopygier 90.
Prostata 159, 310.
Prothorax 201.
Protomerit 23.
Protoplasma 5.
Protopodit 182.
Protozoa 14.
Protozoa, Systemat. Überblick 11.
Psammospongien 34.
Pseudonavicelle 24, 116.
Pseudonavicellencyste 116.
Pseudohämalkanal 130.
Pterygoid 231.
Pterygopodien 255.
Pterylae 296.
Pulpa 233.
Pupille 264.
Pylorus 304.

Quadratum 231.

Räderorgan 85.
Radialkanäle 54.
Radialplatte 132.
Radialtuben 35.
Radiolarien 22.
Radius 232.
Radula 147, 154.
Randbläschen 58.
Randlappen 59.
Rana muta 272.
Rana temporaria 272.
Raphe 244.

Rautengrube 232, 281.
Receptaculum seminis 76.
Redie 76.
Rektaldivertikel 126.
Renoperikardialkanal 147.
Reptilien 282.
Rete Malpighii 230.
Retina 233.
Retractor penis 159.
Rhabdonema nigrovenosum 282.
Rhabditis 282.
Rhabditis teres 101.
Rhachis 101, 295.
Rhodeus amarus 168.
Rhynchobdelliden 103.
Rhynchocephalen 283.
Riechgruben 171.
Riechlappen 232, 313.
Rindenschicht 20, 82.
Ringelwürmer 102.
Ringkanal 54, 64, 123.
Rippengefäße 72.
Rippenquallen 70.
Rostellum 79.
Rostrum 193.
Rotulae 135.
Rückencirren 109.
Rückenporen 111.

Sacculus 233.
Sacralwirbel 232.
Säugetiere 301.
Sagitta bipunctata 95.
Salpa africana 225, 226.
Sarcolemma 9.
Sarsia eximia 56.
Sattel 111.
Saugwürmer 75.
Sauropsiden 291.
Scapula 232.
Schaft 291, 295.
Schalenauge 148.
Schalendrüse 190.
Scheitelaufsatz 57.
Scheitelauge 284.
Scheitelbeuge 303.
Schenkelring 202.
Schilddrüse 274.
Schloßband 163.
Schmetterling 210.
Schnecke 146, 151, 233.
Schornstein 36.
Schulp 101.
Schulterfittich 292.
Schuppe 195.
Schwämme 33.
SCHWANNsche Scheide 10.
Schweißdrüsen 302.
Schwimmblase 236.
Schwungfeder 292.
Sclera 263.
Scleroticalring 284.
Sclerotom 230.
Scolex 79.
Scutum 201.

Scyllium canicula 254.
Scyphistoma 59.
Scyphomedusen 53, 59.
Scyphopolypen 59.
sechshakiger Embryo 78.
Seeigel 130.
Seesterne 122.
Seewalzen 137.
Sehhügelregion 232.
Segmentalorgane 104.
Selachier 251.
Sella turcica 313.
Semostomen 60.
Sepia officinalis 172.
Septen 64.
Simocephalus vetulus 190.
Sinnesepithel 8.
Sinupalliaten 161.
Sinus venosus 260.
Sipho 143.
Siphonoglyphe 64.
Sklerosepten 65.
Spadix 48.
Spermatophorentasche 171, 178.
Sphenethmoid 269.
Sphenoidea 231.
Spicula 66, 87, 98.
Spinalganglion 232, 280.
Spinalnerv 232, 280.
Spindelmuskel 152.
Spinnapparat 214.
Spinnentiere 211.
Spinnfeld 215.
Spinnröhre 215.
Spinnwarze 214.
Spiraculum 143.
Spiralfaden 208.
Spongilla 36, 39.
Spongin 34.
Spongoblasten 41.
Sporenbildung 16.
Sporoblasten 24.
Sporocyste 76.
Sporozoen 23.
Sporozoit 24.
Spritzloch 233.
Spürorgane 86.
Spule 291, 295.
Squamosum 231.
Stämme des Tierreiches 10.
Stapes 302.
Stativlupe 2.
Statoblasten 87, 91.
Steigbügel 302.
Steinkanal 119.
Stemmata 182.
Stentor 28.
Sternalkanal 199.
Sternum 201, 232.
Steuerfeder 292.
Stichopus regalis 141.
Stielglied 206.
Stigmata 185.
Stilette 45.
Stipes 201.

Stirnauge 189.
Stolonen 50.
Stolo prolifer 226.
Stratum corneum 230.
Strobila 59.
Stützgewebe 8.
Stützlamelle 42.
Stützmembran 7.
Styela plicata 218.
Subcuticula 99.
Subcuticularschicht 79.
Subdermalräume 37.
Subgenitalhöhle 60.
Subgenitalsaal 60.
Submentum 201.
Subneuralgefäß 117.
Subumbrella 54.
Süßwasserschwamm 36.
Supramarginalplatten 129.
Sycandra raphanus 34.
Sycontypus 34.
SYLVIsche Spalte 314.
Synapta digitata 141.
Syncoryne eximia 56.
Syrinx 294.

Taenia 80.
Taenia echinococcus 84.
Taeniiden 80.
Täniolen 59.
Tapetum 264.
Tapetum nigrum 233.
Tarsus 232.
Tasthaar 302.
Taube 295.
Teichmuschel 162, 165.
Teilung 16.
Tegmentum 149.
Teleostier 251.
Telson 196.
Tergum 201.
Terminalfühler 123.
Tetrarhynchiden 80.
Thalamophoren 19.
Theonella 41.
Thymus 289.
Thyreoidea 274, 289.
Tiara pileata 57.
Tiaridae 57.
TIEDEMANNsche Körperchen 123.
Tibia 232.
Tintenbeutel 170.

Tintenfische 160, 168.
Tonsillen 304.
Tornaria 89.
Tränendrüse 303.
Tracheenkiemen 211.
Tracheenlungen 187.
Trachymeduse 58.
Trematoden 75.
TREMBLEYscher Umkehrungsversuch 47.
Trichocysten 25.
Trichodina pediculus 47.
Trichter 71, 103.
Trichterklappe 178.
Trivium 121, 138.
Trochanter 202.
Trochophora 89, 110.
Trochospongilla 39.
Truncus anonymus 311.
Tuba Eustachii 270.
Tuber cinereum 281.
Tuberculum 303.
Tubularia larynx 48.
Tunica externa 218.
Tunica interna 218.
Tunicata 217.
Tunicata, Systemat. Überblick 216.
Tympanicum 231.
Typhlosolis 113, 167.

Ulmariidae 60.
Ulna 232.
Umbo 154.
Umbrella 54.
Unio 162.
Unterkieferdrüse 304.
Unterkinn 206.
Unterzungendrüse 304.
Urdarm 29.
Urmund 29.
Urniere 234.
Uropoden 195.
Uterus bicornis 305.
Uterus duplex 305.
Uterus masculinus 310.
Uterus simplex 305.
Utriculus 233.
Uvula 304.

Vasa Malpighii 185, 202.
Velarlappen 61.
Veligerlarve 142, 155.
Velum 54, 164.

Vena subintestinalis 245.
Verlängertes Mark 232.
Vermes 85.
Vertebrata, Systemat. Überblick 230.
Vesicula prostatica 310.
Vesicula seminalis 259.
Vibracularien 87.
Vibrissae 302.
Vierhügelregion 232.
Visceralganglien 142, 147.
Visceralskelett 231.
Vögel 291.
Vomer 231.
Vorderhirn 232, 281.
Vorhöhle 167.
Vorniere 234.
Vorticella 26.

Wachsbecken 1.
Wachshaut 295.
Wasserlunge 121, 138.
Weichstrahlen 251.
Wimperepithel 7.
Wirbel 163.
WOLFFscher Gang 234, 254.
Wollhaar 302.
Wurm 85, 293.
Wurmfortsatz 308.

Zäpfchen 304.
Zahnfortsatz 283.
Zahngewebe 9.
Zahnleiste 233.
Zauneidechse 286.
Zelle 5.
Zellenmund 17.
Zellmembran 6.
Zellorgane 15.
Zentralkapseln 22.
Zoëa 183, 190.
Zone 150.
Zonula Zinnii 264.
Zoochlorella parasitica 37.
Zooecium 90.
Zooxanthellen 22.
Zungenkegel 58.
Zwerchfell 304.
Zwergmännchen 85, 183.
Zwischenhirn 232, 281.
Zwischenkieferstück 135.
Zwitterdrüse 155.
Zylinderepithel 7.

Druck von Ant. Kämpfe, Jena.